普通高等教育“十一五”国家级规划教材
国家级精品资源共享课配套教材

食品分析

（第二版）

谢笔钧　何　慧　主编

科学出版社
北　京

内 容 简 介

本书包括总论、光谱及色谱分析、食品营养素的分析及化学特性分析、色素及风味物质分析、食品中有害成分分析和食品物性分析六章，在介绍样品的前处理、分析数据处理、常见仪器分析原理的基础上，系统介绍了食品中营养素及风味成分的分析方法；同时还对某些成分的化学特性值(如酸价)的测定方法、感官评定方法、食品的物性分析方法及国内外有关分析方法的研究进展进行了简单介绍；并针对食品中农药、兽药及重金属残留、黄曲霉毒素以及丙烯酰胺、塑化剂等污染物对食品安全的影响，特编写了“食品中有害成分分析”一章。

本书可作为高等学校食品科学、食品工程、食品质量与安全等本科专业的教学用书，也可供相关专业研究生和从事食品科学研究、食品分析及食品生产加工的科技人员参考。

图书在版编目(CIP)数据

食品分析/谢笔钧，何慧主编．—2版．—北京：科学出版社，2015.6
普通高等教育“十一五”国家级规划教材　国家级精品资源共享课配套教材
ISBN 978-7-03-045008-1

Ⅰ.①食…　Ⅱ.①谢…　②何…　Ⅲ.①食品分析-高等学校-教材
Ⅳ.①TS207.3

中国版本图书馆CIP数据核字(2015)第130824号

责任编辑：赵晓霞／责任校对：刘亚琦
责任印制：吴兆东／封面设计：迷底书装

科学出版社出版
北京东黄城根北街16号
邮政编码：100717
http://www.sciencep.com
固安县铭成印刷有限公司印刷
科学出版社发行　各地新华书店经销
*
2009年11月第　一　版　开本：787×1092　1/16
2015年6月第　二　版　印张：21 1/4
2025年8月第二十次印刷　字数：518 000

定价：69.00元

(如有印装质量问题，我社负责调换)

《食品分析》(第二版)编写委员会

主　编　谢笔钧(华中农业大学)

何　慧(华中农业大学)

副主编　李春美(华中农业大学)

李　斌(华中农业大学)

李秀娟(华中农业大学)

黄琪琳(华中农业大学)

编　委(按姓名汉语拼音排序)

蔡朝霞(华中农业大学)

何　慧(华中农业大学)

胡筱波(华中农业大学)

黄琪琳(华中农业大学)

李　斌(华中农业大学)

李春美(华中农业大学)

李秀娟(华中农业大学)

谢笔钧(华中农业大学)

杨尔宁(华中农业大学)

周有祥(湖北省农业科学院)

主　审　赵新淮(东北农业大学)

第二版前言

《食品分析》第一版出版至今已历时6年，新的分析方法和技术不断发展，面对人们对食品健康和食品安全越来越高的要求，以及食品全球化带来的复杂性，如今要确保食品的安全性、质量以及可溯源性，变得比以往任何时候都复杂和必要，同时也给食品分析带来了新的挑战。因此，食品分析在食品科学中显得更为重要。

本书的目的仍然是帮助食品相关专业的本科生系统学习食品分析的基本理论和掌握有关食品分析的技术。为了让学生和读者更多地了解食品分析的新技术、新方法和新知识，编者尽力在第二版中充实新信息和新技术内容，并删除了相应的过时的内容，希望本书能对读者有所帮助。由于本书是在第一版的基础上完成的，因此后续工作沉积着前版作者的辛勤劳动和成果。在此，对他们表示深深的谢意。承蒙科学出版社的编辑为本书的出版和再版所做的大量工作，还有负责编排、设计、印刷和校对的同志，由于他们的共同努力，本书才得以再版。本书作为国家级精品资源共享课程“食品化学与分析”的配套教材，要特别感谢华中农业大学教务处和食品科技学院对本书出版和再版的支持和关心。

参加第二版编写的有谢笔钧(第1章、2.1～2.5节)、何慧(2.6、3.3、3.4节)、李春美(3.5节)、李斌(第6章)、李秀娟(5.1～5.4节、5.6节、5.7节)、黄琪琳(3.6、3.7、4.1节)、杨尔宁(2.7、2.8、4.2节)、胡筱波(4.3节)、蔡朝霞(3.1、3.2节)、周有祥(5.5节)。

由于编者水平有限，书中疏漏和不妥之处在所难免，恳请读者批评指正。

编　者

2015年4月

第一版序言

国以民为本,民以食为天。

中国人民历经长期艰苦奋斗,终于能够以占世界7%的耕地,养活占世界23%的人口,初步解决了"食"的问题。

改革开放,和平崛起,人民生活水平大大提高。从"吃饱"到"吃好",进而要"吃出健康",这是广大食品工作者面临的大问题,需要努力学习,认真研究。

近来,少数不法分子酿成的"三鹿婴幼儿奶粉污染"事件以及其他相关的食品安全问题,给我们敲响了警钟,从反面告诫我们:在现代生活中,食品分析是处在何等重要的地位!

食品分析是食品科学的重要组成部分。随着现代科学技术的飞速发展,食品分析这一学科已经吸收并融合了近代物理、化学、生物、电子等相关学科中的先进技术,达到了目前的高水平。

谢笔钧教授和何慧教授主编的《食品分析》一书,是他们教学小组多年来教学实践和科研的结晶。编者经过多次修改、充实和提高,汇集成为此书,值得祝贺。

该书取材新颖,内容丰富,涉及食品和加工的多个方面:主要营养素(氨基酸、蛋白质、脂肪、糖类、维生素、矿物质等)、食品添加剂(色、香、味等)、有害杂质和掺假作伪的检出等的基本原理和分析方法,现代仪器分析的基本原理和在食品分析中的应用,以及常用的物性分析与感官评定。理论联系实际,有启发智力和提升实践能力的作用。

承蒙编者厚爱,请我作序,实不敢当,写出一点学习心得,与读者共同探讨。

徐汉生

2009年6月19日

第一版前言

食品分析是分析化学的一个分支，随着科学技术的进步和现代仪器与信息学的发展，走过了独特和令人瞩目的阶段。特别是与人类健康和生命息息相关的食品，具有种类繁多、基体和组成复杂、形态和性状多样、各成分之间在加工和储藏过程中不断发生各种化学与生物化学及物理变化等特点，因而构成了食品分析有别于其他分析的特色和内涵。食品分析作为整个质量管理程序的一部分，贯穿于产品开发、生产、储藏和销售的全过程，其分析内容涉及营养、品质、可接受性（色泽、风味和质地等）及安全性，既有法定的分析方法，也有研究单位和企业特定指标的分析方法。上述分析内容中包括了常规的化学分析、仪器分析、生物化学分析、物性分析和微生物及有害有毒物质的痕量与超痕量分析，还有人们直接感知的感官评定分析。特别是现今人们对食品品质的要求越来越高，而且食品安全目前面临重要问题。因此，科学家们需要更清楚地揭示食品成分的结构特征与作用机理，以及这些成分的相互作用；更清楚地了解食品中哪些成分可为人类提供特殊的生物或生理功能及其在人体内代谢的途径；不断改善和提高产品质量，严格监控农药残留和其他有害物质；评价食品配料、抗营养因子和过敏性物质。并且，新产品开发过程中的质量控制与新资源的利用，越来越需要更加准确、精密、专一、灵敏和快速的分析方法，这些也是食品分析当前十分活跃的研究课题。

近 20 年来，我国食品工业发展迅速，已成为国民经济的重要产业之一。与此同时，食品安全问题也十分突出，特别是近来出现的“三鹿婴幼儿奶粉污染”事件，更给食品分析工作者敲响了警钟，也提出了新的任务和要求。由于许多高等院校的食品科学、营养科学、食品安全和食品加工、食品工程及农产品储藏加工专业的建设不断加强，为适应食品教学、科研、食品加工生产和食品安全的需要，编者在长期教学的基础上，参阅国内外食品分析的有关文献和资料编写了本书。本书简单介绍了食品样品的前处理、分析方法、分析误差与数据处理和仪器分析方法的基础知识，详细论述了食品营养成分、色素、香气成分、有害成分的分析方法，同时还用适当篇幅介绍了食品的物性分析、感官评定的分析方法。

参加本书编写的人员有谢笔钧（第 1 章、2.1～2.5 节）、何慧（2.6、3.3、3.4 节）、杨尔宁（2.7、2.8、4.2、5.1 节）、戚向阳（3.1、3.2、4.1、5.4 节）、李春美（3.5 节）、彭光华（3.6、3.7、5.2 节）、李斌（第 6 章）、胡筱波（4.3 节）、刘睿（5.5、5.6 节）、周有祥（5.3 节）。

本书为华中农业大学“食品化学与分析”国家精品课程配套教材。在本书编写和出版过程中，华中农业大学教务处给予了关心和帮助，在此表示感谢。感谢武汉大学吴采樱教授和徐汉生教授审阅书稿，感谢徐汉生教授为本书作序。科学出版社的编辑为本书出版做了大量工作，借此一并致谢。最后还要感谢我们的学生，他们为本书的文字和图表处理工作付出了辛勤劳动。

由于编者水平有限，书中难免存在一些错误，敬请读者批评指正。

编　者

2009 年 7 月

目　　录

第1章 总　　论

1.1 概　　述

食品是人类生存的基础物资和能源，因此食品的质量、营养、安全性和可接受性是食品企业、政府、消费者和食品科学工作者普遍关注的核心问题。测定和监控食品的组成和性质已成为食品分析的主要内容。营养成分或天然活性物质以及有害成分在人体内的代谢和吸收，其微量或超微量的代谢物分析，已成为当今食品分析挑战的一个重要问题。食品分析作为分析化学的一个重要分支和应用领域，其定义同样包含在1993年分析化学工作组（WPAC）的爱丁堡会议对分析化学的定义之内，即“分析化学是发展和应用各种方法、仪器和策略以获得有关物质在空间和时间方面组成和性质的一门科学”。

然而，食品分析研究的对象本身有着种类繁多、基体复杂、形态和性状多样、各成分之间在加工和储藏过程中不断发生各种化学、生物化学及物理变化等特点，因而构成了食品分析有别于其他分析的特色和内涵。食品分析作为整个质量管理程序的一部分，贯穿于产品开发、生产、储藏和销售的全过程，乃至人体的吸收。通常人们根据食品的化学组成和物理性质确定产品的营养价值、功能性质、加工方式、可接受性和安全性。而样品的性质和分析的特殊要求决定了分析方法的选择。灵敏度、准确度、精密度、速度与稳定性是分析工作者选择分析方法的主要依据。为保证分析方法的有效性，必须首先确认特定待测食品的类别、性质和基体的影响，然后选择合理和先进的前处理方法和分析方法，其中样品的采集与制备、严格的分析操作以及分析数据的处理和合理解释，则是决定分析成功的基础与保证。食品分析的方法和结果评价必须严格遵守相关食品法规和标准。

食品成分和食品安全是当前消费者日益关注的问题，而且食品科学中分析方法和技术的应用也在不断地发展。如果要对消费者越来越高的要求给予满意的答复，食品分析工作者需要利用十分有效的技术方法来解决越来越复杂的问题。当前食品分析的复杂性很大程度来自于全球化。食品运输以及食品原料的全球化使得有害物质也随之全球化，附加的难题是食品包含了许多经过加工处理的原料，这些原料往往来自世界不同的地方，并且使用不同的保藏和生产方式。因此，如今确保食品的安全性、质量以及可溯源性，变得比以往任何时候都复杂和必需。

随着科学的进步和时代的发展，人们对食品种类和质量的要求也越来越高。消费者十分关心饮食与健康的关系，需要高质量、安全、富有营养和有益健康的食品，这是目前食品科学中一种普遍趋势。如今食品不再仅仅是能量来源，它还是预防疾病的一种经济方式，从这一趋势中产生的大量机遇（如新的方法学、新产生的知识、新产品等）给人留下深刻的印象。一些特殊食品，如低脂和低热量食品，就需要有相应的分析方法测定食品中脂肪和碳水化合物的含量和组成，以及对脂肪替代物的准确测定和反式脂肪酸含量的分析，甚至还涉及它们在人体内的代谢和合理解释。这些新的分析问题的提出，需要在研究中引入一些先进的组学方法，如食品组学、蛋白质组学。面对这些庞杂的研究课题，食品分析工作者十分有必要通过多学科团队的合作加以解决。

食品企业为了适应消费者的需要和增加市场竞争力，必须对原料到消费者食用的最终产品的质量进行严格管理和控制，及时获取和评价各项分析数据与综合信息，以解决有关产品的质量问题。能否做出正确的决定取决于分析方法以及对获取质量特殊性数据所用设备的掌握。在设计和开发新产品的各项实验中，必须了解操作原理和用于评价实验结果的分析方法的有效性。对实验数据要求严格分析和处理，确定是否需要调整工艺或以后测试中哪些操作步骤或方法需要修改。在研究实验中的情况也是如此。

1.2 食品法规与标准

各国政府和相关国际组织为了公众的健康，确保食品质量与安全，制定了各种相关的法规、政策和标准，以保证安全的高质量食品在国内、国际市场上的有效流通，并稳定市场。为此，不仅各食品企业必须严格遵守和重视，而且食品科学家也需要清楚有关食品安全和质量的法规、标准、指南、政策及其对食品分析的意义。

1.2.1 食品法规

食品法规和标准是保障食品质量的根本。对于在食品企业界的工作人员而言，了解有关食品分析的政府法规是非常重要的。各国政府法律与法规的监督，促使食品企业必须向消费者提供合乎卫生、营养成分明确的食品，并最终杜绝欺诈行为。在某些情况下，政府机构可以规定某种食品中必须含有的成分、应该受检验的成分以及用于分析食品安全性和质量特性的方法。下面简单介绍我国及主要发达国家的食品法规和食品分析标准，详细内容请参见有关法规、标准及专门论著。

1. 我国的食品安全法律与法规

目前我国已形成了以《中华人民共和国食品安全法》、《中华人民共和国农产品质量安全法》、《中华人民共和国食品卫生法》、《中华人民共和国产品质量法》、《中华人民共和国标准化法》、《中华人民共和国进出口商品检验法》、《中华人民共和国进出境动植物检疫法》、《中华人民共和国消费者权益保护法》、《中华人民共和国农业法》、《中华人民共和国渔业法》等法律为基础的食品安全法规，并建立了相应的标准和管理办法，如《食品生产加工企业质量安全监督管理办法》、《食品标识管理规定》、《食品添加剂生产监督管理规定》、《农药管理条例》、《兽药管理条例》、《饲料和饲料添加剂管理条例》和《无公害农产品管理办法》等，目的是保证食品的安全，防止食品污染和有害因素对人民身体健康造成危害。这些法规与人民健康息息相关，这也是与其他法规的重要区别。它包括以法律规范、技术规范为基础所形成的各种法规。

《中华人民共和国食品卫生法》是1995年10月30日第八届全国人民代表大会常务委员会第十六次会议通过的，是我国食品安全卫生法律体系中法律效力层次最规范性文件，也是制定从属性食品安全卫生法规、规章及其他规范性文件的依据。到现在已经实行了近20年，是我国食品卫生法制建设的重要里程碑。

2. 国外食品安全法律与法规

各国政府都已建立了各自相应的食品安全法规，特别是发达国家已有健全完善的农产品和食品质量安全法律法规和质量安全标准体系及执行办法。美国早在1906年就颁布了该国

第一部食品与药品法案,1907年重新修订后一直沿用至今。目前美国有关农产品安全的主要法令有《联邦食品、药物、化妆品法》(Federal Food, Drug, and Cosmetic Act, FFDCA)、《联邦肉类检验法》(Federal Meat Inspection Act,FMIA)、《禽类产品检验法》(Poultry Product Inspection Act,PPIA)、《蛋类产品检验法》(Egg Product Inspection Act, EPIA)、《食品质量保护法》(Food Quality Protection Act, FQPA)和《公共健康事务法令》。在这些法令的基础上还通过了一系列程序法规以实施国家样本检验及监测计划,其中包括良好食品管理规范(Good Manufacturing Practice,GMP)与危害分析与关键控制点(Hazard Analysis Critical Control Point,HACCP)体系。这为食品安全管理部门规定了总体要求,也是保证食品安全,避免食品中检测出危害物而采取的重要防范措施。

目前欧盟已经建立了一个较完善的食品安全法规体系,涵盖了"从农田到餐桌"的整个食物链,形成了以《食品安全白皮书》为核心的各种法律、法令、指令等并存的食品安全法规体系新框架。由于在立法和执法方面欧盟和其成员国政府之间的特殊关系,欧盟的食品安全法规和标准体系错综复杂。到目前为止,欧盟已制定了13类173个有关食品安全的法规标准,其中包括《通用食品法》、《食品卫生法》、《添加剂、调料、包装和放射性食物的法规》等,直至现今欧盟的法律法规的数量和内容仍在不断增加和完善。在欧盟食品安全的法律框架下,各成员国也形成了一套各自的法规框架,这些法规并不一定与欧盟的法规完全吻合,主要是针对各成员国的实际情况制定的。

此外,澳大利亚和新西兰也有他们独特和健全的食品法规,这两个有历史渊源的国家在1995年12月签订了食品标准条约,共同组建了澳大利亚新西兰食品标准局,并制定了《澳大利亚新西兰食品标准局法》,随后又建立了《澳大利亚新西兰食品标准法典》,并于2002年12月生效。其他国家也有各自的食品法规和地方法规,在此不一一列举。

1.2.2 食品分析标准

1. 中国的食品分析标准

食品质量和安全性是维护公民健康和生命基础的根本,同时也关系到产品在功能上的稳定性。为此,我国制定了一系列标准和原则,并规定了食品标准的内容必须包括以下四个方面:①食品卫生与安全:是食品质量标准必须规定的内容,涉及食品中重金属元素、农药残留、有毒有害物质的限量指标及相应的规定方法,以确保食品安全;②食品营养:是食品标准必须规定的指标,营养水平的高低是评价食品质量优劣的重要指标,反映产品的实际情况,并对原料选择、加工工艺提出明确的规定;③食品包装、运输与储藏:在食品标准中必须明确规定产品包装、标志、运输和储存等条件,确保人们食用的安全;④引用标准:一个产品标准一般需要引用有关技术标准,执行国家有关食品法规。在标准的引用中有关食品卫生安全的国家法律法规和强制性标准必须贯彻执行,绝不能根据自己企业的需要自定。在制定国家、地方、行业和企业的食品标准时,必须严格按照上述内容编写,然后报请有关部门审核,待批准后实施。

食品标准是食品工业领域各类标准的总和,包括食品产品标准、食品卫生标准、食品分析方法标准、食品管理标准、食品添加剂标准和食品术语标准等。在食品标准分类中除按级别分类(国家标准、行业标准、地方标准和企业标准四大类)外,还有按性质分类(强制性标准和推荐性标准:国家强制性标准"GB",国家推荐性标准"GB/T")、内容分类和形式分类。

我国于2003年由国家质量技术监督检验检疫总局对我国食品卫生微生物学检验标准和食品中各种成分含量的测定和检验方法标准进行了修订,将相关的标准归并为《食品卫生微生物学检验》和《食品卫生检验方法　理化部分　总则》两个条例标准，并将1996年的72个食品卫生理化检验方法经修改扩充到目前的203个。中华人民共和国卫生部和中国国家标准化管理委员会于2003年8月11日联合发布了上述标准，于2004年1月1日起实施。

食品理化检验标准方法中检测成分包括食物成分、具有保健功能的活性成分、有害元素、农药残留、食品添加剂、致癌物质等。检测对象包括粮食、食用油、水果、蔬菜、谷类、肉与肉制品、乳与乳制品、水产品、蛋与蛋制品、豆制品、淀粉类食品、食糖、糕点、饮料、酒类、茶叶、冷饮食品、酱醋和腊制品、酱腌菜、食盐、味精、坚果及块茎类植物性食品、干果、食品添加剂、橡胶和塑料制品（食品用）、食品包装用纸、陶瓷、铝制和搪瓷食具容器等。每一检测项目列有几种不同的分析方法，应用时可根据各地不同的条件选择使用，但以第一种方法为仲裁方法。详细的食品检验方法标准参见国家标准 GB/T 5009.1—2003 ～ GB/T 5009.203—2003 及 GB/T 5009—2008。

2. 国际食品分析标准

国际食品分析标准主要是指国际标准化组织（International Standard Organization, ISO）制定的一系列关于质量控制及纪录保持的国际标准（ISO9000 和 ISO9000 以上），以及联合国粮食及农业组织（简称联合国粮农组织，Food and Agriculture Organization, FAO）和世界卫生组织（World Health Organization, WHO）组建的食品法典联合委员会（简称食品法典委员会，Codex Alimentarius Commission, CAC）制定的食品和农产品的标准与安全性法规。各项标准公布在食品法典中，旨在保护消费者健康，维护食品的公平竞争，促进国际食品贸易，并力争使不同国家和地区的食品分析方法统一而有效。食品法典共出版了13卷：第1卷总则包括标签、食品添加剂、污染物/放射性、进出口食品检验和食品卫生以及分析和抽样方法；第3卷规定了食品中杀虫剂及兽药残留量；第9卷编辑了基本商品标准与法典应用。目前食品分析国际标准方法多采用CAC制定的标准。

除CAC以外，在国际上有影响的组织还有国际公职分析化学家协会（Association of Official Analytical Chemists, AOAC，原称法定分析化学家协会），其成立于1884年，职能是提供政府法规和研究机构所需的分析方法，这些实验方法在普通实验室条件下能达到一定准确性和精密度。该协会将关于确认法定分析方法有效性的详细程序（如参与审查的实验室数量、每级分析物中的样品、参照物、参照样品及方法综述等）刊登在AOAC出版的《法定分析方法》一书之中。作为国际AOAC的法定分析方法，每4～5年修订一次，并不断更新。国际AOAC的法定分析方法适用于多种产品和材料的测定，已被越来越多的国家采用。

1.3　食品分析样品的类型

食品分析是食品加工过程中质量保证体系的重要组成部分之一，包括原料、加工、终产品的储藏、运输及销售过程中产品的质量。样品的类型可按食品种类进行分类，如粮食及制品、食用油、肉及其制品、鲜乳及乳制品、水产品、罐头、食糖、冷食、饮料、酒类、调味品、豆制品、糕点、糖果蜜饯、酱腌菜、保健食品、新资源食品及其他食品。而食品质量保证体系中分析样品的类型包括原料、过程控制样品、终产品、优质产品及劣质产品。分析的目的是提高产品质量，保障食品安全，调整配方和研制新产品，并对食品生产新工艺进行评价，找出导致产品不合格的原因。

1.4 分析方法及其认证

分析方法是分析化学家用来获得所需信息的手段，必须充分改进方法以适应特定的用途。分析方法的确定是基于对分析样品组成和性质的了解，以及获得信息的途径与目的。例如，食品加工过程的控制通常需要采用在线、快速的分析方法，而有关食品中营养成分含量的测定则需要采用研究机构认可的准确的标准分析方法。

分析工作者应选择适当的分析方法，并清楚地了解所有影响分析结果的误差来源。这称为“分析方法的认证”，它包括认证分析方法所得结果是否可靠、重现以及方法是否适用于预期用途的过程。

所有的分析方法是一个连续过程，其步骤包括：取样、样品存放和代表性物质的保存、定量校准、样品的预处理、测定、计算和报告结果。

测量方法的核心是将样品转化为可被准确测定的分析形式，以适应最终可利用的测定系统。方法的选择和发展包括单独步骤的选择，以及改进分析步骤或方法，使之得出可靠的结果。分析数据的可靠性和有效性涉及许多影响因素。因此，分析方法的选择需要考虑各种方法的特异性和专一性，以及灵敏度、精密度和准确度。随机误差小，则精密度高。消除了系统误差，则结果准确。此外，还应考虑实验室所拥有的仪器及分析工作者的经验。同时，还必须根据食品的特殊性质和食品加工的固有特性变化选择分析方法。然后对所得结果的变异性、可测量误差、消费者的可接受性和食品法规进行比较和评估。

实际分析时，应严格按照正确的分析方法和步骤执行，这样才能获得有效的分析数据和结果。

分析方法认证的主要目的在于建立已认可标准物质、纯物质或基体鉴定的参考物质的溯源性。这意味着应该以一种记录所有基本信息的方式(而不引进错误信息)来完成和记录分析过程的所有步骤。换言之，不仅是最终的结果，所有的测量结果都应通过连续的比较链与相应的测量标准比较。必须使用国际或国家标准，如国际单位(international system of units，SI，源于法文 Le Systéme International d’ Unités)、常数、经检定合格的参考物(certified reference material，CRM，也称标准参考物)。

在分析方法认证时，最常用的方法是考察参考物质的分析结果。参考物质通常是指标准参考物或对照试样。食品分析的标准参考物可以从中国药品生物制品检定所、美国国家标准和技术研究院(National Institute of Standards and Technology，NIST)、加拿大陆地生物资源研究中心及比利时标准管理局(Community Bureau of Reference，BCR)获得。但是，这些参考物质不一定能从外部组织获得，实验室内部同样可以制备对照样品。在制备时需要认真选择合适的样品原料，严格按照操作程序进行分离和分析鉴定，以保证自制对照品的结构和纯度。不论采用何种标准参考物，待测样品的基体都必须符合特定分析方法的要求。

1.5 分析数据的评价

食品分析和其他分析化学领域一样，获得成功的两个决定性的因素是：有效的分析方法和应用软件(及评价数据)。目前，大多数现代分析仪器都已计算机化。也就是说，分析数据的数学处理是构成分析系统必要的组成部分。通过数据的数学处理可将分析物的浓度或结构信息等转换成与分析相关的术语，评价某特定测试过程的好坏或确定如何重现某一实验过程。这种自动化意味着分析工作者不能进行直接的检验，甚至只能提供原始数据。因此，使用有效的软件是极其重要的。如对未知化合物进行结构鉴定时从红外光谱、质谱和核磁共振分析获得了相应的谱图，然后将这些谱图与计算机存储器存储的标准化合物谱图比较，此过程称为“检索”或“谱库搜索”。

这里主要介绍如何评价同一样品多次重复分析结果的准确度与精密度，以及最佳标准曲线的拟合。

1.5.1 测量数据的集中趋势

为了提高准确度和精密度并评价这些参数，一般对同一样品需要重复测定多次，至少需要进行 3 次有代表性的实验。但是，由于不能确定哪个值最接近真值，因此，需要对获得的数据进行处理，用平均值记录实验结果。平均值用符号 $\bar{x}$ 表示，通过下式计算：

$$\bar{x} = \frac{x_1 + x_2 + x_3 + \cdots + x_n}{n} = \frac{\sum x_i}{n} \tag{1-1}$$

式中：$\bar{x}$——测量数据的平均值；

$x_1, x_2, \cdots, x_n$——各个测量值（x_i）；

n——测量次数。

例如，对某个生面包样品中的水分质量分数进行了 5 次测量，其结果分别为 63.82%、64.32%、64.57%、64.01%和 64.28%。其平均含水量 $\bar{x}$ 为

$$\bar{x} = \frac{63.82\% + 64.32\% + 64.57\% + 64.01\% + 64.28\%}{5} = 64.20\% \tag{1-2}$$

生面包中的水分质量分数的实验结果记录为 64.20%。以平均值报告实验结果，这是真值的最佳经验估计值。但是通过平均值不能知道真实性或实验结果的准确性，所以只能记录平均值。

另一种确定方法是用中位数表示，如淀粉的粒度大小表示往往用中位数。中位数是处在一组数字的中点或中央的数值，即在实验结果中有一半实验值小于中位数，另一半实验值大于中位数。在实际分析中常用平均值表示，这是因为平均值是更好的经验估计值。

1.5.2 分析的可靠性

分析方法可以用基于分析结果的“质量”标准和经济标准来表征（后者不在此讨论）。与分析结果的质量有关的标准包括准确度、精密度、选择性、偏差、灵敏度、检出限。此外，还需考虑样品的预处理方法是否破坏样品，以及多组分分析的可能性。

下面将对以上提到的术语进行定义。遗憾的是，在应用这些术语时，意见常不一致。本书使用的术语是根据国际标准化组织（ISO）或国际纯粹与应用化学联合会（International Union of Pure and Applied Chemistry，IUPAC）的建议。

1. 准确度和精密度

准确度表示测量值的平均值与公认的标准值（真值）之间的一致程度。

在上述列举的生面包水分质量分数分析中，得到的平均值为 64.20%。如果生面包的真实水分质量分数是 64.31%，比较这两个值，不难看出测定结果是相当准确的。

确定准确度时遇到的问题是，在大多数情况下不能确定真值。对某些分析的实验材料，可

以到国家标准技术研究院或相关机构购买标准样品，并根据标准物质验证测试过程和结果，只有这样才能对准确度做出评价。另一种方法是假定其他实验室的测试结果是准确的，并与之比较以判断二者的一致性。

精密度定义为测量值在平均值附近的分散程度。这个参数的作用是衡量重复性或平行测定的一系列数据的接近程度，即数据在中心值（平均值 $\bar{x}$）附近的分散程度。从统计学观点来看，在实际过程中分析实验变量时，精密度常用误差来衡量。因此，精密度、误差和变量的概念是密切相关的。对 n 次有限测量数据，广泛使用以下术语度量精密度。

标准偏差：

$$S=\left[\frac{\sum_{i}(x_i-\bar{x})^2}{n-1}\right]^{\frac{1}{2}} \tag{1-3}$$

相对标准偏差：

$$\mathrm{RSD}=\frac{S}{\bar{x}} \tag{1-4}$$

百分相对标准偏差：

$$\mathrm{RSD}\%=\left(\frac{S}{\bar{x}}\right)\times 100 \tag{1-5}$$

式中：RSD 又称变异系数（CV）。

式(1-3)中的($n-1$)表示自由度，即 n 个独立观测数据有($n-1$)个自由度，因各个偏差，即偏差($x_i-\bar{x}$)的总和为零，所以计算平均值 $\bar{x}$ 就损失了一个自由度。那么如果计算得到($n-1$)个偏差，也就确定了最后一个偏差。这就意味着只有($n-1$)个偏差提供了一系列精密度的独立测定。下面给出了一些不用来度量精密度的量的定义。

平均偏差：

$$d=\frac{\sum_{i}|x_i-\bar{x}|}{n} \tag{1-6}$$

相对平均偏差：

$$\mathrm{RMD}=\frac{d}{\bar{x}} \tag{1-7}$$

百分相对平均偏差：

$$\mathrm{RMD}\%=\left(\frac{d}{\bar{x}}\right)\times 100 \tag{1-8}$$

术语“可重现的”或“再现性”是平行测定结果的分布。结果可重现性的高或低，意味着平均值附近结果的分散度低或高，从而可预计 S 或 d 值的小或大和精密度的高或低。图 1-1 很好地说明了精密度和准确度的差别。

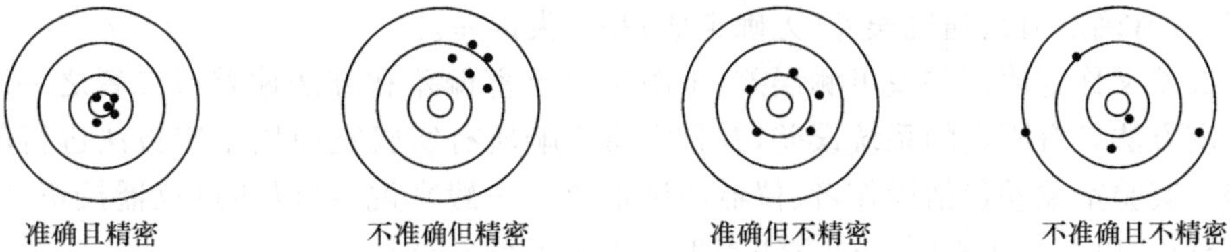

图 1-1　准确度和精密度的实例

根据ISO的建议,重复性是表示一段时间间隔,在同样条件(操作者、仪器、实验室)用相同试剂、相同方法获得的各个结果的接近程度。类似地,再现性表示用相同试剂、相同方法,但在不同条件(如不同实验室、操作者、仪器和时间)下获得的各个结果的接近程度。显然,二者的概念是相似的,只是分别涉及相同和不同的工作条件。

也可将精密度看作两种作用之和:实验室内误差,来路未明的、正态分布的随机误差;各个实验室间的系统误差,即实验室偏差。根据以上定义,对于给定的方法,重复性总是优于再现性。常用变异系数(CV)说明重复结果的精密度和重现性,变异系数小则重现性高。不同类型的分析对CV有不同的要求,但一般来说,CV小于5%就可以接受了。

2. 偏差和准确度

如上所述,即使是平行测定,得到的结果 x_i 也不同。如果 T 值是真值(通常是未知的),两者的差值即为测定的误差:

$$E_i = x_i - T \tag{1-9}$$

用给定的分析方法进行足够多次平行测定,可以得到一个"稳定的"平均值 $\bar{x}$,此 $\bar{x}$ 是对无限次测定的平均值 μ 的估计。将 $\bar{x} - T$ 的差值称为偏差或系统误差。这只是对真实偏差的估计。

偏差是一个常数或系统误差,根据公认的标准(真)值,偏差清楚地表明平均值恒定的正或负偏差。E_i 可以写成

$$E_i = (x_i - \bar{x}) + (\bar{x} - T) = E_{随机} + 偏差 \tag{1-10}$$

系统误差来源于实验室偏差和方法偏差或二者之一,误差是系统误差和随机误差之和。如果只有一个观测值,则 $E = x - T$。实验室间实验的准确度对于方法偏差是相同的。式(1-10)中的平均值是不同实验室所得结果 x_i 的平均值。对单一实验室来讲,系统误差是方法偏差和实验室偏差之和,这个量也称为准确度。但在实际报告中,最好不将术语"准确度"作为一个量而仅用其来表示"准确度"测量可以达到的程度。结果的准确性可以通过3种不同的方法加以论证:①与不同方法比较;②与其他实验室比较;③使用有证标准物质。

精密就是偏差小,正确就是误差小,"准确"则是既精密又正确的测定。

准确度的另两种表示是 $\bar{x} - T$ 的差(平均值的绝对准确度)和 $x_i - T$ 的差(各个测量的绝对准确度)。按照第一种定义,准确度和系统误差是同义词,即方法偏差加上实验室偏差。而根据第二种定义考虑各个结果,准确度则表示系统误差和随机误差的结合。

3. 误差来源

分布测试中的误差(变化程度)对于评价分析数据和结果是非常重要的。尽管食品分析工作者竭力争取获得的结果正确,但是期望一种分析方法绝对没有误差是不可能的。然而可以尽可能减少变化程度,以得到最好的结果,这就需要清楚地了解误差来源。误差类型有3种,即系统误差(有确定值)、随机误差(无确定值)和过失误差。

系统误差又称定值误差或可测误差,来源于实验室偏差和方法偏差或二者之一。方法偏差表示特定方法具有固定的系统误差,并且它将影响所有实验室应用给定方法进行的任何测定的误差。实验室偏差包括操作者、仪器和试剂等。一般来说,可以通过仪器校正、空白实验或标准品校正,以及采用不同分析方法等手段来纠正系统误差。

随机误差即不可测误差(又称不确定误差),在每一项分析测定中经常出现,是由操作者、

仪器和方法的不确定性造成的。这些误差随机变化不可消除，但可通过仔细操作而减少。例如，读取分析天平读数，判断滴定终点的变化以及使用移液管或容量瓶等都会带来随机误差。仪器背景噪声也是引起随机误差的因素之一。正负误差出现的可能性是相同的，但幸运的是它们通常都很小。

过失误差是在异常情况下产生的不符合误差的一般规律，正常情况下不会出现。但遗憾的是，过失误差时有发生，如仪器突然失灵、试样的意外损失等，一旦察觉应立即纠正。

4. 选择性

选择性表示样品中其他成分对结果的影响程度。有时采用专一性或特异性这个术语，这样就可以假定只有分析物对结果产生影响。有些分析方法可能对某一特定食品成分具有很高的特异性，但是，在多数情况下，分析方法能测定一系列成分。例如，食品中的粗脂肪包括甘油酯、磷酸、胡萝卜素、脂溶性维生素和游离脂肪酸等，测定的是可溶于有机溶剂的上述化合物，而不是某一种化合物，所以采用的分析方法具有较宽的测定范围。但是测定水果中的维生素C含量时，则需要采取特定的分析方法，因为水果中还含有其他种类维生素，否则结果就不可靠。关于分析方法的特异性没有严格要求，应根据需要综合考虑。

5. 灵敏度和检出限

灵敏度与检出限两个术语不能混淆，尽管它们关系密切，但二者具有不同的含义。灵敏度 S 表示信号 Y 的改变量与浓度 c 的改变量之比 $\left(S=\frac{\mathrm{d}Y}{\mathrm{d}c}\right)$。在许多情况下可以调整测试灵敏度使之符合要求，让某个分析方法具有高或低的灵敏度。有时为了同时测定一组浓度变化范围较大的样品，要求较低的灵敏度。

在分析时对检出限的判断是当分析结果接近空白值时，应该判断此结果是空白的随机值还是分析物的实际值。空白产生的背景信号就是噪声。检出限相当于检测信号为背景噪声的标准偏差的 K 倍(即信噪比等于 K，一般定义 $K=3$)。高于检出限的值可认为分析物存在，低于检出限的值表示在可检测量的范围内没有检出分析物。

1.5.3　报告分析结果

分析工作者应该清楚地报告可靠的结果，避免报告任何不确定的数据。为保证结果的质量，需用标准品验证分析方法(在不同的实验室，用不同的方法对已知成分的标准样品进行分析)。如果没有标准样品，可将测定的结果与其他公认的标准分析方法所得结果比较。

通常在报告测定结果时应标明相应的误差估计，否则该实验结果是毫无价值的。一般很好的、极力被推荐的分析方法是：报告在95%的置信限($\bar{x}\pm ts\sqrt{n}$)下的平均值 $\bar{x}$。对于非参数统计学完全不作数据分布的假设，而更关心的是显著性检验，不是估计。注意上面的公式要求原始数据(经典统计学)是"正态分布"。此外，在一定置信区间内计算样本的平均值和样本的标准偏差之前，必须舍弃用适当的检验方法检出的异常值。

在报告分析数据时，还应指出测定方法的灵敏度和精密度及检出限，以评价实验值并获得精确的报告结果。

1. 有效数字

分析数据经常是一种宽广的正态分布和(或)受异常值损害(有时候用中位数进行强估

计)。在报告分析结果时,可用测定的平均值或中位数,这就需要确定报告中的有效数字的位数。“有效数字规则”是一种令人不太满意但又经常使用的处理方式。按照这种处理方式,引用有效数字的位数代替特定的估计,以表示结果的精密度和灵敏度。有效数字的定义是:所有的确定数字再加上最末一位不确定的数字。例如,报告某个结果为 58.95,该数值含 4 位有效数字,其中前 3 位是可靠的,最后一位 5 是不确定数,可能是 4 或 6。对于零是否为有效数字,必须注意下列情况:

(1) 小数点前的零无效,如 0.6894 只含有 4 位有效数字。

(2) 非零数字之间的零有效。然而末尾的零可以有效或无效。例如,用不同的方法表示 1L 容量瓶的体积(容量瓶的允许误差是 0.4mL)。有人写成 1.0 L(两位有效数字),这意味着只能读到零点几升,表明这个数字的十分之几升是不准确的。另有人写成 1000mL,同样是不对的。为避免混淆最好使用科学计数法,即 1.0×10^3mL,这就表示体积可以读到零点几毫升。

(3) 如果不采用小数点,末端的零无效。

(4) 报告结果的数字(包括正确的有效数字的位数)可用 10 的乘方表示。必须清楚,“有效数字规则”只能表示不确定数字而不能对不确定性进行定量。为了对不确定性进行定量,需要对精密度进行明确评价。总之,应正确理解有效数字的含义并仔细审查有效数字。

确定计算过程中的有效数字位数的经验规则总结如下:

(1) 加或减:小数点后的有效数字的位数不能高于参与加或减的数字的小数位数最少的数。

(2) 乘或除:有效数字的位数与参与乘和(或)除的数字中位数最小的一致。

(3) 取对数:对数尾数的位数等于原始数据的有效数字的位数。

(4) 取反对数(取幂):有效数字位数等于对数中尾数的位数。

2. 数字的修约

1) 四舍五入法则

在所有分析领域中,数字的四舍五入都是运算中非常重要的一个步骤,草率或错误地取舍数字都会使测定结果产生严重误差。

2) 数字的舍弃

在处理实验室数据的过程中不可避免地会遇到异常的数据,如何取舍需要仔细考虑,但测试中出现的错误结果则不能采取舍弃的方法,而应对分析错误进行纠正。

有几种常用的检验方法用于异常数据的舍弃,Q 检验法是其中常用的一个方法,Q 用式(1-11)计算,并将结果与表 1-1 中的数据比较,如果计算值大于表格中的值,那么该可疑值可被舍弃(90%置信度)。

$$Q=\frac{x_2-x_1}{w} \tag{1-11}$$

式中:x_1——可疑值;

x_2——x_1 的最邻近值;

w——所有数值的极差,等于最高值减去最低值。

表 1-1 舍弃结果所需的 Q 值

测定次数	舍弃 Q 值(90%置信度)	测定次数	舍弃 Q 值(90%置信度)
3	0.94	7	0.51
4	0.76	8	0.47
5	0.64	9	0.44
6	0.56	10	0.41

现举一例说明 Q 检验法的应用。对生面包中的水分质量分数共进行了 4 次重复测定,结果为 65.53%、64.87%、64.38%和 56.31%。其中 56.31%这个结果看起来均小于其他结果,是否该舍弃呢?根据式(1-11),$x_1=56.31$,而 $x_2=64.38$,极差值 w 为 $65.53-56.31=9.22$,则

$$Q=\frac{64.38-56.31}{65.53-56.31}=\frac{8.07}{9.22}=0.88 \tag{1-12}$$

由表 1-1 可知,如果需要舍弃该数据,计算的 Q 必须大于表中的 Q(0.76),因此水分质量分数 56.31%可以舍弃,且不能参与平均值计算。

1.6 样品的采集与制备

样品的采集和制备在食品分析和其他所有分析中都是非常关键的问题。分析的结果可信度高则需要最佳的采样与良好的制备技术,得到适合分析的最佳组分和状态,下面分别简单介绍样品的采集与制备。对于不同的分析目标和对象的制样,参见第 3 章相关部分。

1.6.1 样品的采集

食品的种类繁多,加工工艺也存在差异,使其食品属性也不相同。为了控制食品的品质和安全性,监测原料、配料及加工成品的特性和营养性则是非常重要的。如果分析技术快速且无破坏性,那么可对所有食品或指定批量配料实施评估。然而通常进行分析时需要选取有代表性的原料或产品。取样和实验方案是保证达到实验的最后目标,并且是获得有意义和有效结果的根本。取样是任何分析过程中非常关键的步骤,因此取样的重要性需要特别被强调。特别是生物材料,个体差异较大,更应注意其代表性,如果实验样品不能代表原始材料,不管分析结果如何好,也不管分析进行得如何仔细,都不能将分析结果与原始材料相关联。

从待测样品中抽取其中一部分代表整体,这种方法称为采样(或取样)。而从其抽取样品的总数称为总体。取样往往是一个产生误差的过程,这当中原始样品材料的均匀性起着重要的作用。

1. 采样计划步骤

在采样前必须制订出最佳的采样方案,应该考虑确定产品或原料的检测目的、性质(如挥发性、光敏性、热稳定性、溶解性等)、测试方法和抽样批量。采样的两个主要目标是平均值的评估和确定某一性质的平均值是否满足采用计划规定的技术规范。根据国际纯粹与应用化学联合会的定义,采样计划是一个预先确定的从批量中选择提取、保存、运输和制备得到其中一部分作为样品的程序。采样计划的选择是基于采样的目标、研究的整体、统计单位、样品的选择规则和分析步骤。

采样分为属性采样和变量采样。属性采样是根据样品的特性进行采样，以确定总体的合格性，即证明问题是否存在。例如，罐头食品的肉毒杆菌污染，属性采样提供存在或不存在可能性的数据。在数据为二项式分布的情况下如肉毒杆菌存在，单独出现的可能性直接正比于样品数。二项式可能性的计算将使调查者从整批量中得出结论。

变量采样是以连续采样模式定量评估物质（如盐分）和特性（如颜色）。从样品得到的评估值与一个接受值（即测得值）和测量偏差相比较。这种采样法通常产生具有正态分布的数据，如食品样品中的总固形物含量，通常与属性采样法相比较，变量采样只需较少的样品数。而且如果可能，每个特性都可被分别采用。而有的国家对某些食品样品的采样数是有特殊要求的，如美国食品药品监督管理局（Food and Drug Administration，FDA）和农业部在进行营养品合格采样时，要求待测营养物的样品数为 12 和分别不少于 6 个次级样品。

根据属性或变量提出采样计划，这些计划有单重、双重、多重三种基本类型。这需要根据该批量产品品质和采样费用的要求确定选择何种计划。单重采样计划是由一个特定数量的样品的检查做出接受或拒绝的判定。双重采样计划需要挑选两套样品。多重采样计划通过快速拒绝劣质批量、接受优质批量，只需对中间质量的批量进一步采样，这样可大大减少多重采样的费用。采样数取决于总批量的质量。

任何一种采样计划都存在风险，消费者的风险是接受劣质产品的概率，这种概率发生的风险很小（一般小于批量的 5%），但应该使对公众健康有害的物质甚至是致死物的概率降低至零。而销售商的风险则是指拒绝一批合格产品的概率，其风险可接受的概率通常为 5%～10%。

2. 采样方法

如果不恰当地进行采样，就不能保证分析数据的可靠性，因此最初的采样方法是提高准确度的最有效方法。而采样的可靠性更主要地取决于取样的数量而不是总体的数量。取样数越大，样品越可靠。然而取样数又受到时间、经费、采样方法、样品处理方式、分析和数据处理等因素的限制。

根据总体是否为均相体系决定采样计划。当然从均相总体采样很简单，但实际情况不多见，食品更多的是多相不均匀总体。采样方法有人工和连续采样两种。理想的采样方法应有统计学基础。人工采样必须采用“随机采样”来防止人为偏差，在采样时为保证样品的代表性，必须从总体的各个位置采样。对于液体样品，包装体积小的，可按规定确定件数取样，然后混匀处理；大体积液体可充气均匀后取样。固体物料可用采样器在总体的不同位置进行多点采样，如大米，混匀后按“四分法”取样。连续采样由机械实施，因而人为误差较小。

采集的样品需要建立良好的保存措施，用标签清楚地标明所需信息，如样品的来源、采样地点、日期和时间以及待测组分。如果样品是一种正式的或法律样品，为防止篡改，容器必须密封，而且封口标识要容易识别，另外还需包含采样代表姓名和签字的样品分析数据，这种样品保管才能清楚确认。

1.6.2 样品的制备

样品制备技术在食品分析中是一个十分重要的问题。样品的状态必须与应用的分析技术相适应。另外，样品应与所选用技术的最佳浓度范围相适应。对于液体样品，最常用的制备步骤是稀释或富集痕量物质。而固体样品需要均匀和溶解或分解。

在痕量分析中，往往分析物的浓度很低，不能直接测定。需采用富集的手段提高样品中被分析物的含量，最常用的方法有萃取、吸附和离子交换法，如分析果汁的香气成分往往采用固相微萃取技术富集。这些方法也通常用于干扰物质的消除，或通过加入与干扰物反应的试剂，消除干扰物对测定结果的影响，此过程称为“掩蔽”。

下面介绍几种常见的样品制备方法。

1. 常规减量法

对于体积和质量太大的分析样品，需要通过规定方法描述的程序对不同食品进行处理和保存，一般采用“四分法”按对角线取样进行减量。

对一些特殊样品，如新鲜果蔬样品，因其不均匀性和易损，必须遵守以下原则：①采集的样品要均匀，有代表性，而且能反映全部被检果蔬的组成、质量、卫生状况、成熟度和新鲜度；②采样过程中要防止果蔬的破损或受伤，以及成分的逸散或带入杂质，必须使采集的样品保持原有果蔬的理化性质；③样品的处理过程尽量简单易行。采集样品的量每一份不少于0.5kg。视检验的目的，从被检物有代表性的部位(如果、根、茎、叶等)分别采样(此处要注意其可食和非可食部分)，经捣碎、混匀后再缩减至所需数量。体积较大的(如西瓜、苹果、萝卜等)则采取纵分缩剖的原则，即按成熟度及个体大小的组成比例，选取若干个体，对每个个体按生长柱纵剖为4份或8份，然后按对角线取样，切碎混匀，缩分到所需数量。体积蓬松的叶菜类(如菠菜、小白菜等)，从多个包装(一筐、一捆)分别抽取一定数量，混合后捣碎，混匀、分取，缩减到所需数量。而对体积较小的山楂、葡萄等，则采取随机取样的方法，将所采个体切碎混匀，然后缩分到所需数量。

2. 研磨

为了使分析样品具有代表性，可通过研磨机研磨待测样品，以减小样品的粒度和不均匀性。谷类和干燥食品采用粉碎或球磨，以及超微粉碎方式进行处理；冷冻食品可用冷冻研磨机研磨，这样省略了预干燥步骤，同时也减少了研磨过程中由热效应引起的化学反应。超离心磨也是一种粉碎和干燥样品的设备。粉碎后的样品根据分析目标过筛并确定粒度大小。一般测定水分、总氮、矿物质的样品粒度为20目，而分析脂肪、碳水化合物的粒度采用40目为宜。对一些乳化体系的分析，如膳食纤维对胆固醇的抑制，其乳液体系的分散程度，也就是分散物体的粒度大小显著地影响分析结果的可靠性。因此，要求胶体颗粒的粒度最好控制在纳米级。

某些样品为了易于粉碎，需要预先干燥。另外，粉碎过程尽量防止食品因受热而产生非需宜的化学反应。

对于湿细胞组织的粉碎，需要各种切片装置。辊式切碎机适用于块茎和叶菜，而绞肉机更适用于水果、根类和肉类。加砂作为研磨料能使食物粉碎得更细。胶体磨合均质机也常用于悬浮液的分散和均质。这里必须提及的是，对一些易氧化或易分解的物质，在研磨时需要加入抗氧化剂或在较低温度下进行。

3. 酶的钝化

食品原料中常含有能影响待测组分性质和结构的酶。因此，在分析前需要对酶进行钝化处理，常用的方法有加热变性灭酶或冷冻储存(－30～－20℃)抑制酶的活性。有些酶可采用调节pH或盐析方式使之钝化，氧化酶可以添加还原剂来控制。近年来磁性纳米粒子新技术已用于分离和钝化酶的工具。

4. 防止脂质氧化

许多食品均含有不同的脂质，而脂质的氧化则引起许多非需宜的变化，特别是高脂食品在进行预处理时，可以通过添加抗氧化剂或在充氮或真空条件下进行，然后在低温下避光储存。

5. 微生物的生长和污染

几乎所有的食品中都有微生物存在，它会改变样品的组成。同时所有未杀菌的表面也存在微生物，因此必须采用适宜的方法防止细菌感染，如冷冻、干燥、灭菌或添加防腐剂等方法都能达到有效控制微生物的目的。此外，还应注意对包装材料与容器的灭菌处理。

有关样品的上述处理是为了能有效地获得需要的分析结果，对那些可能导致样品变化的因素必须仔细考虑。

食品在测定前往往还需要进行分离或预处理，常用的方法包括有机物的破坏（干法或湿法消化）、溶剂提取法（包括溶剂浸提法和溶剂萃取法）、蒸馏法、色谱分离法（如吸附色谱、分配色谱、离子交换色谱和亲和层析色谱分离等）、化学分离法（磺化法和皂化法、沉淀分离法、掩蔽法）、浓缩（常压浓缩法和减压浓缩法）。分离方法的确定需要根据样品性质和分析目的加以选择，也可以是两种或多种分离方法的组合。近 10 余年来一些新的绿色提取分离技术不断出现，如超临界流体萃取（SFE）、超临界水萃取（SWE）、微波和超声波萃取、固相微萃取、基质分散固相萃取、加速溶剂提取、单液滴微萃取、分散液-液微萃取、中空纤维膜液相微萃取、分子印迹和磁性微球等，已在食品分离和分析中得到了应用。这些制备技术具有更高的选择性、更短的萃取时间和对环境更友好的特性。近年来发展的活体原位分析技术更具挑战性并可在线测定。应当指出，无论采用何种分离方法，均要防止样品性质和结构发生变化，以及样品损失。由于食品种类繁多、成分复杂，有关分离方法将在各个具体成分分析中分别介绍，在此不作赘述。

思 考 题

1. 何谓分析方法的认证？它包括哪些过程？
2. 中国的食品法规有哪些？国际上有哪些食品相关法规？
3. 简述食品标准涉及的内容及食品分析样品的类型。
4. 如何评价分析数据的准确性与精密度？
5. 分析中的误差来源有几种？如何减小或消除这些误差？
6. 简要叙述 Q 检验的步骤和过程。
7. 简述样品的采集和制备在食品分析中的重要性。
8. 样品的粒度会给样品分析带来哪些影响？如何解决？

第 2 章　光谱及色谱分析

光谱和色谱分析方法具有快速、准确、灵敏，适合于进行微量甚至痕量分析，且大部分为非破坏性实验的特点，可为食品成分分析、食品质量与安全控制提供丰富的组成和结构信息，现已成为食品生产、科研和检验等领域的强有力的分析工具。

本章主要介绍紫外-可见吸收光谱、荧光光谱、红外光谱和拉曼光谱、质谱、原子吸收与发射光谱、高效液相色谱和气相色谱的原理及在食品中的应用范围，有关实例请参见食品成分分析和有害成分分析的相关章节。

2.1　光谱产生的基本原理

分子体系可以用其分立的电子状态、振动和转动状态组成的分子特征能谱图来识别。在室温下物质主要处在它们的电子能级和振动能级的基态。当不同能量的电磁波照射物质时，物质的分子或原子吸收一定波长的电磁波后从基态跃迁到激发态，然后这些激发态通过在各个方向上以相同的或较低的频率发射出所吸收的辐射，或者通过“无辐射”弛豫释放能量。一般在 10^{-8} s 左右回到原来基态(图 2-1)。这将引起物质不同运动状态的变化，并在连续电磁波谱上出现吸收信号，其中无线电波可引起磁性核的自旋改变，微波可引起单电子的自旋改变，红外光导致分子的振动和转动状态的变化，紫外-可见光将引起价电子能级跃迁，X 射线能激发内层轨道电子。与此对应的光谱分别是核磁共振谱(NMR)、电子自旋共振光谱(ESR)、红外光谱(IR)、紫外-可见吸收光谱(UV-Vis)、光电子能谱(photoelectron spectroscopy，PES；或 electron spectroscopy for chemical analysis，ESCA)等，它们可以从不同角度给出分子或原子的结构信息(表 2-1)，质谱(MS)则提供了另一类结构信息。

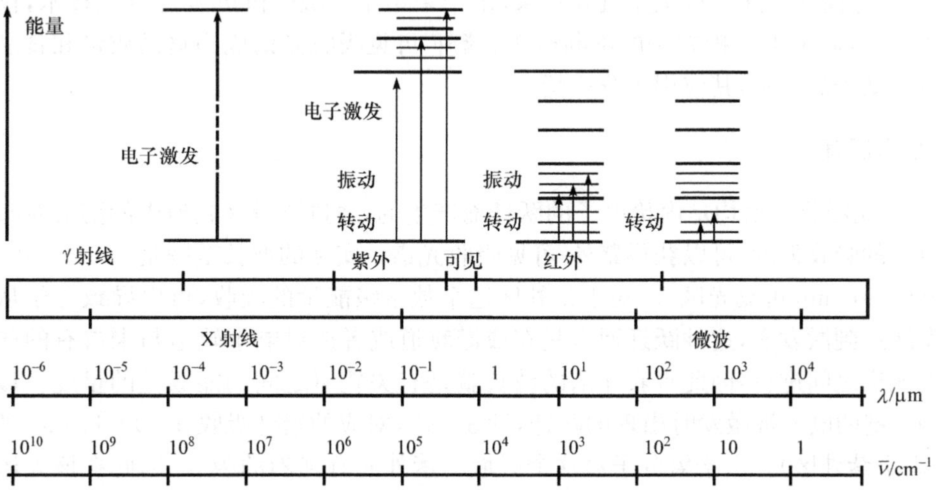

图 2-1　多原子体系的简易谱项图

表 2-1　电磁波与光谱

辐射	波长	主要量子跃迁类型	光谱类型
X 射线	0.1～10nm	内层电子跃迁	X 射线谱
真空紫外	10～190nm	外层电子跃迁	电子光谱
紫外	190～400nm	外层电子跃迁	电子光谱
可见	400～800nm	外层电子跃迁	电子光谱
红外	0.8～1000μm	振动与转动跃迁	红外光谱
微波	0.1～100cm	转动跃迁、自旋跃迁	微波谱、顺磁共振谱
无线电波	1～1000m	核自旋跃迁	核磁共振谱

2.2　紫外-可见吸收光谱

2.2.1　概述

紫外-可见吸收光谱(ultraviolet-visible absorption spectra)属于分子光谱，是分子吸收紫外-可见光区 10～800nm 的电磁波而产生的吸收光谱。可以根据物质的分子或离子对紫外和可见光的吸收所产生的紫外-可见吸收光谱及吸收程度对物质的组成、含量和结构进行分析、测定、推断。但必须指出的是，物质的紫外-可见吸收光谱基本上是其分子中生色团及助色团的特征，而不是整个分子的特征。如果物质组成的变化不影响生色团和助色团，就不会显著地影响其吸收光谱，如甲苯和乙苯具有相同的紫外吸收光谱。另外，外界因素如溶剂的改变也会影响吸收光谱，在极性溶剂中某些化合物吸收光谱的精细结构会消失，成为一个宽带。所以，鉴定物质的分子结构时，必须将紫外-可见光谱与红外光谱、核磁共振谱、质谱以及其他化学、物理方法共同配合才能得出可靠的结论。

紫外-可见吸收光谱法的特点是：测量灵敏度和准确度高，应用范围广，对很多金属元素和非金属元素及其化合物都能进行测定，并能定性或定量测定大部分有机化合物。此外，仪器的价格便宜，操作简便快速。特别是近几年来，由于采用了二极管阵列及计算机技术，仪器性能得到了很大提高，加上分析方法的不断改善，紫外-可见吸收光谱成为食品质量和食品安全常规分析不可缺少的方法，其应用十分广泛。

2.2.2　基本原理

紫外-可见吸收光谱均是由价电子的跃迁而产生的，通过测量吸收池中的溶液对某个波长范围单色光的吸收强度，可以获得紫外-可见吸收光谱。实际的波长范围是 190～400nm(紫外区)和 400～800nm(可见光区)。对于紫外区这个数量级能量的吸收，可以导致分子从电子能级的基态跃迁到激发态，这种跃迁通常是在成键轨道或者孤对电子轨道与未占有的非键轨道或者反键轨道之间进行，因此吸收光谱的波长就是有关轨道之间的能级差的量度。最大的能级差是当 σ 键的电子被激发时出现的跃迁，即 $\sigma\rightarrow\sigma^*$，对应的紫外吸收在 10～190nm 的远紫外区(也称真空紫外区)。由于氧分子对这个区域的紫外光有强烈的吸收，因此在该光谱范围研究时，必须在无氧的绝对真空状态或其他惰气(如氩、氖、氦)环境下进行。190nm 以上，则是从 π 轨道、p 轨道及 d 轨道激发电子，其跃迁包括 $\pi\rightarrow\pi^*$，$n\rightarrow\sigma^*$ 和 $n\rightarrow\pi^*$。对人的眼睛来说，紫外光是无色的，而可见光区的不同波长有其各自的特征颜色，光谱波长最短的一端为紫色，最长的一端呈红色。

在典型的实验中，一束强度为 I_0 的光通过盛放在石英池或玻璃池中的样品溶液后(图 2-2)，由于在池壁上的反射损失，以及被样品吸收和最终被分散的粒子散射而减小到强度 I。而溶解的样品只引起吸收损失，因此可用仅装有溶剂的同样的吸收池重复扫描以补偿反射和散射的损失，并用式(2-1)计算透射比 T：

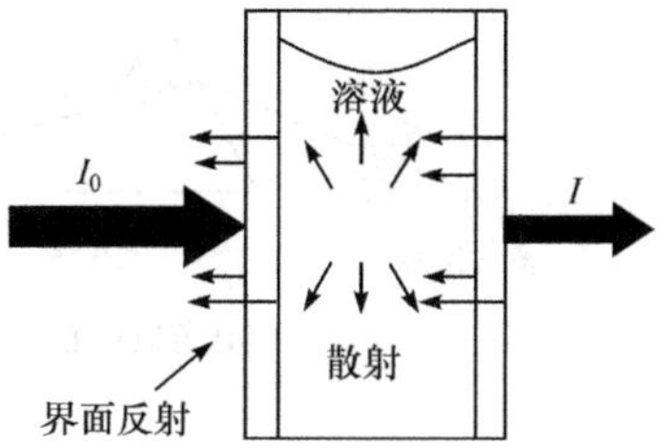

图 2-2　强度为 I_0 的光束通过反射、散射和吸收的强度损失

$$T=\frac{I}{I_0}\approx\frac{I_{溶液}}{I_{溶剂}} \tag{2-1}$$

以透射比(即透光率)T 对波长(λ)的函数作图，即得到所需样品的光谱图。可以通过测量透射比进行定性和定量分析。

必须指出的是，T 并不直接正比于样品溶液中有吸收的待测组分浓度，而是吸收带的强度(即吸光度)正比于吸收池中光照部分吸光质点的数目。吸光度 A 由式(2-2)定义：

$$A=-\lg T=\lg\frac{I_0}{I} \tag{2-2}$$

式中：A——物质对光的吸收程度。A 正比于光程[即吸收池厚度 b(cm)]、溶液浓度 c(mol/L)以及物质特有的比例常数 ε，可用比尔(Beer)定律表示：

$$A=\varepsilon bc \tag{2-3}$$

式中：ε——摩尔吸光系数，L/(mol · cm)，是与溶质有关的一个常量。此外，温度通过影响 c 而影响 A。

对于给定的体系，在稀溶液($c\leqslant 0.1$mol/L)时，A 和样品浓度之间存在线性关系。但在高浓度时，由于样品内分子间距离变小，其相互作用增强并影响电荷分布，这种分子间的微扰明显地影响待测组分捕获特定波长的能力，ε 可能发生变化，使之偏离线性工作曲线。

生物学中分析常用光密度(optical density)的缩写 OD 值作为检测单位表示，指的是被检测物吸收掉的光密度，是检测方法里出现的专有名词，光通过被检测物，前后的能量差异即被检测物吸收掉的能量，特定波长下，同一种被检测物的浓度与被吸收的能量成定量关系。OD=lg(1/trans)，其中 trans 为检测物的透光率。

定量分析要求待测组分吸收的光为单色光。但在实际测定中由于存在的非待测组分的吸收导致入射单色光能量减少，以及其他因素的影响而变得复杂。因此需要通过使用参比池进行校正。

2.2.3　仪器

1. 光度计

紫外-可见分光光度计有许多种，这里仅介绍双光束色散的扫描体系和色散的多元通道体系，两者都遵从比尔定律并用单色光工作。它们是由宽波长范围的复合光源、色散元件(多为光栅)、样品/参比池、检测器、电子元件和用于数据处理及存储的计算机组成。如果辐射损失并不严重，样品的位置可以在色散元件之前或之后(图 2-3)。

在单道系统中仅用一个检测器。当单色器(光栅或棱镜)缓慢扫描通过光谱时，它依次测量每一个分辨单元的强度。光谱的分辨率和分辨单元的宽度是由单色器的大小、所用辐射波长和(可调的)狭缝宽度决定的。当在定性分析中要求高分辨率时，则要用较窄的狭缝。

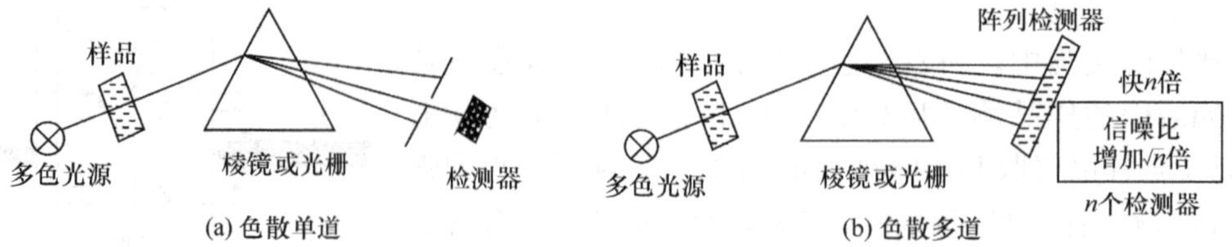

图 2-3　两种光度计的比较

多道系统用阵列检测器(通常具有 316 个硅二极管),因此产生 2nm 的光谱分辨率,并获得 200～820nm 范围的整个光谱。由于所有的强度被同时测量,因而测量时间减小1/316,如果假设在扫描体系中用同样的测量时间,则信噪比(S/N)增加$\sqrt{316}$倍。这就是多检测器系统的多通道优势。既然在阵列光度计中不需要窄的狭缝,辐射光通量就高得多,在 200～800nm 的整个 UV-Vis 范围内(光通量优势区)仅使用单个氘灯光源。

在常规的具有较低光通量的光度计中,氘灯仅被用于 200～400nm 的连续光源(紫外到可见范围),而卤钨灯用于 400～2500nm(可见到近红外区)范围。

2. 滤光片

在光度计中,用一个或多个干涉滤光片代替贵重的单色器元件,使得系统适合于在指定波长下的特定应用。由于在无线电通信中使用了高质量石英纤维,老式的仪器装置获得了新生,产生了光纤光度计。

图 2-4 绘出了典型的光纤光度计的实验装置,它适用于可见光区范围。不需要将样品装入吸收池再放进光度计,而是将光度计放在样品中,进行原位样品测量(不需进样,因为进样可能会改变甚至破坏不稳定样品的组成),这在环境和过程监测中非常重要。

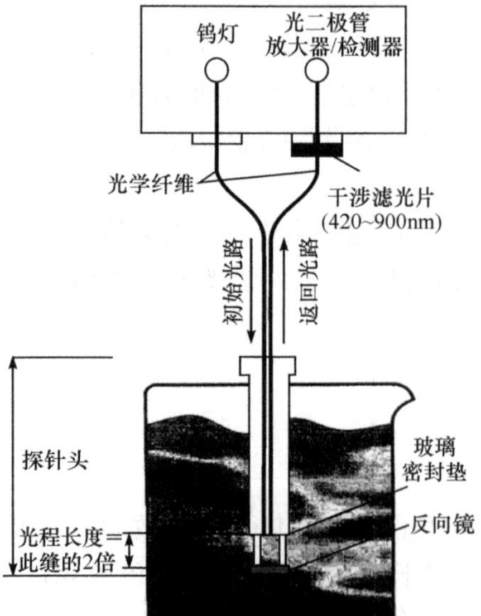

图 2-4　光纤光度计示意图

引自:Kellner R,Mermet J M,Otto M, et al. 2001. 分析化学. 李克安,金钦汉等译. 北京:北京大学出版社

2.2.4　操作条件

通常定量测定的目标是以最好的精密度和准确度、最高的灵敏度、最少的时间和费用测定待测组分的浓度。分析时除了分析方法的选择外,必须考虑分析的每一步骤可能造成的误差。光谱分析中潜在的误差来源包括:制样技术、操作、仪器噪声和吸光度的测定条件等带来的误差(如过高或过低的吸光度/透光率读数)。

1. 样品制备

分析时样品的制备方案视具体情况有所不同。首先是样品需要有代表性,这是由于紫外或者可见吸收光谱法通常是在极稀的溶液中测量。精确地称取一定量的化合物(当相对分子质量在 100～200 时,通常称取 1mg 左右样品),将其溶解在选定的溶剂中。为了防止由浑浊溶液的光散射所产生的“吸收”,有必要先对溶液进行澄清处理。一般情况下，参比池仅载有样品的溶剂，通常所用的溶剂是水，或含水的缓冲溶剂及95%乙醇(商业的无水乙醇含有残余的苯，它吸收紫外光，使用时需要注意)，或试剂空白。在定性分析时如果需要观察精细结构，选用与样品分子间相互作用较弱的弱极性溶剂即环己烷或者其他的碳氢溶剂。

2. 分析操作

当已选择分析中所用的光束区域后，就应确定合适的比色池。在紫外光区的比色池是由石英或熔硅玻璃制成，且可适用于 UV-Vis-NIR(紫外-可见-近红外)整个光谱区。玻璃吸收池对可见光范围足够透明，有时也可用便宜的塑料比色池。比色池的大小与测量所需的溶液量及比尔定律中光程的长度有关。典型的比色池透光面积为 1cm^2，高大约为 4.5cm，光程为 1cm，在标准情况下测定所需溶液的最小体积约为 1.5mL。

3. 测定波长的选择

在定量分析时需要选择最佳波长进行吸光度的测定。如有可能，最好选择在待测组分的最大吸收波长处测定。如图 2-5 所示，假设光谱的有效带宽大约为 20nm，注意图中指出的“带宽”范围内摩尔吸光系数基本上不随波长变化，并且此处测量灵敏度高，更符合比尔定律。

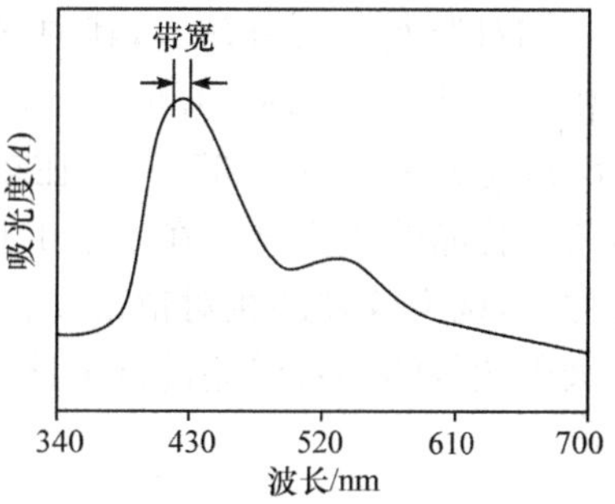

图 2-5　340～700nm 的吸收光谱

2.2.5　标准曲线

在食品分析中，定量测定常采用标准曲线法。根据标准曲线可确定待测组分的浓度与吸光度之间的关系。标准溶液最好采用与待测样品相同的试剂同时制备。典型的标准曲线如图 2-6(a)所示。线性标准曲线符合比尔定律，有些特殊的分析项目则采用非线性标准曲线。但由于线性关系的数据处理比较容易，所以通常优先考虑。非线性标准曲线是由体系中与浓度有关的化学成分变化，或者是由仪器固有的限制造成的。在非线性标准曲线中，校准灵敏度(即待测组分单位浓度的变化引起的吸光度变化)不是一个常数。图 2-6(b)列举的是荧光染料 Calcofluor 测定燕麦中 β-葡聚糖含量的非线性标准曲线，当燕麦 β-葡聚糖浓度大于 0.1μmol/L 时，灵敏度明显降低，从而限制了其使用。

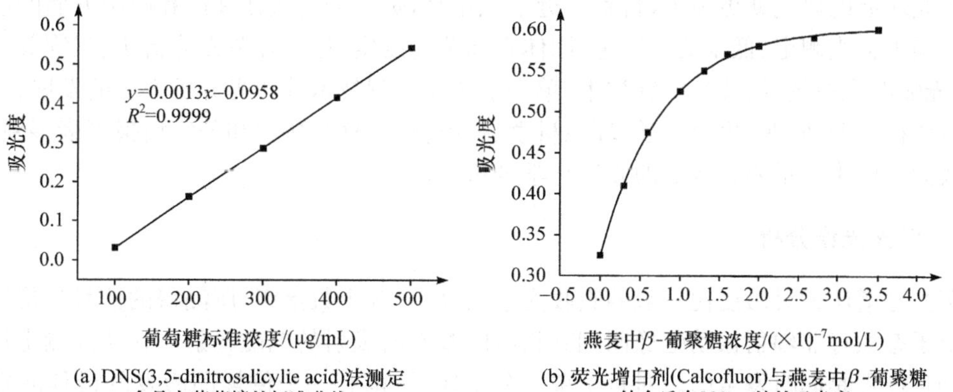

(a) DNS(3,5-dinitrosalicylie acid)法测定食品中葡萄糖的标准曲线

(b) 荧光增白剂(Calcofluor)与燕麦中β-葡聚糖结合后在380nm处的吸光度

图 2-6　定量吸收光谱中典型的线性和非线性标准曲线

此外，在许多情况下还需注意干扰化合物对待测组分的影响。干扰化合物是指与待测组分具有相同的光吸收区域的物质、影响待测组分吸光度的物质以及能与提高待测组分特异性的试剂反应的化合物。这就意味着如果待测样品与标准品在pH、离子强度、黏度、杂质种类等方面有所不同，标准曲线就可能存在误差。这种情况可以采用标准加入法校正分析体系。

2.2.6 仪器误差对吸光度测定精密度的影响

仪器误差是指仪器噪声。在测定吸光度时应最大限度地减小仪器噪声，使之产生的误差小于样品制备、二次抽样和试剂处理引起的误差。通过对一份均匀样品的重复测定就可以看到仪器的误差，这种误差引起的浓度的相对误差在整个透光率范围内(0%～100%)是不同的。在极高或极低的透光率范围内测定的误差较大。通常选用中间值的透光率测定，其相对误差较小，且相对精密度较高。

相对误差定义为S_0/c，其中S_0为样品标准差，c为测定浓度。在最佳范围内吸光度测定的相对误差在0.5%～1.5%。在一般的分光光度计上定量测定的最佳吸光度范围从0.2到0.8(或透光率15%～65%)。在较精确的仪器上，最佳吸光度读数可到1.5或1.5以上。通常待测样品的吸光度应在小于1.0取值。如果要求在吸光度大于1.0时测定，则需要重复测定样品，确定仪器的相对精密度。当采用超出仪器最佳范围的吸光度读数时，分析人员必须对其极限读数的相对误差进行统计。

2.3 荧光光谱法

2.3.1 概述

当紫外线照射到某些物质的时候，这些物质会发射出各种颜色和不同强度的可见光，而当紫外线停止照射时，所发射的光线也随之很快地消失，这种光线称为荧光。

1575年西班牙的内科医生和植物学家Monardes第一次记录了荧光现象。直到1852年Stokes在观察奎宁和叶绿素的荧光时，用分光光度计观察到了其荧光的波长比入射光的波长稍长，才判明这种现象是由于这些荧光物质在吸收光能后重新发射不同波长的光，于是引入了荧光是发射光的概念。最重要的是Stokes提出，在高浓度或某些外来物质存在时可产生荧光猝灭现象。似乎可以这样说，他是第一个提出应用荧光作为分析手段的科学家。20世纪以后有关荧光现象的研究就更多了，特别是近十几年来，荧光分析法在理论和应用方面的进展促进了诸如同步荧光测定、低温荧光测定、固体表面荧光测定、近红外荧光分析法、三维荧光光谱技术、荧光显微成像技术、荧光探针技术、单分子荧光检测技术等荧光分析方法的发展。如今，荧光分析法在工业、农业、生命科学、环境科学、材料科学、食品科学和公安情报等诸多领域，已经发展成为一种十分重要且有效的光谱化学分析手段。

2.3.2 荧光光谱分析

荧光光谱法的灵敏度比一般的吸收光谱法高1～3个数量级，所测得的信号是待测组分由激发电子态通过非辐射振动弛豫回到其相应的基态时发射的电磁辐射。在荧光测定过程中激活和钝化过程是同时发生的。对每个单一分子体系，都有一个供样品激发的最佳波长和另一个用于检测荧光发射的更长的波长。用于激发和发射的波长取决于待测体系的结构和化学性质。

需要注意的是，当激发态的物质与气体分子(如 O_2)碰撞时可产生荧光猝灭现象。这是因为激发态的物质以非辐射方式将能量转移到其他分子(外转换)，从而降低了给定样品的荧光强度。

荧光光谱仪器组件与紫外-可见吸收光谱仪器相同，但两种光学系统在流程安排上有一定的差异，图 2-7 为典型的荧光分光光度计示意图。在荧光仪和荧光分光光度计中包括两个波长选择器：一个用于激发光束，另一个用于发射光束。

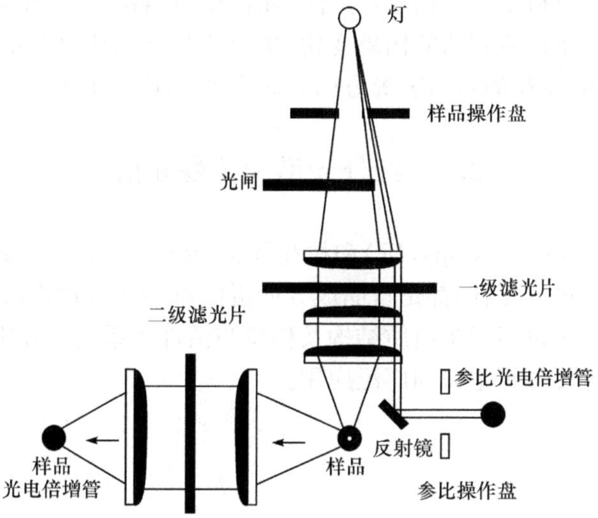

图 2-7　典型的荧光分光光度计示意图

由荧光样品发射的荧光束辐射能(P_F)正比于通过样品池的光束辐射能的变化，或正比于样品吸收的光子数，见式(2-4)

$$P_F = \phi(P_0 - P) \tag{2-4}$$

式中：P_F——荧光比色池产生的光束辐射能；

ϕ——荧光量子效率或量子产率(等于荧光物质吸收辐射后所发射的荧光的光子总数与所吸收的激发光的光子总数的比值)；

P_0——入射光束的辐射能；

P——透射出的光束的辐射能。

量子产率 ϕ 对任何一个给定系统都是定值。若以待测样品浓度和 P_0 定义 P，则

$$P = P_0 10^{-\varepsilon bc} \tag{2-5}$$

式中：ε——摩尔吸光系数，L/(mol · cm)；

b——光程，cm；

c——待测组分的浓度，mol/L。

当待测组分的浓度很低时，$\varepsilon bc < 0.01$，P_F 可写为

$$P_F = 2.303\phi P_0 \varepsilon bc \tag{2-6}$$

然后进一步归类得到式(2-7)

$$P_F = \kappa P_0 c \tag{2-7}$$

式中：κ——比例常数。

式(2-7)在实际应用中特别有用，是在假设待测组分的浓度很低的情况下，且其他参数不

变，此时荧光信号直接正比于待测组分浓度。这一点非常重要，因为信号与待测组分浓度之间的线性关系简化了数据处理过程和分析的疑难点。另外，荧光分析的灵敏度与入射光束的能量 P_0 成正比，因此可通过调节光源输出来改变荧光分析的灵敏度。

当待测组分的浓度较高时，式(2-6)和式(2-7)则不适用，此时曲线呈非线性关系，这是因为每单位组分产生的荧光量减少，使之灵敏度降低。任何样品产生的荧光量与其环境、温度、溶剂、杂质和 pH 等参数相关。因此分析设计时必须考虑这些因素。

荧光光谱法在食品分析中的应用非常广泛，如食品中硒和氨基酸的测定、燕麦中 β-葡聚糖含量的测定。近年来在蛋白质和酶的构象变化、蛋白质与蛋白质之间的相互作用或蛋白质与小分子之间的相互作用、多糖的自组装等方面的研究也有不少报道。

2.4　红外光谱和拉曼光谱

红外光谱(infrared spectroscopy，IR)和拉曼光谱(Raman spectroscopy)都属于分子振动光谱。两者得到的信息可以互补，都是食品成分如蛋白质、多糖和脂肪酸等化合物鉴定与结构分析常用的手段。近年来也用于蛋白质结构及构象与活性关系的研究中，并在食品原料、配料和食品成品的定性和定量分析中得到广泛应用。

2.4.1　红外光谱法

1. 概述

红外光谱是固体或液体或气体对不同频率的红外辐射吸收形成的光谱。红外光谱是 Herschel 在 1800 年发现的；1905 年 Coblentz 发表了 128 种有机和无机化合物的红外光谱，红外光谱与分子结构之间的特定联系才被确认。到 20 世纪 50 年代中期，随着量子理论的提出和发展，以及商品红外光谱仪的问世，红外光谱才成为化学家鉴定有机化合物官能团的重要工具。70 年代，傅里叶变换红外光谱仪和近红外反射光谱仪及一些新技术(如发射光谱、光声光谱、色谱-红外光谱联用、红外显微镜)的问世，使红外光谱得到了更加广泛的应用，使快速定量测定谷物和其他食品中的水分、蛋白质和脂肪含量成为可能。

本节主要介绍中红外和近红外光谱技术，内容包括红外光谱的基本原理、商业红外光谱仪、样品的制备方法以及这些技术在食品分析中的应用。

2. 红外光谱的基本原理

1) 电磁光谱的红外区域

红外辐射的波长(λ)比可见光长，但较微波短，通常在 0.8～100μm 范围。根据红外光谱的研究范围和仪器设计技术，红外光谱分为三种：近红外光谱、中红外光谱和远红外光谱。

中红外光谱即普通所指的红外光谱，为 4000～650cm^{-1}(2.5～15μm)红外区的光谱，后来由于仪器技术的发展，中红外光谱延伸到 400cm^{-1}(25μm)。这段光谱区正好适合于有机化合物分子的振动跃迁基频。近红外光谱指可见光的长波末端至中红外区 12500～4000cm^{-1}(0.8～2.5μm)的红外光谱，用于 O—H、N—H、C—H 等官能团的定量分析。远红外光谱为 400～10cm^{-1}(25～1000μm)的长波红外区的光谱，用以研究分子的转动光谱，以及重原子成键、氢键和一些络合物、超分子化合物的非共价键的振动光谱。

通常电磁波可以用能量来描述，标志电磁波能量的物理量有波长 λ、频率 ν 或波数 $\tilde{\nu}$[电磁

波在单位距离(cm)中振动的次数,cm^{-1}],它们之间的关系为

$$\lambda\nu=c$$

即

$$\lambda=\frac{c}{\nu} \tag{2-8}$$

式中:c——光速,2.9979×10^{10} cm/s。则电磁波的频率与波速的关系为

$$\nu=c/\lambda=\bar{\nu}c \tag{2-9}$$

按 Planck 方程,电磁波的能量为

$$E=h\nu=hc\bar{\nu} \tag{2-10}$$

式中:E——体系能;

h——普朗克常量,6.626×10^{-34} J/s;

ν——频率,Hz。

频率与能量呈线性关系,用波数($\bar{\nu}$,cm^{-1})表征能量更为普遍。

波数与波长的关系为

$$\bar{\nu}(cm^{-1})=\frac{1}{\lambda(cm)}=\frac{10^4}{\lambda(\mu m)} \tag{2-11}$$

2) 分子振动

一个分子如果沿着它的电荷分布方向振动,其电荷分布也就是电偶极矩会发生变化,则这个分子可以产生红外辐射吸收。尽管在多原子分子中有许多种可能的振动形式,但其中造成偶极矩变化最重要的振动就是伸缩振动(stretching vibration,以 ν 表示)和弯曲振动(bending vibration,)或变形振动(deformation vibration,以 δ 表示)。图 2-8 是水分子的振动模式,可以看出伸缩振动的频率高于剪式振动频率,即伸缩振动需要更高的能量。

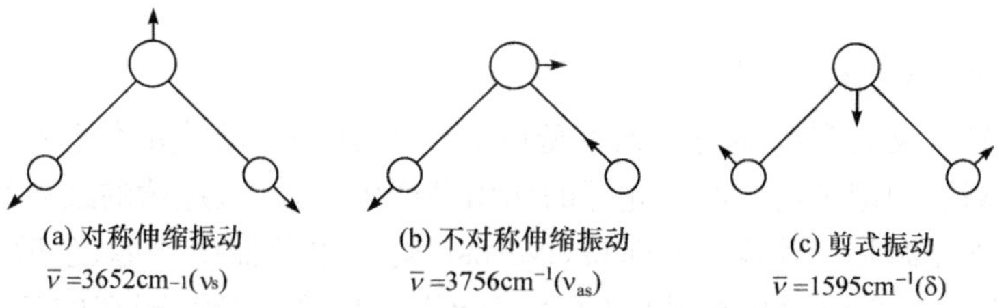

图 2-8　水分子的振动形式

3) 影响分子振动频率的因素

对于双原子分子,任何分子的振动能级均可表示为

$$E=(v+1/2)(h/2\pi)\sqrt{k/\frac{m_1m_2}{m_1+m_2}}=(v+1/2)(h/2\pi)\sqrt{k\frac{m_1+m_2}{m_1m_2}} \tag{2-12}$$

式中:v——振动量子数,0,1,2 …;

h——普朗克常量;

k——键力常数,N/cm;

m_1、m_2——参加振动原子的原子质量。

可见,振动能级即振动频率直接正比于键的强度(或键力常数),反比于分子体系的质量$\left(\text{即折合质量 } M=\frac{m_1m_2}{m_1+m_2}\right)$。而且任何两个相邻能级间的能量差都是相等的,即

$$\Delta E=E_{v+1}-E_v=h\nu=\frac{h}{2\pi}\sqrt{\frac{k}{M}} \tag{2-13}$$

在正常状态下，分子多数处于振动基态（$v=0$）。因此，分子吸收电磁波后，主要从最低振动能态（基态）跃迁到第一激发态（$v=1$），此时吸收的辐射频率正好等于键的初始频率。这种跃迁的吸收频率称为基频（fundamental frequency）。分子也可以吸收 2 倍或 3 倍基频的辐射频率，跃迁到第二激发态或第三激发态（$v=2$ 或 3）。由振动基态到第二激发态的吸收频率称为倍频（overtones）或“泛频”。倍频的强度比基频弱得多，因为倍频跃迁的概率极小。由振动基态跃迁到第三激发态（$v=3$）强度就更弱了。

另外，由于多原子的振动不是严格谐性的，各种振动模式的能级间可能相互作用。当电磁波能量正好等于两个或更多基频（v_m，v_n，…）跃迁能量的总和时，则可能同时激发两个基频或多个基频振动到相应激发态。

$$v_c=v_m+v_n+\cdots \tag{2-14}$$

这种吸收称为和频，和频吸收的强度比倍频更弱。

如辐射电磁波的能量等于两个基频跃迁能量的差时，所产生的频率等于这两个基频频率之差的吸收谱带，称为差频，即 $v_c=v_m-v_n$。和频与差频统称为合频（combination）。

3. 中红外光谱

1）中红外光谱仪

中红外光谱仪主要有色散型红外光谱仪和傅里叶变换红外光谱仪（Fourier transform infrared spectroscopy，FT-IR）两种。FT-IR 是一种新型的应用广泛的红外光谱仪，适合与各种仪器联机，如与色谱仪联用的 FTIR-GC、与超临界色谱联用的 FTIR-SFC、与热重联用的 FTIR-TGA 等。

（1）色散型红外光谱仪。

色散型红外光谱仪大多数都是双光束型（图 2-9），其基本组成部件包括光源、单色器、样品池、放大器、检测器和记录器。红外光源的作用是产生高强度、连续的红外光，目前在中红外光区最常用的红外光源是硅碳棒和能斯特（Nernst）灯。单色器由狭缝、色散元件和准直镜组成，色散元件早期是用金属卤化物晶体（KBr、NaCl、LiF 等）棱镜，现在的色散元件是衍射光栅，常用的检测器是真空热电偶、Golay 池和热电量热计三种。

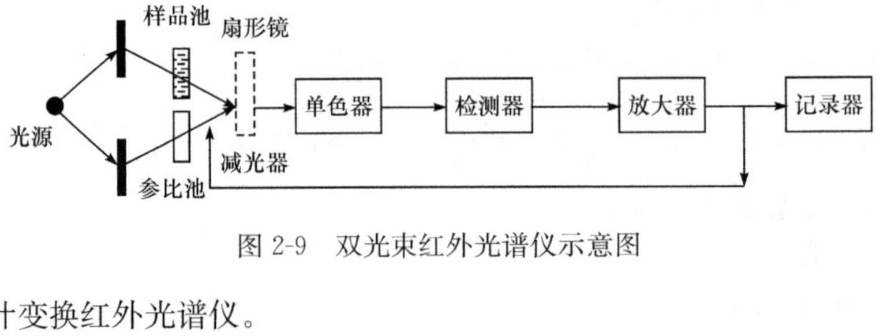

图 2-9 双光束红外光谱仪示意图

（2）傅里叶变换红外光谱仪。

傅里叶变换红外光谱仪是 20 世纪 70 年代出现的，主要由光学检测系统和计算机系统两大部分组成。在傅里叶红外光谱仪中，光并不是以色散形式而是所有的波长同步到达检测器，采用傅里叶变换的数学处理方法将测定结果转换成为典型的红外光谱图。光学检测系统由迈克尔森（Michaelson）干涉仪（图 2-10）、光源、检测器组成。

计算机的作用是接收由迈克尔森干涉仪输出的经过红外吸收的干涉图，进行迅速的 FT 数学处理，将干涉图还原为熟悉的光谱图。

FT-IR 技术的特点：在检测过程的每一个瞬间的测量都包含所有频率的全部吸收信息，单元检测时间比双光束色散型红外光谱仪大为缩短，不到 1s 即可绘制一张红外光谱图，特别有利于动力学研究和差光谱分析。同时，FT-IR 具有极高的灵敏度和很大的信噪比，可用于痕量分析，样品量可以少到 10^{-9}～10^{-11}g，测量范围可达 10000～10cm^{-1}；并具有高的分辨率（可达 0.1cm^{-1}）和极低的杂散光（一般低于 0.3%）。

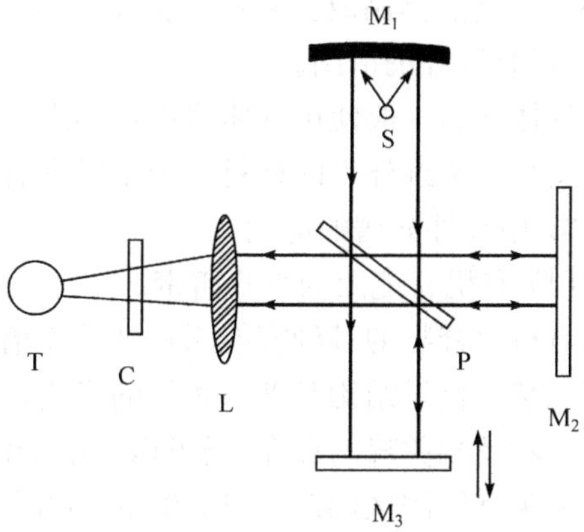

图 2-10　迈克尔森干涉仪结构示意图

S. 光源；M_1、M_2. 相互垂直的平面反射镜；M_3. 动镜；P. 分束器；C. 样品池；T. 检测器；L. 聚焦镜

(3) 红外显微镜。

红外显微镜(IR microscope)诞生于 20 世纪 80 年代初期，是傅里叶变换红外光谱仪的一个重要附件。高光通量的光束被高精度地聚焦在样品微小的面积上，使得测量灵敏度大大提高。一般检测限量都在纳克级，个别物质能检测到皮克级。可用于评价样品的均匀性和对固体样品做局部分析。

红外显微镜由显微观察系统、光学系统和汞镉碲检测器(MCT)组成，一般具有透射式和反射式两种工作方式。透射式红外显微镜用于分析可透过红外光的样品，反射式红外显微镜用于分析样品的表面或样品中的杂质及一些不透明物质。

2) 样品的制备技术

样品的制备技术包括固态样品、液体样品和气体样品的制备，应用时需要根据样品的物态和理化性质进行选择。一般样品的厚度或浓度应当控制谱图中吸收谱带的透光率大都在 20%～60%（吸光度 0.2～0.7）范围内，最强吸收谱带的透光率在 0%～20%。对含有水分和溶剂的样品要作干燥处理，微量水的存在不仅影响谱带位置、形状，改变谱图全貌，而且会腐蚀吸收池的盐窗。同时还要注意避免空气中水分、CO_2 及其他污染物混入样品。

液体样品常选用光程为 0.01～0.1mm 的液体池。池窗材料通常是用卤素或硫化物盐，由于这些材料溶于水，操作时必须特别小心。液体池有固定池、可拆池和其他特殊池（如微量池、加热池、低温池、内反射池等种类），其中内反射池主要用于在中红外区有强吸收的液体样品。固体样品可以采用压片法、糊状法、溶液法、薄膜法和衰减全反射(attenuated total reflectance，ATR)等方法制样。压片法通常是取 1～3mg 试样，加入 100～300mg 特殊处理过的 KBr 或 KCl 在研钵中研细（粒度小于 2.5μm），混匀后于压片机中压片。对不稳定的样品，应避免使用压片法。糊状法是将固体颗粒研细后与不干扰样品吸收谱带的液体混合成糊状。通常选用的液体有石蜡油、六氯丁二烯及氟化煤油。薄膜法通常用于高聚物分析，可以通过多种成膜方法制备薄膜。衰减全反射常用于固体样品的测定，特别是对一些不溶或不熔且难粉碎的试样及不透明表面的涂层特别适用。现在用的全反射晶体为板状，反射次数约 25 次（图 2-11）。晶体用

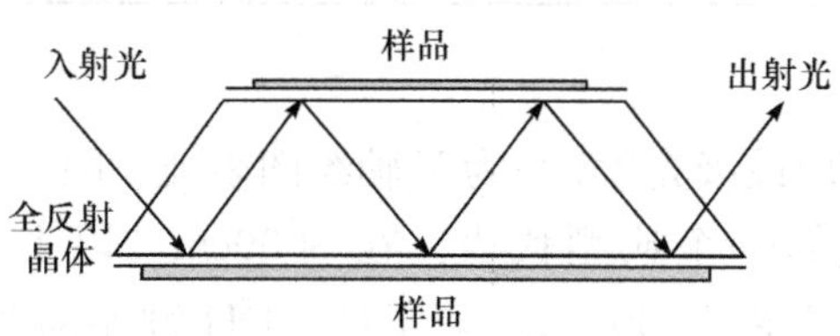

图 2-11　多重衰减全反射晶体的示意图

KRS-5 和锗晶体制成。测定时将样品紧贴在晶体上下两面，入射光的入射角多采用 45°左右调节，以获得好的谱图。

气体样品一般使用气体池进行测定，气体池为 2～10cm 的长圆筒，用玻璃或金属制成，两端的窗片为透红外光的材料。为了增强有效的光路，也有多重反射的长光路气体池。

3）中红外光谱的应用

（1）有机官能团的吸收谱带。

有机化合物的各种官能团在红外光谱的特定区域会出现对应的吸收谱带，其位置大致固定。虽然受化学结构和外部条件的影响，吸收谱带会发生位移，但综合吸收峰位置、谱带强度、谱带形状及相关峰的存在，仍可以从谱带信息中反映出各种官能团的存在与否。一般将中红外区分为官能团区（3700～1350cm^{-1}）和指纹区（1350～650cm^{-1}）两部分。官能团的特征吸收大多出现在官能团区，而一些有关分子的结构特征，如几何异构、同分异构在指纹区可以观察到。表 2-2 为一些重要的有机官能团的中红外吸收频率。

表 2-2　各种有机官能团的中红外吸收频率

官能团	吸收特征	频率/cm^{-1}
链烷烃	—CH 不对称伸缩和对称伸缩振动	3000～2800
	—CH_2 和—CH_3 的弯曲振动	1470～1420 和 1380～1340
链烯烃	烯烃的—CH 不对称伸缩和对称伸缩振动	3100～3000
链炔烃	炔烃的—CH 伸缩振动	3300
芳香烃	芳(香)烃的—CH 伸缩振动	3100～3000
	—C═C—伸缩振动	1600
醇	—OH 伸缩振动	3600～3000
	—OH 弯曲振动	1500～1300
醚	C—O 伸缩振动	1150～1070
	C—O 不对称伸缩振动	1220～1000
胺	伯胺和仲胺的—NH 伸缩振动	3500～3300
醛和酮	—C═O 伸缩振动	1735～1700
	—CH	2850～2700
羧酸	—C═O 伸缩振动	1740～1720
酰胺	—C═O 伸缩振动	1670～1640
	—NH 伸缩振动	3500～3100
	—NH 弯曲振动	1640～1550

（2）中红外光谱的表征。

红外光谱通常是以波数或波长为 X 轴，透光率(T)或吸光度(A)为 Y 轴绘图表征。图 2-12 是聚苯乙烯中红外光谱图，是红外光谱表征方法的一个典型代表。在 3000cm^{-1} 以上和 1600cm^{-1}处的吸收表示分子中有芳香环的存在，而存在于 3000cm^{-1} 以下的—CH 键振动峰，则表示有饱和碳氢烃。

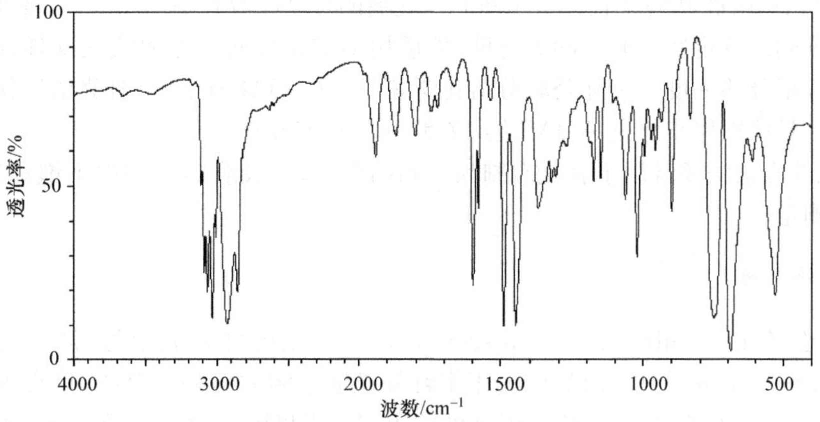

图 2-12　聚苯乙烯的红外光谱图

(3) 定性分析。

在食品分析中，常利用吸收谱带的中心频率和相对强度确定未知化合物中特征官能团的存在。也可以采用计算机检索或通过与中红外光谱建立的标准谱图比较，寻找与待测样品化合物最匹配的化合物。下面是一些应用实例。

蒜素分解产物的确定。蒜素(allicin)是一个不稳定的化合物，在室温下，红外光谱中 S═O 1080cm^{-1}的吸收峰在 24h 内就消失了，主要分解产物的气味与大蒜类似，两种可能的物质是 2-丙烯-1-硫醇和相应的二硫化合物(图 2-13)。在 1630cm^{-1}和 3070cm^{-1}处两个化合物都有 C═C 和烯基 C—H 键的吸收峰。但是，S—H 的吸收峰出现在 2535cm^{-1}处，由于蒜素分解产物的 IR 中没有这个吸收峰，因此蒜素的分解产物应该是二硫化物，而不是硫醇。

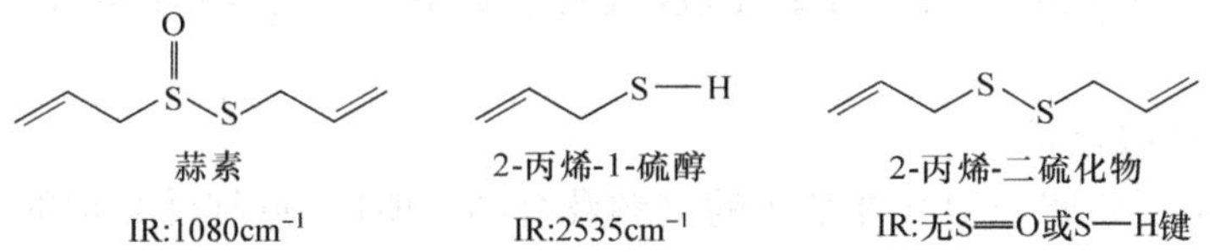

图 2-13　蒜素及其分解产物

可以利用 IR 对食品包装薄膜材料进行分析，以及在食品加工储藏中对某些特定化合物的变化和中间产物进行鉴定。例如，脂质氧化过程中根据 IR 中 2780cm^{-1}峰的出现，可以判断有氧化产物醛类化合物生成。

可以进行特征香气化合物和芳香族化合物的分析。例如，利用 FT-IR 与气相色谱(GC)联用分析绿茶饮料和橙汁在加工过程中香气化合物和芳香族化合物的变化。

(4) 定量分析。

红外光谱测定同样遵守比尔定律，虽然中红外吸收谱带相对较窄，检测灵敏度相对较低，误差比紫外-可见光谱大，但仍可成功地对单组分和多组分样品进行定量测定，且样品不用分离，也不受样品状态的限制。特别是对于一些气相色谱法测定有困难的物质，如异构体、脂肪氧化产生的过氧化物和高分子化合物的定量分析有其独特的优越性。以下是食品分析的应用实例。

牛乳中的脂肪、蛋白质和乳糖含量的测定：先将牛乳均质后用泵将牛乳泵入红外牛乳分析仪的流动池中，即可同时测定牛乳中的脂肪、蛋白质和乳糖含量。其中脂肪的羰基吸收在

$1742cm^{-1}$，蛋白质酰胺基的吸收在 $1348cm^{-1}$，乳糖的羟基吸收在 $1046cm^{-1}$。现在可采用傅里叶红外光谱仪同时测定所有波长的吸光度，然后用多重线性回归方程式根据各选定波长下的吸光值预测各组分的浓度。国际公职分析化学家学会(AOAC)已将红外光谱法作为牛奶分析的法定方法。具体操作步骤见 AOAC 第 17 版中方法 972.16。

此外，红外光谱法还常用于乳化肉制品中脂肪含量，以及脂肪和油中不饱和度及顺、反异构体含量的测定。

4. 近红外光谱

近红外光谱(near infrared spectroscopy，NIR)是比可见光能量低，波长范围在 0.8～2.5μm($12500～4000cm^{-1}$)的光谱，归属于中红外光谱基频的倍频及合频，只有中红外光谱的基频在 $2000cm^{-1}$ 以上的振动，才能在近红外区出现一级倍频。食品分析在近红外光谱测定的波长范围是 0.7～2.5μm，市售的一系列 NIR 光谱仪均可用于食品分析。近期发展的近红外漫反射技术，由于不破坏样品且快速、有效，可以直接测定食品的组分和评价食品质量，其应用比中红外光谱更加广泛。

1) 漫反射技术测定的原理

当光照射到固体或颗粒材料时，部分光将被样品表面反射，这称为镜面反射(specular reflectance)，其仅能给出非常有限的信息。而漫反射是一部分光透过样品表面后进入样品内部，并经样品颗粒反射到样品表面。漫反射光以 0°～180°的任何角度从样品表面辐射，每一次辐射都与样品发生相互作用，样品中的化学组分也可能吸收部分辐射。因此，漫反射光包含样品组分和各化学成分的结构信息，采用特定波长下的能量吸收值表示。

样品颗粒的大小和形状直接影响辐射进入或离开样品表面的光量。因此，固体或颗粒材料的研磨对 NIR 反射光谱分析非常重要，这就要求制备样品时，将样品研磨成大小均匀的细小颗粒。

2) NIR 区的吸收谱带

近红外光谱主要归属于中红外基频的倍频及合频。所以，近红外光谱的强度较弱。然而，在食品分析中却十分有用。因为食品中的主要成分如水、蛋白质、脂类和碳水化合物中通常含有—OH、—NH、—CH、C—O、S—O 等基团。在 NIR 区域均可观察到足够的强度。表 2-3 列出了重要食品成分的 NIR 吸收谱带。

表 2-3 各种食品成分的 NIR 吸收谱带

成分	吸收	波长/nm
水	—OH 伸缩/变形合频	1920～1950
	—OH 伸缩	1400～1450
蛋白质与肽	—NH 变形	2080～2220 和 1560～1670
脂类	$—CH_3$ 和—CH 伸缩	2300～2350
	$—CH_2$ 和$—CH_3$ 伸缩	1680～1760
糖类	C—O、O—H 伸缩合频	2060～2150

近红外光谱的信息特征与中红外和远红外光谱不同，谱带的归属很困难，原因不仅在于谱带的强度很弱和谱带严重重叠，而且样品的浓度、温度、氢键的形成、湿度、样品状态以及仪器

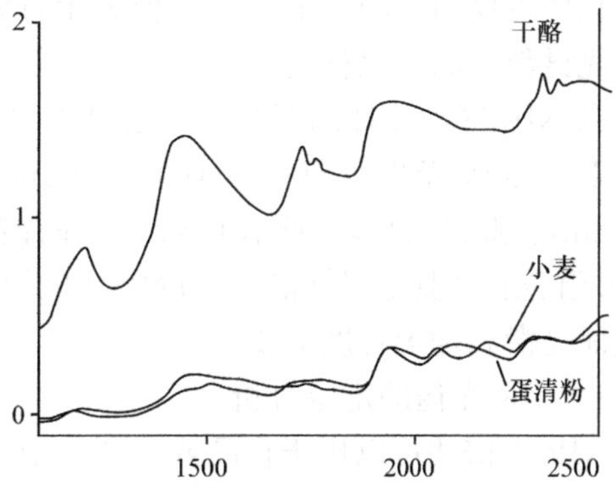

图 2-14　小麦、干燥蛋清和干酪的近红外光谱图

引自：Nielsen S S. 2003. Food Analysis. 3rd ed. New York：Kluwer Academic/Plenum Publishers

环境干扰等诸多因素，都对谱带产生影响，从而导致近红外光谱解析复杂。然而，这些宽谱带对于定量分析是特别有用的。

图 2-14 为小麦、蛋清粉和干酪的典型近红外光谱图。由图可见，在波长 1450nm 和 1440nm 处的吸收峰为水的—OH 特征吸收谱带，是含 30%～40%水分干酪的主要特征光谱，即使低水分的小麦和蛋清粉样品，该谱带仍然较明显，但强度比干酪的吸收谱带弱。2060nm 和 2180nm 波长处的吸收峰表征蛋白质的—NH 吸收，在蛋清的光谱中观察到了，而在小麦样品中蛋白质的吸收谱带被以 2100nm 为中心的淀粉的吸收峰所掩盖。相对锐利的 2310nm 和 2350nm 峰以及 1730nm 吸收峰表征脂质的—CH 吸收，在干酪的 NIR 光谱图中清楚地观察到了，但 1730nm 谱带叠加了一个较弱的蛋白质吸收谱带。

3）仪器

NIR 光谱仪的设计光路与 UV-Vis 光谱仪相似，早期是采用 UV-Vis 光谱仪附加近红外检测器，或设计为 UV-Vis-NIR 分光光度计。20 世纪后期，相继研制出了专用的近红外光谱仪和 FT-NIR 光谱仪，商业近红外光谱仪如图 2-15 所示。大多数近红外光谱仪的辐射源是一个钨-卤素石英灯，与投射灯类似，发射的辐射在可见和近红外区范围。检测器大多数采用半导体，其中硅检测器用于近红外短波区（700～1100nm），硫化铅检测器用于近红外长波区（1100～2500nm）。而在线分析中，常选用砷化镓铟（InGaAs）检测器，但仅限制在 800～1700nm 的波长。

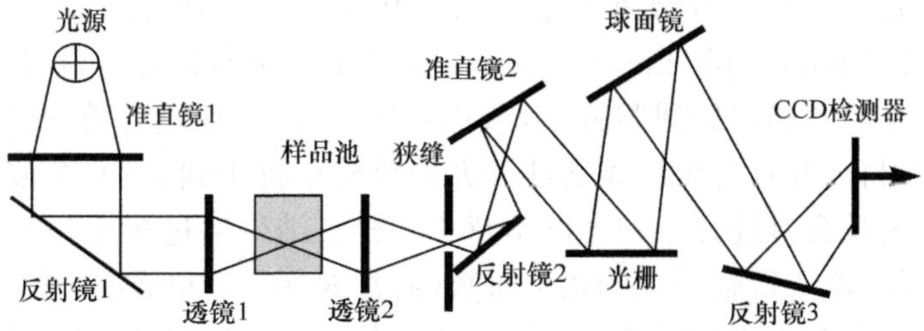

图 2-15　近代近红外光谱仪示意图

近红外光谱根据样品的不同类型可分别测定反射率和透光率。其中反射方式主要用于固体或粉末样品的测定，即测定携带样品信息的漫反射。

大多数食品样品的制备是将其紧密填充在样品池中的石英窗上，这样就提供了一个可发生反射的光滑、均匀的表面。在每一波长下，将样品反射光的强度与无吸收的参比物（如陶瓷或碳氟材料）的反射强度作对比（如采用积分球测定），反射率（R）按式（2-15）计算：

$$R=I/I_0 \tag{2-15}$$

式中：I——在设定波长下待测样品的反射光强度；

I_0——参比物在相同波长下的反射光强度。

R 值通常情况下以 $\lg(1/R)$ 表示，类似于透射光谱的吸光度。反射率测定有时也可用相邻波长所得反射率的差值或推导值表示，即 $\lg R_2-\lg R_1$ 或 $2\lg R_2-\lg R_1-\lg R_3$。这些推导值代表光谱斜率的变化程度。

在 NIR 区液体样品通常采用透射法测定。将液体样品置于石英比色皿中，并在所要求的波长下测定吸光度。有时固体样品也可以用透射法测定，但应用范围通常是在 700～1100nm，在此波长区域，吸收谱带较高而谐波非常弱，辐射光可穿透几毫米的固体样品。此外，采用透射法测定对样品制备的限制也较小，由于红外光束透过整个样品，因而可降低对样品表面光滑和均匀程度的要求。

4) NIR 光谱的定量分析

NIR 光谱法可以用于食品或农产品中多种组分的测定。但由于 NIR 光谱谱峰较宽，实际样品中各种成分的吸收重叠严重，因此定量时每种成分需要在 2 个或 2 个以上波长处测定才可靠。然后利用式(2-16)由光谱测定值推导出食品成分的含量。

$$组分含量(\%)=Z+a\lg(1/R_1)+b\lg(1/R_2)+c\lg(1/R_3)+\cdots \tag{2-16}$$

式中每一项表示在不同波长下，用相应的系数经多次测定得到的光谱测定值。每一个系数和截距(Z)采用多元线性回归方程确定。吸光度或反射率的推导值也可用于 $\lg(1/R)$ 的形式。在某些情况下，反射率的推导值可以提供重要的结果，特别是对不能得到均一颗粒的样品。另外，也可利用数学方法对非均一颗粒样品的反射率进行校正。因此，化学计量学在对 NIR 光谱分析数据的处理和预测中起着非常重要的作用，常用的化学计量学方法有多元线性回归、偏最小二乘法和人工神经网络法。它们的原理不同，都有各自的特点，需要根据被研究对象特点合理运用。

(1) 多元线性回归方程的校正方法。

近红外光谱分析校正的第一步是确定校正或处理的一组标样，这些标样必须能代表待测样品的性质，其测定范围必须涵盖待测样品的预计浓度值，并且在上述范围有一个相对均匀的浓度分布。标样通常是用经典的方法分析，每一个样品的光谱数据是利用 NIR 光谱仪在所有有效波长下分析得到，然后将所有数据储存在计算机中。最佳测定波长和每个波长下的相应系数采用多元线性回归(multiple linear regression, MLR)方程确定。选择的波长必须具有统计学意义。可用向前回归和向后回归方法，或逐步回归方法，通过计算机拟合确定 2 个、3 个或 4 个波长的最佳组合，并具有统计显著性。大多数校正将用到 2～6 个波长，而且应该进行检查以确保选择的波长具有统计学和光谱学意义。校正结果通过多元相关系数 F_S 的回归和标准误差的比较评估，希望得到最大的相关系数(通常 $R>0.9$)和最小的标准误差。校正总是利用仪器测定一套完全独立于标样的测试样品的组分，并与经典方法得到的结果比较。

(2) 全光谱校正法。

校正技术，如偏最小二乘法(partial least squares，PLS)和主成分回归法(principle components regression，PCR)，已得到很大发展。这些技术是采用近红外光谱的全波长，而不是选定几个波长的信息预测样品的组成。PLS 和 PCR 是用数据简化技术从大量的变量(如许多波长下测定的反射率或吸光度值)中筛选出数量少得多的新变量，然后利用这些新的变量得出一个回归方程来预测待测样品中的组分含量。采用 PLS 和 PCR 方法与在有限的几个波长下进行测定不同，没有丢失任何光谱信息。因此，PLS 和 PCR 方法对一些样品可以提供非常好的结果。

人工神经网络(artificial neural networks)现在也被应用于近红外光谱中的组分预测和分类。对相对复杂的样品或来自各个地区的样品分析(如产地鉴别)，神经网络显著优于线性回归技术。

5) NIR 光谱的定性分析

NIR 光谱的定性分析是采用判别分析技术，比较未知样品的 NIR 光谱与标准样品 NIR 光谱的差异，然后将样品归类于光谱最相似的官能团。该技术在化学、制药工业和食品分析中广泛用于原材料的鉴别，如基于热处理水平的脱脂奶粉的分类、春小麦和冬小麦的分类、不同地区橙汁样品和不同来源的乳酪的鉴定，以及橄榄油、水果、酒类、茶叶、肉等来源的鉴别。

6) NIR 光谱在食品分析中的应用

NIR 光谱在食品分析中的理论和应用近几年来已有许多综述和报道，该技术现已广泛应用于谷物、谷物制品、油料种子、乳制品、水果、蔬菜、饮料、茶和其他食品的加工与保藏过程中的质量控制、食品安全和在线分析，下面是一些应用实例。

(1) 谷物和油料种子中蛋白质、水分和含油量的测定。

许多国家已将 NIR 光谱技术作为谷物如小麦、稻谷和玉米采收时的在线测定和分级，特别是谷物质量的控制(包括蛋白质、水分、淀粉和膳食纤维的测定)。例如，美国谷物化学家联合会已将 NIR 反射测定技术作为法定分析方法，用于大麦、燕麦、稞(黑)麦和小麦中蛋白质的测定(方法 39-10)、小麦面粉中蛋白质的测定(方法 39-11)、大豆中蛋白质和含油量的测定(方法 39-20)。同时在全谷粒的测定技术中，NIR 反射测定技术也被批准作为大豆中蛋白质，含油量、水分含量的测定(方法 39-21)和小麦中蛋白质含量的测定(方法 39-25)，也被用于小麦硬度的评价(方法 39-70A)。在这些方法中具体地介绍了有关仪器的使用方法、正确的制样技术和仪器校正的专用技术。美国和加拿大两国的官方谷类检测机构也将 NIR 光谱技术用作谷物和油料种子中蛋白质、水分和含油量的测定方法。日本开发了一种 NIR-Vis 自动谷物质量检测系统，用于稻谷中蛋白质含量和脱壳时噪声的测定。

(2) 鲜肉和加工肉制品、家禽和鱼类制品中的水分、蛋白质和脂肪的测定。

近红外光谱法也被大量用于除谷物和油料种子外的其他食品分析。例如，奶油和人造奶油中水分和脂肪的测定；奶酪中水分、脂肪和蛋白质的测定；牛乳和乳清粉中乳糖、蛋白质和水分的测定；脱水鸡蛋中水分、脂肪和蛋白质含量的测定。此外，NIR 光谱法还可用于奶酪中总固形物、成熟度及感官评定、产地、货架期的分析，以及不同类型奶酪在熟化过程中游离氨基酸的预测。

(3) 食品中糖类化合物和有机酸的测定。

目前 NIR 光谱法在水果、蔬菜和饮料中测定总糖、葡萄糖、果糖、蔗糖和可溶性固形物及有机酸组成的分析，以及甜玉米中糖含量的监控和巧克力中蔗糖、乳糖等的定量分析，已有许多报道。

NIR 光谱法也将作为一种测定影响食品最终质量的特征化学成分的方法，并直接预测这些化学成分与农产品加工特性的关系和监控加工过程中的变化。例如，采用反射和透射方法测定大米淀粉中对大米性质起重要作用的直链淀粉的含量、监控植物油中过氧化值、预测玉米加工的质量、指示小麦产品在膨化过程中的膨化程度，以及监控牛乳在干酪制作中的凝固过程。采用光纤系统实现了 NIR 光谱对食品加工的在线监测。

上述一些应用实例中，要求物质在 NIR 区域的吸收率至少在百分之十几或更多。NIR 光谱的主要优越性是仪器一次校正后，样品中的几个组分可以同时快速测定(30s～2min)。对于多组分测定，需要校正各种测定波长，并将各种成分的校正方程信息储存到仪器的存储器内，然后分别用方程来确定每一个感兴趣成分的含量。该方法对样品不需称量，它还可以用于在线联机测定系统。该方法的缺点是仪器初期的投入高，而且对每种待测的产品都需要建立专门的校正方法。有时候由仪器测得的结果比校正得到的数据差，因此在分析时应特别注意对最重要的样品进行仔细分析，这是非常重要的。

2.4.2 拉曼光谱

拉曼(Raman)光谱和红外光谱同属分子振动光谱，但就原理而言，二者却有很大差别：红外光谱是吸收光谱，而拉曼光谱则是散射光谱。拉曼光谱与红外光谱在化合物分析上各有所长，可以互补。

1. 拉曼光谱的原理

光的散射分为瑞利(Rayleigh)散射和拉曼散射。当来自光源的光照射到透明物质时，大部分光沿入射方向穿过样品，而极少部分光则改变方向，即发生了光的散射。散射光的波长与入射光波长相同，这种散射称为瑞利散射(图 2-16)。

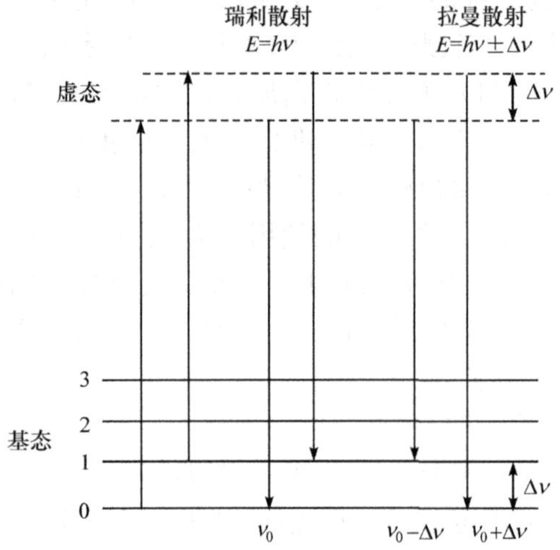

图 2-16 瑞利和拉曼散射产生示意图

拉曼散射效应是德国物理学家 Smekal 在 1923 年首先预言的，1928 年印度物理学家拉曼证实了 Smekal 的预言。当光子与分子发生非弹性碰撞时，在大于和小于入射光波长的两侧，出现一系列散射线，这种现象称为拉曼散射效应。若分子处于振动能级的基态，在与光子碰撞进行能量交换后，分子被激发到较高的不稳定的准激发态(虚态)，然后又回到振动的第一激发态，此时发射的光子能量小于入射光光子的能量，就产生斯托克斯(Stokes)线，散射光频率(斯托克斯频率 ν_s)比入射光频率(ν_0)低，即

$$\nu_s = \nu_0 - \Delta\nu \tag{2-17}$$

若光子与处于第一振动激发态的分子发生碰撞，分子将一部分能量交给光子而回到振动基态，则散射光频率大于入射光频率，产生反斯托克斯线，其频率 ν_{as} 为

$$\nu_{as} = \nu_0 + \Delta\nu \tag{2-18}$$

常温下分子大多处于振动基态，所以反斯托克斯线的强度极弱。拉曼散射中散射频率与激发光(入射光)频率都有一个频率差 $+\Delta\nu$ 或 $-\Delta\nu$，称为拉曼位移频率，其值取决于振动激发态与振动基态的能级差，$\Delta\nu = \Delta E/h$。所以同一振动方式产生的拉曼位移频率与红外吸收频率是相等的。

拉曼光谱图中纵坐标为谱带强度，横坐标为拉曼位移频率，也用波数表示。由于拉曼位移是激发光频率为零时得到的，因此拉曼位移取决于分子中振动形式及结构，与激发光波长无关。图 2-17 为不同浓度甲醇溶液的拉曼光谱图。

2. 拉曼光谱的特征谱带及强度

红外吸收谱带的强度与分子振动过程中产生偶极矩变化的大小有关，而拉曼活性则取决于振动中极化度是否变化，只有极化度有变化的振动才是拉曼活性的，也就是拉曼效应与产生诱导偶极距变化的振动相联系。

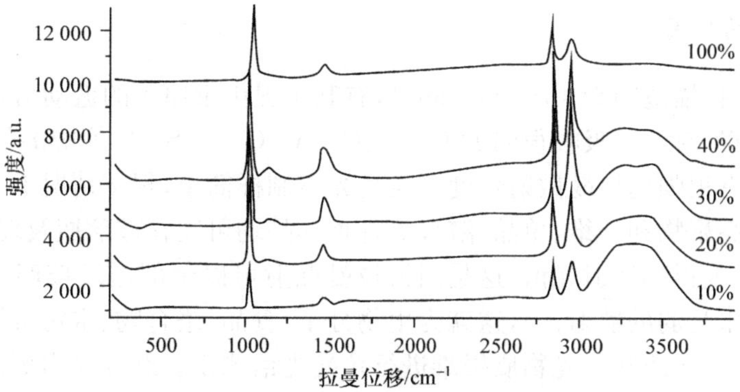

图 2-17　不同浓度甲醇溶液的拉曼光谱图

引自：刘文涵，等. 2007. 激光拉曼光谱内标法直接测定甲醇浓度. 分析化学(10)：1503-1505

在拉曼光谱中，官能团谱带的频率与其在红外光谱中出现的频率基本一致。不同的是两者选律不同，极性强的基团极化度很低，将产生强的红外光谱，弱的拉曼光谱，反之亦然。但有少数分子的振动可能在红外和拉曼光谱中都是非活性的。例如，乙烯的扭曲振动既无偶极矩变化，也无极化度变化，故在红外和拉曼光谱中均为非活性。常见有机化合物官能团的拉曼特征频率及强度列于表 2-4。

表 2-4　常见有机化合物官能团的拉曼特征频率及强度

振动	频率范围 /cm^{-1}	拉曼强度	振动	频率范围 /cm^{-1}	拉曼强度
ν_{O-H}	3650～3000	w	$\nu_{C-C\text{芳香类}}$	1600～1500	s～m
ν_{N-H}	3500～3300	m		1500、1400	m～w
$\nu_{\equiv C-H}$	3300	w	$\nu_{as,C-O-C}$	1150～1060	w
$\nu_{=C-H}$	3100～3000	s	$\nu_{s,C-O-C}$	970～800	s～m
ν_{-C-H}	3000～2800	s	$\nu_{as,Si-O-Si}$	1110～1000	w
ν_{-S-H}	2600～2550	s	$\nu_{s,Si-O-Si}$	550～450	vs
$\nu_{C\equiv N}$	2255～2220	m～s	ν_{O-O}	900～845	s
$\nu_{C\equiv C}$	2255～2100	vs	ν_{S-S}	550～430	s
$\nu_{C=O}$	1820～1680	s～w	ν_{Se-Se}	330～290	s
$\nu_{C=C}$	1900～1500	vs～m	$\nu_{C-S\text{芳香取代}}$	1100～1080	s
$\nu_{C=N}$	1680～1610	s	$\nu_{C-S\text{脂肪取代}}$	790～630	s
δ_{CH_2}，δ_{CH_3}	1470～1400	m	ν_{C-F}	1400～1000	s
$\nu_{N=N\text{脂肪取代}}$	1580～1550	m	ν_{C-Cl}	800～550	s
$\nu_{N=N\text{芳香取代}}$	1440～1410	m	ν_{C-Br}	700～500	s
$\nu_{as,C-NO_2}$	1590～1530	m	ν_{C-I}	600～480	s
$\nu_{s,C-NO_2}$	1380～1340	vs	ν_{C-Si}	1300～1200	s
$\nu_{as,C-SO_2}$	1350～1310	w	ν_{C-Sn}	600～450	s
$\nu_{s,C-SO_2}$	1160～1120	s	ν_{C-Hg}	570～510	vs
ν_{C-SO-C}	1070～1020	m	ν_{C-Pb}	480～420	s
$\nu_{C=S}$	1250～1000	s			

3. 拉曼光谱的应用

拉曼光谱常规扫描范围为 40～4000cm^{-1}，有利于提供重原子的振动信息。与红外光谱比较，有其独自的优点，对红外吸收很弱的 C≡C、C＝C、C—S、S—S 等键的伸缩振动及其他对称振动的模式，都有很强的拉曼散射强度。拉曼光谱制样简单，很多情况下，样品不需要处理，如固体粉末样品、高聚物和纤维、单晶、溶液等各种样品均可装在玻璃瓶及玻璃毛细管中，直接用激光照射到样品上得到散射光谱，这是因为拉曼散射可以全部透过玻璃。特别有意义的是可用水作为溶剂（水是弱的散射体），这就为生物分子、食品、络合物、水污染等问题的研究提供了很大方便。但有色物质和荧光物质很难进行拉曼光谱测定。红外光谱更适用于分子中基团的测定，而拉曼光谱则更适用于分子骨架的测定。

激光拉曼仪和激光拉曼显微镜的出现，对食品中蛋白质和酶的构象，氢键与氨基酸残基周围环境变化的研究，将提供更大量的结构信息。

2.5 质　　谱

2.5.1 概述

1898 年 Wien 发现正电荷离子束在磁场中发生偏转的现象，为质谱的诞生提供了准备。被誉为现代质谱之父的英国学者 Thomson（1906 年荣获诺贝尔物理学奖）在 20 世纪初发明了质谱法，直至 1940 年质谱法仅仅用于气体分析和化学元素的稳定同位素的测定。到了 20 世纪 50 年代末质谱法才用于测定有机化合物的化学结构。在 1950～1960 年间物理学家 Hans Dehmelt 和物理学家 Wolfgang Paul 开发离子阱技术后，质谱分析的精密度显著提高，他们于 1989 年获诺贝尔物理学奖，至今不过近 60 年的历史。美国化学家 John Bennett Fenn 因发明了电喷雾离子化（electrospray ionisation，ESI）和日本工程师田中耕一发现了软激光解吸（soft laser desorption，SLD）技术，从此使得测定生物大分子成为可能，他们由于在这方面的贡献，于 2002 年共同获得诺贝尔化学奖。

现今质谱及质谱联用技术已广泛应用于化学、化工、食品、医药卫生、石油、地质环境、生命科学、宇航等各个领域，并成为一种非常有用的分析工具。

质谱理论和仪器是所有光谱技术中唯一独特的。光谱涉及电磁辐射或能量与分子的相互作用，分子吸收辐射后跃迁至激发态，返回基态时产生光谱。而质谱是使样品分子（或原子）在电离室中带上电荷，这种将分子转变为离子的过程称为离子化或电离作用，产生的离子经过质量分析器在电场和磁场作用下聚焦，收集到的离子按质荷比（m/z）和相对丰度的大小记录下来，排列成质谱。根据离子的产生，裂解和测定的结果可以解析其分子质量或结构信息。这个过程的专一性表明质谱法可以用于测定和鉴定未知化合物。质谱按其研究对象可分为同位素质谱、无机质谱和有机质谱，本节仅介绍有机质谱。由于现代仪器的设计、电子学和计算机技术的发展，质谱已经在许多分析实验室得到了广泛应用。大多数应用通常是将质谱与气相色谱联用（gas chromatography-mass spectrometry，GC-MS），这里 MS 是用来鉴定从色谱中洗脱的组分。现在高效液相色谱与质谱联用（high performance liquid chromatography-mass spectrometry，HPLC-MS）也越来越广泛。

2.5.2　有机质谱仪

1. 概述

当具有一定能量的电子流轰击原子或分子时，后者失去一个价电子(偶然也可失去一个以上的电子)成为一个带正电荷的分子离子。有时有机分子也可能获得一个电子而成为负离子，但这种概率极小，仅为前者的千分之一。有机分子的离子化电压(离解势能)在 7～15eV(电子伏特)，如苯为 9.24eV，甲烷为 13.1eV。但一般所用轰击电子流的能量通常为 50～80eV，常规为 70eV。由于此电子能比离解势能高很多，所以受到轰击的分子，除形成分子离子外，还有多余的能量可导致键的断裂，形成许多碎片。带正电荷的分子离子及碎片离子，按质荷比的大小依次排列成谱图被记录下来，得到质谱图。质谱图纵坐标代表各离子的相对丰度，横坐标表示质荷比(m/z)，对单电荷离子而言即为离子的质量值。所以有机质谱是化合物分子断裂而产生的一系列离子的质量谱。图 2-18 所示的是 4-壬酮的质谱图。

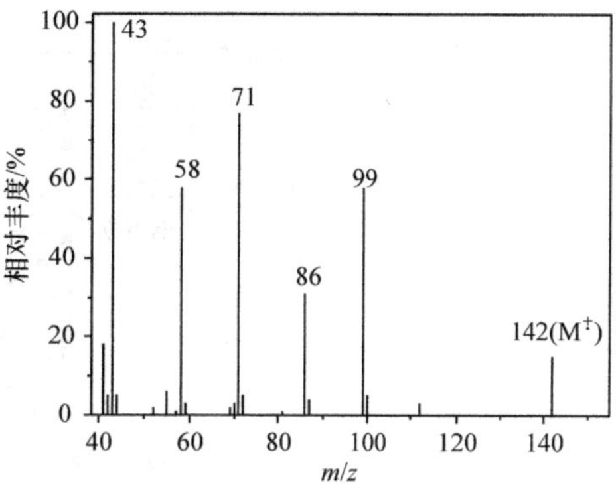

图 2-18　4-壬酮的质谱图

引自：Nielsen S S. 2003. Food Analysis. 3rd ed. New York：Kluwer Academic /Plenum Publishers

有机质谱计用于有机化合物、低聚物及生物大分子的质谱测定。按其性能可分为低分辨和高分辨质谱计两种，低分辨质谱图的离子峰都是整数，高分辨质谱计测定的是精确质量，精确度达原子质量单位(Da)四位以上小数值。

组成有机化合物的各种元素除^{12}C外都不是整数，质子和中子结合成原子核时，有一部分质量转化为结合能($\Delta E=\Delta mc^2$)而造成“静质量亏损”。因此，尽管某一原子中的质子、中子和电子数目是另一原子中的质子、中子和电子数目的整数倍，但是它们的质量比却不是整数，即使由相同数目的质子、中子和电子组成的不同分子也具有不同的质量。由于每一种原子核都有其特定的结合能，所以形成各种核的静质量亏损的数值与它们结合的质子和中子数不成比例。例如，CO、N_2 和 C_2H_4 的相对分子质量都具有相同的整数质量数 28，但它们的精确相对分子质量却不相同(CO_2，27.994914；N_2，28.006148；C_2H_4，28.031300)。因此，用高分辨率质谱计，即可区别这 3 种分子。由此可见高分辨质谱中给出的精确相对分子质量和碎片离子质量，可用以计算该化合物的分子式和碎片离子的元素组成，为结构式的推导提供了方便。

低分辨质谱计可以准确测定分子和碎片离子的整数质量，同时显示出相应同位素的相对丰度。在分子离子峰丰度相当强的情况下，可以根据同位素的相对丰度估计分子式。同样，也可用以估计某些碎片离子的元素组成，结合对分子断裂规律的分析，得到有机化合物骨架结构的启示和官能团存在的信息。

有机质谱在化合物结构鉴定上起着重要作用，以其高灵敏度、高分辨率和分析速度快而在有机结构分析中占有特别重要的地位。质谱分析通常只需要微克级甚至更少的样品，一次分析仅经历几秒，甚至不到 1s 的时间就可以完成。

2. 质谱仪器

质谱仪器按记录方式不同可分为质谱仪(mass spectrograph)和质谱计(mass spectrometer)。有机质谱多用质谱计,主要由进样系统、离子源、分析器和检测器组成。此外,还包括真空系统、电气系统和数据处理系统等辅助设备。图 2-19 为有机质谱的方框图。图 2-20 为典型的质谱仪图。

图 2-19　质谱计的主要组件方框图

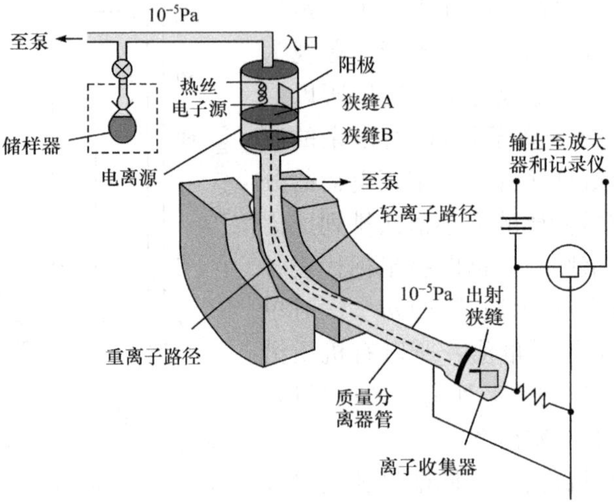

图 2-20　典型的质谱仪图

1) 进样系统

质谱分析操作的第一步就是将样品导入离子源,样品的导入方式有静态法(又称直接进样法)、直接插入探针法和动态平衡法三种。进样系统还包括了色谱装置,如气相或液相色谱(liquid chromatography,LC)或毛细管电色谱(capillary electrochromatography,CEC)的接口。接口的方式有加热毛细管在线转换(GC-MS)和液相色谱-质谱联用(LC-MS)技术,如热喷雾、电喷雾和大气压离子化接口。通常的 MS 接口将在 GC-MS 和 LC-MS 章节中更详细地介绍。

直接进样法是在高真空条件下,让气体或挥发性液体的纯组分直接进入离子源,这不需要特殊的仪器设备,类似于 GC 分析中的进样。这种静态导入样品的方法称为直接进样法;对于固体和沸点较高(也就是挥发性很低)的液体样品,往往采用直接插入探针法,即将样品放在一根不锈钢杆或探针顶端的石英或黄金或铂金小坩埚内,然后将探针杆通过样品加入口放进离子源,样品在离子源中被加热气化,这样就像直接进样一样,可以得到低挥发性固体材料的质谱图。直接进样法和直接插入探针管的方法都要求纯样品,因而对复杂组分的分析受到限制。

对于混合样品采用动态平衡进样法的方式,首先将样品分离成单组分,然后再用质谱仪分析。典型的就是 GC 或 HPLC 通过接口与 MS 连接。在接口处必须将 GC 多余的载气和 HPLC 过剩的流动相,用其他真空泵除去。

2) 离子源

质量分析的对象是离子,因此,首先要将样品分子或原子电离为离子,这种产生离子的装置称为离子源。最早使用的是电子轰击离子源(electron impact source,EI),其至今仍然是广泛应用的最重要的离子源。当在 GC-MS 分析中,化合物受到由铼或钨组成的灯丝发射的电子轰击,分子受激化后离子化并形成失去较低电离电位价电子的分子离子(M^{+})。分子离子化后具有较高的热力学能，可能进一步裂解为小分子碎片和各种离子碎片。全部过程称为电子轰击离子化。由于大多数有机分子的电离电压值在 7～15eV，因此只要电子束的诱导能量超过这个水平便可使分子电离。根据电离效率一般在 50～70eV 最为稳定，故采用 70eV 时 EI 的重复性较好。70eV 的电子常在使分子离子化的同时留给分子离子一定的热力学能，成为部分离子进一步碎裂为不同碎片离子的动力。

离子化作用的最后结果是使每一个化合物裂解的各种大小分子具有负电荷和正电荷。负离子在排斥极被中和，随真空泵抽出，正离子则被排斥极推出离子源，通过加速聚焦板上的小孔将离子聚焦为散色角较小的离子束，经出口狭缝进入质量分析器。

在质谱仪中，要求离子源产生的离子强度大、稳定性好、质量歧视效应小。质谱仪的离子源种类很多，其原理和用途各不相同，除上面讲到的电子轰击源外，还有化学电离源（chemical ionization，CI）、场电离（field ionization，FI）和场解析（field desorption，FD）、快速原子轰击（fast atom bombardment，FAB）源和液体二次离子质谱（liquid secondary ion mass spectrometry，LSIMS），后面两种离子源都属于“软”电离源，以及其他新的电离技术，如基质辅助激光解吸电离（matrix-assisted laser desorption ionization，MALDI）、电感耦合等离子（inductively coupled plasma，ICP）电离、电喷雾电离（ESI）和热喷雾电离（thermospray ionization，HSI）及大气压化学电离（atmospheric pressure chemical ionization，APCI）。

3）质量分析器

质量分析器是质谱仪的核心或心脏，它的任务是根据 m/z 分离带电荷的碎片，并精确地指示各碎片的质荷比。由不同的质量分析器构成了不同种类的质谱仪器。常用的质量分析器有四极杆、离子阱、飞行时间（time of flight，TOF）质谱、扇形磁质谱分析器和傅里叶变换离子回旋共振（Fourier-transformation ion cyclotrons resonance，FT-ICR）质谱等质量分析器，这些基本类型质量分析器的组合极大地提高了常规质量分析器的性能，并提供更多的信息。近几年来，四极杆质谱仪已逐渐普及，然而，离子阱质谱也在不断改进，二者都已发展成为多级串联质谱（MS^n）并作为常规使用的质量分析器。

（1）扇形磁质量分析器。

扇形磁质量分析器在质谱分析中已经使用很长时间了，直到现在仍然十分普遍，特别是在高分辨率仪器中。但因为磁扇形分析器很大，通常不用在台式质谱计中，或大部分被四极杆所代替。根据概念的含义，扇形磁质量分析器是采用磁场将离子按它们的 m/z 分开。图 2-21 表

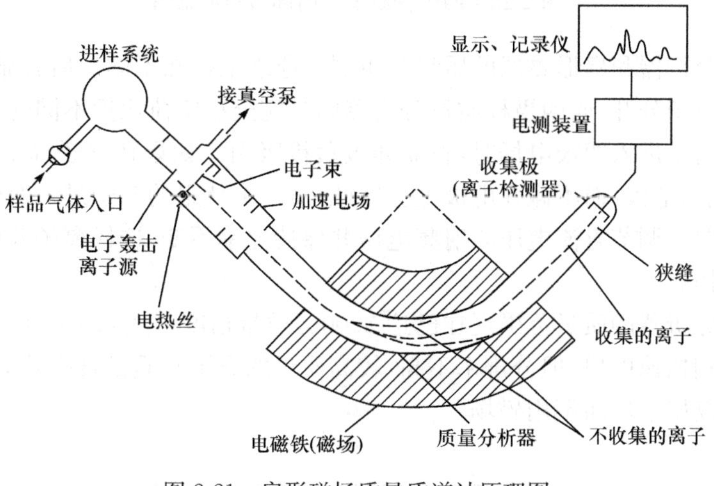

图 2-21　扇形磁场质量质谱计原理图

示在离子源区产生的离子通过磁铁时,在弯曲的管路中被加速,然后根据磁场强度及离子速度沿着各自确定的弯曲路径进行质量色散和方向聚焦,飞向检测器,只有具有合适的弯曲半径的离子,才能保证沿着分析器的管路中心到达检测器开口处,而其他碰到管壁的离子被抽出而不能到达检测器。

为了检测多个离子和得到典型的质谱图,可通过改变磁场强度让所有可能的 m/z 离子都能看到,如果磁场强度变化很快,那么所有的离子几乎都可在同一时刻检测到。

(2) 四极杆质量分析器。

四极杆质量分析器(quadrupole mass analyzer)又称四极滤质器(quadrupole mass filter),是基于"希腊电子工程师 Christophilos"的离子聚焦。"四极杆"的英文名称"quadrupole"来自拉丁文中的 *quadruplus* 和"杆"(*pole*),因其由四根平行的棒状电极组成而得名。这 4 根圆柱形电极相对的一对电极是等电位的,两对电极之间的电位则是相反的。在电极上加有直流电压和射频交流电压,由此形成一个四极场。电位差的改变是为了产生"稳定振动",这种振动与离子的质荷比有关。

图 2-22 是一个典型的四极杆质谱仪的内部结构图,在离子源和检测器之间的区域有多个真空泵维持真空,各区域的真空度逐渐增高,质量分析器和检测器的真空度高达 $10^{-5}\sim10^{-3}$ Pa,但需要指出,不同的质量分析器及离子源对真空度的需求是有很大差别的。目的是避免分子离子与其他的气体分子之间发生相互作用,从而提高分析的灵敏度和响应值。

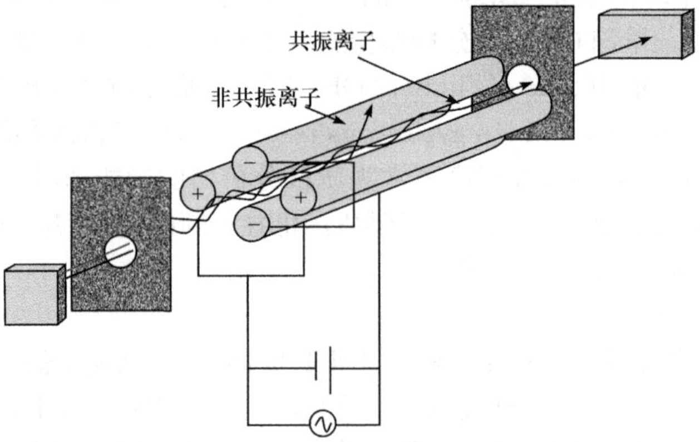

图 2-22 四极杆质谱仪内部结构示意图

四极杆质量分析器和扇形磁场的质量分析器在原理上截然不同。后者靠离子动量的差别把不同质荷比的离子分开,而四极杆质量分析器则是完全靠质荷比把不同的离子分开。例如,当一个带正电荷离子进入四极电场时,将立即被负极吸引。如果在离子撞上此电极前改变电极的电位,这将偏离电极,而不碰在电极上。因此,每一个特定的离子进入四极区,按正弦波轨迹运动进入检测器。调节直流电压与射频电压并保持比率不变,选择离子并确定质量范围,就可以进行质量扫描。

四极杆质量分析器的质量范围现在已达 3000u,质量精度可达 0.1u(900u 时)。仪器结构简单,操作容易,扫描速度快,但分辨率不高,较高质量的离子有质量歧视效应,无磁滞现象,这是由于该分析器仅用电场而不用磁场。

(3) 离子阱。

离子阱实质上是三维的四极杆质量分析器,也就是将离子储存在阱中,然后按 m/z 比值将离子从阱中排出。这些离子一旦被捕获，则可得到多级质谱（MS^n），从而使质谱的分辨率提高，同时灵敏度也得到改善。离子阱与四极杆质量分析器在原理上是类似的，主要的差别是，离子阱中稳定离子被捕获时，阱中不稳定离子被排出并被检测。相反，在四极杆中是特定离子达到检测器，而其他离子撞击棒被真空泵抽走。

图 2-23 是离子阱质量分析器的内部结构示意图。在开口的输入和输出端及端盖极之间夹有一个环电极。在环电极上由于加有一个射频交变电压和可变振幅，因而其在质量分析器的腔内就产生了一个三维的四极电场。

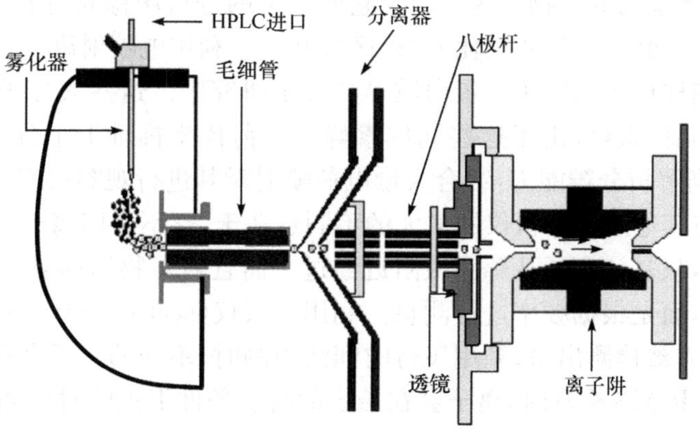

图 2-23　离子阱质量分析器结构示意图

在离子源中形成的离子是用电子学方法将离子射入阱里，并受到不同时间交变场的影响，离子被截流在分析器的腔内，施加的交流电压驱使这些离子以“8”字形的轨道朝着开口端方向运动。因此，欲使离子截流在阱中必须使离子在轴向和射频方向有一个稳定的轨迹。为了测定这些离子，环电极的频率应不断变化，因而离子的运动轨迹也得以改变，这样，离子按质荷比从小到大的顺序逐次由端盖极上的小孔排出，并达到检测器。

在离子阱内部充以 10^{-6} Pa 的氦气，主要的作用是作为缓冲气体，使离子在阱中的运动受到阻力。因为氦气分子比进入离子阱的任意一个离子都要轻（离子的最小质量下限通常为 m/z 50），氦气分子与进入离子阱的各个离子发生非弹性碰撞，并从阱中的离子获得动能使离子有效地缓冲并聚焦到阱的中心，从而达到有效捕获的目的。这个过程可以使灵敏度和分辨率大大提高。

离子阱的性价比高，检出限很低，灵敏度比四极杆质量分析器高 10～1000 倍，测量质量范围大。单一的离子阱即可实现多级串联质谱（MS^n）。离子阱的缺点是所得质谱与标准谱图有一定的差别，这是由于离子在阱中有比较长的停留时间。因此离子阱不宜作为定量分析。

（4）傅里叶变换离子回旋共振（FT-ICR）质谱。

这是一种根据给定磁场中的离子回旋频率来测量离子质荷比（m/z）的质谱分析方法。它的核心部件是带傅里叶变换程序的计算机和捕获离子的分析室。分析室是一个置于强磁场中的立方体结构。离子被引入分析室后，在强磁场作用下被迫以很小的轨道半径作圆周运动，离子的回旋频率与离子质量成反比，此时不产生可检出信号。如果在立方体的一对面上（发射极）加一快速扫频电压，一对极板施加一个射频电压，当其频率与离子回旋频率相等且满足共振条件，此时离子吸收射频能量，回旋半径增大，这种激发作用同时也会导致离子的同相移动（形成离子束）。当回旋的离子束接近一对捕集板时，捕集板上会检测到影像电流信号。这种信号称为自由感应衰减(FDI),振幅与共振离子数目成正比。实际使用中测得的信号是在同一时间内所对应的正弦波信号的叠加,是一种由许多重叠的正弦波组成的瞬态或干涉图。通过傅里叶变换,可以从这些信号数据中萃取出有用的信号,利用频率和质量的已知关系得到质谱图。

傅里叶变换离子回旋共振质谱法具有非常高的析像能力,可以十分精确地测定物质。因此对于FT-ICR-MS的使用主要是利用它的很高分辨率(可达100万以上)和很高的灵敏度检测分子组成。这一检测的理论前提是元素在这一过程中会发生质量亏损。此外,FT-ICR-MS通常也被用来研究复杂的混合物。这是由于它所产生的分析图像具有较窄的峰宽,能够将两个质量相近的离子返回的信号(质荷比 m/z)区分开来。利用电喷射离子化作用产生的大量电荷,这种高分辨率同样也可以应用于蛋白质等高分子研究中。这些大分子中包含的同位素分布能够产生一系列同位素峰,由于这些同位素峰在质荷比坐标轴上十分接近,因此就要用到FT-ICR所具有的高解析分辨能力,结合大量电荷喷射对其进行观察研究。

FT-ICR-MS与其他质谱分析仪器最大的不同点在于,它不是用离子去撞击一个类似电子倍增器的感应装置,只是让离子从感应板附近经过。而且对于物质的测定也不像其他技术手段一样利用时空法,而是根据频率进行测量。利用象限仪(sector instruments)检测时,不同的离子会在不同的地方被检测出来;利用飞行时间法检测时,不同的离子会在不同的时间被检测出来;而利用FT-ICR-MS检测时,离子会在给定的时空条件下被同时检测出来。FT-ICR-MS具有很高的分辨率(可达100万以上)和很高的灵敏度,但仪器价格和维持费用也很高。

2.5.3 质谱的解析

1. 离子的主要类型

有机分子在质谱计离子源中发生的电离或碎裂是一个复杂的过程,能生成各种离子。从质谱解析的角度将离子分类为:分子离子、碎片离子、同位素离子、多电荷离子、负离子、离子-分子反应生成的离子和亚稳离子等。

1) 分子离子

有机化合物分子在一定能量电子的轰击下失去一个价电子,生成带有一个正电荷的离子称为分子离子,或称为母离子,通常用 $M^{\dot{+}}$ 表示。M右上角的"+"表示分子离子带一个电子电量的正电荷。"·"表示它有一个未配对电子,是自由基。可见分子离子既是一个正离子,又是一个自由基,这样的离子称为奇电子离子。

分子离子是质谱中最重要和最有价值的离子,它的质荷比值等于相对分子质量。用质谱法测得分子的质量是物质准确的分子质量。而且分子离子是质谱中所有碎片离子的先驱,它的质量和元素组成限定了所有碎片离子,这也是将分子离子称为母离子的原因。必须注意的是,并不是每一个有机化合物的电子轰击质谱(EI-MS)中都有分子离子峰。因为有一些类型的有机化合物的分子离子稳定性很差,它们的分子离子几乎全部断裂成碎片离子。在已经发表的EI质谱图上约80%存在分子离子峰。分子离子峰必须满足以下三个条件:①在质谱图中必须是最高质量的离子(除伴随的同位素峰外);②必须是一个奇电子离子;③在高质量区,它能合理地丢失中性碎片而产生重要的碎片离子。

2) 碎片离子

碎片离子是由分子离子在离子源中碎裂生成的,是大碎片逐级解离的产物,称为产物离子或子离子。在EI源中,使用的轰击电子能量远远大于有机化合物的电离电位,故分子离子具有较大的剩余能量，处于激发态，可使某些化学键断裂生成质量较小的碎片，其中带正电荷的就是碎片离子。碎片中还有一些不带电荷的自由基或小分子，因此不能被仪器检测到。

分子离子的碎裂是多途径、多级碎裂的复杂过程，可生成许多碎片离子。有的碎片离子是通过一根化学键简单断裂生成的，另外一些碎片离子则是通过多键断裂或同时伴随有原子或原子团的重排生成的，还有一些碎片离子是经过二级或多级碎裂形成的。因此，碎片离子可以提供化合物的分子结构信息。用于有机结构鉴定提供指纹信息，是核对标准质谱图并使用计算机储存和解析的基础。

3）同位素离子

在有机化合物的常见组成元素中，许多元素有一个以上丰度显著的同位素。例如，^{12}C 和 ^{13}C，它们的丰度比约为 100∶1.1，^{1}H 和 ^{2}H 的丰度比约为 100∶0.015。表 2-5 列出了有机化合物常见元素的同位素丰度。同位素质量的差异可以在质谱峰中反映出来。在质谱中规定以元素最大丰度的同位素质量计算分子离子和碎片离子的质荷比。其他同位素组成的离子称为同位素离子。以甲烷为例，$^{12}C^{1}H_4^+$ (m/z 16)离子是分子离子，$^{13}C^{1}H_4^+$ ($m/z=17$)离子是同位素离子，$^{12}C^{2}H^{1}H_3^+$ 等其余离子也是同位素离子，但它们的丰度非常低，在质谱图中很难出现，故可忽略不计。从表 2-5 可以看到，在组成有机化合物的常见元素中，最大丰度正好是质量最小的，所以在质谱图中，同位素离子峰都出现在分子离子或碎片离子峰的高质量一侧，比较容易辨认。同位素离子的丰度与组成该离子的元素种类及原子数目有关。例如，甲烷的同位素离子$^{13}C^{1}H_4$(m/z 17)的强度仅为分子离子(m/z 16)的 1.1%，所以可通过测定同位素离子峰与分子离子峰的相对强度推算分子离子的元素组成。

表 2-5　有机化合物中常见元素的同位素丰度

元素	丰度/%	元素	丰度/%	元素	丰度/%
^{1}H	100	^{2}H	0.015		
^{12}C	100	^{13}C	1.1		
^{14}N	100	^{15}N	0.37		
^{16}O	100	^{17}O	0.04	^{18}O	0.2
^{28}Si	100	^{29}Si	5.1	^{30}Si	3.4
^{32}S	100	^{33}S	0.8	^{31}S	4.4
^{35}Cl	100			^{37}Cl	32.5
^{79}Br	100			^{81}Br	98
^{19}F	100				
^{31}P	100				
^{127}I	100				

4）多电荷离子

离子只带一个电子电量，称为单电荷离子。某些非常稳定的分子能够失去两个甚至更多电子，生成双电荷离子$\left(\frac{m}{2z}\right)$或多电荷离子。双电荷离子在质谱图中出现在相同质量的单电荷离子质荷比的$\frac{1}{2}$处。如果这个离子的质量是奇数，质荷比就不是整数。芳香族化合物、杂环化合物和含共轭体系的分子有离域 π 电子系统，能使两个或多个电荷稳定地处于同一离子中。但双电荷离子的相对丰度一般较低。

电喷雾电离(ESI)等某些特殊的离子化方式，易产生多电荷离子，所带电荷数甚至高达十几至几十。具有相同质量的离子，由于 z 值增大，m/z 值大大下降，这就大大地扩展了质谱计测定分子质量的范围，如蛋白质分析。

5）负离子

质谱计中负离子是通过电子捕获及电离时形成离子对等机理产生的。在 EI 源中生成负离子的概率很小，约为正离子的 10^{-4}，故无利用价值，常规质谱均测定正离子。而在化学电离源(CI)中，当化合物含有 F、Cl、O、N 等电负性原子时，电离则有很高的负离子产率，相反不含电负性原子的化合物其负离子产率很低，故常将负离子化学电离用于含氯农药的分析。

6）离子-分子反应生成的离子

在质谱计中由于是在高真空条件下工作，离子、分子发生碰撞的概率很小，在正常的 EI 条件下，离子-分子反应不会发生。当进样量大时，离子源局部区域可能出现样品“浓度”过大，发生离子-分子碰撞，结果分子离子可能从中性分子获得一个原子或原子基团，生成一个较重的离子，称为离子-分子反应生成的离子。例如，醚、酯、胺、腈类化合物的质谱中有时出现$[M+H]^+$。在 EI 测定时，离子-分子反应生成的离子会对质谱解析产生干扰，应尽量避免。

化学电离(CI)则与 EI 完全不同，CI 就是利用离子-分子反应使样品分子电离。绝大部分在化学电离中不产生 $M^{+\cdot}$，而产生$[M+H]^+$或$[M-H]^+$，它们称为准分子离子。

7）亚稳离子

亚稳离子(metastable ion)是相对于稳定离子和不稳定离子而言的。稳定离子是在离子源中生成之后可一直稳定地存在，直到到达检测器；而不稳定离子在离子源内就已经发生碎裂。如果某个离子在离子源中被加速后，在到达检测器的运动过程中发生了裂解，这种离子称为亚稳离子。亚稳离子的平均寿命为 5×10^{-6}s，介于稳定离子和不稳定离子之间。在质谱图中呈现极弱的且很宽的峰(可能跨 2～5 个质量单位)，它的峰形为凸起、凹落和平缓等形状，其质荷比不是整数。

2. 质谱的解析

质谱早期的定义是，当分子受到一种离子化作用时产生的各种质量碎片(m/z)的强度图(或表格)。典型的质谱图包括带一个电荷的正离子碎片，因此，质量与电荷比就是用+1 除以碎片的分子质量，实际上就是等于碎片的质量。质荷比至今还没有定义，仍然是用一个通俗的符号缩写 m/z(较老的书上用的是 m/e 表示)表示。Thomson 发明了第一台测量 m/z 的仪器后，在某些公开出版的书刊上，质荷比的单位称为 Thomson。

在经典的 GC-MS 中，电子轰击是由于热灯丝发出的电子束使分子产生离子化作用，通常使用的电压是 70eV，因为这样可以使分子离子化并没有太多的碎片，否则会导致高质量离子的损失，另外，使用 70eV 离子化的优越性是得到的质谱图与现代仪器得到的谱图十分类似，与仪器的构造和型号无关。这样就可以利用计算机辅助将实验室获得的数据与基本数据库比对，从而对未知化合物进行鉴定。事实上，许多质谱仪现在都有 MS 光谱数据库和必需的匹配软件。以丁烷为例，丁烷的质谱图如图 2-24 所示，它是以 y 轴为相对丰度绘图，横坐标 x 轴表

示 m/z，棒图的每一条线表示待测化合物的某一独特丰度的一种 m/z 碎片。谱图中具有最高丰度或强度的碎片（m/z）称为基峰或基准离子，当计算机记录和处理检测信号结果时，则以信号最强的离子峰（基峰）的峰高作为 100%，而其他 m/z 的丰度就相对于基峰作调整。基峰总是表示成 100%相对丰度。丁烷的基峰为 m/z 43 处的峰。

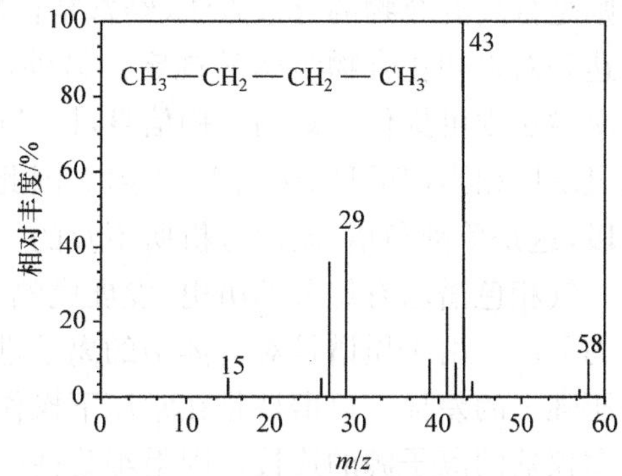

图 2-24　丁烷的质谱图

引自：Nielsen S S. 2003. Food Analysis. 3rd ed. New York：Kluwer Academic/Plenum Publishers

另外一个重要的离子是分子离子即母离子，这个峰具有最高的质量数，丁烷的分子离子峰为 m/z 58 处的峰。质谱图中的其他峰是大碎片逐步裂解成的更小裂片峰，这些小碎片称为生成离子（次级离子）或碎片离子。这一过程对烷烃如丁烷来说相对比较简单，大多数碎片都可以被解析出来。

前面已经指出，EI 的第一步是分子受电子束轰击时，失去一个电子，成为带正电荷的分子离子，反应方程如下：

$$M + e^- (\text{来自电子束}) \longrightarrow M^{\dot{+}} (\text{分子离子}) + 2e^- \tag{2-19}$$

（其中一个电子来自电子束，另外一个来自分子离子）

式(2-19)中 M 表示未离子化的分子，当它与电子束反应时，生成一个自由基正离子，该正离子具有一个相当于分子质量的 m/z 值。母离子 $M^{\dot{+}}$ 然后以单分子方式连续裂解（注意，不管怎样，分子失去一个电子后仍然保留了所有的质子，因此净电荷必须是正的）。丁烷产生的几个主要生成离子的碎片的反应如下：

$$CH_3—CH_2—CH_2—CH_3 + e^- \longrightarrow CH_3—CH_2—CH_2—CH_3^{\dot{+}} + 2e^- \tag{2-20}$$

$$(m/z=58)$$

$$CH_3—CH_2—CH_2—CH_3^{\dot{+}} \longrightarrow CH_3—CH_2—CH_2—CH_2^{+} + \cdot H \tag{2-21}$$

$$(m/z=57)$$

$$CH_3—CH_2—CH_2—CH_3^{\dot{+}} \longrightarrow CH_3—CH_2—CH_2^{+} + \cdot CH_3 \tag{2-22}$$

$$(m/z=43)$$

$$CH_3—CH_2—CH_2—CH_3^{\dot{+}} \longrightarrow CH_3—CH_2{}^{+} + \cdot CH_2—CH_3 \tag{2-23}$$

$$(m/z=29)$$

$$CH_3—CH_2{}^{+} \longrightarrow CH_3{}^{+} + \cdot CH_2$$

$$(m/z=15) \tag{2-24}$$

从以上反应可以看出，丁烷的许多碎片都是由烷基的直接断裂得到的，对于所有链烷烃的质谱，总可以在质谱图上看到由烷烃连续丢失 $\cdot CH_2$ 的碎片。图 2-24 显示的丁烷质谱图中出现的一个比分子离子（m/z 58）小 1 个质量单位的峰，它是由天然存在的同位素产生的，为丁烷的准分子离子峰，用 M+1 表示。由此可以看出碎裂的反应过程非常复杂，许多参考资料中都有详细论述。

2.5.4　气相色谱-质谱

质谱分析中虽然样品可以直接进入质谱离子化，但是许多样品在分析前需要进行分离，色谱则是分离混合物的有效方法(经常是首选方法),但其难以得到结构信息,主要靠与标样对比来达到对未知化合物结构的推定。另外,在某些情况下会出现待测组分的色谱峰无法测定。而质谱法则可提供丰富的结构信息,样品用量又是几种谱学方法中最少的,同时色谱和质谱仪器灵敏度相当(都可以达到 10^{-11}g)。因此,色谱-质谱的结合成为分离鉴定未知化合物的理想手段,这是单独色谱、质谱分析所不及的。

气相色谱已有悠久的历史,发展成熟。毛细管柱的应用可使能气化的混合物样品得到满意的分离。由于质谱是对气体中的离子进行分析,因此 GC 和 MS 的联机困难较小,主要是解决压强上的差异。色谱柱是在常压下操作,质谱则是在真空下操作,焦点在于色谱柱的出口和质谱仪器的离子源的连接。因毛细管柱的载气流量小,采用高速抽气泵时,二者可直接相连。混合物经毛细管色谱柱分离,各组分依次从毛细管柱端流出,载气被抽走,样品分子即被电离(常用的方式是 EI 或 EI 和 CI 间断进行),得到质谱。气相色谱-质谱(GC-MS)的快速发展,使之成为常规的分析方法,并用以鉴定和确认色谱峰,对未知化合物可以通过计算机辅助从已知质谱数据库中查找,进行鉴定。GC-MS 的另一个重要功能是可确定从色谱柱中流出的每一个峰的纯度,观察一个峰中是否包含几种混合物在同一保留时间同时流出。四极杆质谱分析器扫描速度快,谱图再现性好,价格便宜,因此最常用于 GC-MS。

GC-MS 的优越性在分析长链脂肪酸中体现得特别明显。例如,对含有棕榈酸(16∶0)、硬脂酸(18∶0)、油酸(18∶1)、亚油酸(18∶2)、亚麻酸(18∶3)和花生酸(20∶0)等 6 种脂肪酸的某一样品进行分析(图 2-25)。首先将羧酸基团衍生化(甲酯化)使之具有挥发性,然后进行分析,结果气相色谱仪只检测到了 4 个峰,这可能是由于气相色谱柱解离度有限。脂肪酸甲酯混合物的总离子流气相色谱图如图 2-25(a)所示。在 15.5min 和 28min 之间,有 4 个洗脱峰,其

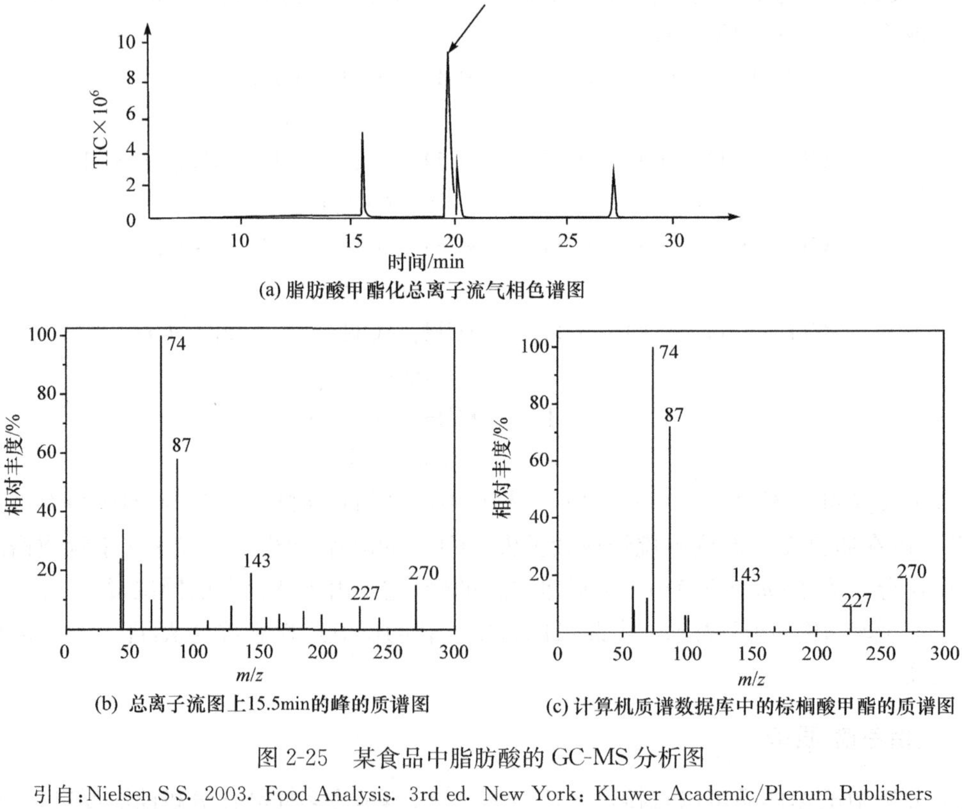

(a) 脂肪酸甲酯化总离子流气相色谱图

(b) 总离子流图上15.5min的峰的质谱图

(c) 计算机质谱数据库中的棕榈酸甲酯的质谱图

图 2-25　某食品中脂肪酸的 GC-MS 分析图

引自:Nielsen S S. 2003. Food Analysis. 3rd ed. New York: Kluwer Academic/Plenum Publishers

中第一个峰为 15.5min，整个峰都具有同样的质谱图，表明只有一个化合物流出。通过计算机对 MS 数据库搜索，将色谱柱流出的物质[图 2-25(b)]与计算机存储的数据[图 2-25(c)]进行比对。大多数碎片匹配，虽然有些小峰是质谱图数据库谱图中不存在的峰，但这些只是背景噪声。由此鉴定 15.5min 峰为棕榈酸甲酯。色谱图中 20min 和 27min 的峰也分别只有一种成分，经计算机匹配鉴定，20min 的为硬脂酸甲酯、27min 的峰为花生酸甲酯。然而，19.5min 峰包含几种不同质荷比的质谱图[图 2-25(a)箭头所指]，表明有几种共流出的化合物。经计算机检索鉴定，19.5min 处为亚油酸甲酯、19.7min 为油酸甲酯、19.8min 为亚麻酸甲酯，这与预测的结果一致，表明几种甲酯在此保留时间同时流出。这个例子说明 GC-MS 在定性和定量分析中有着重要的作用。

2.5.5　液相色谱-质谱

液相色谱-质谱(liquid chromatography-mass spectrometry，LC-MS)实际指高效液相色谱和质谱联机。在 HPLC 与 MS 没有联机以前，欲获得理想的 HPLC 分离出的物质的质谱图，就要制备色谱收集各组分，待溶剂蒸发除去后，直接进样或者直接探针进样导入传统的质谱计。虽然这种方法有时候已经足够了，但是若将两种仪器直接在线联机，无论时间上还是操作上都有很大优势。

液相色谱-质谱联机与气相色谱-质谱联用相比其困难就大多了，液相淋洗剂的流量按分子数目计比气相色谱的载气高了几个数量级。因而液相色谱与质谱联机必须通过“接口”(interface)。对于 HPLC-MS 接口，除一定要符合 GC-MC 所有的要求外，在将液相流出物组分转化成气相使之能被 MS 分析时，还必须除去过量的溶剂。此外，还应注意，HPLC 分析的大部分化合物是非挥发性的或是热不稳定的，这一点不同于气相色谱与质谱联机，特别是将液体转变为气体时要保持化合物的完整结构更是困难。为弥补离子缺少的缺点，在样品分子已电离的情况下，最好能进行碰撞诱导断裂(collision-induced dissociation，CID)。因为一般软电离技术易得到分子质量信息，但碎片离子很少，对结构推导不利。而 CID 则为了解决上述问题，将待分析的某种离子(可以是分子离子、准分子离子或某种广义的碎片离子)与惰性气体的原子(分子)相碰撞，使该离子发生碎裂。

LC-MS 是怎样工作的呢？回想一下挥发，它是一个吸热过程，尤其是在减压(绝热膨胀)和体积膨胀的条件下，二者十分相似。LC-MS 接口的基础是通过加热，然后快速将这些蒸气在减压下膨胀，这样可将热能用于蒸发溶剂以达到完全去除溶剂的目的，并且不会使 LC 流出物中的热不稳定物质发生分解。现已有多种不同类型的接口用于 LC-MC 分析。下面仅介绍电喷雾电离和大气压化学电离两种最常用的接口。最近，一种大气压光电离(APPI)技术作为对 APCI 的补充得到了发展。

1. 电喷雾电离

电喷雾电离(ESI)是 Fenn 和他的合作者在 1984 年首先提出并发展起来的。迄今 ESI 是在 LC-MS 中使用最为普遍的接口(图 2-26)，灵敏度非常高，其极限在 10^{-15}g。通常，极性物质(如莲原花青素、黄酮)适用

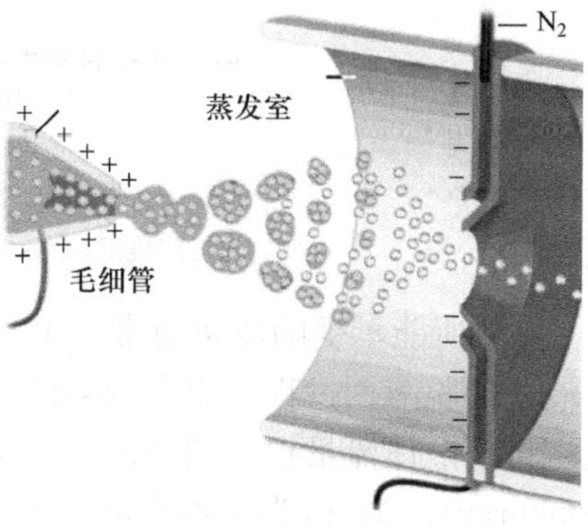

图 2-26　电喷雾接口示意图

于 ESI 分析，产生的离子取决于初始电荷。也就是说，正电荷物质产生正离子，负电荷物质如含有游离羧基官能团的产生负离子。

ESI 在大气压力和环境温度下进行，被分析物的分子在电离过程中通常产生多重质子化的离子。图 2-27 是典型的 ESI 质谱图，由一簇不同程度质子化的分子离子组成，相邻两峰相差一个质子。对于任意相邻两峰，有

$$X_1=\frac{M+n}{n}\qquad X_2=\frac{M+n+1}{n+1}\tag{2-25}$$

式中：X_1，X_2——所选择的两个峰所对应的 m/z 值。

离子所含的质子数(n)和样品的分子质量(M)均可计算出来。

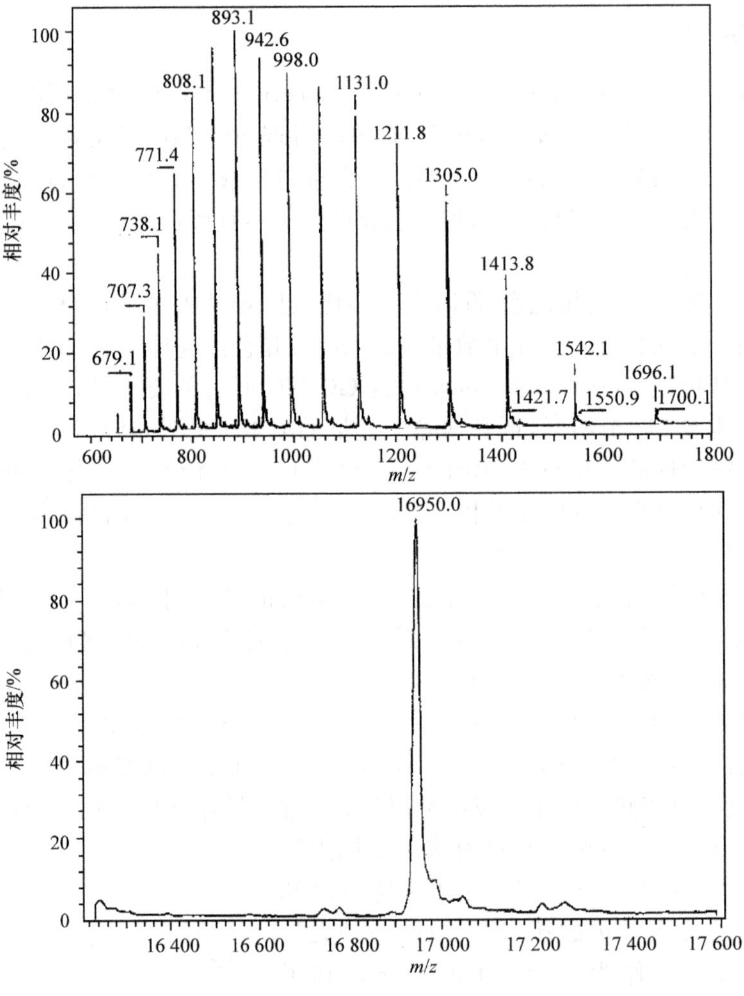

图 2-27　马肌红蛋白的 ESI 质谱图

引自：陈耀祖，涂亚平. 2001. 有机质谱原理及应用. 北京：科学出版社

ESI 所能承受的流量通常为 1～20μL/min。向喷雾区引入一股逆向的氮气流可以促进雾状液滴的脱溶剂过程。而在内衬的弹性石英毛细管与金属毛细管之间增加一股同轴的助雾化气流可使液体流量提高到 2mL/min，这可使 HPLC 与质谱直接联用。这一技术也称离子喷雾(ionspray)。另外，为了提高灵敏度，采用内径更小(5～50μm)的毛细管可使液体流量降低至 50μL/min 以下，喷出的液滴直径可由微米级降至纳米级而称为纳级喷雾(nanospray)。纳级

喷雾比常规电喷雾的电离效应提高了约两个数量级，检出限可达 10^{-21} mol/μL，尤其适合于具有超高灵敏度和超高分辨本领的傅里叶变换离子回旋共振质谱。

电喷雾通常选用的溶剂为极性溶剂(如甲醇、乙腈、丙酮等)。ESI 的优势之一是能产生多电荷离子，并能承受 HPLC 的大流量。蛋白质和其他大分子聚合物(如相对分子质量在 2000～70000)能在一个质量上限为 $m/z=2000$ 的仪器上进行分析，因为这些化合物可带上多个电荷，如果通过很强的软件处理，可达到 50 个电荷的状态，得到较大相对分子质量蛋白质的分子离子信息。

2. 大气压化学电离

大气压化学电离(APCI)是一种气相离子化技术，通常适用于弱极性(如类胡萝卜素)和具有一定挥发性的小分子化合物。它比电喷雾接口要求更高，是一种气相离子化技术。其中，待测组分和溶剂蒸气的气相性质在大气压化学电离中起着非常重要的作用。

APCI 接口如图 2-28 所示。从 LC 流出的样品溶液由具有雾化气套管的毛细管端流出，被氮气流雾化，通过加热管时被气化。加热管的温度为 400～500℃。在加热管端进行电晕(corona)尖端放电，溶剂分子被高度电离，样品分子(M)与这些离子反应转变成离子，得到样品分子的准分子离子。APCI 接口可使用流速达 2mL/min，且缓冲溶液离子强度或组成的微小改变对它没有影响，特别适合分子质量小于 2000u 的待测分子。但它不能产生多电荷离子，因此不能用于生物大分子和聚合物分析。

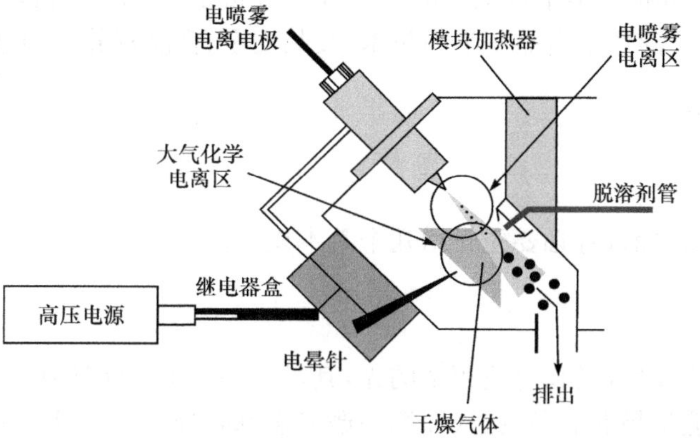

图 2-28　大气压化学电离接口示意图

3. 应用

在食品科学中，质谱越来越广泛地应用于营养成分、生物活性物质、香气成分分析以及食品安全和营养代谢的监测中，但许多方向仍然处于初始阶段。GC-MS 已经应用了许多年，不少实验室拥有 GC-MS，但是直到最近，可靠低价的 GC-MS 才作为标准实验室设备。与此同时，研究者也一直致力于探求更好的 LC-MS 接口技术和改善离子化过程。从 HPLC 柱流出的大多数化合物都可以进行质谱分析，所以这项技术非常有用。如果一个化合物能通过 GC 或 LC 的方法分离，那么再用 MS 分析技术就更有意义。质谱作为检测器的优势在于只需要监测特定离子，是一种很好的选择性检测器。

串联质谱又可表示为 MS/MS，随着串联级数的增加进而表示为 MS^n，n 表示串联级数。

串联质谱在LC-MS的分析中特别有意义，因为在液相色谱分析时，通常因没有合适的检测器所限制。采用选择离子检测器(SIM)，通常是检测和确认柱流出物的唯一方法。例如，采用HPLC分析脂肪酸，必须含量很高，否则紫外或折光检测器无法识别。而用LC-MS可对痕量的脂肪酸进行分析。LC-MS/MS成功地用于非挥发性杀虫剂、生物活性成分、氨基酸、蛋白质和糖的检测中，也是食品中丙烯酰胺检测的优选方法。

2.6 原子光谱

原子光谱法是指利用原子(包括离子)所发射的辐射或辐射与原子(或离子)的相互作用而进行样品分析的一类方法。原子光谱法中应用最广泛的是原子发射光谱法(AES)、原子吸收光谱法(AAS)和原子荧光光谱法(AFS)，三者所涉及的是原子外层电子的能级跃迁。其中AES是原子光谱法中历史最悠久、应用最广泛的方法，至今已有160多年的历史。虽然早在1802年Wollaston就已观察到太阳光谱中的原子吸收现象，但由于原子吸收线的半宽度太窄(约为0.002nm)，需要极高分辨率的单色器才能测出原子吸收线的积分吸收值。故直到1955年澳大利亚科学家Walsh另辟蹊径，提出了采用锐线光源测量谱线峰值吸收的办法代替测定积分吸收值来加以解决，AAS才得以迅速发展。AFS的研究及应用虽不如AES和AAS广泛，但其具有很高的灵敏度，用于检测10^{-15}g级的超痕量元素(如Pb、Cd等)有独到之处，常用于检测食品中的硒元素。由于篇幅所限，此处不详细介绍AFS。

AAS和AES是分析化学中最重要的元素成分分析手段，是分析食品中营养元素和有害元素强有力的工具，广泛用于食品科学与技术、食品安全、食品营养等领域。

2.6.1 原子吸收光谱

1. 概述

在学习原子光谱之前，有必要先介绍几个基本概念。

1) 概念

(1) 共振线。

原子在受光能激发后，吸收合适频率的光，其最外层电子可跃迁到不同能级的激发态。当电子从基态跃迁到能量最低的激发态(即第一激发态)时，所产生的吸收谱线称为共振吸收线(简称共振线)。

(2) 特征谱线。

由于各种元素的原子结构和外层电子排布不同，不同元素的原子其电子从基态跃迁至第一激发态时，吸收的能量不同，因而各种元素的共振线不同，各有其特征性，因此这种共振线称为元素的特征谱线。

(3) 锐线光源。

能发射出半宽度小于吸收线半宽度谱线的光源，如空心阴极灯，称为锐线光源。

2) 原理

原子吸收光谱通常是基于基态自由原子对辐射的吸收，通过选择一定波长的辐射光源，使之正好与某一元素的基态和激发态能级差相对应。样品中的待测元素在原子化器中转变为基态，基态自由原子对入射光吸收后，透过光减弱了，吸收值与待测元素浓度成正比，即样品中待测元素浓度越高，则透过光越弱，吸收值越强，通过测定吸收值，可知被测元素的含量。原子从基态跃迁到第一激发态所需的能量最小，这种跃迁最易发生。故对大多数元素来说，共振线是元素的最灵敏线，在 AAS 中，常用共振线作为分析线。在 AAS 分析中，待分析物在一定的浓度范围内，基态原子数与共振吸收线的强度成正比，因此可利用吸收线的强度进行定量分析，利用特征谱线的波长进行定性分析。

要测量峰值吸收，必须满足以下要求：①光源发射线的半宽度小于吸收线半宽度；②通过原子蒸气的发射线中心频率应恰好与吸收线的中心频率 ν_0 相重合。用与待测元素相同的元素作为阴极材料，制成的空心阴极灯（锐线光源）能满足此要求。使用锐线光源进行吸收测量时，其情况如图 2-29 所示。

与分光光度法类似，待测元素的浓度与吸光度之间的关系符合为比尔定律，即

$$A = Kc \tag{2-26}$$

式中：A——吸光度；

c——待测元素的浓度；

K——在一定实验条件下为常数。

式(2-26)表明，在一定的浓度范围内，吸光度与待测元素的浓度成正比，所以通过测定吸光度就可以求出待测元素的含量。式(2-26)是原子吸收分光光度分析的定量基础。

3）原子吸收光谱仪

原子吸收光谱仪（atomic absorption spectrophotometer）包括四大部分：光源、原子化系统、分光系统、检测系统（图 2-30）。

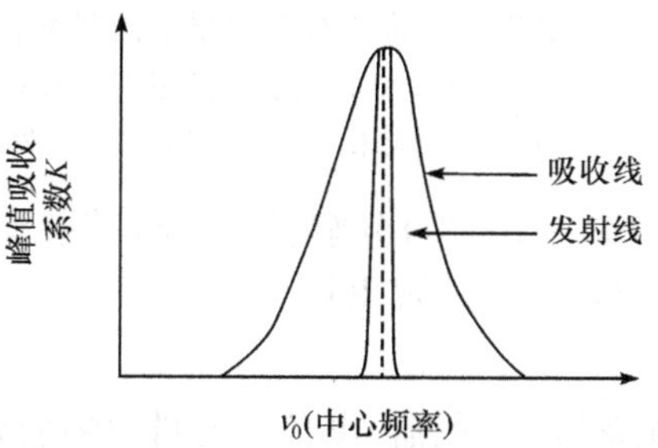

图 2-29　测定 K_0 时发射线与吸收线的宽度比较

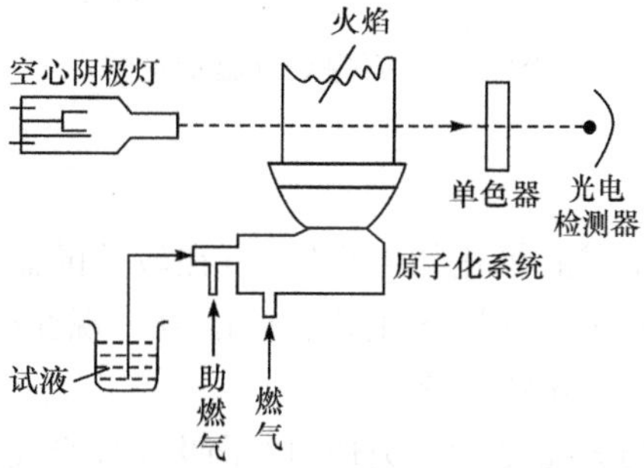

图 2-30　火焰原子吸收光谱仪结构示意图

（1）光源。

AAS 要求采用锐线光源，空心阴极灯是一种理想的锐线光源，应用最广泛。空心阴极灯的阴极材料是待测元素的纯品，当给空心阴极灯施加适当电压时，即可发射出该元素的特征谱线。空心阴极灯具有发射的谱线稳定性好、强度高而谱线宽度窄等优点；但其缺点是每测一种元素，都要更换相应的待测元素的空心阴极灯。

（2）原子化系统。

原子化系统是原子吸收光谱仪的核心，其作用是将试样中的待测元素有效地转变成基态原子蒸气，待测元素由化合物离解成基态原子的过程，称为原子化过程。通常使试样原子化的方法有火焰原子化法和非火焰原子化法两种。火焰原子化法具有简单、快速、稳定，对大多数元素有较高的灵敏度和低的检测极限等优点，至今仍是最广泛使用的方法。常用的火焰为乙炔-空气焰，此外，对熔点高的样品可采用氧化亚氮-乙炔焰。非火焰原子化法又包括电热原子化法（石墨炉原子化器，atomization in graphite furnace）和冷原子化法（氢化物原子化装置，

hydride atomization)。电热原子化法适合于易形成难熔氧化物的元素的测定。以管式石墨炉原子化器为例(图 2-31),石墨管在惰性气体的保护下,通过大电流使之加热,其电热程序经干燥、灰化、原子化和冷却清洗四个阶段(图 2-32),由于没有大量氧存在,并由石墨提供了大量碳,可与氧生成 CO,抑制了待测元素生成难熔氧化物,同时还使有些氧化物处于还原条件下转变成自由原子,其原子化效率高,测定灵敏度高,但测量精度不如火焰 AAS 法,对液体和固体样品皆适合。冷原子化法适合于有些元素在火焰原子化吸收中灵敏度很低,不能满足测定要求,火焰分子对其共振线产生吸收,如 As、Sb、Ge、Hg、Bi、Pb 和 Te 等元素,这些元素或其氢化物在低温下易挥发。例如,砷在酸性介质中与强还原剂硼氢化钠(或钾)反应生成气态氢化物,其反应为

$$AsCl_3 + 4NaBH_4 + HCl + 8H_2O = AsH_3\uparrow + 4NaCl + 4HBO_2 + 13H_2\uparrow$$

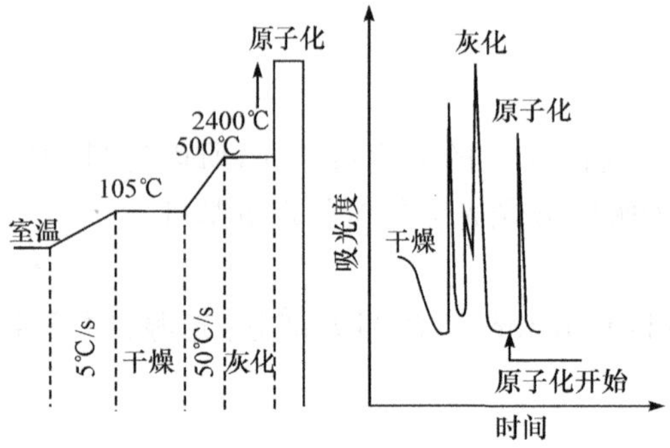

图 2-31 石墨炉升温示意图

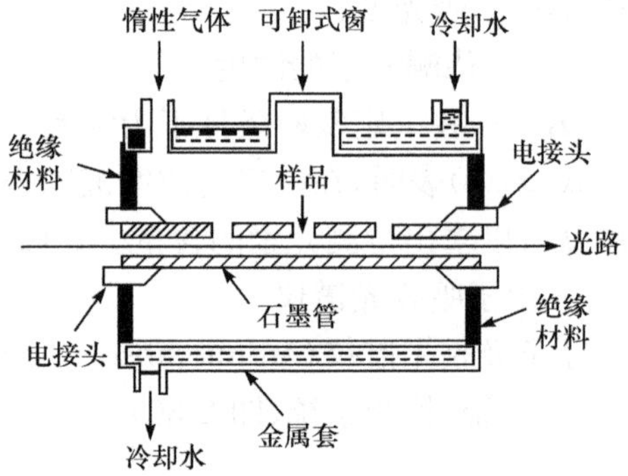

图 2-32 管式石墨炉原子化器示意图

引自:贾春晓. 2005. 现代仪器分析技术及其在食品分析中的应用. 北京:中国轻工业出版社

生成的氢化物不稳定,可在较低的温度(一般为 700～900℃)分解、原子化,其装置分为氢化物发生器和原子化装置两部分。现在已有商品化的氢化物装置出售。

(3) 分光系统。

与分光光度计类似,原子吸收分光光度计的分光系统(单色器)由色散元件(棱镜或衍射光栅)、反射镜和狭缝组成。其作用是将待测元素的共振线与邻近谱线分开,阻止非检测谱线进入检测系统,单色器通常置于原子化器之后。

原子吸收所用的吸收线是锐线光源发出的共振线,谱线比较简单,故对仪器并不要求很高的色散能力。为了保证测量的灵敏度,需有足够的出射光强度。在光源强度一定的情况下,选用适当的光栅色散率与狭缝宽度配合,构成适于测定的通带(或带宽)且满足测定要求。

原子吸收分光光度计按分光系统可分为单光束型和双光束型两种。

Ⅰ. 单光束型:仪器构造简单,灵敏度高,能满足一般分析需要,应用广泛,但受光源强度变化的影响易导致基线漂移。

Ⅱ. 双光束型:为了使基线漂移的情况改善,将从空心阴极灯发射的辐射光分为两束(图 2-33),一束通过原子化器,另一束不通过原子化器,参比光束与试样光束在单色器处会合。利用参比光束补偿光源辐射强度变化的影响,故其灵敏度和准确度都比单光束型好。应该指出,因为参比光束未通过火焰,故不能消除火焰背景的影响。

(4) 检测系统。

检测系统包括检测器、放大器、读数和记录系统。检测器是一种光电转换装置,如光电倍

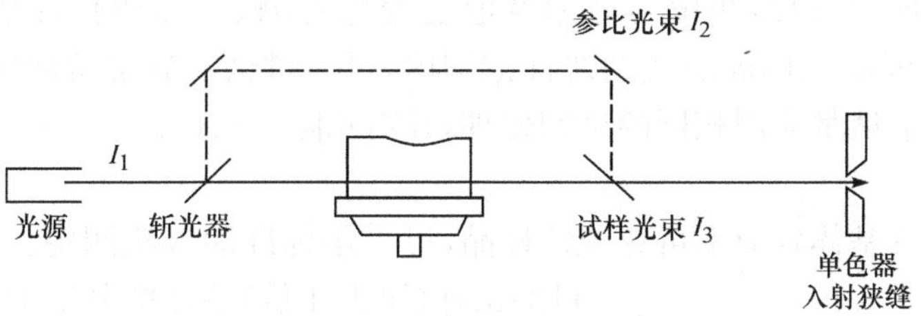

图 2-33　双光束型原子吸收光谱仪光学系统示意图

引自：赵杰文等. 2007. 现代食品检测技术. 北京：中国轻工业出版社

增管可将经过单色器分光后的光信号转换成电信号，再经过放大器放大后，可在读数器装置上显示出来，记录系统可记录下谱图。

4）原子吸收光谱的特点

（1）AAS 的优点。①测定灵敏度高：火焰 AAS 法能测定元素含量在 1mg/kg 以上的样品，石墨炉 AAS 法的检出限可达 10^{-9}～10^{-12}g；②应用范围广：可以测定七十多种元素，除金属元素外，也可以用间接的方法测定非金属化合物及有机化合物；③仪器较简单，操作方便，分析速度快，测定一种元素只需数分钟；④测量精度较好：火焰原子吸收法测定中等和高含量元素的相对标准偏差小于 1%，石墨炉原子吸收法的测量精度一般为 3%～5%。

（2）AAS 的不足。AAS 法测定某种元素需要该元素的空心阴极灯，每测一种元素就需换一盏灯，不利于同时测定多种元素；对一些难熔元素测定的灵敏度和精密度都不很高；非火焰原子化法虽然灵敏度高，但是精密度和准确度不够理想。

2. 原子吸收分析方法

1）食品样品的前处理

火焰 AAS 法要求将待测试样处理成溶液。在原子吸收测定之前，往往需将样品进行消化处理，以除去样品中的有机质，常用的消化方法包括湿法消化和干法消化。

湿法消化：是向样品中加入强氧化剂，常用混合酸，如浓硫酸＋浓硝酸或高氯酸＋浓硝酸，将有机物中的 C、H、O、N 转变为 CO_2、H_2O 蒸气和含氮的气体，并挥发出去；而待测元素保留在溶液中。其特点是，消化温度较干法消化低，反应较缓和，且消化时间较短，待测元素的散失大大减少，适合于易挥发元素，如 As、Pb、Gd、Sb、Se 等的消化。

干法消化：是使样品先在较低温度（80～150℃）下炭化，再送入马弗炉中（一般在 500℃左右）灰化，利用氧气的氧化作用破坏有机质。最后将灰分用硝酸等溶剂溶解，处理成溶液。其特点是试剂用量少，空白值低，但挥发性元素损失较大，消化时间长，不适合于易挥发元素的消化。

AAS 法主要用在定量分析中，常用的方法有标准曲线法和标准加入法。

2）标准曲线法

配制一组合适的浓度梯度的标准溶液系列，并由低浓度到高浓度依次测定标液的吸光度 A，绘制标准曲线。然后在相同的实验条件下，测定待测试样溶液的吸光度，用内插法由标准曲线求出试样中待测元素的含量。该法简便、快速，很常用，但由于试样存在基体效应，有时测定组成复杂的样品会带来较大误差。在使用该法时要注意以下几点：①与分光光度法不同，由于火焰状态不断变化，故不仅每次测定时需同时测定标准曲线，而且一次长时间的测定，中途还需不时测定标准曲线，以减少喷雾效率及温度变化对测定的影响，否则会引起较大误差。②待测溶液的吸光度应在标准曲线的线性范围内，可通过试喷确定待测溶液是否需要稀释。③标准溶液与试样溶液都应用相同的试剂处理，并需扣除空白值。

3）标准加入法

对于组成复杂且基体效应不可忽视的样品，可采用标准加入法测定。该法是向几个相同量的试样（至少4份）溶液中分别加入一定浓度梯度的标液，并由低至高测定其吸光度 A，以标液的浓度为横坐标，吸光度为纵坐标绘图（图2-34）。曲线不通过原点而相应的截距正是待测元素产生的吸收值，将该直线外延至与横坐标相交，交点读数的绝对值即为试样中待测元素的浓度 c_x。应该指出，待测元素的浓度与加入标准溶液的浓度之和对应的吸光度应处在线性范围内，可通过试喷测定来决定待测液的取量和标样的加入量。

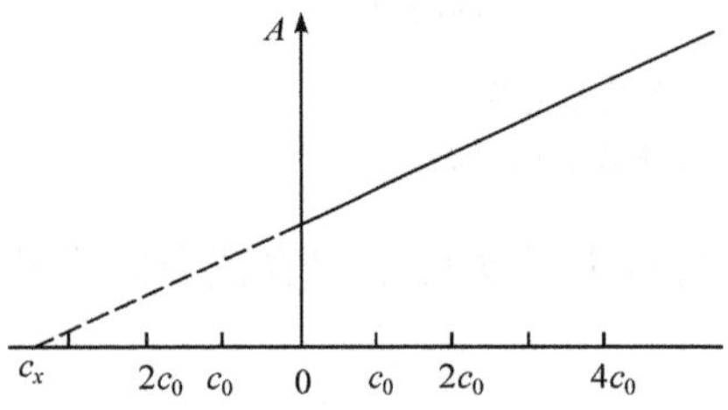

图2-34 标准加入法

4）实验器具

（1）所用器皿均应使用塑料或玻璃制品，使用的试管及器皿在使用前必须用酸浸泡，并用双蒸水或去离子水洗净，干燥后待用。

（2）实验用水除可用双蒸水外，也可用电阻率大于8kΩ的去离子水，石墨炉法对水的要求更高，需电阻率大于800kΩ的去离子水。

3. 原子吸收分光光度法在食品分析中的应用

该法常用于食品中许多痕量及常量矿物元素的测定，其中火焰AAS法往往是一种首选的定量方法，可以测定35种以上的元素，并有许多方法被选作国家标准。食品分析中其常用于测定矿物元素，如食品样品中钙、镁、铜、锌等营养元素及铅、镉等有害重金属元素测定（有关细节请参见矿物质及有害元素的测定章节）。

2.6.2 原子发射光谱

1. 概述

原子发射光谱已有160多年的历史，特别是20世纪70年代和80年代出现的电感耦合等离子体-AES（ICP-AES），现已成为主流。原子发射光谱的成功，在于其具有广谱性和多元素分析能力，它能在一个很宽的浓度范围做定性和定量分析。

1）原理

原子发射光谱法是原子的外层电子受到外界能量激发后，由基态过渡到不同的激发态，处于激发态的电子不稳定，当其回到基态时，以光能的形式释放出多余的能量，因此就得到一条波长与辐射能量相对应的发射谱线。由激发态直接回到基态所发射的谱线称为共振线，由第一激发态回到基态发射的谱线称为第一共振线，第一共振线通常是最强的谱线，即最灵敏的谱线，故其是AES分析中最常用的分析线。

处于高能量激发态的电子可不直接回到基态，而是回到为光谱线选择定则所允许的较低能量状态，从而发射出各种波长的谱线。所以，每种元素都有许多条发射谱线，即便是结构最简单的氢原子，在紫外可见区现在已发现的谱线有54条，对于结构比较复杂的原子，如Fe、W

等元素，其谱线已有 5000 多条。谱线强度与待测元素的含量有关，故谱线强度是进行定量分析的依据，设单位时间内由能级 E_i、E_j 间跃迁所产生的谱线，其强度以 I_{ij} 表示，则

$$I_{ij}=N_iA_{ij}h\nu_{ij} \tag{2-27}$$

式中：N_i——单位体积内处于高能级 E_i 的原子数；

A_{ij}——E_i、E_j 两能级间的跃迁概率；

h——普朗克常量；

ν_{ij}——发射谱线的频率。

当原子处于热力学平衡状态时，分配在激发态和基态的原子数目 N_i 和 N_0 应遵守玻耳兹曼分布定律，将玻尔兹曼分布式代入式(2-27)可得

$$I_{ij}=(g_i/g_0)A_{ij}h\nu_{ij}N_0\mathrm{e}^{(-E_i/kT)} \tag{2-28}$$

式中：g_i、g_0——激发态、基态统计权重；

k——玻耳兹曼常量。

谱线强度与激发态能级的能量是负指数关系，即激发能级越高，其跃迁至激发态所需能量越大，谱线强度就越弱。温度 T 既影响原子的激发过程，又影响原子的电离过程，谱线强度与温度之间的关系如图 2-35 所示，原子谱线强度随温度的升高先上升，当到达极大值后又逐渐下降。因为温度开始升高时，气体中的各种粒子、电子等运动速度加快，非弹性碰撞增强，原子被激发的程度增加，故谱线强度增强；但超过某一温度之后，电离度增加，原子浓度减小，原子谱线强度逐渐降低。

以上讨论的谱线强度均指绝对强度，由于放电条件等因素很难控制完全不变，故要准确测定谱线的绝对强度是十分困难的，因而在光谱定量分析中，常采用谱线的相对强度，这也就是测定时采用内标的原因所在。

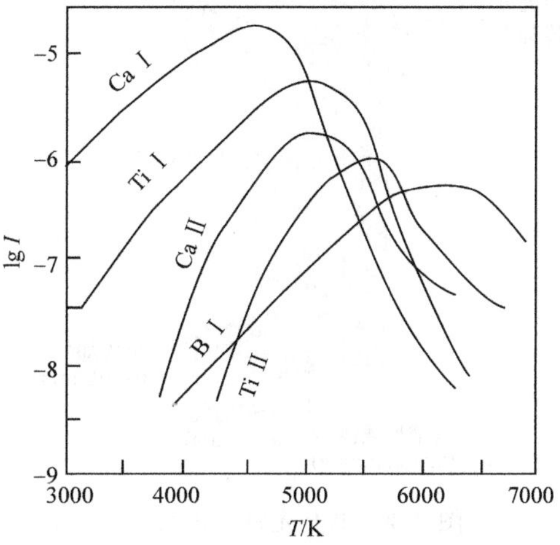

图 2-35　谱线强度与温度的关系

引自：严衍禄. 2007. 现代仪器分析. 2 版. 北京：中国农业大学出版社

元素谱线的相对强度 I_1/I_2 与该元素在样品中的浓度 c 的关系为

$$I_1/I_2=ac^b \tag{2-29}$$

$$\lg(I_1/I_2)=b\lg c+\lg a \tag{2-30}$$

式中：a——与样品的蒸发、激发过程及样品的组分等有关的参数；

b——与谱线的自吸收有关的参数。浓度很高时，b 趋于 0，此时谱线强度与样品浓度无关；一般浓度时，I_1/I_2 与 c 的关系较复杂，b 不为常数，但 $b<1$；上述两种情形都无法进行定量，只有当待测元素浓度较低时，无自吸收存在，$b=1$，谱线强度与浓度成正比，这是发射光谱法进行定量分析的基础。

2）原子发射光谱仪

发射光谱仪由激发光源、分光系统、检测系统三部分组成。

（1）激发光源。

激发光源提供能量使试样蒸发、解离、原子化和激发跃迁发射谱线，激发光源对分析的检出限、精密度和准确度有很大影响。激发能量可由热（火焰，flame）、光（激光，laser）、电（电

弧、火花)、无线电波(电感耦合等离子体,ICP)等产生。电弧法可分析固体样品,适合于矿石分析。目前在食品分析中最常用的激发光源有火焰和电感耦合等离子体等两种。

火焰光源是最早被采用,最简单的激发光源,至今仍被广泛用于碱金属、碱土金属等激发电位较低的元素的分析中。常用的火焰有乙炔-空气、丙烷-空气、乙炔-氧气和乙炔-氧化亚氮等。利用火焰作为激发光源的光谱分析称为火焰光度法(flame emission spectroscopy)。其仪器除光源不一样外,其他部件与原子吸收分光光度计相同。

ICP光源的使用历史较短,约30年。在ICP-AES中,等离子体(plasma)被用作原子化和激发源,等离子体是宏观中性的离子化气体,通常由离子化的稀有气体组成,即具有相同数目的正离子及电子。等离子体的温度很高(5000~10 000K),可有效地使样品原子化,故可分析难熔化合物。ICP一般由三部分组成:高频发生器、等离子炬管和雾化器。如图2-36所示。

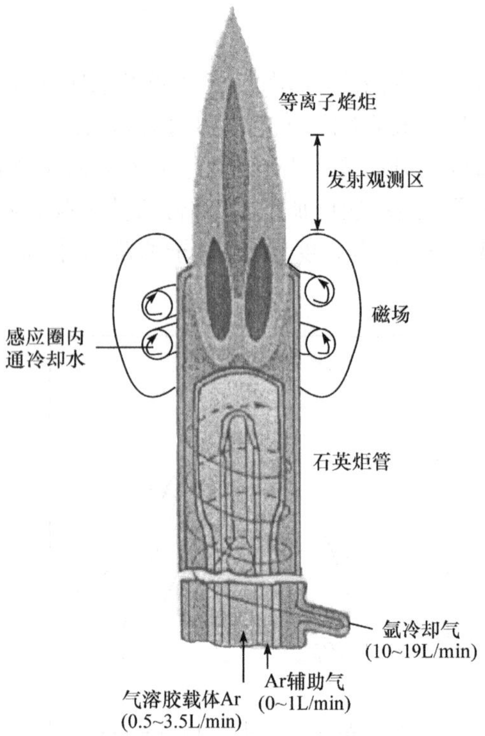

图2-36　ICP光源示意图
引自:戴军.2006.食品仪器分析技术.北京:化学工业出版社

高频发生器的作用是产生高频磁场,以供给等离子体能量。等离子炬管是一个三层同心石英玻璃管,外管通冷却气约束和绝缘等离子体,中管主要起加速经外管与中管间导入的等离子气体作用,内管以载气Ar气输入试样气溶胶,试样多为溶液。当高频发生器与围绕在等离子炬管外的负载铜管线圈(以水冷却)接通时,高频电流流过线圈,并在炬管的轴线方向上形成一个高频磁场。此时,若向炬管内通入气体,并用一感应线圈产生电火花引燃,则气体触发产生电离粒子。当这些带电粒子达到足够的导电率时,就会产生一股垂直于管轴方向的环形涡电流,这股几百安培的感应电流瞬间就将气体加热到近万度的高温,并在管口形成一个火炬状稳定的等离子体,当试样气溶胶由Ar气载入通过等离子体时,被加热至6000~7000K,使样品原子化和激发产生发射光谱。

ICP具有高温、自吸小、光谱背景小、稳定性好、可不考虑电离干扰等特点,因而基体效应小、检出限低、线性范围宽,是分析液体试样的最佳激发光源,目前可测定周期表中绝大多数元素(70多种),检出限低于10^{-9}数量级质量分数。

(2) 分光系统。

分光系统的作用是将气态原子激发产生的发射光谱信号按波长的大小顺序分离展开成线光谱,分光元件可以是棱镜或光栅。

(3) 检测系统。

在原子发射光谱法中,早期的检测方法是用光谱板摄谱,根据谱板上谱线的位置(波长)进行定性分析;根据谱线的黑度进行定量分析。现在光电倍增管(PMT)已代替光谱板作为检测器。PMT由两部分组成:①将入射光子转化成电子的光阴极;②增大电子数目的倍增极。PMT将光信号转换为电信号并加以放大,检测电信号就可测定谱线的强度。

PMT 具有波长区域宽（常用 160～900nm）、线性范围大、放大增益高、噪声低、温度系数极低等优点，几乎不受周围环境因素的影响。PMT 是最通用的检测器，但由于它是单道检测器，因此在多色仪中往往用多道检测器代替 PMT，如用二极管阵列、电荷转移装置（CTD）、电荷耦合装置（CCD）或电荷注入装置（CID）等。

3）原子发射光谱的特点

原子发射光谱的特点如下：①可以同时进行多元素的测定（优于 AAS），且分析速度快。②分析的选择性高，ICP 光源引起的化学干扰较小，特别是对一些化学性质相近的难分离的元素，如稀土元素，一般可不经分离，直接测定。③ICP-AES 可分析难于原子化的难熔化合物，优于火焰 AAS。④ICP-AES 的分析浓度范围宽，可达 4～6 个数量级（AAS 只有 3 个数量级），可测定浓度范围为 1μg/L～1g/L，且无需校正仪器；而 AAS 法可测定浓度范围在 1μg/L～1mg/L。⑤灵敏度高。对多数元素的检出限可达亚 ppb 级甚至 ppt 级，比火焰 AAS 低；测量精密度一般为±1%。⑥消耗试样少，一般只需数毫克至数十毫克试样，甚至可在不损坏试样的情况下进行分析。⑦AES 无法测定常见的非金属元素 O、N、卤原子等，且 ICP-AES 仪器昂贵，也不能测定固体样品。

2. *原子发射光谱法*

1）定性分析

光谱定性分析常用方法为铁光谱比较法，又称标准光谱法，是在一张放大 20 倍以后的不同波段的铁光谱图上准确标出 68 种元素的主要光谱线的图片。铁光谱的谱线非常丰富，且在各波段中均有容易记忆的特征光谱，故可作为一个很好的波长标尺，与实际待测物的光谱进行比较。元素的原子结构不同，它们激发时所产生的光谱也各不相同，这是光谱定性分析的根据。鉴定待测元素时，并不要求也不可能找出它的所有谱线，一般只要根据它的一条或几条不受干扰的谱线即可确定该元素存在与否。

2）定量分析

由于试样的蒸发、激发条件以及试样组成等的变化，会直接影响谱线的强度，这种变化往往很难避免，所以在实际分析中，常采用相对方法，即内标法。用内标法进行定量分析时，是在待测元素中选一条谱线作为分析线，在内标元素（加入固定含量的另一种元素）的谱线中选一条谱线作为内标线。分析线与内标线构成分析线对，在测定过程中，蒸发与激发条件的不稳定及其他干扰都会引起分析线与内标线的谱线强度的变化，两者的变化大小近似相同，所以两者的强度比没有改变或改变很小。

如果以 a、s 分别表示分析线和内标线，则

$$I_a = ac^b; I_s = a'c_s^{b'}$$

当内标元素的含量固定不变，且内标线无自吸收时（即 $b'=1$），则 c_s 为常数，即分析线对的强度比为

$$R = I_a/I_s = ac^b/a'c_s \tag{2-31}$$

令 $K = a/a'c_s$，则有

$$R = Kc^b \tag{2-32}$$

在一定浓度范围内，K、b 与浓度 c 无关，取对数则有

$$\lg R = b\lg c + \lg K \tag{2-33}$$

式（2-33）即为内标法的基本公式。以 $\lg R$ 对 $\lg c$ 作图，得相应的工作曲线。只要测出谱线

相对强度的对数,便可由工作曲线求出试样中待测元素的含量。

在内标法中,内标元素及分析线对的选择,一般应符合下列要求:①内标元素的含量必须适量和固定,且分析线和内标线的自吸收和附近的背景均应尽量小;②内标元素与分析元素应具有相近的沸点和化学性质,以减少试样蒸发条件变化的影响;③分析线对应该具有十分相近的激发电位和电离电位,以减少激发条件变化的影响;④分析对的波长、强度及宽度也应尽量接近。

摄谱法通常采用相对强度(如内标法)进行定量,而火焰光度法既可采用绝对强度,也可采用相对强度(如内标法)进行定量。

定量分析方法主要有校正曲线法及标准加入法。校正曲线法应用广泛,特别适合于成批样品的测定。在选定分析条件下,用至少三个不同浓度的待测元素的标样,测定分析线强度 I,或分析线对强度比 R 或 $\lg R$,并对浓度 c 或 $\lg c$ 作图,在同样条件下测定待测元素的分析线强度等,查校正曲线可得待测元素的浓度,进而算出其含量。

3) 样品处理

(1) ICP-AES 法仅适合于测定液体样品,对固体样品须处理成溶液(常用酸溶法),方可测定。但溶液的黏度大不利于测定,无论是溶解待测样品还是标样,宜用硝酸或盐酸,不宜用黏度较大的硫酸或高氯酸,处理后样品的残余酸度应控制在 10%以下,同时样品溶液的酸度应与标准溶液尽量接近。前处理时要尽量减少引入盐分,以防含盐量高堵塞雾化器。

(2) 大批量样品测定时,测定完标准曲线再连续测定 30 个样品之后,需重新测定标准曲线。

2.7 高效液相色谱法

2.7.1 概述

高效液相色谱(HPLC)是 20 世纪 60 年代在经典柱液相色谱的基础上发展起来的新型分离分析技术。该技术发展初期,HPLC 是高压液相色谱(high pressure liquid chromatography)的英文缩写,反映了由高柱压代替经典柱液相色谱(低柱压)的过程。到了 70 年代末,随着色谱柱制造技术的不断提高,HPLC 已成为更流行的高效液相色谱的英文缩写,即强调了新型色谱柱高效的分离性能。经过 30 余年的发展,现代 HPLC 法在分析速度、分离效能、检测灵敏度和操作自动化诸方面,都达到了和气相色谱法相媲美的程度。由于其样品适用范围广,高效液相色谱法已在生物工程、制药工业、食品工业、环境监测、石油化工等领域获得了广泛的应用。

HPLC 用于食品分析始于 20 世纪 60 年代,随着能够分离糖类化合物的柱子的发展,HPLC 很快得到了广泛的应用。70 年代中期糖价上涨,导致软饮料生产商采用玉米糖浆代替蔗糖,从而使得 HPLC 应用于生产领域的糖类化合物分析及测定甜味剂含量以确保产品质量。同时 HPLC 也应用在诸如水果和蔬菜中的杀虫剂残留、有机酸、脂类、氨基酸、毒素(如花生中的黄曲霉素)和维生素等食品分析领域。虽然最常见的是将 HPLC 当作一门分析技术使用,但实际上,食品研究领域也将 HPLC 用于制备模式,可获得毫克至克级的高纯度化合物。

2.7.2　高效液相色谱仪器的组成

HPLC 系统的基本组成如图 2-37 所示。这个系统包括五个主要部件：输液泵、进样器、色谱柱、检测器和记录仪/数据处理系统。图中虚线框内的部件可进行控温操作，通常是一个色谱柱的控温箱，组分收集器只有当被分离的组分需要收集时才增加进去，此外，连接管路、管路过滤器和管路接头也是构成 HPLC 系统必不可少的部分。

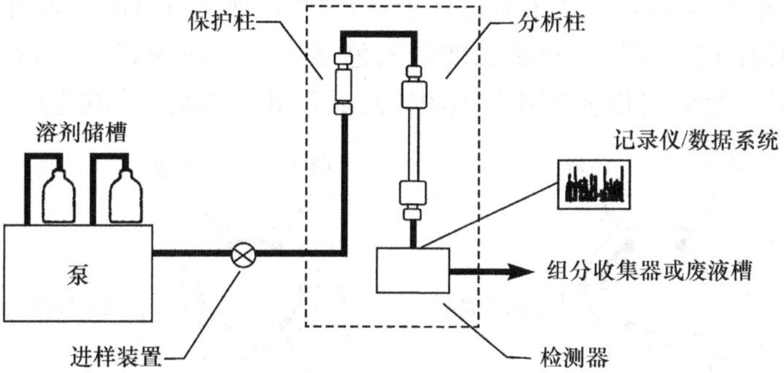

图 2-37　高效液相色谱示意图

引自：Nielsen S S. 2003. Food Analysis. 3rd ed. New York：Kluwer Academic/Plenum Publishers

现代高效液相色谱仪还有一个先进的仪器管理系统，它由一台微型计算机和一套应用软件组成。软件包括两大部分，一部分用于控制输液泵、进样器、色谱柱、检测器的操作参数，并及时反馈和记录各部件的运行状态；另一部分用于采集从检测器得到的信号，并对信号进行存储、绘图、计算、分析和报告。通过计算机网络技术还可实现对仪器的远程控制和诊断。

1. 输液泵

输液泵的作用是输送流动相。HPLC 分析要求流动相准确而又精密地通过色谱柱和检测器，压力恒定，无断流和脉冲，流速一般为 0.5～2.0mL/min，误差应不超过 0.5%。因为在 HPLC 色谱柱中使用了颗粒直径很小的色谱柱填料（通常为 3～10μm），要使流动相以一定的流速流过色谱柱，就必须使用高压输液泵，在色谱柱入口由输液泵提供的压力通常为 2～20MPa。

目前 HPLC 主要使用的是恒流泵。往复式柱塞泵属于恒流泵，泵的液腔体积小，为 1/3～1/4mL，易清洗和替换流动相，可长时间稳定地输送流动相，但往复式泵会产生压力脉冲现象，因此需要增加机械式或电子式压力脉冲调节装置，以抑制压力的波动。

大多数商品化的 HPLC 泵系统和连接管道是用 ANSl316 级的不锈钢材料制作的，可耐受系统产生的压力并抵御由氧化剂、酸、碱和有机溶剂引起的腐蚀作用。但无机酸和卤素离子会侵蚀不锈钢，因此，如果系统使用这些物质时，应该及时用水彻底冲洗。所有的 HPLC 泵的运动部件如单向阀和活塞，对流动相中的颗粒性杂质都非常敏感，因此流动相应先用 0.45μm 或 0.22μm 的微孔滤膜过滤。

单台输液泵仅适用于等度 HPLC 洗脱（固定的流动相组成）。对复杂样品的分离、分析，经常采用梯度洗脱。梯度洗脱是在一个色谱分析周期中，将两种或两种以上的不同极性的溶剂，随时间按一定程序改变比例，以达到连续改变流动相极性的目的。梯度洗脱分为低压和高压梯度洗脱两类。低压梯度洗脱是在流动相进入高压泵前，通过程控比例阀将不同极性的流动相先进行低压混合，再由一台高压输液泵输送至色谱柱。高压梯度洗脱是采用两台或多台输液泵对不同溶剂加压后，按一定比例输入混合器，经充分混合后再输送至色谱柱。

2. 进样器

进样器的用途是把待分析样品溶液带入流动相，从而引入色谱柱中。现在几乎所有的HPLC系统均采用了进样阀装置。进样阀处于“载样”位置时[图 2-38(a)]，样品溶液被注射进样品定量管中。此时，流动相直接从泵流过柱子，当阀被切换至“进样”位置时[图 2-38(b)]，样品定量管变成流动相流路的一部分，样品就被带入色谱柱。六通阀式进样器可提供较好的进样精度，通过更换样品定量管可以实现不同体积(大至 5mL)样品溶液的进样。

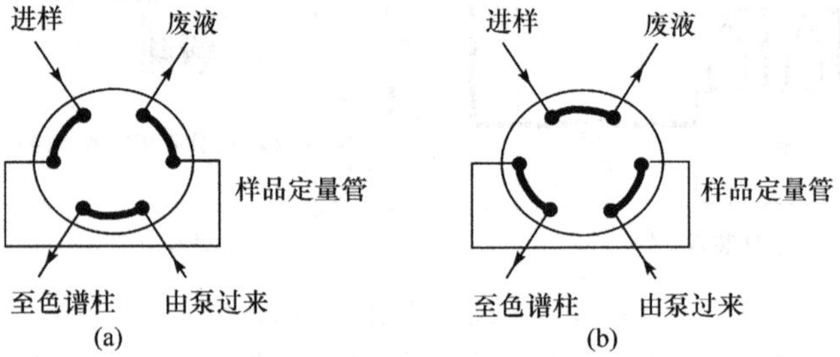

图 2-38　六通阀式进样器工作原理

现代的 HPLC 系统多采用由计算机控制的自动进样器，其设计原理与六通阀进样器相类似，由一系列电磁阀、三通或六通阀及进样器组成，通过阀的开闭和切换，自动完成取样、进样、管路清洗等工作。自动进样器进样重复精度好，进样量连续可调，一次可安放几十个或上百个待分析样品，使 HPLC 系统可以长时间连续运转。

3. 色谱柱

色谱柱是色谱分析的核心。高效液相色谱分析对色谱柱的要求是：性能稳定、柱效高、柱容量大、分析速度快、适应溶剂范围广。一支 HPLC 柱子由外部的柱体组件和填充在内部的填充料(固定相)组成。

1) 柱组件

HPLC 柱体通常由不锈钢制成，两端垫有不锈钢烧结滤板，防止固定相流失并阻止颗粒杂质进入柱内，柱两头分别连接进样器和检测器。特殊用途的柱子也可用玻璃、熔融石英、钛和 PEEK(polyether ether ketone)材料制成。常用的 HPLC 分析柱规格是长 10～30cm，内径为 2～6mm，填充固定相的粒径范围在 3～10μm。为了延长分析柱内固定相的使用寿命，常在分析柱前连接一支保护柱，保护柱长 3～5cm，内径与分析柱一致，填充粒径稍大的同类型固定相。

2) HPLC 柱填充料

品种丰富的柱填充材料的发展为 HPLC 的成功应用打下了坚实的基础。填充材料必须形成色谱柱床，它可参与或不参与实际的分离过程，即分析物在两相间的分配。在经典的液-液色谱中，填充料只起支撑作用，固定液停留在填充料的孔径中。在排阻色谱中，由于分离是完全基于分子尺寸大小而实现的，因此，希望分析物与填充料之间不发生其他相互作用。然而，在吸附色谱中(包括离子交换和亲和色谱)，柱填充料同时起到了载体和固定相的作用。对

HPLC柱填充料的其他要求是:颗粒直径范围窄,化学稳定性良好,有足够的机械强度,能耐受在填充和使用过程中的高压。

多孔硅胶和有机合成树脂这两种材料符合上述要求,以硅胶为基质的柱填料又包括键合固定相填料和薄壳型填料,有机合成树脂填料则又分为微孔型和大孔型。

4. 检测器

检测器是把HPLC柱洗脱液中组分浓度(或质量)变化转换成电信号的装置,最广泛使用的HPLC检测器有紫外-可见光检测器、荧光检测器和示差折光检测器。其他检测器还有电化学检测器和蒸发光散射检测器。

质谱仪以往作为一个单独的仪器与HPLC联用,但是随着接口技术的不断突破和制造成本的降低,近年来质谱仪已逐渐被视为一个HPLC检测器成员了。由于其选择性强,并能同时给出大量定性分析数据,质谱检测器在HPLC的定性、定量工作中发挥着越来越重要的作用,相关内容在本书的质谱一节中有详细论述。

1) 紫外-可见光检测器(ultraviolet-visible detector)

大多数HPLC分析工作都是用紫外-可见光检测器完成的。它可检测含发色基团的化合物,当采用单色光时,遵循比尔定律。吸光度大小取决于分析物的摩尔吸光系数ε,它决定了分析物在紫外-可见光检测器上的响应值。目前主要有三种类型的紫外-可见光检测器:固定波长型、可变波长型和二极管阵列检测器。固定波长检测器设计简单,它使用滤光片从汞灯光源中分离单一波长的反射光,这种类型的检测器操作简单,价格低廉,但应用非常有限。

可变波长紫外-可见光检测器目前使用较广泛,氘灯和钨灯分别作为发射紫外和可见光的光源,由一个光栅(或棱镜)进行分光,一定波长范围的光线通过一个狭缝照射到样品流动池,转动单色器就能改变检测波长。

二极管阵列检测器(diode array detector,DAD)能够提供比单波长检测法更多有关分析物的信息。这种检测器所有的光源都来自氘灯,复合光直接照射到样品流动池上,透过光经衍射光栅分光后,投射到一个由1024(或512)个光敏二极管组成的阵列上被检测,这些信息经微型计算机处理,每0.1s就可把200～700nm所有的吸收光谱记录下来,而且能够对色谱峰进行纯度分析。虽然二极管阵列式检测器的价格比可变波长检测器昂贵,且灵敏度稍低,但是在改进分离方法的研究和常规分析中,对了解更多组分峰的光谱信息是非常有用的。

2) 荧光检测器(fluorescence detector,FLD)

一些有机化合物在紫外-可见光照射后,可发射荧光,对这种发射光强度进行测定的方法称为荧光检测法。荧光检测法选择性好且灵敏度高,在检测相同的化合物时,荧光检测器可提供仅为紫外-可见光检测器1/1000～1/100的检测限。虽然只有较少的化合物自身具备荧光特性,但可以通过衍生化反应使分析物转化成具备荧光特性的衍生物。荧光检测法对痕量分析非常理想,已经广泛用于氨基酸分析、食品和营养强化剂中各种维生素的测定、谷物产品中黄曲霉毒素的监测,以及废水中的多环芳烃的检测。

3) 折光指数检测器(refractive index detector,RID)

折光指数检测器又称示差折光检测器,是通过测定色谱柱流出液的折光指数的变化,来测量分析物的浓度,几乎是一种通用型检测器。但其灵敏度低于其他检测方法,给出的色谱峰可以是正峰,也可能是负峰,具体取决于分析物与洗脱液的折光指数的相对大小。示差折光检测器对环境温度的变化比其他类型的检测器敏感;而且不能采用梯度洗脱方法,因为洗脱液组分的任何变化都会改变其折光指数，由此导致基线信号的改变。示差折光检测器主要用于不含紫外吸收发色基团的分析物的检测，如食品中碳水化合物和脂类。

5. 记录仪/数据处理系统

早期是靠带式记录仪记录从检测器输出的电信号，分析工作者读出保留时间和峰高（或峰面积）等信息后，进行手工计算。现今这些操作已被电子积分仪（或由微型计算机运行色谱工作站）所代替。在分析人员正确设定参数的基础上，电子积分仪能记录 HPLC 检测器输出的信号，并自动判断每个色谱峰的开始、最高和结束时间，给出保留时间、峰高、峰面积。如果这个系统已经标准化，则可采用外标或内标方法计算分析物的浓度并获得分析报告。

2.7.3 高效液相色谱中的分离模式

1. 正相色谱

在正相 HPLC 中，固定相是极性吸附剂，如裸露的硅胶或在硅胶表面键合含有短烃链的羟基、硝基、氰基或氨基等极性非离子官能团。这些键合相极性适中，与裸露的硅胶相比有下列优点：分析物与固定相的相互作用更温和，表面更均匀，因此得到的色谱峰峰形更好。该模式适合于在有机溶剂中溶解度较高的化合物，如脂溶性维生素、磷脂等。

正相 HPLC 模式的流动相是由非极性溶剂组成，如正己烷，可加入一些极性稍强的改性剂，如二氯甲烷，以增加溶剂的洗脱能力和选择性。分析物的保留时间与吸附/置换过程相关，可通过改变流动相的极性或溶剂强度进行调节。溶剂强度是指溶剂影响分析物迁移速率的一种能力。强度弱的溶剂可使保留时间增加，但是必须指出，溶剂强度与色谱分离模式密切相关，例如，水在正相色谱中是强溶剂，而在反相色谱中却是非常弱的溶剂。

2. 反相色谱

超过 70%的 HPLC 分离是在使用非极性固定相和极性流动相的反相色谱上进行的。反相色谱中最常用的固定相是化学键合相，常用的反相色谱柱有辛基柱（C_8）、十八烷基柱（C_{18}）。此外，苯基柱、氨基柱、三十烷基柱也都在食品分析中有应用。在用氨基柱分析碳水化合物的色谱体系中（流动相是乙腈水溶液），氨基柱充当反相色谱柱的角色。

许多以硅胶为基质的反相色谱柱都可直接购买，以下因素会影响硅胶键合固定相色谱行为：键合至硅胶表面的基团种类，如 C_{18} 烷基与苯基；碳链长度，如 C_8 与 C_{18}；单位体积填充表面碳链的数目；硅胶颗粒的几何形状和尺寸；硅胶表面未键合硅羟基的比例；键合表面的拓扑机构，如单分子层或多分子层。

有机合成树脂填料具有良好的稳定性，避免了游离硅羟基引起的问题，提高了填料对流动相 pH 的耐受性，为流动相提供了更多的选择。高交联度的苯乙烯/二乙烯苯聚合体，可直接用于反相色谱中，也可通过各种亲水或疏水官能团修饰（包括 C_{18} 烷基）后用于反相色谱。

反相 HPLC 使用的极性流动相，通常是甲醇、乙腈、四氢呋喃和水的混合溶剂。分析物由于和非极性固定相发生疏水性相互作用而被保留，其洗脱顺序是极性强的化合物先出峰，极性弱的后流出，增加流动相中的极性组分可延长分析物保留时间（更大的 k'），而增加流动相中有机溶剂的含量可缩短保留时间（更小的 k'），但需注意保留值收敛性。各种添加剂使流动相可产生更多的功能：胺类化合物（如三乙胺）加入流动相中，可降低硅羟基的活性；水溶性缓冲液能用于抑制或者控制样品组分的离子化。

离子对试剂的使用，使反相色谱分离离子型化合物变得更有效。这类试剂多为离子型表面活性剂，如辛烷磺酸，能够中和分析物的电荷，使其具有更强的亲脂性。根据加入离子对试剂浓度的不同，色谱保留行为能从反相色谱过程变成离子交换色谱过程。因此，离子对色谱有时被作为离子交换色谱来讨论，或作为一个独立的分离模式来处理。

水溶性和脂溶性维生素都可用反相 HPLC 分析。软饮料中的某些成分（咖啡因、阿斯巴甜等）可以采用反相色谱进行快速分离。食品抗氧化剂如 2(3)-丁基-4-羟基茴香醚(BHA)、二叔丁基对甲酚(BHT)，经反相 HPLC 分离后，可用 UV 和荧光同时进行检测。反相色谱已经成为分析植物蛋白、谷物蛋白最常用的 HPLC 模式，以往最难分离和定性鉴定的蛋白质现在已可采用这种方法进行常规分析。色素（如类胡萝卜素和花青素）和酚类风味化合物（如香草醛），也可使用反相 HPLC 分析。

3. 离子交换色谱

离子交换色谱常采用有机合成树脂为填充料，如苯乙烯/二乙烯苯聚合物，功能基团为磺酸类或胺类，尽管也可以用微孔型合成树脂（交联度小于 8%），但大孔型合成树脂由于其更强的刚性和永久性的多孔结构更适用于 HPLC 柱。另外也可采用薄壳型填充料，其缺点是离子交换容量（即单位质量填充料上的离子交换基团的数目）有限。

以硅胶为基质的键合相离子交换剂，由于化学键合相提供的离子交换基团聚集在表面，因此离子交换速度很快，分离效率好。然而，使用这类填充料，必须对流动相的 pH 稍加控制。

离子交换色谱的流动相通常是水溶性缓冲液，通过调节流动相的离子强度和/或 pH，就可控制分析物的保留时间，逐步增加离子强度是常用的梯度洗脱方法。离子交换过程与吸附过程有些相似，流动相组分与分析物竞争固定相的结合位点。因此，增加流动相的离子强度使其能更有效地进行竞争，导致分析物保留时间下降，而流动相 pH 的变化则能够影响样品、固定相或二者兼而有之。

离子交换 HPLC 从简单无机离子的检测，到碳水化合物和氨基酸的分析，直到蛋白质的制备，都得到了广泛的应用。

4. 空间排阻色谱

空间排阻色谱仅由分析物分子大小的差异来实现分离，这种色谱模式实际有效的分离体积有限，因此，其色谱峰容量相对较小（10～13 个峰），因此，“高效液相色谱”的提法并不太适用于空间排阻色谱。使用小颗粒填料、高柱压的空间排阻色谱的优势在于速度快，采用 5～13μm 粒径的柱填料，完成一次分离时间可控制在 1h 以内，与此相比，采用传统大粒径（30～150μm）填料的排阻色谱（低柱压），一次分离时间长达 24h。

选择排阻色谱的填料（或柱子），必须根据待分离组分的相对分子质量范围来确定，一套排阻色谱预装柱的孔径范围相当大，由数支不同孔径范围的色谱柱组成。根据分析对象的溶解性质的不同，排阻色谱又分为亲水性和亲脂性两类。亲水性排阻色谱又称凝胶过滤色谱，亲脂性排阻色谱又称凝胶渗透色谱。

排阻色谱流动相的选择取决于样品溶解度和柱相容性及溶质-固定相之间的相互作用。水性缓冲液用于生物大分子，如蛋白质和核酸，这样既可保持生物活性，又可防止大分子发生相互吸附。凝胶过滤色谱法常用于食品多糖的分析，而凝胶渗透色谱法则用于测定油和脂肪中的聚合三酰基甘油。

2.7.4 HPLC 分析方法的建立

对于特定的化合物，可能有无数的方法来达到色谱分离的目的。在大多数情况下，HPLC分析工作者的首选是参照国际、国家标准中的方法或已经发表公布的方法。如果分析任务有多个不同的分析方法被推荐，则要根据自己实验室的仪器条件（色谱柱、检测器）做出选择，准确、快速、灵敏、经济永远是方法选择中要考虑的重要因素，忌讳东拼西凑地使用不同方法中的内容。

如果确实需要自己建立一个 HPLC 分析方法，首先要了解待分析样品信息并明确分析目标：有多少分析物需要分离？需要得到怎样的分离度？分析物在样品中的大致含量是多少？分析物的相对分子质量（或相对分子质量范围）、溶解性、离子特性如何？只是定性分析还是需要定量测定？在获得上述信息后，可按以下步骤进行。

1. 色谱分离模式的选择

对于一个全新的分析任务，选择一种适当的色谱分离模式至关重要。

分析物的相对分子质量、溶解性和离子化特性是选择色谱分离模式的主要指标，根据上述指标，参考图 2-39，一般可以选择出一种相对合理的 HPLC 分离模式。依然可能会有多个分离模式需要选择，如小分子离子型化合物可以用离子交换、离子对反相或抑制电离反相色谱分离。在这种情况下，分析工作者要根据经验和条件加以判断。

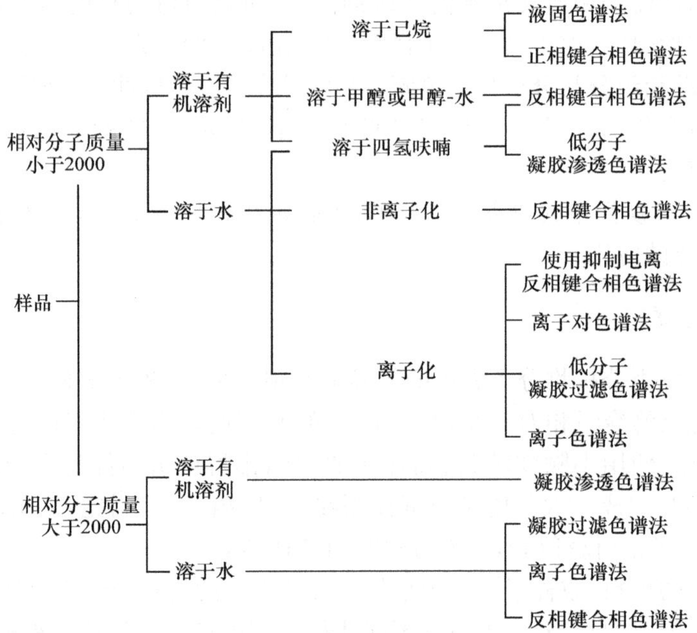

图 2-39 选择色谱分离模式的示意图

2. 色谱分析条件的选择和优化

1）仪器条件的选择

（1）色谱柱：在确定了待测样品的分离模式后，就必须选择一支合适的色谱柱。一些色谱柱生产厂家开发了一系列色谱柱，包括用途十分特殊的专用色谱柱，如糖分析柱、氨基酸分析柱、甘油三酸酯分析柱、手性分析柱等。同种类的色谱柱在填料粒径、孔径和柱尺寸上也有多种选择。流动相的 pH 也是选择色谱柱必须考虑的因素。根据已经确定的色谱分离模式和色谱柱产品介绍，很容易找到合适的色谱柱。

（2）检测器：应根据分析物的物理、化学性质选择检测器。一般在波长 200～700nm 有吸收的化合物，首选紫外-可见检测器；荧光检测器适合于对有荧光特性的化合物进行痕量分析；对于无紫外吸收、无荧光特性的化合物，蒸发光散射检测器比示差折光检测器有更低的检出限；无机离子分析常选用电化学检测器。质谱检测器更多地应用于定性分析，但是其选择离子分析模式在农药、兽药残留物的定量分析中发挥越来越重要的作用。多检测器串联使用，可同时分析性质完全不同的分析物，也可获得同一色谱峰的更多信息。

（3）其他：根据分析的需要，有时在 HPLC 分析中需要加入其他附件，如柱后衍生反应器，对生物活性样品分析时，有时需要改变与样品接触部件的材质，如 PEEK 材料的进样阀、管路等。

2）色谱分析参数的优化

（1）流动相：HPLC 分离中流动相可以采用等度洗脱或梯度洗脱。等度洗脱始终保持流动相组成和流速恒定，是最简单、应用最广泛的洗脱方式，容易得到平稳的基线，保留时间的重现性好。梯度洗脱是在一次 HPLC 分析过程中，按设定的程序改变流动相组成比例。当待测样品中组分复杂、极性范围较宽，等度洗脱又不能在合理的时间内把所有的组分洗脱下来时，采用梯度洗脱模式，既可得到满意的分离度，又可缩短分析时间。

对一个完全陌生的分析样品，推荐在初期摸索中采用梯度洗脱。这样既可保证在合理的时间内使样品组分得到一定程度的分离，又不会让样品组分残留在色谱柱内。通过这样一番初始“侦察”后，确定是否需要进行梯度洗脱，并估计等度洗脱流动相的最佳组成比例或梯度洗脱中溶剂变化的范围。在此基础上进行进一步的分离度优化。一般涉及改变流动相的 pH、离子强度、离子对试剂的浓度等因素。在梯度洗脱时，梯度上升的斜率也是一个优化的指标。

（2）柱温：维持恒定的柱温，是保留时间重现性好的前提。色谱柱温度的改变对色谱分离效果的影响不大，但是会明显影响到色谱柱的操作压力，并使柱温升高、柱压下降、色谱峰保留时间缩短。对高聚物进行凝胶渗透色谱分析时，升高柱温有利于增加样品的溶解度。

（3）检测波长：一般选择分析物的最大吸收波长作为检测波长，以获得最低的检出限，多组分分析时往往选择共有吸收波长为检测波长。

3. 样品处理步骤的选择

任何食品样品进行 HPLC 分析前，都有一个样品处理的过程，它是一个完整色谱分析方法的重要组成部分。有时这个过程包含一系列极其繁杂的步骤，目的是从样品中提取、纯化、富集被分析物，或是对被分析物进行衍生化处理。除常规提取技术，如回流、固液萃取、液液萃取、超声波提取和超临界流体萃取外，近年来，固相萃取技术（SPE）在液相色谱样品处理中起到越来越重要的作用，一系列填装不同吸附剂的小柱几乎可以胜任任何分析物的纯化工作。固相萃取操作简单、快速、重现性好，且多数固相萃取柱可以重复再生使用，配上专用装置还可以对多达数十个样品同时处理，该技术现已成为纯化、富集分析物的首选方法。

4. 色谱分析方法的评价

评价一个完整的 HPLC 分析方法，一般考察分离度、线性范围、相关系数、最低检出限、回收率和结果重现性等指标。

分离度是衡量两个临近色谱峰分离程度的指标,分离度越高,色谱峰面积积分越准确,但是色谱分离时间会延长。对单一成分分析,要求该色谱峰与其他杂质的分离度大于1.5,即达到基线分离;对多组分分析,要求分析物的分离度至少大于1.0。标准曲线的线性范围和相关系数主要用来确定分析物在样品溶液中的适当浓度范围。最低检出限表示分析方法能够检出分析物的极限量,对痕量组分的定量分析极为重要。回收率又称加样回收率,可以通过标准加入法测定,通常希望分析方法的回收率大于90%。结果重现性用相对偏差或变异系数来表达,是对同一样品多次分析结果进行统计分析得到的,反映了分析方法的可靠性。

2.7.5　HPLC在食品分析中的应用

在我国,20世纪70年代末期HPLC已应用于食品分析领域,90年代后期国家标准中开始将HPLC法列为检测食品中营养成分、添加剂、有害物质的法定方法。

1. 碳水化合物的分析

碳水化合物是人体必需的三大基础营养素之一。化学法只能测总糖,不能确定糖的组成及各组分的含量。气相色谱法需要先将糖制成易挥发的衍生物,操作复杂,很难准确定量。HPLC法操作简便,可同时测定各种糖。国际上已将HPLC法作为酒类糖分含量测定的仲裁法。用HPLC测定单糖和低聚糖有两种色谱类型可供选择:一类是采用阳离子或阴离子交换柱,以水或稀酸作为流动相,图2-40是阳离子交换柱分析果汁中碳水化合物的实例;另一类是用化学键合固定相,如氨基柱,流动相为乙腈水溶液。

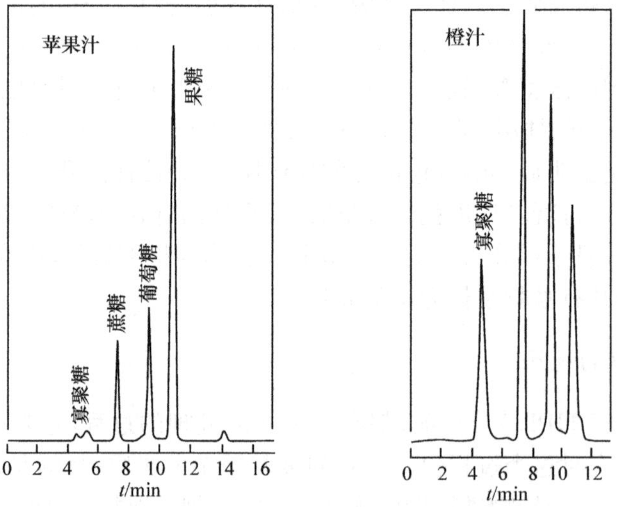

图2-40　果汁中糖类的阳离子交换分离

钙型柱(30cm×0.65cm),柱温90℃,0.5mL/min蒸馏水洗脱

多糖的HPLC分析着眼于测定其平均相对分子质量和聚合度。包括直链淀粉、支链淀粉和其他可溶性胶(如黄原胶、普鲁兰、瓜尔豆胶和水溶性纤维素衍生物),采用凝胶过滤色谱来分析。

2. 脂肪酸的分析

采用一支苯基键合固定相色谱柱，由乙腈、四氢呋喃和水组成的流动相等度洗脱，可以完全分离从十碳到二十二碳的饱和和不饱和脂肪酸。张萍等采用反相梯度洗脱，同时分离测定了甲酸、乳酸、乙酸、琥珀酸、丙酸、丁酸、戊酸等 7 种短链脂肪酸。

3. 氨基酸、肽和蛋白质的分析

氨基酸分析，是 HPLC 法在食品分析中最经典的应用。采用离子交换色谱法，可在 1h 内完成对 20 余种氨基酸的分离，经柱后与茚三酮反应，可在波长 570nm 处检测，此方法经不断改进，最终定型成为氨基酸自动分析仪。氨基酸经柱前或柱后衍生反应，用反相键合固定相分离氨基酸或其衍生物也是可行的技术，用紫外或荧光检测器检测。

肽的 HPLC 分析可以采用反相或离子交换色谱柱分离，检测技术有紫外法、质谱法，或经衍生后用荧光检测器检测。

蛋白质由于相对分子质量大，在溶液中的扩散系数小，黏度大，易发生变性，其色谱分离不理想。至今蛋白质的分离与分析仍是具有挑战性的研究课题。

4. 有机酸的分析

有机酸是产生食品酸味的主要化合物，水果及果酒中的有机酸主要包括酒石酸、苹果酸、柠檬酸、琥珀酸、乳酸、乙酸等。用低 pH 的流动相抑制有机酸离解，可以用 C_8 或 C_{18} 反相色谱柱分离分析上述有机酸。专用的有机酸分析柱采用磺化苯乙烯/二乙烯苯聚合物为填料，磷酸水溶液为流动相，属于离子排阻（ion exclusion）分离模式。

5. 维生素的分析

虽然维生素种类很多，在化学结构上并无共性，但是几乎所有的维生素都可以用 HPLC 方法分析。

水溶性维生素一般采用反相色谱分析，例如，采用 C_{18} 柱，以 pH5.11 的甲醇-磷酸二氢钾溶液为流动相梯度洗脱，可以同时测定维生素 B_1、维生素 B_2、维生素 C、烟酸和烟酰胺等五种水溶性维生素含量。图 2-41 是反相离子对 HPLC 分析米糠中维生素 B_6 同系物的应用实例。

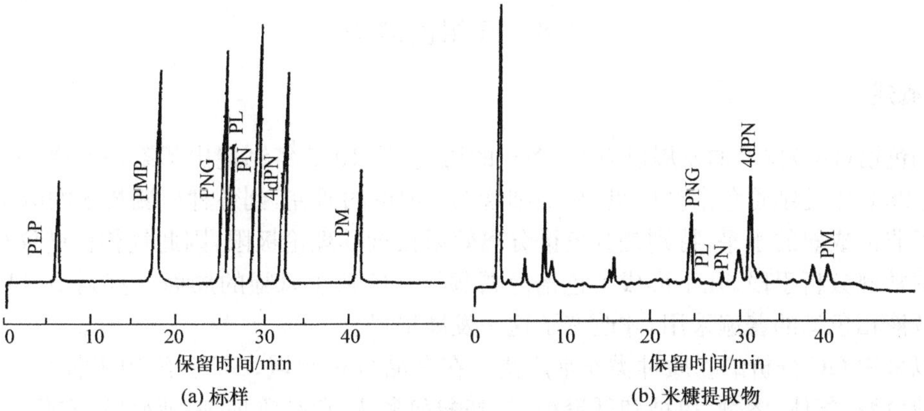

图 2-41　反相离子对 HPLC 分析维生素 B_6 化合物（荧光检测器）

PL. 比哆醛；PLP. 吡哆醛磷酸酯；PM. 比哆胺；PMP. ω-比哆胺磷酸酯；PN. 吡哆醇；PNG. 吡哆醇 β-D-葡糖苷

脂溶性维生素如维生素A、维生素E和维生素A的一系列前体物质，通常采用正相色谱柱分离分析。

6. 食品添加剂的分析

防腐剂、抗氧化剂、甜味剂和人工合成色素等食品添加剂，国家标准中对它们的使用量有严格的限定，它们的含量都可以用HPLC法进行测定。例如，常用的食品防腐剂有山梨酸、苯甲酸和对羟基苯甲酸酯，可以用C_{18}柱进行反相色谱分析。食品抗氧化剂BHA、BHT和TB-HQ也很容易用反相液相色谱分析。食品甜味剂中的糖精和甜味素，可方便地用反相色谱和离子交换色谱法测定。人工合成色素大多用反相C_{18}色谱柱，结合梯度洗脱，辅以多波长检测技术（如二极管阵列检测器）分析，有时可以同时分析多种人工合成色素。

7. 真菌毒素的分析

食品中存在多种真菌毒素。黄曲霉毒素在谷物和坚果中普遍存在，是黄曲霉菌的代谢产物，有致癌作用。在国家标准《食品中黄曲霉毒素的测定》(GB/T 18979—2003)中，HPLC法被指定为测定黄曲霉毒素的标准方法。

8. 农药残留的分析

食品中的农药残留是食品安全注意的重要问题，现已经能够运用HPLC方法检测各类农药，特别是目前采用的高效液相色谱-质谱联用手段，可降低检出限和排除假阳性的检测结果。

9. 兽药残留的分析

畜产品和水产品中药物残留是近几年来国际社会开始研究的公共卫生问题之一，已经在相当多的兽药残留检测工作中使用了HPLC分析方法，分析对象包括动物饲料添加剂、兽用抗生素、兽用杀虫剂等。

综上所述，HPLC作为一种十分有效的分离分析手段，已广泛地用于食品分析领域，随着技术的不断改进与发展，相信不久的将来HPLC法必将在食品分析领域发挥越来越重要的作用。

2.8 气相色谱法

2.8.1 概述

气相色谱(GC)技术的发展已有60多年的历史，从1955年制造出了第一台商业化气相色谱仪，到1958年毛细管色谱柱问世；从毛细管GC理论的研究，到各种检测技术的应用，GC已经达到了非常成熟的水平，特别是其色谱分离效果接近其理论极限，因此气相色谱仪很快成为实验室的常规分析手段，几乎形成了色谱分析领域GC独领风骚的局面。直到20世纪60年代末高效液相色谱的普遍采用，才改变了这一发展格局。

可以采用GC分析的物质种类非常广泛。在食品分析领域，GC已经用于甘油三酯、胆固醇和其他甾醇、气体、溶剂、单糖和低聚糖、氨基酸和多肽、食品添加剂、亚硝胺、农药、风味化合物、食品储藏中代谢气体及其他许多成分的分析测定。虽然上述各类物质能用GC进行分析，但就某一类物质而言，GC并不一定是最好的测定方法。GC非常适用于具有热稳定性的挥发性化合物的分析，那些不符合这些要求的物质，如糖、氨基酸、多肽和维生素更适合采用高效液相色谱或超临界流体色谱之类的技术进行分析测定，但是，通过对上述分析目标化合物进行衍生反应后，气相色谱分析法也可应用于这些物质的分析。

2.8.2　气相色谱仪

气相色谱仪由气路系统、进样系统、色谱柱系统、检测系统、控制和数据处理系统组成，图 2-42是一套完整的气相色谱仪的部件示意图。

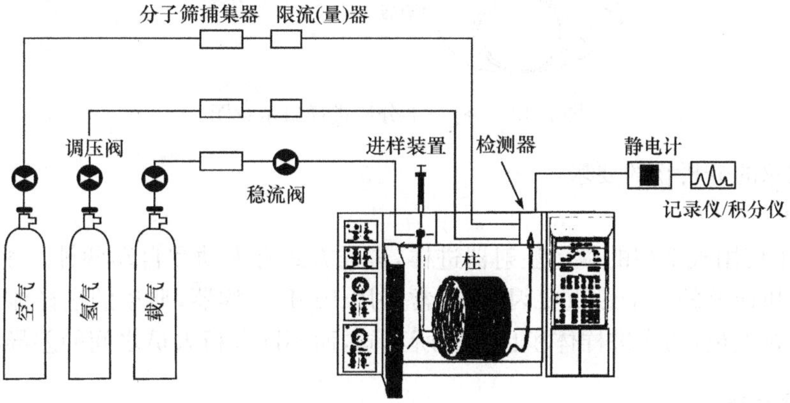

图 2-42　气相色谱系统

引自：Nielsen S S. 2003. Food Analysis. 3rd ed. New York：Kluwer Academic/Plenum Publishers

1. 气路系统

气相色谱中的流动相又称载气，通常使用的载气有氢气、氦气和氮气。氢火焰离子化检测器需要使用氢气和空气。所有这些气体必须是高纯度的，气源可以用储气钢瓶，也可以用小型气体发生器(如氢气、氮气和空气)。气体经过调压阀减压，通过铜管或不锈钢管输送，气路中配有在线捕集器，以去除气体中微量的杂质和水分，这些捕集器必须定期更换以保持其有效性。

老式仪器使用稳压阀、稳流阀、压力计、流量计调节控制各种气体的压力和流量，其流量控制精度低。先进的仪器使用电子流量控制器，即使使用程序升温，也能精确控制气体流量，获得高重现性的分析结果。

2. 进样系统

1) 进样口

进样口又称气化室，其作用是使溶剂和分析物瞬间蒸发气化，进样口的温度应接近或等于分析物的沸点温度。进样口的顶部有一块耐高温的密封隔垫，既保持气密性，又可让注射器针头穿透并进样。

对于毛细管柱 GC，气化室还承担载气和样品的分流(或不分流)任务，如图 2-43 所示，在不分流进样模式下，所有溶剂和样品都进入色谱柱，适用于痕量组分分析；采用分流模式，只有一小部分样品(分流比 1：20～1：100)进入色谱柱。

有的气相色谱仪还配有程序升温进样口和柱头进样装置，具体采用哪种进样技术，取决于

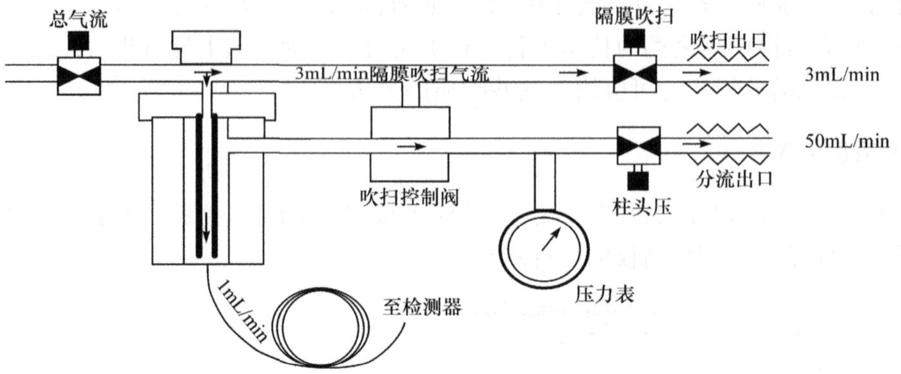

图 2-43　分流/不分流进样口示意图

对温度较为敏感的分析物的要求。

2）进样器

GC 分析中使用气密型的微量注射器进样，进样方式有手动和自动两种。手动进样是 GC 分析中带来分析误差的一个最重要因素，通常采用 10μL 进样器，典型的进样体积在 1～3μL。即使是同一分析人员，两次进样体积也会有所不同，而不同分析人员之间的差异就更大。

3. 色谱柱系统

色谱柱系统由色谱柱温箱和安装在其中的色谱柱两部分组成。

1）柱温箱

柱温箱用来控制色谱柱的温度，它的控温精度可达±0.1℃。在 GC 分析中，温度对分析物与固定相之间的相互作用，以及利用沸点差异分离分析物都非常重要。当分析采用恒温方式进行时，分析物的保留时间和分离度均主要取决于所用温度。显然，更高的柱温可使分析物洗脱更快，当然这是以牺牲分离度为代价得到的。采用程序升温是调控分离度和缩短总分析时间有效的办法，一般升温速率控制在 2～10℃/min。

2）色谱柱和固定相

GC 色谱柱既可以是填充柱也可以是毛细管柱。早期的 GC 分析都采用填充柱，与之相比，毛细管柱有明显的优势，其分离能力更强，因此，目前已经几乎没有填充柱出售。气相色谱对大多数人来说就意味着是毛细管柱气相色谱。

（1）填充柱。

填充柱通常采用不锈钢或玻璃制造，其内径为 2～4mm，长度为 0.5～5.0m（常用 2～3m）。里面填充有小颗粒固定相，固定相由载体和涂渍在表面的固定液组成，载体大多数是经纯化或化学修饰（如硅烷化处理）的硅藻土，颗粒的规格有 60/80 目、80/100 目或 100/120 目。固定液用量通常是载体质量的 1%～10%。可供涂渍的固定液约有 200 种，最常用的是硅酮类和聚乙二醇类。柱子使用前必须在载气流中充分加热老化，以除去残余溶剂，或者是活化硅胶或分子筛。

（2）毛细管柱。

现在的毛细管柱为中空的熔融石英玻璃管（长度从 5m 到 100m 不等，杂质<100mg/kg），管壁非常薄（约为 25μm），十分容易弯曲，柱外壁涂有高聚物材料，以增加强度和减少破损。柱内径一般由 0.1mm（微径柱）、0.2～0.32mm（普通毛细管）到 0.53mm（大口径柱）。固定液

以化学键结合至石英玻璃壁上，其交联的厚度从 0.1μm 到 5μm 不等。

（3）固定相。

按固定相的状态，可分为气-固色谱和气-液色谱。前者为固体固定相，其分离主要是基于吸附机理。后者则为液体固定相，分离主要基于分配机理。在实际 GC 分析中，90%以上的工作使用气-液色谱。

气-固色谱：固体固定相有分子筛、多孔氧化铝或人工合成的高分子小球，如 GDX 101 和 GDX 401（苯乙烯聚合物的商品名），主要用于分离永久性气体和低相对分子质量的有机化合物，多用于填充柱。

气-液色谱：填充柱时代有 200 多种固定液用于 GC 分析中。当 GC 从填充柱向毛细管柱发展以后，柱效的极大提高取代了固定相的选择性而成为影响分离的重要因素。因此，现在只有很少的固定液被用在毛细管色谱柱中，据某些统计，在表 2-6 中列出的四种固定液，能够满足 95%以上 GC 分析任务的要求。固定液选择的一般规律是：用极性固定液分离极性化合物，非极性固定液分离非极性化合物，用含苯基的固定液分离芳香族化合物。

表 2-6　气相色谱中最常用固定液

固定液	极性	适用范围	最高使用温度
OV-1、SE-30	非极性	酚、烃、胺、含硫化合物、农药、多氯联苯	325℃
SE-52、OV-23、SE-54	弱极性	脂肪酸、甲酯、生物碱、药物、卤代物	325℃
OV-1701、OV-17	中等极性	药物、甾类、农药	260℃
PEG-20M、FFAP	强极性	游离酸、醇、酯、香精油、二元醇、溶剂	220℃

4. 检测器

最常用的检测器有氢火焰离子化检测器（FID）、热导检测器（TCD）、电子捕获检测器（ECD）和火焰光度检测器（FPD），每种检测器在选择性、灵敏度、响应线性范围等特性方面都各有其特点，这些特性总结在表 2-7 中。上述检测器的工作原理及在食品分析中的应用将在后面讨论，更详细的内容见相关参考文献。

表 2-7　气相色谱常用检测器的特性

特性	FID	TCD	ECD	FPD
选择性	大部分有机化合物	几乎所有挥发物包括 H_2O	卤代物、含硝基或共轭双键化合物	含硫或含磷的化合物
灵敏度	10～100pg，非常好	大约为 400pg，低	0.05～1pg，极好	硫化物 2pg 磷化物 0.9pg，极好
线性范围	10^6～10^7，极好	10^4，较差	10^4，较差	磷化物 10^4；硫化物 10^3

1）氢火焰离子化检测器

当分析物从色谱柱流出后，在氢火焰中燃烧（图 2-44），产生数目相等的正离子和负离子，一个电场（一般为 300V）加在氢火焰上方，带电离子在电场中运动形成电流，电流的大小与带电离子数量成正比，即与在氢焰中燃烧的有机化合物的量成正比。电流信号被放大后输出，得到色谱图。

氢火焰离子化检测器（flame ionization detector，FID）对有机化合物的响应非常灵敏，它对含 C—C 和 C—H 键的化合物有最大的响应，而对 H_2O、NO、CO_2、H_2S 实际没有响应。FID

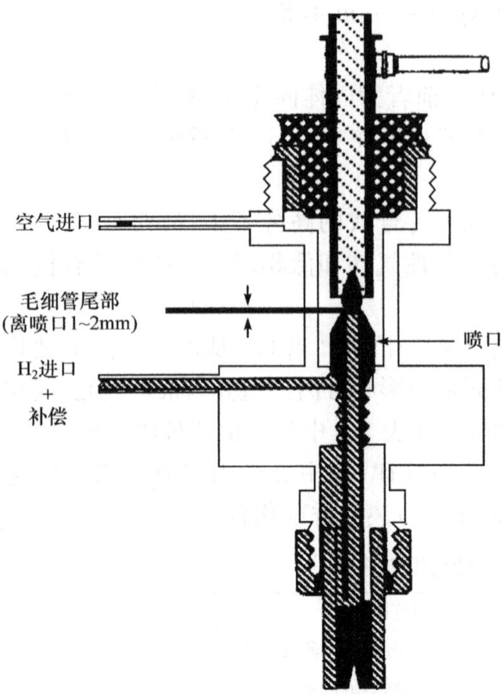

图 2-44　氢火焰离子化检测器的结构

具有较高的灵敏度、可信度和非常宽的线性范围，对定量分析十分有利，大多数食品分析工作中采用此检测器，如风味研究、脂肪酸分析、碳水化合物分析，还有甾类、食品中的污染物和抗氧化剂的分析。

2) 热导检测器

热导池检测器(thermal conductivity detector，TCD)的工作原理如图 2-45 所示。两个装在热导池内的热敏电阻 R_1、R_2 及电阻 R_3、R_4 组成惠斯通电桥的四个臂。当参比池和测量池都只有载气流过时，调节 R_3 使电桥平衡，此时 $R_1 \times R_4 = R_2 \times R_3$，没有信号输出。但当参比池流过载气，而检测池流入由载气携带的分析物时，由于载气和分析物的热导系数不同，检测池的温度发生变化，热敏电阻 R_2 的电阻值随之改变，电桥失去平衡，$R_1 \times R_4 \neq R_2 \times R_3$，则输出电信号。分析物浓度越高，输出信号也越强。

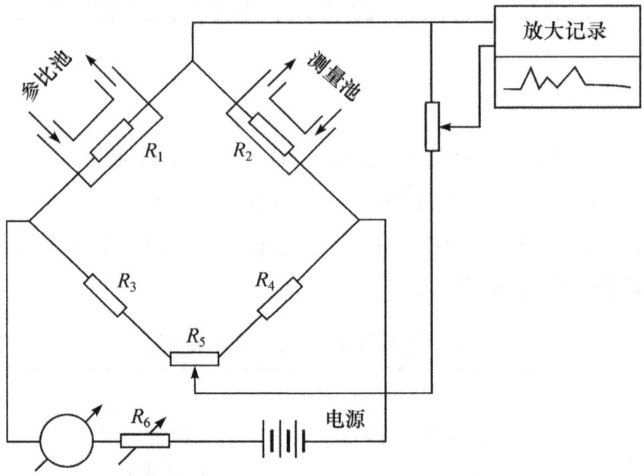

图 2-45　热导检测器的工作原理图

由于载气与分析物热导性的差异决定响应值的大小，载气的选择非常重要。氢气是最佳的选择，但由于其可燃性，所以氦气的使用最为普遍。

热导检测器最有价值的地方是它的通用性和对样品的非破坏性，因此，在食品分析中对其他检测器不能产生响应的分析物可用 TCD 进行检测，如果蔬储藏空间中的 O_2、CO、CO_2、乙烯等气体和水分。同时还可用于那些希望能回收分离物以作进一步研究的场合，如收集柱流出物用于红外、核磁共振或感官分析等。但因为其灵敏度低，所以应用受到限制。

3) 电子捕获检测器

电子捕获检测器(electron capture detector，ECD)的池体内有一放射源(^{3}H、^{63}Ni)，衰变时发射出 β 射线。当载气分子流过检测器室时，受射线轰击，并电离产生自由基和低能量的电子，这些正离子自由基和自由电子在电场作用下分别向两极运动，形成电流（基流）。当含电负性元素的分析物进入检测池后，捕获这些自由电子，并生成中性化合物，从而使基流降低，产生响应信号，经微电流放大器放大后，传送到记录仪记录下来。

电子捕获检测器是一种高灵敏度、高选择性检测器。对含有强电负性元素（如卤素、硫、磷、氮）的化合物，元素电负性越强，检测灵敏度越高。在食品分析中 ECD 应用于杀虫剂残留的检测。

4）火焰光度检测器

火焰光度检测器（flame photometric detector，FPD）又称硫磷发射检测器。当含硫或磷的有机物在富氢火焰中燃烧时，发射出特征波长的光，经滤光片（对硫 394nm，对磷 526nm）滤光，再由光电倍增管进行光电转换，产生的电流经放大器放大，输出色谱信号。

FPD 对含硫和含磷的有机化合物具有很高的灵敏度和选择性，在食品分析中常用于测定含硫和磷的有机杀虫剂。食品风味研究中，挥发性含硫化合物（如硫醇、硫醚及硫化氢）在极低的浓度下产生极强的异味，FPD 对它们有很低的检出限。

5）与 GC 联用的检测技术

气相色谱联用技术是指 GC 与其他主要分析技术的结合。例如，GC-AED、GC-FTIR 和 GC-MS，其中 GC-FTIR 主要用于分析物的定性鉴定，GC-MS 既适合定性，也适合定量分析。目前相对新型的组合为 GC-AED，在这种技术中，色谱柱的流出物进入氦等离子体中，分析物中的原子被激发，激发态原子放射出具有特征波长的光，采用与液相色谱相似的二极管阵列检测器监测，这是一种非常灵敏和特异性的元素检测器。

5. 控制和数据处理系统

控制和数据处理系统由一台微型计算机和一套应用软件组成。软件包括两大部分，一部分用于控制上述四个系统的运行参数，并记录运行状态；另一部分用于采集从检测器得到的信号，并处理信号，给出色谱图和分析报告。

2.8.3 气相色谱分析的样品制备

食品不经过样品制备不可以直接进样进行 GC 分析，因为气化室的高温可导致非挥发物降解，降解产物会引起伪峰。另外，通常需要将目标分析物从食品体系中分离出来，并进行浓缩，使其达到 GC 的检测限。因此，食品样品在 GC 分析前，都需要进行制样，包括采样、提取、纯化和浓缩等步骤的样品处理工作。

1. 分析物的提取

根据样品基质和待分析物性质的不同，分析物的提取方法可能会非常复杂。例如，要分析食品中与甘油三酯结合的脂肪酸，就必须用适当溶剂先从食品中抽提出脂类化合物（包括游离脂肪酸、甘油酸酯、甾醇、脂溶性维生素等），再将甘油三酯分离出来（如采用硅胶吸附色谱），然后将甘油三酯水解得到脂肪酸，还要通过衍生反应生成脂肪酸甲酯，后面两个步骤可以通过酯交换反应一次完成（如使用三氟化硼的甲醇溶液）。因此，对 GC 分析来说，在样品制备时，可能会使用其他类型色谱技术。

欲将待分析物从复杂的食品基质中分离出来，可能会用到溶剂萃取、蒸馏、制备色谱（如固相萃取、硅胶柱色谱）、顶空取样（静态或动态）等基本方法，或加以综合运用，具体使用的方法取决于食品基质情况以及待分析化合物的性质。上述方法在本书的 4.2“香气分析”一节中有详细的介绍。

2. 分析物的衍生化

气相色谱分析要求待分析物在色谱条件下具有一定挥发性而且必须是热稳定的。因此，对于热不稳定、挥发性太低的化合物(如糖、氨基酸)，或者因极性太强影响色谱分离的化合物(如酚和酸)，在 GC 分析前就必须进行衍生化处理。表 2-8 列举了一些制备挥发性衍生物的衍生化试剂，相关衍生反应及其操作条件参见相关文献。

表 2-8　GC 分析中常用的衍生化试剂

衍生化试剂	化学基团或化合物	食品成分
硅烷化试剂		
三甲基氯硅烷/六甲基二硅氮烷		
BSA　[*N*,*O*-二(三甲基硅烷基)乙酰胺]	羟基、氨基羧酸	糖、甾醇、氨基酸
BSTFA　[*N*,*O*-二(三甲基硅烷基)三氟乙酰胺]		
t-BuDMCS　[*t*-丁基二甲基氯硅烷/咪唑]		
酯化试剂		
甲醇 HCl		
甲醇钠	羧酸	脂肪酸、氨基酸、甘油三酸酯、蜡酯、磷脂、胆固醇酯
N,*N*-二甲基甲酰二甲缩醛		
三氟化硼/甲醇		
混合剂		
乙酸酐/吡啶	醇、酚	酚类、醇类
N-三氟乙酰咪唑/*N*-七氟丁基咪唑	羟基、胺	酚类、醇类
O-烷基羟胺	含羟基及羰基的化合物	甾酮、前列腺素

2.8.4　气相色谱在食品分析中的应用

1. 气体分析

水果和蔬菜在采后储藏过程中，进行着有氧和厌氧呼吸，特别是在气调法储藏和催熟过程中，顶部空间的 O_2、CO_2、乙烯等气体和乙醛、乙醇及水分的浓度都在不断变化。气相色谱分析是检测这些成分含量变化的有力手段，气-固色谱分离结合热导池检测器检测，可以满足上述分析需求。气体分析一般采用填充色谱柱，由于进样体积较大(通常 0.5～5mL)，可以采用大体积的注射器进样，六通阀式气体进样器是最佳选择。

2. 单糖分析

单糖是非挥发性化合物，因此气相色谱分析并非单糖测定的首选方法。但是，在鉴定杂多糖的过程中，水解后，相对含量很低的单糖，难以被高效液相色谱的示差折光检测器检出。气相色谱的 FID 检测器对单糖衍生物有很低的检出限，能够胜任上述任务。

单糖可通过多种衍生反应后进行 GC 分析，使用得较多的方法有硅烷化法，其缺点是一种单糖会出现多个异构峰，且硅烷化试剂对 FID 检测器的污染比较严重。

将醛糖或酮糖先还原成糖醇，再与乙酸酐/吡啶反应生成糖醇乙酸酯，虽然多一步反应，但各种单糖可以得到单一的色谱峰(图 2-46)，有利于定性分析。

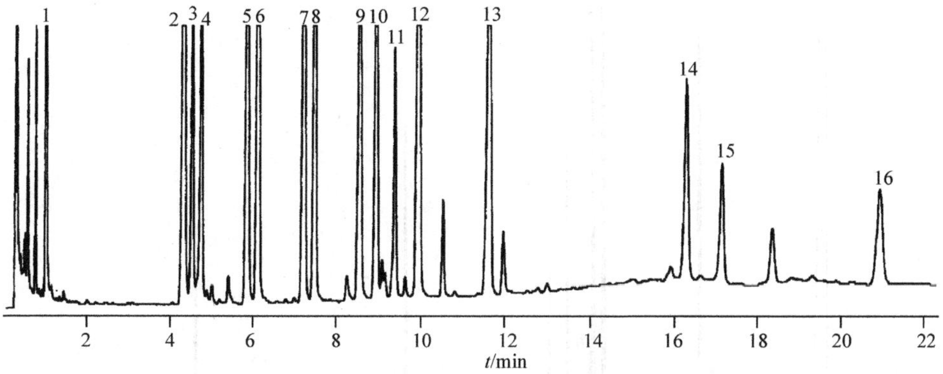

图 2-46　糖醇乙酸酯衍生物的气相色谱图

色谱柱：DM2330(30m)；柱温：175℃(2min)，8℃/min，265℃(12min)；载气：He；FID 检测

1. 甘油醛；2. 去氧核糖醇；3. 鼠李糖醇；4. 岩藻糖醇；5. 核糖醇；6. 阿拉伯糖醇；7. 木糖醇；8. 去氧葡萄糖醇；9. 甘露醇；10. 半乳糖醇；11. 葡萄糖醇；12. 肌醇；13. 葡庚糖七醇；14. 乙酰半乳糖胺；15. 乙酰葡萄糖胺；16. 2-酮-3-去甲氧基辛醇

糖醇与三氟乙酸酐反应，生成糖醇三氟乙酸酯衍生物，再采用电子捕获检测器检测，可以进一步降低糖的检出限。

3. 脂肪酸分析

气相色谱是脂肪酸最有力的分析手段。游离脂肪酸可以采用 FFAP(改性的 PEG-20M)色谱柱直接分析，但受色谱柱最高使用温度的限制，对含高碳数高不饱和脂肪酸的样品来说(如菜籽油中的芥酸)，一般还是建议通过酯化反应分析脂肪酸甲酯。图 2-47 是十八种脂肪酸甲酯在 PEG-20M 分析柱上的分离情况。专用的脂肪酸分析柱甚至能对碳数相同、不饱和度相同和双键位置相同，而仅双键上顺、反异构的脂肪酸甲酯进行分离。

4. 氨基酸分析

在液相色谱测定氨基酸技术成熟之前，氨基酸分析是采用气相色谱方法。首先，无水条件下，氨基酸分子中的羧基被丁醇盐酸酯化，除尽酯化试剂后，第二步用三氟乙酸酐酰化氨基，得到的衍生物经毛细管柱分离，用 FID 或 ECD 检测。

两步衍生化反应条件要求严格，操作复杂。与 HPLC 分析氨基酸的方法比较，GC 方法没有任何优势可言，现在已经很少被使用了。

5. 农药残留分析

农药是一类复杂的有机化合物，根据其用途可以分为杀虫剂、杀菌剂等。根据化学结构又可分为有机氯杀虫剂、有机磷杀虫剂、拟除虫菊酯杀虫剂、取代氯苯氧基酸或酯除草剂、氨基甲酸酯杀虫剂等。目前在我国，一系列国家标准和行业标准中，均使用气相色谱方法来检测上述农药。

农药残留分析的特点是：它们在食品样品中含量低，通常只有 $10^{-6}\sim10^{-12}$ g；有的仅以代谢产物存在；干扰强。早期，使用不同固定液的填充柱 GC 分析，现在则越来越多地使用大口径毛细管柱，固定相从弱极性到中等极性。图 2-48 是一支非极性毛细管色谱柱分离 22 种含氯杀虫剂的情况。FPD 和 NPD(氮磷检测器)用于含磷、硫、氮元素的农药，质谱是最通用和最灵敏的检测手段，常用来对农药的代谢产物进行鉴定。

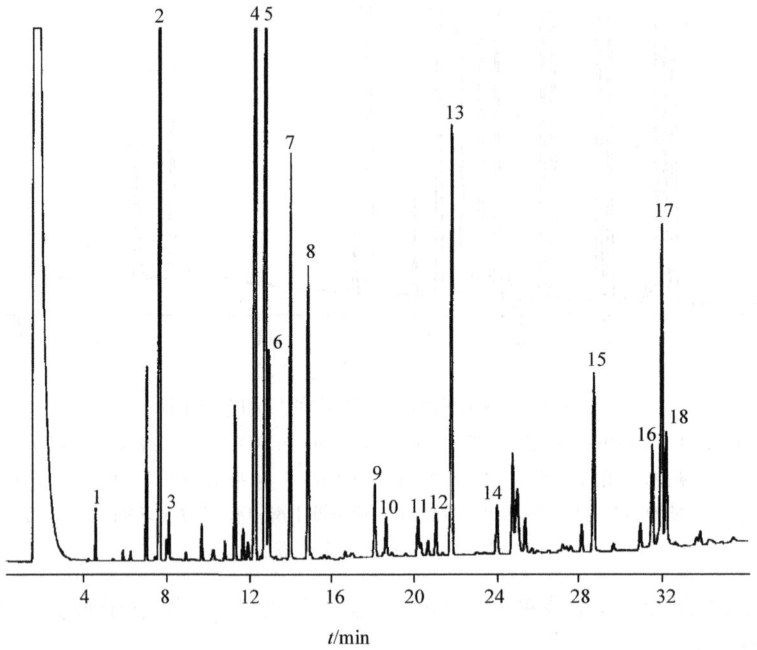

图 2-47　18 种脂肪酸甲酯的气相色谱图

色谱柱：DM-Wax(30m)；柱温：160℃，2℃/min，250℃(10min)；载气：H_2；FID 检测

1. $C_{14:0}$；2. $C_{16:0}$；3. $C_{16:1n7}$；4. $C_{18:0}$；5. $C_{18:1n9}$；6. $C_{18:1n7}$；7. $C_{18:2n6}$；8. $C_{18:3n3}$；9. $C_{18:4n3}$；10. $C_{20:2n6}$；11. $C_{20:2n6}$；12. $C_{20:3n6}$；13. $C_{20:4n6}$；14. $C_{20:5n3}$；15. $C_{22:4n6}$；16. $C_{22:5n3}$；17. $C_{22:6n3}$；18. $C_{24:1n9}$

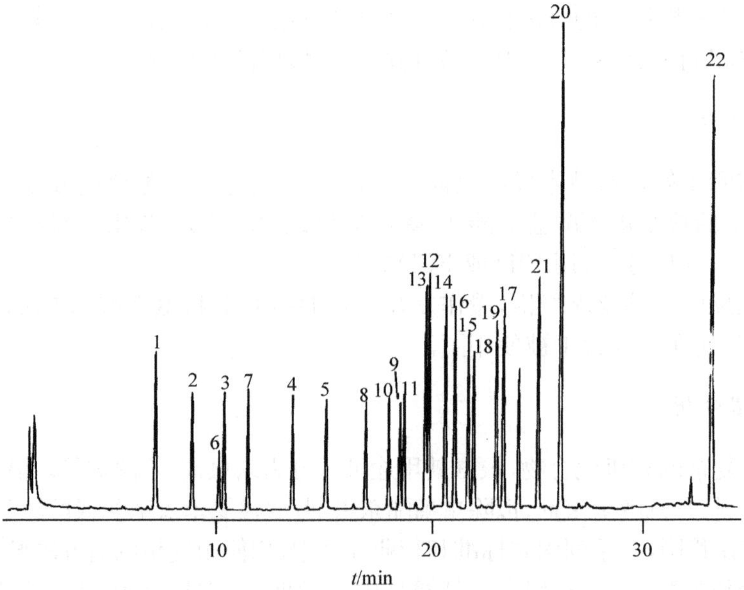

图 2-48　22 种农药标准品的气相色谱图

色谱柱 DM-5(30m)，柱温 150℃(5min)，4℃/min，275℃(5min)，载气 He，ECD 检测

1. 2,4,5,6-四氯-间二甲苯；2. α-六六六；3. γ-六六六；4. 七氯；5. 艾氏剂；6. β-六六六；7. δ-六六六；8. 环氧七氯；9. 硫丹Ⅰ；10. γ-氯丹；11. α-氯丹；12. 4,4′-滴滴伊；13. 狄氏剂；14. 异狄氏剂；15. 4,4′-滴滴涕；16. 硫丹Ⅱ；17. 4,4′-滴滴涕；18. 异狄氏剂醛；19. 硫丹硫酸盐；20. 甲氧滴滴涕；21. 异狄氏剂酮；22. 十氯代联苯

思 考 题

1. 简单叙述波长区域与相关跃迁及光谱法种类的关系。
2. 为什么紫外-可见分光光度法定量时常用吸光度而不是透光率？
3. 吸光度测定时应根据哪些因素选择分析波长？
4. 解释非线性标准曲线可能产生的原因。
5. 何谓量子产率？用公式表示荧光束辐射能与量子产率的关系。
6. 叙述影响分子官能团振动频率(也就是吸收辐射频率)的因素。并解释分子的基频吸收和泛频吸收有何关系。
7. 叙述 FT-中红外光谱仪的基本组成和各自的作用。并比较 FT 和色散型仪器的特点。
8. 叙述固体或颗粒材料的反射辐射，并解释为什么反射辐射通常用作近红外光谱中固体样品的定量测定？
9. 简述拉曼光谱的原理和在食品分析中的应用。
10. 简述质谱分析的特点和在食品分析中的应用。
11. 质谱计由哪几部分组成？并简述 3 种进样方法。
12. 质谱计中常用的质量分析器有哪几种？并叙述各种质量分析器的特点。
13. 简述有机质谱中的各种离子。
14. 简述 LC-MS 中接口的作用。
15. 试比较原子吸收光谱法和原子发射光谱法进行元素测定的优缺点。
16. 试比较火焰原子吸收光谱法和石墨炉法进行元素测定的优缺点。
17. 现代 HPLC 和传统的低压柱色谱异同点是什么？
18. 选择 HPLC 色谱柱时应考虑哪些因素？
19. 选择 HPLC 检测器时应考虑哪些因素？
20. 各举一实例，描述正相色谱、反相色谱、离子交换色谱和空间排阻色谱在食品分析中的应用。
21. 为什么单糖和脂肪酸在进行 GC 分析前必须进行衍生化？
22. 为什么进样口的温度要比柱温箱高，而检测器的操作温度最高？
23. 说出 FID、TCD、ECD 和 FPD 的工作原理和性能特点。
24. 比较 GC 和 HPLC 在食品分析中的运用。

第3章　食品营养素的分析及化学特性分析

食品中的营养成分主要包括水分、脂肪、碳水化合物、蛋白质、维生素和矿物质，其含量及组成的分析常用于食品生产的质量控制、新产品的研发、评价食品的营养价值，故其分析方法成为本章重点介绍的内容。此外，本章还简要介绍了有机酸的分析；淀粉的糊化度，油脂的酸价、过氧化值，蛋白质的乳化性、起泡性等特征值的测定。

3.1　水分分析

3.1.1　概述

水分分析主要包括水分含量和水分活度(water activity，a_w)的分析。水分含量和水分活度是食品分析中重要的理化分析参数，a_w更合适衡量食品的稳定性，其定义为：在同一条件(温度、压力和湿度等)下，溶液的逸度与纯水的逸度之比，可用食品水分的蒸气压(p)与纯水的饱和蒸气压(p_0)之比近似表示。水分含量与食品中的干物质呈负相关，因此对消费者和加工厂有直接的经济影响，还会影响其货架期和质量；各种生产原料中水分含量的高低，对于其品质、保存、成本核算、提高工厂的经济效益等均很重要；同时，许多食品法规对某些食品的水分含量也有规定，是监管的依据。

1. 水分含量是食品标签的重要组成部分

由于目前食品贸易的全球化，国际和国内食品标签标准对不同食品水分含量阈值有一定的规定。英国零售商协会、国际食品标准、全球食品安全倡议等监管机构正在加强对生产、加工和食品销售的影响，故要求生产企业必须清晰地描述分析方法，快速准确地对食品中的水分含量进行分析。

2. 水分含量是食品重要的质量指标

水分含量是评价原料质量和利用价值的重要指标，食品含水量高低影响到食品的风味、腐败和发霉以及货架期。例如，作为一种廉价掺入物，原料中水分含量越高，相对固形物和可利用的成分就越少，生产原料的投料量就要增加。因此，水分含量测定的准确与否，直接关系到其他各个测定项目的准确性。

3. 水分含量是食品生产的重要指标

食品工厂可按原料中的水分含量进行物料衡算。例如，鲜奶含水量87.5%，用这种奶生产奶粉(含水量是2.5%)需要多少牛奶才能生产一吨奶粉(7 ∶ 1出奶粉率)。类似的物料衡算，均可以用水分测定的依据进行。因此，水分含量的测定可对生产进行指导管理。又如，在生产过程中太干燥的物质可导致静电放电问题或影响最终产品的一致性。如果物质太潮湿，它们可能在管道内结块或被卡住，从而影响生产效益。

4. 水分分析与微生物的生长及化学反应密切相关

食品的 a_w 决定了微生物的生长种类；同时，许多化学反应也受 a_w 的影响，在一般情况下降低 a_w 可抑制微生物生长；但是从化学反应考虑，并非 a_w 越低越好，如脂肪氧化反应。此外，必须指出只有在冰点以上，a_w 指标才能较好地评估食品的易腐败程度。

食品中水分去除的难易程度与其在食品中的存在形式有关，食品中水分有结合水和自由水之分。为此，必须根据被检测食品的物理化学属性选择合适的水分分析和样品制备方法。

3.1.2　水分含量分析方法

目前，食品中水分含量的分析方法主要分为四大类。①热失重分析：主要包含直接烘箱(真空)干燥、红外干燥、微波干燥等；②化学分析法：主要包含卡尔·费休法；③光谱分析：包含红外光谱、核磁共振谱等；④其他分析类型：主要包含蒸馏法、气相色谱法、密度测定法、折光仪法等。目前，我国《食品安全国家标准　食品中水分的测定》(GB 5009.3)中规定的测定水分含量的方法分别为直接干燥法、真空干燥法、蒸馏法以及卡尔·费休法，每种方法的适用范围有所不同。

1. 烘干法

烘干法是指将样品置于烘箱内，在一定温度和压力下将样品烘干至恒量，其质量的损失即为样品的水分含量。其适用范围是样品在 70～110℃，除了水分之外，其他组分挥发很少。依据干燥压力的不同又分为常压干燥法(直接干燥法)和真空干燥法。利用此方法进行水分分析时，加热温度和加热时间是重要的考虑因素。

1) 常压干燥法

(1) 原理。利用食品中水分的物理性质，在 101.3kPa(一个大气压)，101～105℃条件下加热至恒量。采用挥发方法测定样品中干燥减失的质量，包括体相水、部分结合水，再通过干燥前后的称量数值计算出水分的含量。

(2) 主要仪器。分析天平、组织捣碎机、研钵、具盖铝皿、电热鼓风干燥箱、干燥器。

(3) 操作步骤。

①试样的制备。固体样品：取有代表性的样品 200g 左右，用研钵或切碎机捣碎、研细，混合均匀，置于密闭玻璃容器内；固液体样品：按固、液体比例，取有代表性的样品至少 200g，用组织捣碎机捣碎，混匀，置于密闭玻璃容器内。

②测定。将洁净的铝皿连同皿盖置于 103℃±2℃鼓风电热恒温干燥箱内，加热 1h 后，置于干燥器内冷却至室温，称量，直至恒量。称取约 5g 试样，精确至 0.001g，放置已知恒量的铝皿中，置于 103℃±2℃的鼓风电热恒温干燥箱内(皿盖斜放在皿边)，加热 1～4h(加热时间长短视样品性质而定)，加盖取出。在干燥器内冷却 0.5h，称量；再烘适当时间，称量，直至连续两次称量差不超过 2mg，即为恒量。

(4) 结果计算

$$水分含量(\%)=\frac{m_1-m_2}{m_1-m_3}\times 100 \tag{3-1}$$

式中：m_1——干燥前样品与称量皿质量之和，g；

m_2——干燥后样品与称量皿质量之和，g；

m_3——称量皿质量，g。

（5）注意事项。

①水分是唯一的散失物质，如果样品中含有乙醇、香精、芳香脂等挥发性成分，均不能用该法测水分；本方法适用于不含或含其他挥发性物质甚微的谷物、水产品、豆制品、乳制品、肉制品等食品中水分的测定，是常量分析法，不适于水分含量小于 0.5g/100g 的样品。

②食品中其他组分不发生化学反应，或者因化学反应引起的质量变化可忽略不计。以下食品不适合用此法测定，如富含还原糖、氨基酸、蛋白质的样品，加热易发生麦拉德反应；富含双键或其他易于氧化的基团的样品，如不饱和脂肪酸、酚类等会使残留物增重，水分含量偏低；对热不稳定的样品，当温度高于 70℃会发生降解，生成水或其他挥发性物质。

③水分要挥发完全。对于半固态或黏稠态样品（含有糖、果胶或明胶等），如干燥蜂蜜、糖浆等制品，因其在干燥过程中表面容易形成硬膜而阻碍水分的挥发，可加入干燥海砂等，防止形成硬膜，同时分散食品样品，增大受热表面积。

2）真空干燥法（减压干燥法）

食品是复杂的多组分体系，其中很多组分对热敏感，在高温下加热易发生化学反应，影响水分含量测定结果的准确度，如还原糖、多不饱和脂肪酸、蛋白质、多酚类等。真空干燥可避免这些问题产生。

（1）原理。真空干燥是根据水的沸点随压强下降而降低的原理，在真空干燥箱内（真空度为 3.3～13.3kPa）于低温（50～60℃）下加热，能使样品在 3～6h 完全去除水分而不会使其他食品组分发生分解。

（2）主要仪器。真空烘箱、真空泵、干燥瓶。

（3）操作步骤。试样的制备及铝皿的恒量同常压干燥法。准确称取 2～5g 待测样品于已经烘干至恒量的称量皿中，放入真空烘箱内，打开真空泵使烘箱内的真空度达到 3.3～13.3kPa，并同时加热到所需温度（50～60℃），关闭真空泵的活塞，停止抽气，保持烘箱内一定真空度和压力，经一定时间的干燥后，打开活塞使空气经干燥瓶缓慢进入烘箱内，待压力恢复正常后，再打开烘箱，取出称量皿，放入干燥器内冷却 0.5h 后称量，重复以上操作直至恒量。

（4）按式(3-1)计算水分含量。

（5）注意事项。

①本法适用于在较高温度易分解、易变质和不易去除结合水的样品，如味精、糖浆、果糖、高脂肪食品、水果及其制品等。该法不适用于水分含量小于 0.5g/100g 的样品。

②本方法要求真空烘箱内各部位温度要均匀一致，称量皿应直接放置在金属架上以确保良好的热传导，若干燥时间较短，则更应严格控制。

③蒸发是一个吸热过程，因此要注意冷却现象。由于冷却对蒸发的影响，当数个样品放在同一烘箱中时，要注意烘箱内温度的下降。但不能通过升温的方式来弥补冷却效应，否则样品在最后干燥阶段会产生过热现象。

④干燥时间取决于样品的总水分含量、特性、单位样品质量的表面积、是否含有较多持水能力强的物质等。

2. 蒸馏法

对于含非水挥发物较多食品，如香精、香料，用干燥法测水分，其挥发性组分损失较多，使结果偏高。而蒸馏法是容量法，测定的是水分的体积，同时还可避免这类化合物在过度高温干燥时引起的热分解反应。该法是我国香辛料、调味料中水分分析的国家标准方法。

1）原理

蒸馏法又称共沸法，是依据两种互不相溶的液体组成的二元体系的沸点，比其中任一组分的沸点都低的原理，加热使之共沸，将试样中水分分离。根据水的密度和流出液中水的体积计算水分含量。

蒸馏法分为直接蒸馏和回流蒸馏两种方法。回流蒸馏只需比水的沸点略高的有机溶剂，一般选用甲苯、二甲苯或者苯。由于回流蒸馏对有机溶剂的沸点要求不高，且蒸馏温度较低，样品不易加热分解、氧化，是目前应用最广的蒸馏方法。

2）主要仪器及试剂

蒸馏烧瓶、冷凝管、接收瓶（带刻度）、精制甲苯或二甲苯。装置如图 3-1所示。

3）操作步骤

称取适量样品（含水量为 2～4.5mL），放入 250mL 蒸馏烧瓶中（若样品易爆沸，加入完全干燥的石英砂），加入约 100mL 新蒸馏的甲苯或二甲苯，使样品浸没，连接冷凝管与水分接收管，从冷凝管顶端注入甲苯，装满水分接收管。加热使液体共沸，当蒸馏烧瓶中甲苯刚开始沸腾时，可看到从蒸馏瓶升起一团白雾，这是水在甲苯中的蒸气，进入冷凝管后冷凝，流入接收管内。先慢慢蒸馏，控制溜出液 2 滴/s；待大部分水分被蒸馏出来后，加快蒸馏速度，溜出液 4 滴/s；当接收管内水的高度不再增加时，样品内的水分可视为完全被蒸馏出来。从冷凝管顶端加入甲苯冲洗，如果冷凝管壁附着有水珠，可用刷子或附有小橡皮头的铜丝将其擦下，刷子或铜丝在从冷凝管中取出前，用甲苯清洗。再蒸馏片刻至接收管上部及冷凝管壁无水珠为止，读取接收管水层体积。

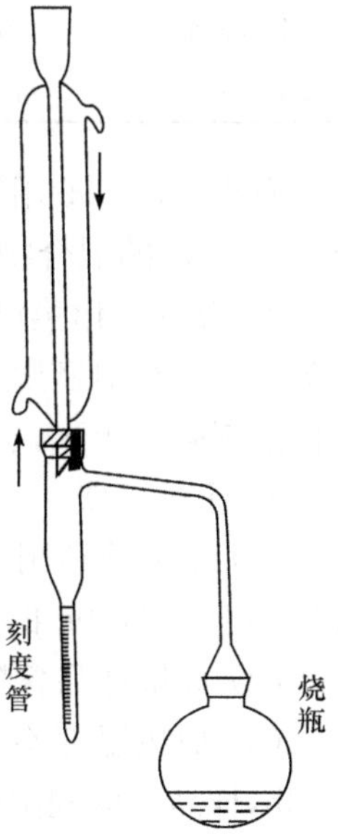

图 3-1　水蒸气蒸馏

4）结果计算

结果计算如下：

$$水分含量(\%)=\frac{V}{m}\times\rho\times100 \tag{3-2}$$

式中：ρ——该温度下水的密度，g/mL；

V——接收管内水的体积，mL；

m——样品质量，g。

5）可能的误差来源

蒸馏法以收集的水分体积为准，避免了非水挥发性物质的减少对水分测定造成的误差。蒸馏法的误差来源如下：

（1）冷凝管壁或者接收管上方附着有水珠，因此仪器必须洗涤干净。

（2）样品或有机溶剂中含有能与水互溶的挥发性组分，如低级醇、酸等。

（3）样品水分蒸发不完全，使结果偏低。

（4）在蒸馏过程中样品的热敏性物质分解或发生氧化反应。

（5）蒸馏出的水与有机溶剂形成乳浊液。在溶剂中加入少量戊醇、异丁醇可防止出现乳化现象。

（6）有机溶剂的选择。可根据能否完全润湿样品、热传导、化学惰性、可燃性以及样品自身特性等因素，选择蒸馏用有机溶剂。表 3-1 列出了常用可供选择的有机溶剂及其特性。

表 3-1 常用有机溶剂及其性质

有机溶剂	沸点/℃	相对密度/(25℃)	共沸混合物		水在有机溶剂中的溶解度/(g/100g)
			沸点/℃	水分含量/%	
苯	80.2	0.88	69.25	8.8	0.05
甲苯	110.7	0.86	84.1	19.6	0.05
二甲苯	140	0.86			0.04
四氯化碳	76.8	1.59	66.0	4.1	0.01
四氯代乙烯	120.8	1.63			0.03
偏四氯乙烷	146.4	1.60			0.11

有机溶剂一般用甲苯，其沸点为 110.7℃。对于高温易分解样品则用低沸点的苯、甲苯或甲苯-二甲苯的混合物作蒸馏溶剂(纯苯沸点 80.2℃，水苯共沸点则为 69.25℃)，能一定程度避免不利反应，但蒸馏的时间需延长。对于含有糖分、可分解析出水分的样品，宜选用苯作为溶剂。对于相对密度比水大的溶剂，样品浮在溶剂上面，不易过热和炭化，且安全防火。所用有机溶剂必须无水，也可用无水氯化钙或无水硫酸钠吸水。

6) 注意事项

(1) 本方法适用于含较多挥发性物质的食品如油脂、香辛料等水分的测定，不适用于水分含量小于 1g/100g 的样品。

(2) 如果样品含糖量较高，用油浴可防止糖分局部过热发生降解。

(3) 加热温度不宜太高，温度太高时冷凝管上端水汽难以全部回收。蒸馏时间一般为 2～3h，样品不同则蒸馏时间各异。蒸馏加热时一般需用石棉网，以防止局部过热。

(4) 样品为粉状或半固体时，可先将烧瓶底部铺满海砂，再加样品及溶剂。

3. 卡尔·费休法

卡尔·费休(Karl Fischer)法是测定食品中微量水分的一种方法，国际标准化组织将这个方法定为测定微量水分的国际标准。卡尔·费休法是依据样品里的水发生化学反应而进行定量测定的一种方法。该方法快速、准确，而且无需加热，可有效避免易氧化、热敏性组分的氧化、分解，尤其适宜测定低水分含量的食品，或难以用加热法测定的食品，如脱水水果和蔬菜、糖果和巧克力、咖啡和油脂，盐类等含水量很少以及任何高糖、高蛋白低水分的样品。该方法测定结果包含结合水，是水分分析的标准分析方法，用于校准其他分析方法。此外，该方法可通过合适的自动进样器实现自动化，从而进行大量的样品处理。

1) 原理

当有水存在时，碘与二氧化硫会发生氧化还原反应。

$$2H_2O+SO_2+I_2 \rightleftharpoons H_2SO_4+2HI \tag{3-3}$$

当硫酸浓度达到 0.05%以上时，即能发生逆反应。如果让反应向正方向进行，需要加入适当的碱性物质以中和反应过程中生成的酸。经实验证明，在体系中加入碱——吡啶，则可使反应向右进行。

$$C_5H_5N\cdot I_2+C_5H_5N\cdot SO_2+C_5H_5N+H_2O \longrightarrow 2C_5H_5N\cdot HI+C_5H_5N\cdot SO_3 \tag{3-4}$$

生成的硫酸吡啶不稳定，能与水发生副反应；若加入无水甲醇，则可使之生成稳定的甲基硫酸氢吡啶，消除干扰。

$$C_5H_5N \cdot SO_3 + CH_3OH \longrightarrow C_5H_5N(H)SO_4 \cdot CH_3 \quad (3\text{-}5)$$

以上三步反应的总反应式为

$$I_2 + SO_2 + H_2O + 3C_5H_5N + CH_3OH \longrightarrow 2C_5H_5N \cdot HI + C_5H_5N(H)SO_4 \cdot CH_3 \quad (3\text{-}6)$$

卡尔·费休试剂(KFR)的配法:碘-二氧化硫-吡啶以 1 ∶ 3 ∶ 10 的物质的量比溶解在甲醇溶液中,即为 KFR,每 1mL 试剂相当于 3.5mg 水。该方法必须在密闭玻璃容器内进行,以防止空气中的水蒸气对样品含水量的影响。当滴定达到终点时,过量游离的碘不再发生反应,呈现棕红色,据此可用肉眼观察滴定终点。也可用电位滴定法精确确定其终点,提高灵敏度。目前使用的卡尔·费休水分测定仪采用“永停法”判定终点,并配有声光报警指示,如 ZKF-1 型容量滴定卡尔·费休水分测定仪。

2) 主要仪器及试剂

卡尔·费休试剂的配制可参阅 GB/T12100。仪器可使用 ZKF-1 型容量滴定卡尔·费休水分测定仪(图 3-2)。每次使用卡尔·费休试剂测定水分时必须先标定其效价(KFReq),该效价表示与 1mL KFR 完全反应的水分含量值。

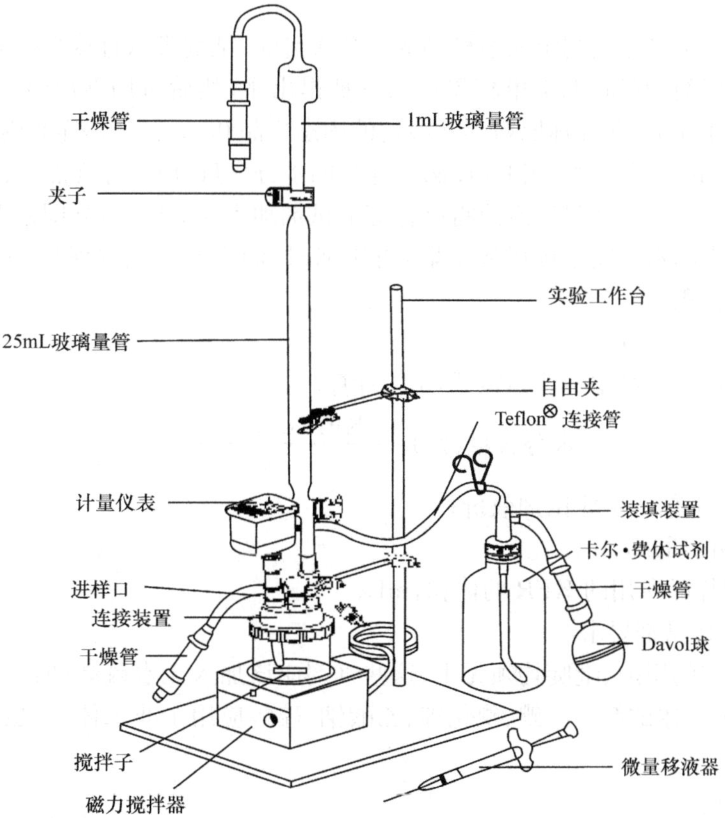

图 3-2　卡尔·费休滴定装置

引自:尼尔森.2002.食品分析.2 版.杨严俊等译.北京:中国轻工业出版社

使用甲醇标定的方法如下:在水分测定仪的反应器内加入 50mL 无水甲醇,接通电源,启动电磁搅拌器,先将 KFR 滴入甲醇中,使其中残存的微量水分与试剂作用达到化学计量点,保持 1min 内不变,此时并不记录 KFR 试剂的消耗量。然后用 10μL 的微量注射器从反应器的加料口缓缓注入 10μL 水-甲醇标准溶液(相当于 0.01g 水),用 KFR 滴定到终点,此次记录

KFR 的消耗量。

按式(3-7)计算卡尔·费休试剂效价 KFReq 值：

$$KFReq(mgH_2O/mL)=m\times1000/V \tag{3-7}$$

式中：m——所用水-甲醇标准溶液中水的质量，g；

V——滴定消耗 KFR 的体积，mL；

1000——换算系数。

若使用二水合酒石酸钠标定，卡尔·费休试剂效价 KFReq 值按式(3-8)计算：

$$KFReq(mgH_2O/mL)=\frac{36\times m\times1000}{230.08\times V} \tag{3-8}$$

式中：m——二水合酒石酸钠的质量，g；

V——滴定二水合酒石酸钠所消耗的 KFR 的体积，mL；230.08——二水合酒石酸钠的摩尔质量，g/mol；

36——$36H_2O/mol\ Na_2C_4H_4O_6\cdot2H_2O$。

3) 测定步骤

卡尔·费休容量滴定法测定固态样品的水分含量时，试剂难以直接与样品中的水分反应，必须使用合适的试剂，例如，无水甲醇先将水分抽提出来，然后再用 KFR 滴定甲醇抽提液中的水分。具体操作如下：准确称取粉碎并混匀的固态样品 0.5g 置于称样瓶内。在水分测定仪反应器内加入 50mL 无水乙醇，用 KFR 滴定样品的水分含量，使反应终点颜色保持 1min 不变(不记录试剂用量)。打开加料口迅速将已称好的试剂加入反应器内，立即塞上橡皮塞，开动电磁搅拌器使试样中的水分完全被甲醇萃取，再用 KFR 滴定至终点并保持 1min 不变，此次记录所使用试剂的体积。

4) 结果计算

已知 KFReq 后，样品水分含量按式(3-9)计算。

$$水分含量(\%)=\frac{(KFReq\times V\times100)}{m} \tag{3-9}$$

式中：KFReq——卡尔·费休试剂效价；

m——样品的质量，mg；

V——滴定样品所用的 KFR 的体积，mL。

5) 卡尔·费休试剂要求

参与化学反应的甲醇、吡啶均须无水，这些试剂应该加入无水硫酸钠或其他吸水剂保存。此外，新型卡尔·费休试剂——碘、碘化钾、乙酸钠、硫醇应用于非水体系，也可得到良好的准确度和重现性。

6) 注意事项

(1) 卡尔·费休法可测定含有 1%或更多水分的样品，如砂糖、可可粉、糖蜜、炼乳、乳粉、茶叶、香精香料等食品的水分，其测定准确度比直接干燥法高，是测定脂肪和油类物品中微量水分的理想方法。电位滴定法适合测定水分含量大于 0.03%的样品，若采用库仑电量滴定法可测定水分含量非常低的样品，从 0.03%低至 mg/kg 级。

(2) 样品自身存在的还原性物质会干扰测定结果，如抗坏血酸能被氧化成脱氢抗坏血酸；羰基化合物会与甲醇发生缩醛反应生成水，还会使反应终点延后；不饱和脂肪酸与碘反应也会使水分含量的测定值偏高。

(3) 仪器与外界的空气(潮气)有交换,会引起测定结果不稳定。另外,玻璃仪器壁上吸附水分,会使测定结果偏高,玻璃器皿在使用前需用无水甲醇回流处理。

(4) 样品颗粒大会使水分萃取不完全。

4. 其他测水分的方法

1) 介电容量法

样品的介电常数与其水分含量相关,可以根据测定电流通过样品时电容和电阻的变化来测定某种食品中的水分含量。使用介电容量法测定水分需用已知水分含量的物质来校准。该技术可用于加工过程中的质量控制,但不适合于水分含量低于 30%的样品测定。

2) 电导率法

电导率法的原理是,当样品中水分含量增加时,其电流传导性也随之增加,因此根据电流强度与电压成正比,与电阻成反比的原理,可以通过测定样品电阻,从而快速、准确地分析水分含量。另外,温度会影响电导率,使用电导率法必须保持温度恒定,而且每个样品的测定时间必须恒定 1min。

3.1.3 溶液中固形物的测定

许多液态食品如牛乳、饮料等,可将水视为溶剂,故其固形物的测定与水含量有关。

1. 相对密度测定法

相对密度测定法可采用不同的原理和仪器科学地测量样品的质量和密度。该法通常需要专门的比重瓶、各种类型的比重计或者是韦斯特尔比重秤。所测食品包括饮料、盐溶液和糖溶液。应用这种方法测定水分简便快捷,当测定只含单一组分的待测溶液时,得到的效果最佳。

1) 比重瓶法

比重瓶法是测定相对密度的方法之一,装置如图 3-3 所示,即将等体积的待测样液和水分别置于标准玻璃器皿中并比较它们的质量,从而得到相对于水的样液的相对密度。样液和水的测定温度均为 20℃,这是常用来测定相对密度的条件。用一清洁干燥的比重瓶,先测定空的比重瓶质量,再加入满刻度的 20℃的蒸馏水,插入温度计并封口,然后擦净水滴,盖上防溢流管的盖子,比重瓶必须是完全擦干后再称量,以防止溢出液体所造成的误差,样品的密度可通过式(3-10)计算得到

$$\text{样品相对密度}=\frac{\text{装满样液的比重瓶质量}-\text{空比重瓶质量}}{\text{装满水的比重瓶质量}-\text{空比重瓶质量}} \tag{3-10}$$

此法可用于测定乙醇饮料中的乙醇含量、糖浆中的固形物含量和牛乳中的固形物含量。

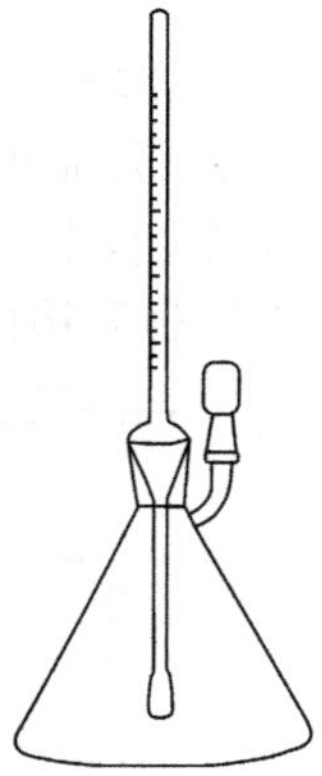

图 3-3 比重瓶

2) 比重计法

比重计法是基于阿基米德原理,即悬浮于液体中的固体的浮力等于它所排出的液体的重力,可通过测定标准质量的物体所排开的液体体积测定液体单位体积的质量。因此比重计所排开液体的质量等于其自重。比重计可用于各种范围的相对密度测定,它的主轴经校准刻度后可在 15℃或 20℃时直接读数。

(1) 乳比重计法:用于测定牛乳相对密度。乳比重计从 14 到 50 个单位的读数适合于测定的牛乳相对密度范围为:1.015~1.040。15.6℃以上每增加 1℃时增加 0.1 个乳比重计单

位;15.6℃以下每降低1℃时降低0.1个乳比重计单位。

(2) 波美比重计:最初是用于测定盐溶液(10%的盐溶液)的相对密度,现在已经更广泛地用于其他相对密度大于水的溶液的测定。

(3) 白利糖度比重计:是一种用于测定果汁和糖浆等糖溶液的比重计。在20℃时可直接读取蔗糖的质量分数。

(4) 酒精比重计:用于测定乙醇饮料中的乙醇含量。该比重计可经0.1到0.2度标准乙醇量校正后,用于测定蒸馏酒的乙醇含量。

3) 韦斯特尔比重秤法

韦斯特尔比重秤是基于阿基米德原理:秤上的铅锤在液体中所受的浮力相当于所排开液体体积的质量。这种比重秤比液体比重计精确,但不如比重瓶,可提供四位小数点的精确度。

2. 折光法

光在真空中的传播速度与其在某物质中的传播速度之比即为折射率。所有的化学物质都有一定的折射率,通过测定物质折射率来鉴别组成,确定其纯度、浓度及判断物质的品质,这种方法称为折光法。折射率是物质特有的物理性质,因此可通过本法测得的折射率与文献对照,间接鉴定物质的组成、纯度(浓度)和品质。如果操作正确且无明显晶体粒子存在,折光法分析速度快且准确性也很高,现已广泛应用于水果及水果类产品中可溶性固形物含量的测定。

3.1.4 水分活度的测定

水分活度测定的方法很多,有扩散法、溶剂萃取法、水分活度仪测定法等。目前国家标准《食品水分活度的测定》(GB/T23490)推荐使用康威氏(Conway)微量扩散皿和水分活度仪扩散法测定食品中的水分活度。

1. 水分活度仪法

1) 原理

在一定温度下,用标准饱和盐溶液校正水分活度测定仪的 a_w 值,在相同条件下测定样品,利用测定仪上的传感器,根据样品上方的水蒸气分压,从仪器上读出样品的水分活度值。一般在20℃恒温箱内进行测定,以饱和氯化钡溶液(a_w=0.9)为标准校正仪器。如果实验条件不在20℃,可根据表3-2校正值对其校正。

表3-2 a_w值的温度校正表

温度/℃	校正值	温度/℃	校正值
15	−0.010	21	+0.002
16	−0.008	22	+0.004
17	−0.006	23	+0.006
18	−0.004	24	+0.008
19	−0.002	25	+0.010

2) 主要仪器及试剂

氯化钡饱和溶液、水分活度测定仪、20℃恒温箱、镊子、研钵。

3) 操作步骤

(1) 仪器校正。

将两张滤纸浸于 $BaCl_2$ 饱和溶液中，待滤纸均匀地浸湿后，用镊子轻轻地将其放在仪器的样品盒内，然后将具有传感器装置的表头放在样品盒上，轻轻地拧紧，移置于 20℃恒温箱中恒温 3h 后，用小钥匙将表头上的校正螺丝拧动使 a_w 值读数为 0.9。重复上述操作再校正一次。

(2) 样品测定。

取试样经 15～25℃恒温后，果蔬类样品迅速捣碎或按比例取汤汁与固形物，肉和鱼等试样需适当切细，置于仪器样品盒内，保持平整不高出盒内垫圈底部。然后将具有传感器装置的表头置于样品盒上轻轻地拧紧，移置于 20℃恒温箱中，维持恒温放置 2h 以后，不断从仪器表头上观察仪器指针的变化状况，待指针恒定不变时，所指示的数值即为此温度下试样的 a_w 值。如果不是在 20℃下恒温测定，按照表 3-2 校正 a_w 值。

2. 扩散法

1) 原理

将样品与较高、中等和较低 a_w 的几种标准盐饱和溶液分别置于几个康威氏皿中，密闭并保持温度恒定。样品与标准盐饱和溶液之间达到扩散平衡，根据样品质量的增加(与较高 a_w 值的标准饱和盐溶液平衡)和减少(与较低 a_w 值的标准饱和盐溶液平衡)，以质量的增减为纵坐标，各个标准溶液的 a_w 值(表 3-3)为横坐标作直线，该直线与横轴交点处的 a_w 即为样品的 a_w 值。该法适合于测定中等及高 a_w(a_w>0.5)的样品。

表 3-3　标准水分活度试剂及其在 25℃时的 a_w 值

饱和溶液	水分活度(a_w)	饱和溶液	水分活度(a_w)
重铬酸钾($K_2Cr_2O_7 \cdot 2H_2O$)	0.986	溴化钠($NaBr \cdot 2H_2O$)	0.577
硫酸钾(K_2SO_4)	0.970	硝酸钙[$Ca(NO_3)_2 \cdot 4H_2O$]	0.541
硝酸钾(KNO_3)	0.924	硝酸镁[$Mg(NO_3)_2 \cdot 6H_2O$]	0.528
氯化钡($BaCl_2 \cdot 2H_2O$)	0.901	硝酸锂($LiNO_3 \cdot 3H_2O$)	0.476
氯化钾(KCl)	0.842	碳酸钾($KCO_3 \cdot 2H_2O$)	0.427
溴化钾(KBr)	0.807	氯化镁($MgCl_2 \cdot 6H_2O$)	0.330
氯化钠(NaCl)	0.752	乙酸钾($KAc \cdot H_2O$)	0.224
硝酸钠($NaNO_3$)	0.737	氯化锂($LiCl \cdot H_2O$)	0.110
氯化锶($SrCl_2 \cdot 6H_2O$)	0.708	氢氧化钠($NaOH \cdot H_2O$)	0.070

2) 主要仪器及试剂

康威氏微量扩散皿、小铝皿或玻璃皿、分析天平(精确到 0.0001g)、标准水分活度饱和盐溶液。

3) 操作方法

(1) 在预先干燥恒量的康威氏微量扩散皿外室放置标准水分活度饱和盐溶液，在小铝皿内准确称量 1.0g 样品，准确至 0.1mg，并将小铝皿置于内室，记录初始读数。

(2) 玻璃盖涂上凡士林密封，放入恒温箱(25℃±0.5℃)内平衡约 2h，准确称量样品质量，再放入内室，以后每 0.5h 称量一次，直至恒量，记下最终读数。

(3) 选用至少三种标准水分活度的饱和盐溶液(高、中、低 a_w)(表 3-3)，依次记录平衡后样品的增减质量。

(4) 以质量的增减为纵坐标，各标准溶液的水分活度值为横坐标作直线，该直线与横轴相交处的水分活度值即为样品的 a_w 值。

4）注意事项

（1）本方法适用于预包装谷物制品类、肉制品类、水产制品类、蜂产品类、薯类制品类、水果制品类、蔬菜制品类、乳粉、固体饮料的食品水分活度的测定。不适用于冷冻和含挥发性成分的食品。

（2）取样要均匀，称样要迅速，样品测定确保在同一条件进行。每个样品测定时应做平行实验。其测定值的平行误差不得超过 0.02。

（3）绝大多数样品可在 2h 后测得 a_w 值，但米饭类、油脂类、油浸烟熏鱼类则需 4 天左右时间才能完成测定。因此，在此类样品中需加入样品量 0.2%的山梨酸防腐，并以山梨酸的水溶液作空白对照。

3. 溶剂萃取法

1）原理

以苯为溶剂将样品中的水分萃取出来。虽然水在苯中的溶解度很低，但在一定温度下，苯所萃取出的水量与样品中水分活度成正比。用卡尔·费休法测定苯从食品和纯水中萃取出的水量，并求出两者比值，即为样品的 a_w 值。此法与水分活度测定仪法所测得的结果相当。

2）主要试剂及仪器

（1）卡尔·费休试剂：

甲液：在干燥的棕色玻璃瓶中加入 100mL 无水甲醇、8.5g 无水乙酸钠（需预先在 120℃干燥 48h 以上）、5.5g 碘化钾，充分摇动溶解后，再通入 3.0～10.0g 干燥的二氧化硫。

乙液：称取 37.65g 碘、27.8g 碘化钾及 42.25g 无水乙酸钠置于干燥棕色瓶中，加入 500mL 无水甲醇，充分摇动溶解后备用。

将上述甲、乙液混合后，用聚乙烯薄膜套在瓶外，置瓶于冰浴中静置一昼夜，取出，放入干燥器中，升至室温后备用。

标定：取干燥带塞的玻璃瓶称量，准确称取双蒸水 30mg 左右，加入无水甲醇 2mL，在不断振摇下，用卡尔·费休试剂滴定至呈黄棕色为终点。另取 2mL 无水甲醇按同法进行空白实验，按式(3-11)计算滴定度(T)：

$$T=\frac{G}{V-V_0} \tag{3-11}$$

式中：T——卡尔·费休试剂的滴定度（每毫升 KFR 相当于水的毫克数）；

G——双蒸馏水的质量，mg；V——滴定水时消耗的 KFR 的体积，mL；

V_0——滴定空白时消耗的 KFR 的体积，mL。

（2）苯：光谱纯，开瓶后可覆盖氢氧化钠保存。

（3）无水甲醇：要求其含水量在 0.05%以下。

（4）KF-1 型水分测定仪或 SDY-84 型水分滴定仪。

3）操作步骤

准确称取均匀粉碎的样品 1.00g 置于 250mL 磨口三角烧瓶（所有玻璃器皿应干燥）中，加入苯 100mL，盖上瓶塞，置摇瓶机上振摇 1h，然后静置 10min，吸取此溶液 50mL 于卡尔·费休水分测定仪中，并加入无水甲醇 70mL（可事先滴定以除去可能残存的水分），混匀，用卡尔·费休试剂滴定至产生稳定的微橙红色不褪为止，或用 KF-1 型水分测定仪滴定至微安表指针偏转，并保持1min不变时即为终点；整个测定操作需保持在25℃±1℃下进行。另取10mL双蒸馏水代替样品，加苯100mL，振摇2min，静置5min，然后按上述测定步骤进行，滴至终点后，同样记录消耗卡尔·费休试剂的体积。

4）结果计算

$$a_w = \frac{[H_2O]_n \times 10}{[H_2O]_0} \tag{3-12}$$

式中：$[H_2O]_n$——从食品中萃取的水量；

$[H_2O]_0$——从纯水中萃取的水量。

3.1.5 水分分析的进展

近年来许多新技术也开始应用于水分测定，其特点是快速、非破坏性、消耗试样量少，但所用仪器较昂贵。

1. 微波干燥法

微波加热是电磁波的能量传递到被加热物体内部，是以样品本身作为加热源，达到快速蒸发水分的目的。其具有以下优点：①加热速度快、均匀性好。不依靠热传导作用，而是样品自身作为加热体从内部加热。②加热易于控制。微波热惯性小，能立即加热和立即停止。③选择性好。食品中的水分吸收微波能量远高于干物质。

2. 红外光谱法

不同频率的红外辐射能被样品分子中不同的官能团所吸收，用针对待测组分的某一特定波长的红外线照射样品，测定经待测样品透过或反射的红外线能量便可知该组分的含量，它与能量吸收成反比。对于水分来说，在近红外区（1400～1450nm，1920～1950nm）有水分子中—OH的特征吸收谱带，可用于测定食物中的水分。红外光谱法已广泛用于各类食品的水分分析。

3. 气相色谱法

以无水乙醇配制含水的标样和样品，样品在气化室气化后，经以高分子多孔微球为固定相的气相色谱柱，使水分与其他组分分离，以热导检测器检测，采用外标法对水分峰面积进行定量。

4. 低场核磁共振法

核磁共振（NMR）在化学和生物研究中是不可多得的研究工具。NMR根据分辨率可以分为高分辨率（高场）和低分辨率（低场，一般在微特斯拉，甚至更低）两种类型。前者用于化学结构分析和医学成像，后者可探测样品的物理性质。低场核磁共振（LF-NMR）又称时域核磁共振，虽因其分辨率低，不能得到精细的分子结构信息，但能得知分子之间相互作用引起的信号变化，并凭借成本低廉的优势，且不破坏样品，常用于研究分子的运动特性。在农业食品领域可用于测定含油率、含水率、固体脂肪含量、水分相态及分布、食品中水分的迁移等，还可用于食品货架期和品质监控中，甚至可用于注水猪肉的检伪中，具有快速、准确、无损的特点。

LF-NMR测定指标主要为弛豫时间。^{1}H核以非辐射的方式从高能态回到低能态的过程即为弛豫，弛豫受到核分子运动和相互作用控制。LF-NMR可测纵向弛豫时间T_1（自旋-晶格）和横向弛豫时间 T_2（自旋-自旋），因为 T_2 变化范围较大，即 T_2 比 T_1 对多种相态的存在更加敏感，所以，弛豫时间的测量多用 T_2 来表征。它可以区分自由水和结晶水，以及结合水和不可移动水，还可以反映自由水和水化水之间的化学渗透交换。

3.2 有机酸分析

3.2.1 概述

食品中有机酸包括食品自身含有的天然有机酸和为了改善其品质加入的有机酸，这些有机酸是弱酸，通常以游离状态存在，部分以酸式盐存在。在食品工业中，不少食品和饮料含有机酸，这些有机酸与其他香味成分一起，为食品的风味形成做出贡献。表 3-4、表 3-5、表 3-6 分别列出了部分食品的有机酸种类、含量及 pH。

表 3-4 果蔬中主要有机酸种类

名称	含有的有机酸	名称	含有的有机酸
苹果	苹果酸、少量柠檬酸	梅	柠檬酸、苹果酸、乙二酸
桃	苹果酸、柠檬酸、奎宁酸	温州蜜橘	柠檬酸、苹果酸
洋梨	柠檬酸、苹果酸	夏橙	柠檬酸、苹果酸、琥珀酸
梨	苹果酸，果心含柠檬酸	柠檬	柠檬酸、苹果酸
葡萄	酒石酸、苹果酸	菠萝	柠檬酸、苹果酸、酒石酸
樱桃	苹果酸	甜瓜	柠檬酸
杏	苹果酸、柠檬酸	番茄	柠檬酸、苹果酸
菠菜	乙二酸、苹果酸、柠檬酸	甜菜叶	乙二酸、柠檬酸、苹果酸
甘蓝	柠檬酸、苹果酸、琥珀酸、乙二酸	莴苣	苹果酸、柠檬酸、乙二酸
笋	乙二酸、酒石酸、乳酸、柠檬酸	甘薯	乙二酸
芦笋	柠檬酸、苹果酸、酒石酸	蓼	甲酸、乙酸、戊酸

表 3-5 果蔬中柠檬酸和苹果酸含量(单位：%)

果蔬名称	柠檬酸	苹果酸	果蔬名称	柠檬酸	苹果酸
草莓	0.91	0.1	豌豆荚	0.03	0.13
苹果	0.03	1.02	甘蓝	0.14	0.1
葡萄	0.43*	0.65	胡萝卜	0.09	0.24
橙	0.98	+	洋葱	0.02	0.17
柠檬	3.84	+	马铃薯	0.51	—
香蕉	0.32	0.37	甘薯	0.07	—
菠萝	0.84	0.12	南瓜	—	0.15
桃	0.37	0.37	菠菜	0.08	0.09
梨	0.24	0.12	花椰菜	0.21	0.39
杏(干)	0.35	0.81	番茄	0.47	0.05
洋梨	0.03	0.92	黄瓜	0.01	0.24
甜樱桃	0.1	0.5	芦笋	0.11	0.1

* 表示酒石酸的含量；+表示痕量；—表示缺乏。

表 3-6　部分食品的 pH

名称	pH	名称	pH	名称	pH
苹果	3.0～5.0	甜樱桃	3.2～3.95	葡萄	2.55～4.5
梨	3.2～5.0	草莓	3.8～4.4	西瓜	6.0～6.4
杏	3.4～4.0	酸樱桃	2.5～3.7	甘蓝	5.2
桃	3.2～3.9	柠檬	2.2～3.5	番茄	4.1～4.8
辣椒(青)	5.4	菠菜	5.7	橙	3.55～4.9
南瓜	5.0	胡萝卜	5.0	豌豆	6.1
牛肉	5.1～6.2	蛤肉	6.5	鲜蛋	8.2～8.4
羊肉	5.4～6.7	蟹肉	7.0	鲜蛋白	7.8～8.8
猪肉	5.3～6.9	牡蛎肉	4.8～6.3	鲜蛋黄	6.0～6.3
鸡肉	6.2～6.4	小虾肉	6.0～7.0	面粉	6.0～6.5
鱼肉	6.6～6.8	牛乳	6.5～7.0	米饭	6.7

引自：张水华. 2007. 食品分析. 北京：中国轻工业出版社

1. 食品中分析测定有机酸的意义

（1）有机酸影响食品的色、香、味及稳定性和储藏性。例如，花青素在不同酸度下颜色不相同；水果及其制品的糖酸比决定产品的口感；酸度的高低决定果蔬罐头杀菌的条件，提高酸度可提高产品的储藏性等。

（2）酸的含量和种类是衡量食品质量的重要指标。新鲜肉的 pH 为 5.7～6.2，若 pH>6.7，表明肉已经变质；水果发酵制品中挥发酸的含量过高，说明已变质。

（3）根据有机酸与糖含量之比，可判断部分果蔬的成熟度。果蔬一般随着成熟度提高，其有机酸含量下降，糖含量增加，从而糖酸比增大。

（4）有机酸不仅能作为食品的酸味剂，如柠檬酸、乳酸、苹果酸等，有的有机酸还具有重要的生物活性，如抗坏血酸、没食子酸等具有良好的抗氧化性。因此，对有机酸的分离、分析及检测对新型保健品资源及产品的开发也具有一定的指导意义。

2. 常规酸度分析指标

很多食品因含有有机酸或少量无机酸而呈酸味。酸度对食品和饮料、酒类以及发酵产品有着重要的作用，是一类重要的分析项目。常规的酸度分析因实际检测指标的不同可分为以下几类。

（1）总酸度：又称可滴定酸度，是通过标准碱溶液滴定进行定量分析的。它反映的是样品中所有酸的总和，包括未解离酸和已解离酸。

（2）有效酸度：即氢离子浓度，可用 pH 表示。由于微生物的生长更多地取决于水合氢离子浓度而非总酸度，所以氢离子浓度能较好地体现食品的保藏特性。

（3）挥发酸：是指食品中容易挥发(低沸点)的有机酸，如甲酸、乙酸、丁酸及其他低碳链的直链脂肪酸，但不包括可用随水蒸气出来的乳酸、琥珀酸、山梨酸等较高沸点的有机酸，其大小可通过蒸馏法分离，然后用分析可滴定酸的方法测定。

对于发酵食品、乳制品等，挥发酸的含量和种类是判断质量好坏的重要指标，正常生产的食品中，其挥发酸的含量较稳定，若生产中使用了不合格的原料或违反正常的工艺操作，则会由于糖的发酵，而使挥发酸含量增加，从而降低食品的品质。

总酸度、挥发酸和有效酸度的 pH 都是酸度的表达方式，它们之间有一定的内在联系，总酸度未涉及有机酸成分的酸性及氢离子离解度。具有相同总酸度的不同样品，若各自所含酸的种类不同，则其 pH 也会有所差异。挥发酸的测定，比较真实地反映了样品中低沸点有机酸含量的多少，但不包含样品中其他较高沸点的有机酸含量。

以牛乳为例，为了更方便、快速、直观表征其新鲜度和微生物特性，引入以下两种酸度：

表观酸度：又称固有酸度，是指刚从奶牛乳房挤出的新鲜牛乳的总酸度，主要由磷酸、酪蛋白、柠檬酸和碳酸等构成，表观酸度在新鲜牛乳中占 0.15%～0.18%（以乳酸计）。

真实酸度：又称发酵酸度，是指牛乳放置过程中，乳糖在乳酸菌作用下，发酵产生了乳酸，从而使酸度增加。若牛乳中含酸量超过 0.20%，即表明有乳酸存在，因此习惯上将含酸量低于 0.2%的牛乳称为新鲜牛乳。具体表示方法有以下两种：①用 T 表示牛乳的酸度，指滴定 100mL 牛乳样品消耗 0.1mol/L 氢氧化钠溶液的体积，或滴定 10mL 牛乳消耗 0.1mol/L 氢氧化钠溶液体积的 10 倍。新鲜牛乳的酸度为 16～18T。②以乳酸的质量分数表示。

3.2.2 酸度的分析

1. 可滴定酸度的测定

1）原理

可滴定酸度即总酸度。这部分酸通常是有机酸，但也有人将磷酸这种无机酸添加在食品中。有机酸是弱酸，在食品体系中完全解离的比例很低，不超过总量的 3%。用氢氧化钠标准溶液滴定，在滴定过程中，随着 H^+ 的消耗，未解离部分可继续解离，直至完全解离。酸碱滴定终点可用 pH 计直接测定，更常用的是酚酞指示剂，其变色范围为 8.0～9.6。

食品中天然存在的有机酸在酚酞的变色范围内没有缓冲作用，但磷酸（常在软饮料中作为酸味剂）和碳酸（溶于水中的二氧化碳）在此 pH 范围内却具有缓冲作用。因此，在滴定这些酸时，通常选用电位分析。对于含碳酸的样品，可先煮沸样品去除 CO_2 的干扰，然后再用酚酞作指示剂滴定剩余的酸。

2）操作步骤

（1）样液的制备。

固体样品、干鲜果蔬、蜜饯及罐头样品：将样品用高速组织捣碎机捣碎并混匀。取适量样品（视其总酸含量而定），用 15mL 无 CO_2 蒸馏水（果蔬干品须加 8～9 倍无 CO_2 蒸馏水）将其移入 250mL 容量瓶中，在 75～80℃的水浴上加热 0.5h（果脯类沸水浴加热 1h），冷却后定容，用干燥滤纸过滤，弃去初滤液，收集滤液备用。

含 CO_2 的饮料、酒类：将样品置于 100℃水浴加热 30min，以除去 CO_2，冷却后备用。

调味品及不含 CO_2 的饮料、酒类：将样品混匀后直接取样，必要时加适量水稀释，若样品浑浊，则需过滤。

固体饮料：称取 5～10g 样品，置于研钵中，加少量无 CO_2 蒸馏水，研磨成糊状，用无 CO_2 蒸馏水移入 250mL 容量瓶中，充分振摇，过滤。

（2）测定：准确吸取上法制备滤液 50mL，加酚酞指示剂 3～4 滴，用 0.1mol/L NaOH 标准溶液滴定至粉红色，保持 30s 不褪色，记录消耗 NaOH 标准溶液的体积。

3）结果计算

$$总酸度(\%)=\frac{c\times V\times K}{m}\times\frac{V_0}{V_1}\times 100 \tag{3-13}$$

式中：c——NaOH 标准溶液的浓度，mol/L；

V——消耗 NaOH 标准溶液体积，mL；

m——样品质量或体积，g 或者 mL；

V_0——样品稀释液总体积；

V_1——滴定时吸取的样液体积，mL；

K——1mmol 氢氧化钠相当于主要酸的克数。

总酸度以食品中的含量最高的有机酸表示，换算系数 K 可参见表 3-7。

表 3-7　常见食品的换算系数

样品	主要有机酸	换算系数 K 值
葡萄及其制品	酒石酸	0.075
苹果、核桃及其制品	柠檬酸	0.064 或 0.070(含一分子结晶水)
柑橘果实及其制品	苹果酸	0.067
乳品、肉类、水产品及其制品	乳酸	0.090
酒类、调味品	乙酸	0.060
菠菜	乙二酸	0.045

4）注意事项

（1）样品浸渍、稀释的用水量应根据样品中总酸含量来选择，为使误差不超过允许范围，一般要求滴定时消耗的 0.1mol/L NaOH 溶液不得少于 5mL，最好在 10～15mL。

（2）若样液有颜色（如带色果汁等），则在滴定前用适量无 CO_2 蒸馏水稀释，并按 100mL 样液加入 0.3mL 酚酞比例加入酚酞指示剂，用标准 NaOH 滴定接近终点时，取此溶液 2～3mL，移入盛有 20mL 无 CO_2 蒸馏水中（此时，样液颜色相当浅，易观察酚酞的颜色）。若实验表明还没有达到终点，将特别稀释的样液倒回原样液中，继续滴定直至终点出现为止。用这种在小烧杯中特别稀释的办法，能观察几滴 0.1mol/L NaOH 滴液所产生的酚酞颜色差别。若样液颜色过深或浑浊，则宜用电位滴定法。

2. 有效酸度的测定

在食品酸度测定中，有效酸度（pH）的测定，往往比测定总酸度更有实际意义，更能说明问题，它表示食品介质的酸碱性。

pH 的测定最常用电位法（pH 计法），其测量准确度较高，操作简便，普遍应用于食品行业。其测定原理为：将复合电极插入待测溶液中形成一个原电池，其电动势的大小与溶液的氢离子浓度呈线性关系：

$$E=E_0-0.0591\text{pH}\quad(25℃) \tag{3-14}$$

式中：E——测量电极电势；

E_0——标准电极电势，其在标准的温度、离子浓度和电极条件下，为常数。

以标准缓冲溶液校正仪器后，直接测定样品。

3. 挥发酸的测定

挥发酸含量可用间接法或直接法测定。间接法是先用标准碱滴定总酸度,将挥发酸蒸发去除后,再用标准碱滴定非挥发酸的含量,两者的差值即为挥发酸的含量;直接法则是用水蒸气蒸馏法分离挥发酸,然后用滴定方法测定其含量。后者操作简单、方便,适合挥发酸含量较高的样品测定。若样品挥发酸含量很低,则应采用间接法。

1) 水蒸气蒸馏法测定挥发酸的原理

先将样品加入适量磷酸使结合态挥发酸游离出来,再用水蒸气蒸馏分离出总挥发酸,经冷凝、收集后,以酚酞作指示剂,用标准碱液滴定至粉红色 30s 不褪色即为终点。根据标准碱消耗量可计算样品总挥发酸含量(图 3-4)。

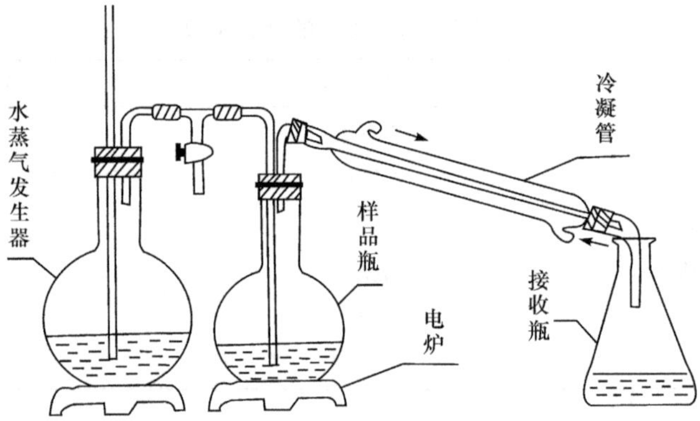

图 3-4　水蒸气蒸馏装置

食品中总挥发酸通常以乙酸的质量分数表示。

2) 注意事项

(1) 样品挥发酸若直接蒸馏,而不采用水蒸气蒸馏,则很难将挥发酸都蒸馏出来,因为挥发酸与水构成一定百分比的混溶体,并有固定的沸点。若采用水蒸气,则挥发酸和水蒸气是与水蒸气分压成比例地从溶液中一起被蒸馏出来,因而可加速挥发酸的蒸馏分离。

(2) 本方法适用于各类饮料、果蔬及其制品(如发酵制品、酒等)中总挥发酸含量的测定。

(3) 溶液中加入磷酸可使结合态的挥发酸游离出来,使结果更准确。

(4) 样品中若含有 CO_2、SO_2 等易挥发性成分,对结果有干扰,须去除。CO_2 排除方法同上。SO_2 排除方法如下:在已用标准碱滴定过的蒸馏液中加入 5mL 25%硫酸酸化,以淀粉溶液为指示剂,用 0.002mol/L 碘液滴定至蓝色,10s 不褪色即为滴定终点,从计算结果中扣除。

3.3　脂质分析

3.3.1　概述

脂质(lipids)是生物体内一大类不溶于水,溶于大部分有机溶剂的疏水性(hydrophobic)物质。食品中 95%左右脂质是脂肪酸甘油酯(又称三酰基甘油,triacylglycerol),俗称脂肪。习惯上将在室温下呈固态的脂肪称为脂(fat),如动物脂肪(羊脂、牛脂),呈液态的称为油(oil),如植物脂肪、水产动物脂肪。脂质中还包括少量的非酰基甘油化合物,如磷脂、甾醇、糖脂、类胡萝卜素等。

脂质按其结构和组成可分为简单脂质、复合脂质和衍生脂质(表 3-8)；牛乳中脂质的构成见表 3-9；常见食品中的脂肪含量见表 3-10。本节着重介绍脂质总量的测定，脂溶性维生素将在维生素部分介绍。

表 3-8　脂质的分类

主类	亚类	组成
简单脂质	酰基甘油	甘油＋脂肪酸(占天然脂质的 95%左右)
	蜡	长链脂肪醇＋长链脂肪酸
复合脂质	磷酸酰基甘油	甘油＋脂肪酸＋磷酸盐＋含氮基团
	鞘磷脂类	鞘氨醇＋脂肪酸＋磷酸盐＋胆碱
	脑苷脂类	鞘氨醇＋脂肪酸＋糖
	神经节苷脂类	鞘氨醇＋脂肪酸＋碳水化合物
衍生脂质		类胡萝卜素、甾醇、脂溶性维生素等

表 3-9　牛乳中的脂质构成

脂质类别	在总脂质中所占比例
三酰基甘油	97%～99%
二酰基甘油	0.28%～0.59%
单酰基甘油	0.016%～0.038%
磷脂	0.2%～1.0%
甾醇	0.25%～0.4%
游离脂肪酸	0.1%～0.44%
蜡质	痕量
维生素 A	7～8.5μg/g
类胡萝卜素	8～10μg/g
维生素 D	痕量
维生素 E	2～5μg/g
维生素 K	痕量

引自：Nielsen S S. 2003. Food Analysis. 3rd ed. New York：Kluwer Academic/Plenum Publishers

表 3-10　食品中的脂肪含量

食品	脂肪含量/%
稻米	0.4～3.2
小麦粉	0.5～1.5
黄豆	12.1～20.2
奶油	80～82
牛奶	3.5～4.2
全脂奶粉	26～32
脱脂奶粉	1～1.5
蛋黄	30～30.5
全蛋	11.3～15
肥肉(猪)	90.3
核桃仁	63.9～69
水果、蔬菜(多数)	<1.1

引自：无锡轻工业学院，天津轻工业学院．1983. 食品分析．北京：中国轻工业出版社

脂肪是食品脂质中最重要的、人类不可缺少的营养素，是食品中热值最高的营养成分，与同样质量的蛋白质和碳水化合物相比，脂肪所含的热量最高，每克脂肪能提供 39.58kJ（9.46kcal）的热能，并提供必需脂肪酸（essential fatty acids），是脂溶性维生素的载体，赋予食品滑润的口感、光润的外观和油炸食品的香酥风味，塑性脂肪还具有造型功能，此外，在烹调中脂肪还是一种传热介质。但膳食中脂肪摄入量过高，尤其是饱和脂肪，会导致心血管疾病发病率增高和肥胖者增多，使现代人有些“谈脂色变”，甚至认为脂质摄入越少越好，这是认识上的误区。只有科学合理地摄入脂类，保持膳食平衡，才是健康之本。在营养配餐中对脂肪、蛋白质和碳水化合物的摄入有一定的比例要求，其中要求将脂肪提供的热量限制在占总热量的 30%以下；对于健康成人，最理想的膳食脂肪构成是饱和脂肪∶单不饱和脂肪∶多不饱和脂肪为 1∶1∶1；在减肥人群的膳食中，脂肪的摄入量会有所减少，但绝不是越少越好。

检测食品中脂肪含量的高低，对控制不同人群脂肪摄入是必需的；为了实现食品生产过程的质量管理及选择合适的食品储藏方式，脂肪含量的测定也是必需的。例如，面包中脂肪含量特别是卵磷脂等组分，对于面包的膨松、柔软和结构都有重要影响。高脂食品容易变哈喇是脂肪氧化所致。许多加工食品的包装袋上食物成分表中须标示出脂肪、蛋白质、维生素等成分的含量。

3.3.2 脂质分析方法

1. 脂质提取溶剂的选择及含脂样品前处理

尽管脂质化合物种类繁多，结构各异，溶解性也有差异，但一般说来，它们不溶于水，易溶于有机溶剂。食品中脂质总量一般采用低沸点的有机溶剂萃取，然后除去溶剂，用称量的方法测定。理想的溶剂对脂质的溶解能力强，能渗透到组织内部提取脂质；不溶解或溶解蛋白质、氨基酸、碳水化合物的能力低；低吸湿性，易挥发，无毒，不易燃，价廉。然而很难找到如此理想的溶剂。最常用的溶剂是无水乙醚和石油醚。无水乙醚（沸点为 34.6℃）溶解脂肪的能力强，在许多标准方法中常采用乙醚作溶剂，但乙醚易燃且可饱和 2%的水分，含水的乙醚可抽提出糖分等非脂质成分，所以，要求被测样品必须是能烘干、磨细的样品。石油醚是低沸点（沸程为 30～60℃）的石油馏分，主要含戊烷和正已烷，与乙醚相比，其疏水性更强，易燃性、吸湿性较弱，价格更便宜，其溶解脂肪的能力不及乙醚，但允许样品含微量水分，且没有胶溶现象，不会夹带淀粉、蛋白质等胶态物质，萃取物比较接近真实的脂质。因两者各有利弊，在实用中也常常混合使用。这两种溶剂通常只能提取游离脂肪（free fat）。

对于许多复合脂质，如磷脂、糖脂、脂蛋白需先用酸或碱进行前处理，使之水解，破坏脂肪和非脂成分的结合后，方能提取。对于奶粉中的乳脂，由于脂肪球常被酪蛋白膜包裹，所以也需要预先加碱破坏蛋白膜后，方能用乙醚或石油醚抽提脂肪。氯仿-甲醇是提取脂蛋白、磷脂的有效溶剂，特别适合于水产品、家禽、蛋制品等食品中脂质的提取。不同溶剂混合使用，是利用了相似相溶原理，根据食品中被提取组分的极性，不同溶剂混合后可调节溶剂的极性，使之与被提取物的极性接近，能有效地进行提取。

烘干样品时应注意温度，由于食品中存在一些酶，如脂肪氧合酶，磨细样品时脂肪氧合酶可使脂肪降解，产生游离脂肪酸（free fatty acids，FFAs），故在前处理时应注意抑制其酶的活力。对不易研磨的样品，可加助研磨剂。

2. 索氏提取法

1) 原理

索氏提取法(Soxhlet method)是将烘干、磨细的食品样品,用滤纸包好,脱脂线绳扎紧后,放入索氏提取器的提取筒内(装置如图3-5所示)。烧瓶内加入无水乙醚或石油醚作为提取脂肪的溶剂,于55℃水浴中加热回流。由于溶剂的沸点很低,蒸气经冷凝管冷凝后,进入提取筒内,浸提样品中的脂肪。当溶剂到达提取筒顶端后,会发生虹吸现象,将提取样品中的脂肪带入烧瓶中。由于脂肪的沸点比溶剂高得多,继续加热时,脂肪留在烧瓶中,溶剂被蒸发、冷凝,让溶剂反复浸提样品,直至将样品中的脂肪提尽,挥干并回收溶剂后所得的残留物,即为粗脂肪,通过称量可知粗脂肪含量。由于此法乙醚或石油醚提取物中除主要含游离脂肪外,还含有非脂肪的类脂化合物,如磷脂、糖脂、脂溶性色素、蜡质、挥发油等脂溶性物质,故称为粗脂肪。

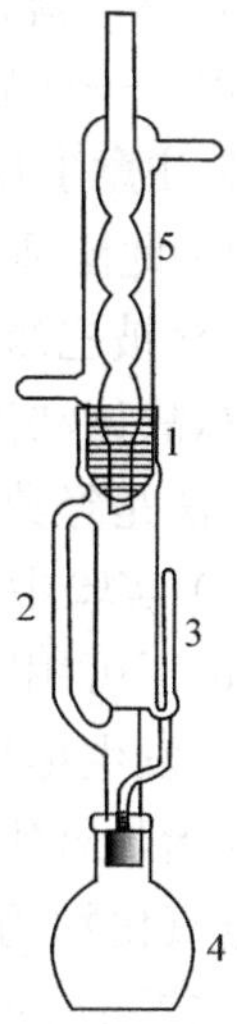

图3-5　索氏提取器
1. 提取筒;2. 回流管;3. 虹吸管;4. 烧瓶;5. 冷凝管

2) 主要仪器及试剂

(1) 主要仪器:分析天平、索氏抽提器、水浴锅。

(2) 主要试剂:无水乙醚(不含过氧化物)或石油醚(沸程为30~60℃),所用试剂均为分析纯。

3) 操作步骤

(1) 样品前处理。

由于乙醚可饱和2%的水分,含水的乙醚可抽提出糖分等非脂质成分,使测定结果产生误差,故前处理时要将样品烘干并磨细,磨细是为了便于充分浸提。

固体样品:精密称取干燥并磨细的样品2~5g(可取测定水分后的样品),用滤纸包好,脱脂线绳扎紧。半固体或液体样品:称取5.0~10.0g样品于蒸发皿中,加入约20g海砂,于沸水浴上蒸干后,再于95~105℃烘干、磨细,全部移入已脱脂的滤纸筒内,蒸发皿及黏附有样品的玻璃棒都用蘸有乙醚的小片滤纸擦净,将小片滤纸一同放进滤纸筒内,将滤纸筒包好,用线绳扎紧。

对于多糖及糊精含量高的样品,要先以冷水使糖及糊精溶解,经过滤除去,将残渣连同滤纸一起烘干,包好扎紧,再一起放入提取筒内。

(2) 提取。

将滤纸筒用线绳扎紧放入索氏提取筒内,下接已干燥至恒量的磨口烧瓶,上接冷凝管。从冷凝管上端加入无水乙醚或石油醚,加量不要超过烧瓶体积的2/3,于水浴中(55~65℃)加热,使溶剂反复回流,浸提脂肪,直至浸提完全,浸提时间视样品含油量高低而定。是否浸提完全,可用滤纸检查,由提取筒下口滴下的乙醚,若待乙醚挥发后滤纸上无油迹则表明样品中的脂肪已抽提完全。

(3) 脂肪含量的测定。

待浸提完全后,取下烧瓶,回收溶剂,待烧瓶内只剩下1~2mL溶剂时,于水浴中蒸干,再于100~105℃干燥1h,取出放于干燥器内冷却30min,称量,并重复此操作直至恒量。或将提取筒中的纸包取出,用电吹风(冷风)吹干溶剂至恒量后,准确称量纸包的减量;脱脂线绳、纸或烧瓶事先要恒量。

4) 结果计算

$$脂肪(\%)=\frac{m_2-m_1}{W}\times 100 \tag{3-15}$$

式中：m_2——烧瓶和脂肪的质量之和，g；

m_1——烧瓶的质量，g；

W——样品的质量(为未除水分前的样品质量)，g。

5) 注意事项

(1) 此法适用于测定游离脂肪含量较高，能烘干磨细，不易吸湿结块的样品。结合态脂肪不能直接被乙醚、石油醚提取，需要在一定条件下进行水解等处理，使之转变为游离脂肪后方能提取，故该法测得的只是游离态脂肪。

此法是经典方法，对大多数样品结果比较可靠，但分析周期长，溶剂耗量大。

(2) 实验中要注意安全，因为乙醚易燃且具有麻醉作用，整个实验过程宜在通风橱中进行，切记不可用明火加热，应该用水浴锅等。将烧瓶送入烘箱烘干前，必须充分驱除残余的溶剂，以防发生爆炸。此外，抽提用的溶剂不仅要求无水，还要求无过氧化物，因为过氧化物不仅会导致脂肪氧化，在烘干时也可引起爆炸。

过氧化物的检测：取 6mL 乙醚于干燥、洁净的具塞试管中，加 10%碘化钾溶液 2mL，用力振摇，放置 1min 后，若出现黄色，则证明有过氧化物存在，应另选乙醚或处理后再用。

(3) 装样品的滤纸筒一定要扎紧，提取过程中样品不能外泄，否则须重做实验；但也不要包得太紧影响溶剂渗透。放入滤纸筒时高度不要超过虹吸管顶端，否则高于虹吸管顶端处的样品不被溶剂浸提，会带来误差。

(4) 提取时水浴温度不可过高，以回流 6～12 次/h 为宜。

(5) 反复加热会因脂类氧化而增重。当质量增加时，以增重前的质量为准。此外，可加入适量抗氧化剂，抑制脂质氧化。

3. 莫交尼方法

莫交尼方法(Mojonnier method)用乙醚和石油醚在莫交尼脂肪提取瓶(图 3-6)内提取样品中的脂肪，收集醚层，挥干并回收溶剂，干燥至恒量后称量，提取物的质量即为脂肪含量。该法不必除去样品中的水分，既可测定固体样品，也可测定液体样品。除用混合醚外，还用到乙醇溶液，其作用是使蛋白质沉淀，降低表面张力，防止乳化。若测定乳制品还用到氨水溶液溶解酪蛋白，中和产品的酸度，降低黏度；若测定结合脂含量高的样品，需先用盐酸水解结合脂，使脂肪游离出来。下面分别介绍酸性乙醚提取法和碱性乙醚提取法，这两种方法均可在莫交尼脂肪提取瓶中进行。

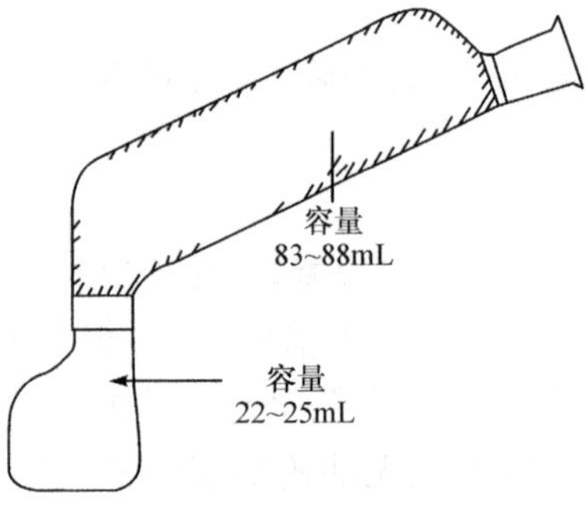

图 3-6　莫交尼脂肪提取瓶

4. 酸性乙醚提取法

1) 原理

结合态脂肪或包裹在细胞组织内部的脂肪，不能被乙醚直接萃取出来，需加入盐酸溶液加热，使结合脂肪发生水解，或用酸破坏细胞壁，使脂肪游离出来，加入乙醇使蛋白质沉淀，降低表面张力，促进脂肪球聚集，再用乙醚和石油醚混合醚提取脂肪，收集醚层，挥干并回收溶剂，干燥后称量，提取物的质量即为脂肪含量。

2）主要仪器及试剂

（1）仪器。

分析天平、50mL 试管或莫交尼脂肪提取瓶、100mL 具塞刻度量筒。

（2）试剂。

95%乙醇、盐酸、乙醚（不含过氧化物）、石油醚（30～60℃ 沸程），所用试剂均为分析纯。

3）操作步骤

（1）样品前处理。

准确称取约 2.0g 固体样品，置于 50mL 试管或莫交尼脂肪提取瓶中，加入 8mL 蒸馏水，混匀后再加入 10mL 盐酸；或称取 10.0g 液体样品，置于 50mL 试管或莫交尼脂肪提取瓶中，加入 10mL 盐酸。

（2）水解。

将试管置于 70～80℃水浴中，不时用玻璃棒搅拌，直至样品脂肪水解完全，或游离出来为止，需 40～50min。测定的固体样品须充分磨细，液体样品需充分混合均匀，以便水解完全，结合脂肪完全游离出来；否则测定结果会偏低，同时用有机溶剂提取时也易发生乳化现象，影响测定结果的准确性。

（3）抽提。

水解完后，取出试管，加 10mL 95%的乙醇混匀，冷却后将混合物移入 100mL 具塞量筒中，用 25mL 乙醚分次洗试管，一起并倒入量筒中，加塞振摇 1min，小心开塞放出气体，再塞好，静置 12min，小心开塞，用 1∶1（体积比）石油醚-乙醚混合液冲洗瓶塞及量筒口附着的脂肪。静置 10～20min，待上部乙醚层澄清后，吸出醚层于已恒量的锥形瓶内，再加 5mL 乙醚于具塞量筒内，振摇，静置后，仍将上层乙醚吸出，并入锥形瓶内。

（4）脂肪含量的测定。

将锥形瓶于水浴上蒸干后，置 100～105℃ 烘箱中干燥 2h，取出放入干燥器内冷却 30min 后称量，并重复以上操作至恒量。

4）结果计算

$$\text{脂肪}(\%)=\frac{m_2-m_1}{W}\times 100 \tag{3-16}$$

式中：m_2——锥形瓶和脂类的质量之和，g；

m_1—空锥形瓶的质量，g；

W——试样的质量，g。

5）注意事项

（1）此法适用于固体、半固体、黏稠液体或液体等各类食品样品的测定，容易吸湿、结块、不易烘干的食品，不能采用索氏提取法时，可用此法测定。但此法不适合高糖样品的测定，因为糖类遇强酸易炭化而影响测定结果；所以水解时也应防止大量水分损失，使酸浓度升高，故水解过程中可适当补水。此法也不适合磷脂含量高的样品中脂质的测定，如鱼类、贝类和蛋品等。因为在盐酸溶液中加热时，磷脂会发生水解，生成脂肪酸和胆碱等，后者不能被乙醚抽提，故测定结果会偏低。

(2) 水解后加入乙醇的作用是使样品中的蛋白质沉淀，降低表面张力，促进脂肪球聚合，同时溶解一些碳水化合物、有机酸等；而加入石油醚的作用是调节极性，降低乙醇在醚中的溶解度，使乙醇与水组成一相，乙醇溶解物留在水层，并使水相、醚相分层清晰。

(3) 挥干溶剂后，残留物中若有黑色焦油状杂质，是分解物与水一同混入所致，会使测定值增大，造成误差，可用等量的乙醚及石油醚溶解后过滤，再次进行挥干溶剂的操作。

5. 碱性乙醚提取法

1) 原理

碱性乙醚提取法又称罗斯-哥特里氏法(Rose-Gottlieb method)，是乳制品中脂肪含量的测定方法。乳中脂肪球因被一层酪蛋白膜包裹住，不能直接用乙醚提取，需利用氨-乙醇溶液破坏酪蛋白膜和乳浊液，使非脂成分溶解于氨-乙醇溶液中，而脂肪游离出来，再用乙醚-石油醚混合醚萃取出脂肪，蒸馏去除溶剂后，残留物即为乳脂肪。

2) 仪器及试剂

(1) 仪器。

分析天平、100mL 抽脂瓶(图 3-7)或莫交尼脂肪提取瓶。

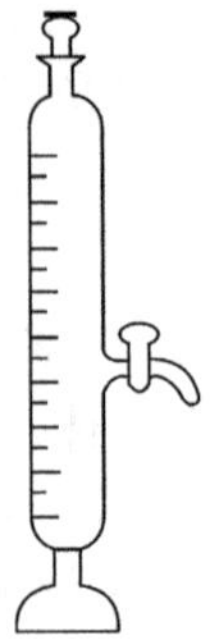

图 3-7 抽脂瓶

(2) 试剂。

25%氨水(相对密度 0.91)、95%乙醇、乙醚(不含过氧化物)、石油醚(30～60℃沸程)。

3) 操作步骤

吸取牛奶样 10.00mL 或称取乳粉样约 1g，用 10mL 60℃ 水溶解并无损转移至抽脂瓶，加入 1.5mL 氨水(若样品呈酸性，则加入 2mL 氨水)，充分混匀。置于 60℃ 水浴中加热 5min，再振摇 1.5min，加入 10mL 95%的乙醇，摇匀，于冷水中冷却后，加入 25mL 乙醚，振摇 1.5min，必要时冷却，再加入 25mL 石油醚，再振摇 1.5min，静置 30min。待上层液澄清时，读取醚层体积。放出一定体积醚层于一已恒量的烧瓶中，蒸馏回收乙醚和石油醚，挥干残余醚后，放入100～105℃ 烘箱中干燥 1.5h，取出后放入干燥器内，冷却至室温后称量。重复操作直至恒量。

4) 结果计算

$$脂肪含量(\%)=\frac{(m_2-m_1)\times 100}{W\times (V_1/V)} \tag{3-17}$$

式中：m_2——烧瓶和脂肪质量，g；

m_1——烧瓶质量，g；

W——样品质量，g 或毫升数×相对密度；

V——读取醚层总体积，mL；

V_1——放出醚层体积，mL。

5) 注意事项

(1) 本法适用于测定各种液状乳、各种炼乳、奶粉、奶油及冰淇淋等能在碱性溶液中溶解的乳制品，也适用于豆乳或加水呈乳状的食品。本法为国际标准化组织、联合国粮农组织/世界卫生组织等采用，为乳及乳制品脂类定量的国际标准方法。

(2) 乳类脂肪虽属游离脂肪，但因脂肪球被乳中酪蛋白膜包裹，故无法直接被乙醚、石油醚提取，需预先用氨水处理，破坏蛋白膜和乳浊液体系，使脂、水分层。

(3) 若无抽脂瓶时，可用容积 100mL 的具塞量筒替用，待分层后读数，用移液管吸出一定量醚层。若用莫交尼脂肪提取瓶，由于其无刻度，则加入石油醚后，须将全部醚层转入已恒量的莫交尼脂肪盘中，并用少量石油醚洗涤醚层，并入盘中，再挥干溶剂至恒量，其计算式同式(3-17)。

(4) 加入乙醇及石油醚的作用与酸性乙醚提取法相同。

(5) 已结块的乳粉，用本法测定脂肪，其结果往往偏低。

6. 巴布科克法和盖勃法

1) 原理

此法是测定乳脂的容量法，用浓硫酸溶解乳中的乳糖和蛋白质等非脂成分，并将牛奶中的酪蛋白钙盐转变成可溶性的重硫酸酪蛋白，使脂肪球膜被破坏，脂肪游离出来，再加热、加水离心，使脂肪与水迅速分层，在 60℃左右的温度下，此时脂肪的密度约为 0.9g/mL，此法测定的是脂肪层的体积，根据脂肪的密度和样品取量设计的乳脂瓶，其读数即为乳中脂肪的质量分数。

2) 主要仪器及试剂

(1) 仪器。

巴布科克氏乳脂瓶(图 3-8)：颈部刻度有 0.0～10.0%、0.0～50.0%两种，前者用于测牛乳，后者用于测稀奶油。

盖勃氏乳脂计(图 3-9)：颈部刻度为 0.0～8.0%，最小刻度为 0.1%。

乳脂离心机或盖勃氏离心机(图 3-10)、巴氏标准移乳管、盖氏标准移乳管。

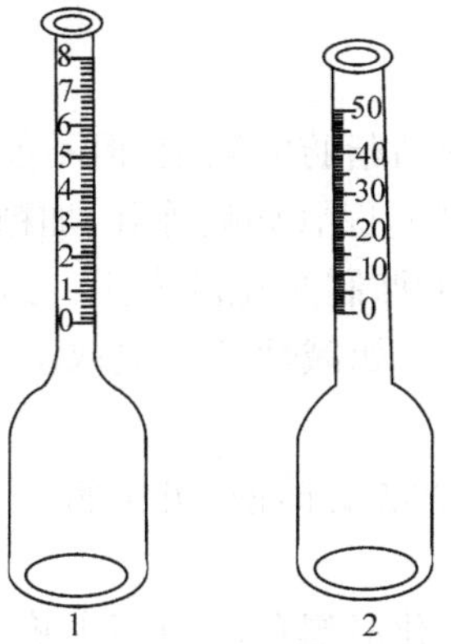

图 3-8　巴布科克氏乳脂瓶

1. 牛乳用；2. 稀奶油用

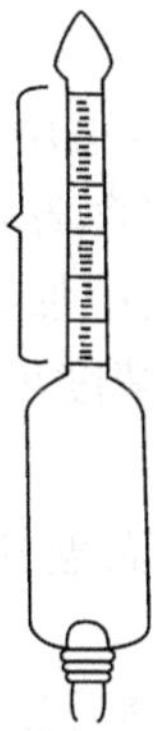

图 3-9　盖勃氏乳脂计

图 3-10　盖勃氏离心机

(2) 试剂。

硫酸：相对密度 1.81 6±0.003(20℃)，相当于 90%～91%硫酸。

异戊醇：相对密度 0.811±0.002(20℃)，沸程 128～132℃ 。

3) 操作步骤

(1) 巴布科克法(Babcock method)。

用标准移乳管吸取 17.6mL 均匀鲜乳，注入巴布科克氏乳脂瓶中，再量取 17.5mL 硫酸，沿瓶颈壁缓缓注入瓶中，将瓶颈回旋，使液体充分混合，至无凝块并呈均匀的棕色。将巴布科克氏乳脂瓶置于乳脂离心机上，以约 1000r/min 的速度离心 5min，取出加入 60℃以上的水至瓶颈基部，再置于离心机中离心 2min，取出后再加入 60℃ 以上的水至脂肪浮到 2 或 3 刻度处，再置于离心机中离心 1min，取出后置于 55～65℃ 水浴中，5min 后立即读取脂肪层最高点与最低点所占的格数，即为样品中脂肪的质量分数。

巴布科克法中采用 17.6mL 标准吸管取样，实际上注入巴布科克瓶中的样品只有 17.5mL，牛乳的相对密度为 1.03，故样品质量为 17.5×1.03＝18g。巴氏瓶颈的刻度（0～10%）共 10 个大格，每大格容积为 0.2mL，在 60 ℃左右，脂肪的平均相对密度为 0.9，故当整个刻度部分（10 个大格）充满脂肪时，其脂肪质量为 0.2×10×0.9＝1.8g。18g 样品中含有 1.8g 脂肪，即瓶颈全部刻度表示为脂肪含量 10%，每一大格代表 1%的脂肪，故瓶颈刻度读数即为样品中脂肪质量分数。

（2）盖勃法（Gerber method）。

在乳脂计中先加入 10mL 硫酸（颈口勿占湿硫酸），再沿管壁小心地加入混匀的牛乳 11mL，使样品和硫酸先不要混合，待加入 1mL 异戊醇后，塞上橡皮塞，用布把瓶口包裹住（以防振摇时酸液冲出溅蚀衣服），使瓶口向外向下，用力振摇使凝块完全溶解，呈均匀棕色液体，静置数分钟后，瓶口向下，置于 65～70℃水浴中 5min，取出擦干，通过调节橡皮塞来使脂肪进入乳脂计的刻度内。放入离心机中，以 800～1000r/min 的转速离心 5min，取出乳脂计，再置于 55～65℃ 水浴中（注意水浴水面应高于乳脂计脂肪层），5min 后取出立即读数，脂肪层上、下刻度数字之差，即为乳中脂肪的质量分数。

盖勃法所用移乳管为 11mL，实际注入的样品为 10.9mL，样品的质量约为 11.25g，乳脂计刻度部分（8 个大格）的容积为 1mL，当充满脂肪时，脂肪的质量为 0.9g ，11.25g 样品中含有 0.9g 脂肪，故全部刻度表示为脂肪含量（0.9/11.25）×100%＝8%。而 1 个大格的脂肪，表明其含量为 1%，所以，可直接从其刻度上读出脂肪的含量。

4）注意事项

（1）这两种方法都是测定乳脂的标准方法，适用于鲜乳及乳制品脂肪的测定，但不能测定乳品中磷脂的含量。巴布科克法不适合于测定含巧克力或加了糖的乳品（如甜炼乳、加糖乳粉等），因为强酸使糖炭化，结果误差较大；盖勃法中加入了异戊醇，可抑制炭化的发生。这两种方法操作简便、迅速。对大多数样品来说测定精度可满足要求，但不如碱性乙醚提取法（重量法）准确。

（2）巴布科克法的准确度稍高于盖勃法，而盖勃法比巴布科克法更简便、更快速、适用性更广。

（3）硫酸的浓度对于测定准确与否至关重要，如过浓会使乳炭化成黑色溶液而影响读数；过稀则不能使酪蛋白完全溶解，会使测定值偏低或使脂肪层浑浊。硫酸还有一个作用是可增加水层的相对密度，使脂肪容易浮出。

（4）盖勃法中所用异戊醇的作用除可抑制样品炭化外，还可降低脂肪球的表面张力，促使脂肪析出，防止乳化。1mL 异戊醇应能完全溶于酸中，但由于质量不纯，可能有部分会析出进入到油层，而使结果偏高。因此在使用未知规格的异戊醇之前，应先做实验。其方法如下：将硫酸、水（代替牛乳）及异戊醇按测定样品时的数量注入乳脂计中，振摇后静置 24h 澄清，如在乳脂计中的上部狭长部分无油层析出，则表明适用，否则说明异戊醇质量不佳，不能采用。

（5）加热（55～65℃ 水浴中）和离心的目的是使脂肪离析，同时要注意保持读数时脂肪的温度在 60℃左右，此时脂肪的相对密度约为 0.9，这是确保刻度读数即为乳脂质量分数的基础。

7. 氯仿-甲醇提取法

1）原理

富含磷脂、脂蛋白的食品样品宜用氯仿-甲醇混合溶剂提取，单用氯仿不能有效地提取极性脂质，如磷脂，加入极性有机溶剂甲醇有助于提取极性脂质。在提取第一步时，基本上是二元溶剂组成的均相体系；提取第二步时，试样中的水或添加的水，成为三元溶剂体系，并逐步分相，水与甲醇组成一相，氯仿、甲醇、水三者比例很重要，维持合适的比例，可使所有脂类分相后都存于氯仿相中，所有非脂类则进入甲醇-水相。该法不仅能提取游离脂肪，对结合脂的提取也十分有效。待溶液分为两相后，收集氯仿相，用无水硫酸钠脱水，蒸馏除去氯仿后，用重量法测得脂质的量。

2）主要仪器及试剂

（1）仪器。

分析天平、碘量瓶、具塞离心管、离心机、砂芯坩埚（1号、4号）、小三角瓶。

（2）试剂。

氯仿97%（体积比）以上、甲醇96%（体积比）以上、氯化镁。

无水硫酸钠：特级，以120～135℃干燥1～2h，保存于聚乙烯瓶中。

3）操作步骤

准确称取已粉碎的样品约5g，置于碘量瓶内。第一步：加入5mL氯仿，10mL甲醇，0.05mL 20%的氯化镁溶液，充分振摇2min均质；第二步：再加入5mL氯仿，振摇2min后加入适量水，使水的总体积为9mL，继续振摇0.5min，用1号砂芯坩埚过滤，滤液收集于离心管中；第三步：用7.5mL氯仿分3次洗涤砂芯坩埚上的残留物，将具塞离心管置于离心机中，以1500r/min的转速离心5min；第四步：收集氯仿相于另一碘量瓶内，加入1～2g无水硫酸钠，加塞后猛烈振摇，以脱去氯仿中的水分，用4号砂芯坩埚过滤，滤液收集于已恒量的干燥小三角瓶中，用7.5mL氯仿分3次洗涤砂芯坩埚上的残留物；第五步：将小三角瓶置于67℃的水浴中挥干溶剂后，放入100℃烘箱中烘5min，取出后放入干燥器内冷却30min后，称量。

4）结果计算

$$\text{脂肪}(\%)=\frac{m_2-m_1}{W}\times 100 \tag{3-18}$$

式中：W——试样的质量，g；

m_1——小三角瓶的质量，g；

m_2——小三角瓶和脂类的质量，g。

5）注意事项

（1）本法适合于结合态脂类，特别是磷脂含量高的样品，如鱼、贝类、肉、禽、蛋及其制品，大豆及其制品（发酵大豆类制品除外）等。对这类样品，用索氏提取法测定时，脂蛋白、磷脂等结合态脂类不能完全提取出来；用酸水解法测定时，又会使磷脂分解而损失。该法也可用于香肠、火腿、乳酪等食品中脂类的测定。

（2）水和氯化镁的作用有助于分相。

（3）Bligh和Dyer指出氯仿、甲醇、水的最适合的比例是：均质时（即第一步）三者的体积比为1∶2∶0.18；冲稀后（即第二步）三者的体积比为2∶2∶1.8。在这两个比例下对脂质的提取效率最高，氯仿与甲醇-水分离最好，没有非脂成分沾污。

（4）氯仿、甲醇均有毒，实验时应注意安全防护。

3.3.3 脂肪特征值分析

1. 皂化价的测定

1）原理

中性脂肪在碱性条件下水解，生成甘油和脂肪酸盐的化学反应，即为皂化反应。1g 油脂完全皂化时所需的氢氧化钾毫克数即为皂化价(saponify value，SV)。在过量的氢氧化钾乙醇溶液中加入油脂试样，加热使脂肪完全皂化，用盐酸标准溶液返滴定多余的氢氧化钾，以酚酞为指示剂；同样条件下进行空白实验，即可测得 SV。皂化价的大小与油脂的平均相对分子质量成反比。一般油脂的皂化价在 200 左右，皂化价高的油脂熔点较低，易消化。

2）主要仪器及试剂

（1）仪器。

分析天平、空气冷凝器、烧杯、布氏漏斗、滴定管、250～300mL 烧瓶、水浴锅或电热板、漏斗。

（2）试剂。

0.7mol/L 氢氧化钾乙醇溶液：将 40g 氢氧化钾溶于 1L 乙醇溶液中，该溶液在 15.5℃以下保存(准确浓度需标定)。

0.5mol/L 盐酸标准溶液(准确浓度需标定)、1%酚酞指示剂(用 95%乙醇配制)。

3）测定方法

准确称取 5g 熔化的脂或油，置于 250～300mL 烧瓶中，从滴定管中准确加入 0.7mol/L 氢氧化钾乙醇溶液 50mL，并放入几粒小玻璃珠，连接冷凝器。在水浴锅内(或电热板上)加热，使之微沸直至样液澄清呈均相，表明样品皂化完全(需 30～60min)，待样液稍冷却，用少量去离子水洗冷凝器的内壁，取下烧瓶，待样液冷至室温后，加入 1mL 酚酞溶液，用 0.5mol/L 的盐酸溶液滴定至浅粉色即为终点，记录体积 V_1；同样条件下进行空白实验，记录体积 V_0。按式(3-19)计算 SV。

4）结果计算

$$\mathrm{SV}=(V_0-V_1)\times c_{\mathrm{HCl}}\times 56.1/W \tag{3-19}$$

式中：V_0——滴定空白溶液的体积，mL；

V_1——滴定试样溶液的体积，mL；

c_{HCl}——盐酸溶液的浓度，mol/L；

W——试样质量，g；

56.1——KOH 的摩尔质量，g/mol。

5）注意事项

（1）用氢氧化钾乙醇溶液不仅能溶解油脂，还能防止生成的脂肪酸盐发生如下反应：

$$\mathrm{RCOOK}+H_2O=\!=\!=\mathrm{RCOOH}+\mathrm{KOH} \tag{3-20}$$

（2）过量的碱用盐酸中和，不能用硫酸中和，因为反应生成的硫酸钾不溶于乙醇，易生成沉淀，影响结果的观察。

2. 碘值的测定

1) 原理

碘值(iodine value,IV)是指与 100g 油脂发生加成反应所消耗碘的克数。该值的测定利用了脂肪酸的双键的加成反应,不饱和度越高,IV 值越高,故 IV 反映了脂肪的不饱和度。常采用氯化碘进行加成反应,剩余的氯化碘在 KI 存在下,析出 I_2,再用 $Na_2S_2O_3$ 标准溶液滴定,同样条件下进行空白实验,即可测得碘值。

$$I_2 + Cl_2 \longrightarrow 2ICl$$

$$-CH=CH- + ICl \longrightarrow -\underset{\displaystyle I}{\underset{|}{CH}}-\underset{\displaystyle Cl}{\underset{|}{CH}}-$$

$$ICl(\text{剩余}) + KI \longrightarrow I_2 + KCl$$

$$I_2 + 2Na_2S_2O_3 \longrightarrow 2NaI + Na_2S_4O_6 \tag{3-21}$$

同样条件下测定空白值,按式(3-21)计算 IV。

2) 主要仪器及试剂

(1) 仪器。

分析天平、滴定管、碘量瓶、棕色具塞试剂瓶。

(2) 试剂。

10g/100mL 的 KI 溶液:10g KI 加到 100mL 蒸馏水中,储存于具塞棕色瓶中。

0.1mol/L $Na_2S_2O_3$溶液:称 25g $Na_2S_2O_3$溶于 1L 蒸馏水中,微沸 5min,稍冷,转移至储备瓶中,置于阴凉、暗处。标定方法:准确称取 0.20～0.23g 的 $K_2Cr_2O_7$(在 100℃下烘 2h),放入容量瓶中。将 2g 碘化钾溶于 80mL 重蒸水中,将该溶液加入到 $K_2Cr_2O_7$溶液中,涡流状加入 20mL 1mol/L HCl 溶液,迅速加盖,避光放置 10min。取一定量的该溶液,用 $Na_2S_2O_3$溶液滴定至浅黄色,再加入 1mL 淀粉指示剂,滴定至蓝色褪去,即为终点。

0.5%淀粉指示剂:称取 0.5g 可溶性淀粉(分析纯),加蒸馏水 5mL 搅匀后,缓慢倒入 100mL 沸水中,边倒边搅拌,煮沸,制成稀薄的半透明液。临用时配制。

韦氏碘液:称 10g 氯化碘溶解于 700mL 冰醋酸和 300mL CCl_4溶液中。先用 0.1mol/L 的 $Na_2S_2O_3$标液标定此溶液的浓度(25mL 韦氏溶液应该消耗 3.4～3.7mmol $S_2O_3^{2-}$),滴定体积记做 V_1;然后加入足量的碘到此溶液中,使滴定 25mL 的此溶液消耗的 $Na_2S_2O_3$ 标液体积 $V_2=1.5V_1$,或 V_2/V_1略超过 1.5,将此韦氏碘液储存于棕色瓶中,在 30℃以下避光保存。

3) 测定步骤

准确称取一定量油样(表 3-11、表 3-12),置于干燥的 500mL 碘量瓶中加入 10mL 氯仿溶解油样,准确加入 25.00mL 韦氏碘液(碘的量必须超过脂肪所需量的 50%～60%),加塞摇匀,避光放置 30min,期间不时振摇。然后加入 10g/100mL 的 KI 溶液 20mL,充分振摇,加入 100mL 新蒸重蒸水,并洗净瓶塞,在不断摇动下,用 0.1mol/L $Na_2S_2O_3$溶液滴定未被油样吸收的碘,当滴定至黄色接近消失时,加入 1mL 淀粉指示剂,继续滴定至蓝色完全消失即为终点;另取一干燥的 500mL 碘量瓶,做空白实验。

表 3-11　一般常见食用油的正常碘值范围

食用油	花生油	芝麻油	大豆油	菜籽油	棉籽油	茶籽油	核桃油
碘值	83～106	103～177	120～137	94～110	105～120	84～94	140～152

引自:刘福岭,戴行钧. 1987. 食品物理与化学分析方法. 北京:中国轻工业出版社

表 3-12 碘值与称样量

碘值范围	<5	5～20	21～50	51～100	101～150	151～200
称样量/g	3.00	1.00	0.40	0.20	0.13	0.10

引自：黄晓钰，刘邻渭．2002．食品化学综合实验．北京：中国农业出版社

4）结果计算

$$IV=\frac{(V_0-V_1)\times c_{Na_2S_2O_3}\times 253.8}{2\times W\times 1000}\times 100 \tag{3-22}$$

式中：V_0——滴定空白溶液的体积，mL；

V_1——滴定试样溶液的体积，mL；

$c_{Na_2S_2O_3}$——$Na_2S_2O_3$溶液的浓度，mol/L；

253.8——I_2的摩尔质量，g/mol；

W——试样质量，g。

5）注意事项

（1）在油脂的氢化加工中，常需测定 IV。

（2）I_2可与双键直接发生加成反应，但反应速率很慢，故需用 ICl 代替 I_2。

（3）测定 IV 可以了解脂肪酸的组成是否正常，有无掺杂等，如在豆油中掺有米糠油时，SV 变化不明显，但 IV 明显降低。

（4）光线和水分对韦氏碘液影响很大，故要求所用仪器必须干燥、清洁。

（5）平行测定允许误差：IV<100 的不应超过 0.6，IV>100 的不应超过 1.0。

3. 酸价的测定

1）原理

酸价(acid value，AV)是指中和 1g 油脂中游离酸所需的氢氧化钾的毫克数。将油脂样溶解在中性乙醇中，利用酸碱中和反应进行测定。该指标可衡量油脂中游离脂肪酸(free fatty acids，FFAs)的含量，也反映了油的品质的好坏。新鲜油脂酸价低，我国食品卫生标准规定，食用植物油的酸价不得超过 5。

2）主要仪器及试剂

（1）仪器。

分析天平、碱式滴定管、试剂瓶、烧瓶。

（2）试剂。

1%酚酞指示剂：称 1g 酚酞溶解在 95%的乙醇中，转入容量瓶中，用蒸馏水定容。

0.1mol/L KOH 标准溶液（或 NaOH 标液）：用标准酸溶液标定。

95%乙醇：用碱中和至酚酞呈粉红色。

3）操作步骤

准确称取 5g 熔化的脂或油，置于 250～300mL 烧瓶中，加入 100mL 中和过的乙醇溶液及 2mL 酚酞指示剂，摇匀。用 0.1mol/L KOH 标准溶液滴定，滴定至浅粉色 30s 不褪色即为终点，记录滴定体积。正式滴定前，先做预实验。表 3-13 是 AOAC 法（1998 年）推荐的酸价范围、称样量、加入乙醇量及碱的浓度之间的关系。

表 3-13　酸价范围、称样量、加入乙醇量及碱的浓度之间的关系

游离脂肪酸/%	称样量/g	加入乙醇量/mL	KOH 溶液浓度/mol/L
0.01～0.2	56.4±0.2	50	0.1
0.2～1.0	28.2±0.2	50	0.1
1.0～30	7.05±0.05	75	0.25

引自：Nielsen S S. 2003. Food Analysis. 3rd ed. New York：Kluwer Academic/Plenum Publishers

4）结果计算

$$\text{AV(mg KOH/g 油)}=\frac{c\times V\times 56.1}{W} \tag{3-23}$$

式中：c——KOH 溶液的浓度，mol/L；

V——滴定时消耗 KOH 溶液的体积，mL；

56.1——KOH 的摩尔质量，g/mol；

W——被滴定油脂的质量，g。

5）注意事项

对酸价有贡献的不只是游离脂肪酸，还可能有氨基酸、磷酸等。游离脂肪酸的质量分数与酸价之间有一换算关系。游离脂肪酸若以月桂酸或棕榈酸计，则换算系数分别为 2.81 和 2.19。

$$\%\text{FFAs(以油酸计)}\times 1.99=\text{AV} \tag{3-24}$$

4. 过氧化值的测定(碘量法)

1）原理

过氧化值(peroxidation value，POV)是指 1kg 油脂中所含氢过氧化物(ROOH)的毫摩尔数。POV 值常用碘量法测定：

$$ROOH+2KI \longrightarrow ROH+I_2+K_2O \tag{3-25}$$

生成的碘再用 $Na_2S_2O_3$ 溶液滴定，以淀粉为指示剂，即可定量测定氢过氧化物的含量。

$$I_2+2Na_2S_2O_3 \longrightarrow 2NaI+Na_2S_4O_6 \tag{3-26}$$

2）主要仪器及试剂

(1) 仪器。

分析天平、滴定管、试剂瓶、烧瓶。

(2) 试剂。

乙酸-氯仿溶液：将乙酸、氯仿按 3∶2(体积比)混合。

1%淀粉指示剂：称 1g 淀粉溶解在 100mL 95%的乙醇中。

饱和 KI 溶液：将 KI 溶解在新蒸蒸馏水中，保持有固体 KI 存在，储存于棕色瓶中，置于暗处。实验前加入 0.5mL 乙酸-氯仿溶液，再加入 2 滴 1%淀粉溶液，如果溶液变蓝，需要多于 1 滴的 0.1mol/L 的 $Na_2S_2O_3$ 溶液，使蓝色褪去，制得新鲜的 KI 溶液。

0.2mol/L 的 $Na_2S_2O_3$ 标准溶液(AOAC 法，942.27)：称 50g $Na_2S_2O_3$ 溶于 1L 蒸馏水中，微沸 5min，转移至储备瓶中，置于暗处、阴凉处。标定方法：准确称取 0.20～0.23g 的 $K_2Cr_2O_7$ (在 100℃下烘 2h)，放入容量瓶中。将 2g 碘化钾溶于 80mL 无氯的水中，将该溶液加入 $K_2Cr_2O_7$ 溶液中，旋流加入 1mol/L HCl 溶液 20mL，迅速加盖，避光放置 10min。取一定量的该溶液，用 $Na_2S_2O_3$ 溶液滴定至黄色接近褪去，再加入淀粉指示剂，滴定至蓝色褪去，即为终点。

3）操作步骤

准确称取 5.000g 熔化的脂或油，置于 250～300mL 具塞瓶中，旋流加入 30mL 乙酸-氯仿溶液，至油脂溶解。加入 0.5mL 饱和 KI 溶液，不时振摇 1min，加入 30mL 蒸馏水。用 $Na_2S_2O_3$ 溶液慢滴至黄色接近褪去，再加入 0.5mL 1%淀粉指示剂，振摇使全部碘转入水相，滴定至蓝色褪去，即为终点，记录滴定体积为 V_1。在相同条件下进行空白实验，记录滴定体积为 V_0。

4）结果计算

$$\text{POV}=\frac{(V_1-V_0)\times c_{Na_2S_2O_3}}{2W}\times 1000\ (\text{mmol/kg 油}) \tag{3-27}$$

式中：V_0——滴定空白溶液的体积，mL；

V——滴定试样溶液的体积，mL；

$c_{Na_2S_2O_3}$——$Na_2S_2O_3$ 溶液的浓度，mol/L；

W——试样质量，g。

5）注意事项

（1）氢过氧化物是油脂氧化的主要初级产物，在油脂氧化初期，POV 值随氧化程度加深而增高，而当油脂深度氧化时，氢过氧化物的分解速度超过了氢过氧化物的生成速度，这时 POV 值会有所降低，所以 POV 值是衡量油脂氧化初期的氧化程度的指标。

（2）该方法的缺点是需要 5g 的油脂量，这对于低脂食品的测定是困难的。

（3）高质量的新去氧化的油脂的 POV 值可达 0，而当 POV 值达 20 时，说明该油脂的质量已很差了。对于豆油而言，POV 为 1～5、5～10、>10 分别表示低、中、高氧化水平。

5. 硫代巴比妥酸实验

1）原理

硫代巴比妥酸（thiobarbituric acid，TBA）实验测定的是油脂二次氧化产物——丙二醛（malondialdehyde，MDA），故该指标可衡量油脂氧化程度。MDA 及其他醛类均可与 TBA 发生显色反应，用分光光度法在 530nm 波长处可测定丙二醛显色物的吸光度值。由于该反应不是专一性地只与 MDA 反应，故通常将显色物称为硫代巴比妥酸反应物（thiobarbituric acid reactive substances，TBARS）。食品样品可直接与 TBA 反应；但常用的方法是先蒸馏除去干扰物，再用蒸馏物与 TBA 反应。

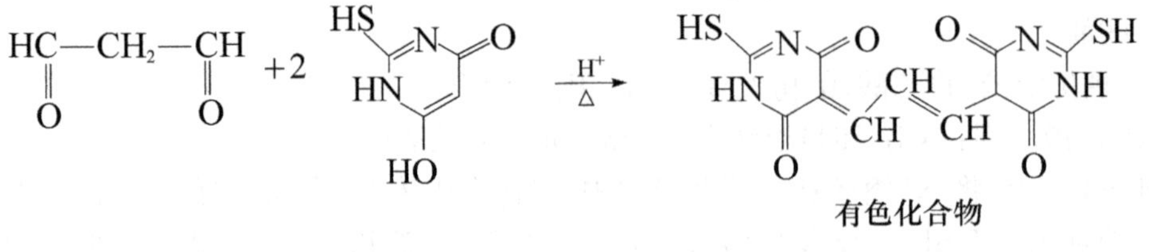

(3-28)

2）操作步骤

称取一定质量的试样，加入水混合，将 pH 调至 1.2，转入蒸馏瓶中，加入少量 BHA（抗氧化剂）、消泡剂和小玻璃珠后，迅速蒸馏，收集最初的 50mL 蒸馏液。然后加入 TBA 试剂于沸水浴上加热 35min，在 530nm 波长处测定吸光度值。绘制标准曲线，查出丙二醛的含量，实验结果以 MDA（mg/kg 食品样品）含量表示。

3）注意事项

（1）丙二醛与 TBA 生成的有色物在 530nm 处有最大吸收，其他醛类生成的有色物最大吸收在 450nm 处。

（2）该法比 POV 法灵敏，但 MDA 不稳定，易与其他化合物反应，如可与蛋白质反应。

（3）虽然该法不具专一性，但仍不失为一种常用的测定脂质氧化的方法，尤其是常用于衡量肉制品的氧化程度。

（4）此法不宜评价不同体系的氧化情况。

3.3.4　气相色谱法测定脂肪酸

在食品营养标签中，除需要标注总脂肪含量外，有时其脂肪酸组成，如饱和脂肪酸、单不饱和脂肪酸、多不饱和脂肪酸的含量也是人们关注的。测定脂肪酸含量的常用方法有气相色谱法(GC)，由于脂肪酸的极性大，不易挥发，故必须先衍生化，增加其挥发性，再进行分析，由于脂类通常只含碳、氢、氧元素，故检测一般采用氢火焰离子检测器(FID)。

对于甘油酯、磷脂等需进行前处理，使其中的脂肪酸游离出来。先用醚或氯仿-甲醇液提取脂质，再用碱处理，使甘油酯、磷脂等皂化，转变成水溶性的脂肪酸盐，然后用有机溶剂除去不皂化物（甾醇、萜烯、蜡等），再加酸使脂肪酸游离出来。游离脂肪酸经衍生化处理，如甲酯化处理成脂肪酸甲酯(FAMEs)后，再用 GC 法分离和测定各种脂肪酸。

FAMEs 的分析现在均是用毛细管柱进行分离，固定液可以是极性的或非极性的。一般极性固定液对不饱和脂肪酸甲酯分离效果好，不饱和甲酯的保留时间比饱和甲酯的保留时间长；若用非极性固定液，则出峰顺序正好相反。表 3-14 列出了一些常用固定液及 FAMEs 的相对保留时间。

表 3-14　分离甲酯衍生物常用的固定液及甲酯的保留时间

固定液及条件	脂肪酸甲酯的保留时间比				
	18：0	18：1	18：2	18：3	20：0
10%固定液，200℃					
SP-2300(50%苯基，50%氰丙基)	1.00	1.11	1.32	1.62	1.90
SP-2310(25%苯基，75%氰丙基)	1.00	1.12	1.34	1.64	1.82
SP-2330(10%苯基，90%氰丙基)	1.00	1.15	1.44	1.82	1.71
SP-2340(100%氰丙基)	1.00	1.18	1.49	1.91	1.66
10%固定液，180℃					
SILAR-5CP(50%苯基，50%氰丙基)	1.00	1.13	1.35	1.68	1.93
SILAR-7CP(50%苯基，50%氰丙基)	1.00	1.17	1.46	1.88	1.80
SILAR-9CP(50%苯基，50%氰丙基)	1.00	1.19	1.52	1.99	1.74
SILAR-10CP(50%苯基，50%氰丙基)	1.00	1.22	1.60	2.14	1.67
175℃					
BDS(琥珀酸丁二醇酯)	1.00	1.11	1.36	1.75	1.90
EGA(己二酸烯二醇酯)	1.00	1.12	1.34	1.72	1.89
DEGS(琥珀酸二烯二醇酯)	1.00	1.17	1.50	2.00	1.71
EGS(琥珀酸烯二醇酯)	1.00	1.20	1.56	2.14	1.07

引自：陈家华，等．2005．现代食品分析新技术．北京：化学工业出版社

FAMEs 在固定相上的选择性取决于脂肪酸的碳链数，Jamieson 定义了具有相同保留时间的脂肪酸等效链长(ECL)：

$$ECL=2\left(\frac{\lg R_x-\lg R_n}{\lg R_{n+2}-\lg R_n}\right)+n \tag{3-29}$$

式中：R_x，R_n，R_{n+2}——未知脂肪酸，碳链数为 n、$n+2$ 的饱和脂肪酸的保留时间或相对保留时间。

含双键的脂肪酸比同碳数的饱和脂肪酸 ECL 值要大些。ECL 值的增加取决于双键的数量、位置及其立体构象，它对分离选择性起着重要作用，特别是当样品中含有多不饱和脂肪酸和长链饱和脂肪酸时，ECL 值的增加可改善分离选择性。

植物油中不饱和脂肪酸的品种相对简单，仅有 18∶1ω9，18∶2ω6 和 18∶3ω3，填充柱即可满足分离要求；但对于动物脂肪、氢化植物油脂及生物脂质等，则需要用毛细管柱分离。毛细管 GC 分析脂肪酸甲酯通常用极性固定相，如 Carbowax 20M 和 SP-2340。表 3-15 列出了脂肪酸甲酯的 ECL 值，不饱和脂肪酸，如 18∶2ω6 和 18∶3ω3 在极性固定相上的分离效果要比在非极性固定相 SP-2100 上好。图 3-11 为鳕鱼肝油中脂肪酸甲酯衍生物的 GC 分析色谱图。

表 3-15　脂肪酸甲酯在三种固定相上的 ECL 值

脂肪酸	Carbowax 20M	SP-2340	SP-2100	脂肪酸	Carbowax 20M	SP-2340	SP-2100
14∶0	14.00	14.00	14.00	20∶0	20.00	20.00	20.00
16∶0	16.00	16.00	16.00	20∶1ω-9	20.18	20.60	19.71
18∶0	18.00	18.00	18.00	20∶1ω-7	20.26	—	19.77
18∶1ω-11	18.12	—	—	20∶2w6	20.62	21.50	19.62
18∶1ω-9	18.18	18.68	17.70	20∶3ω-6	20.88	22.14	19.40
18∶1ω-7	18.27	18.76	17.76	20∶4ω-6	21.07	22.59	19.21
18∶1ω-5	18.39	—	—	20∶3ω-3	21.24	22.52	—
18∶2ω-6	18.62	19.61	17.61	20∶4ω-3	21.50	—	19.45
18∶3ω-6	18.92	20.28	17.43	20∶5ω-3	21.68	23.63	19.25
18∶3ω-3	19.23	20.64	17.66	22∶0	22.00	22.00	22.00
18∶4ω-3	19.53	—	17.47				

引自：陈家华，等．2005．现代食品分析新技术．北京：化学工业出版社

3.3.5　气相色谱法测定食品中的反式脂肪酸

植物氢化油因为其保质期长、能使糕点等更酥脆、可做人造奶油、价格低廉，被广泛用在糕点、派类、蛋糕和油炸薯条中，其中富含反式脂肪酸(trans fatty acid，TFA)。许多研究表明，食品中 TFA 会增加患心血管疾病的风险和血栓形成的危险，并促进Ⅱ型糖尿病的发生。TFA 的摄入量仅仅增加 2%，就会导致患心脏病的风险增加 25%。TFA 主要存在于植物氢化油中；也存在于反刍动物(如马、牛、羊等)中，主要是饲料中的脂肪在肠腔中的丁酸弧菌属菌群的酶促氢化作用下生成的；在高温中反复煎炸的油中也可产生 TFA。鉴于 TFA 的危害，2006 年，美国、巴西、加拿大等国规定 TFA 含量超过 0.5g 的食品必须在标签中标明。次年，纽约制定了禁止所有餐馆销售含 TFA 食品的法律。法国、荷兰、瑞典等也相继对 TFA 进行限量立法，要求将食品油脂中 TFA 含量控制在 3.8%～5%。WHO 则建议每日摄入的 TFA

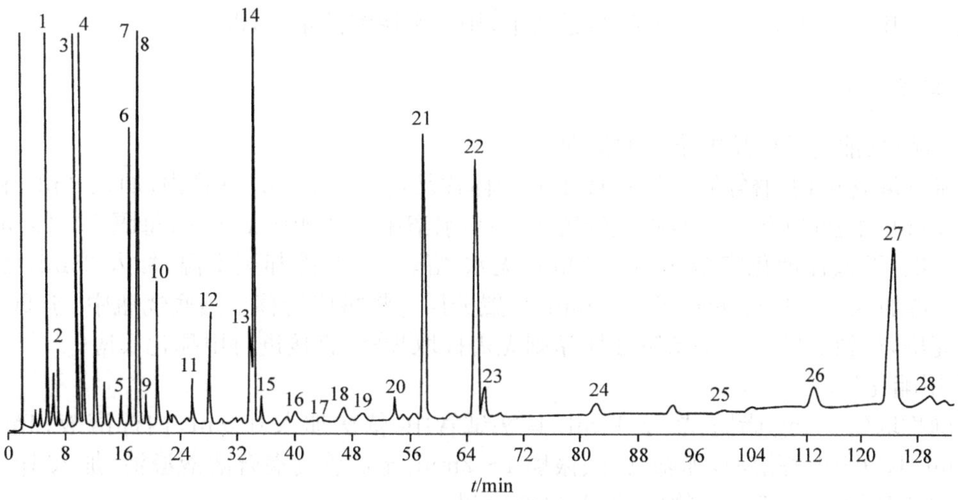

图 3-11　鳕鱼肝油中脂肪酸甲酯的色谱图

色谱柱(30m×0.32mm,0.25μm Supelcowax 10),柱温 180℃,载气氦气

1. 14∶0;2. 15∶0;3. 16∶0;4. 16∶1ω-7;5. 16∶4ω-1;6. 18∶0;7. 18∶1ω-9;8. 18∶1ω-7;9. 18∶1ω-5;10. 18∶2ω-6;11. 18∶3ω-3;12. 18∶4ω-3;13. 20∶1ω-11;14. 20∶1ω-9;15. 20∶1ω-7;16. 20∶2ω-6;17. 20∶3ω-6;18. 20∶4ω-6;19. 20∶3ω-3;20. 20∶4ω-3;21. 20∶5ω-3;22. 22∶1ω-11;23. 22∶1ω-9;24. 21∶5ω-3;25. 22∶5ω-6;26. 22∶5ω-3;27. 22∶6ω-3 和 24∶0;28. 24∶1ω-9

引自:阵家华,等. 2005. 现代食品分析新技术. 北京:化学工业出版社

应控制在总能量的 1%或更低(即小于 2g/d)。目前中国大陆尚无 TFA 限量标准或强制标示的规定出台。下面介绍国标法(GB/T 22110—2008)测定植物油和含植物油食品中反式脂肪酸含量。

1. 原理

用有机溶剂提取食品中的植物油脂,提取物在碱性条件下与甲醇进行甲酯化(衍生化),生成脂肪酸甲酯,再采用气相色谱法分离顺式脂肪酸甲酯和反式脂肪酸甲酯,依据内标法定量测定 TFA。

2. 主要仪器及试剂

气相色谱仪(氢火焰离子化检测器)。色谱柱:石英交联毛细管柱;固定液:高氰丙基取代的聚硅氧烷;柱长 100m,内径 0.25mm,涂膜厚度 0.2μm;或性能相当的色谱柱。

盐酸(优级纯)、无水乙醇、乙醚、石油醚(沸程 60～90℃)、异辛烷(色谱纯)。

内标溶液:称取适量的十三烷酸甲酯($C_{13:0}$甲酯)标品(纯度不低于 99%),用异辛烷配成 1mg/mL 的溶液。

KOH-甲醇溶液(2mol/mL):称取 13.1g KOH,溶于 80mL 甲醇中,冷却至室温。用甲醇定容至 100mL,加入约 5g 无水硫酸钠,充分搅拌后过滤,保留滤液。

脂肪酸甲酯标品:$C_{18:0}$甲酯、$C_{20:0}$甲酯、$C_{18:1\text{-}9t}$甲酯、$C_{18:1\text{-}9c}$甲酯、$C_{18:2\text{-}9c,12c}$甲酯、$C_{18:2\text{-}9t,12t}$甲酯、$C_{18:3\text{-}9c,12c,15c}$甲酯、$C_{18:3\text{-}9t,12t,15t}$甲酯、$C_{20:1\text{-}11c}$甲酯。

脂肪酸甲酯混合标准溶液Ⅰ:准确称取适量上述脂肪酸甲酯标品,用异辛烷配置成每种脂肪酸甲酯含量为 0.02～0.1mg/mL 的溶液。

脂肪酸甲酯混合标准溶液Ⅱ:准确称取适量 $C_{13:0}$甲酯、$C_{18:1\text{-}9t}$甲酯、$C_{18:2\text{-}9t,12t}$甲酯、

$C_{18:3\text{-}9c,12c,15c}$甲酯各 10mg 于 100mL 容量瓶中，用异辛烷溶液定容，混匀。

3. 测定方法

1）含植物油食品样品中脂肪的提取

准确称取含植物油样品 2g 固体或 10g 液体样品，置于 100mL 试管内，加入 8mL 水，混匀后再加 10mL 浓盐酸（优级纯），将试管置于 60℃水浴中加热 40～50min，每隔 5～10min 用玻棒搅拌一次，至试样消化完全。加入 10mL 无水乙醇，混匀，冷却至室温，加入 25mL 乙醚，振摇 1min，再加入 25mL 石油醚，振摇 1min，静置分层。将醚层转移至圆底烧瓶中，于 60℃下将醚蒸发完毕，保留脂肪。若是植物油样品则无需提取步骤，直接进行甲酯化反应。

2）甲酯化反应

准确称取约 60mg 脂肪，置于 10mL 具塞试管中，依次加入 0.5mL 内标溶液、4mL 异辛烷、0.2mL KOH-甲醇溶液，加塞，剧烈振摇 1～2min，至试管内混合溶液澄清，加入 1g 一水合硫酸氢钠，剧烈振摇 0.5min，静置，取上清液待测。

3）色谱检测条件

柱温采用二级程序升温：初始温度 60℃，保持 5min；以 5℃/min 升温至 165℃，保持 1min；再以 2℃/min 升温至 225℃，保持 17min。

气化室温度：240℃；检测器温度：250℃；氢气流速：30mL/min；空气流速：300mL/min；载气：氮气，纯度＞99.995%，流速 1.3mL/min；分流比：1∶30。

4）相对质量校正因子的确定

吸取 1μL 脂肪酸甲酯混合标准溶液Ⅱ，在上述色谱条件下，确定 $C_{13:0}$甲酯、$C_{18:1\text{-}9t}$甲酯、$C_{18:2\text{-}9t,12t}$甲酯、$C_{18:3\text{-}9c,12c,15c}$甲酯各自色谱峰位置和色谱峰面积，色谱图如图 3-12 所示。

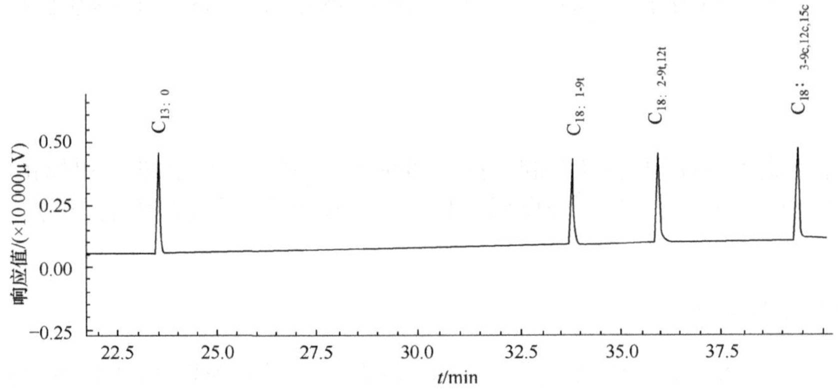

图 3-12　脂肪酸甲酯混合标准溶液Ⅱ色谱图

$C_{18:1\text{-}9t}$甲酯、$C_{18:2\text{-}9t,12t}$甲酯、$C_{18:3\text{-}9c,12c,15c}$甲酯与 $C_{13:0}$甲酯的相对质量校正因子 f_m①按式(3-30)计算。

$$f_m = m_j A_{st} / m_{st} A_j \tag{3-30}$$

式中：m_j——脂肪酸甲酯混合标准溶液Ⅱ中 $C_{18:1\text{-}9t}$甲酯、$C_{18:2\text{-}9t,12t}$甲酯、$C_{18:3\text{-}9c,12c,15c}$甲酯的质量，g；

m_{st}——脂肪酸甲酯混合标准溶液Ⅱ中 $C_{13:0}$甲酯的质量，g；

A_{st}——$C_{13:0}$甲酯色谱峰的峰面积；

A_j——$C_{18:1\text{-}9t}$甲酯、$C_{18:2\text{-}9t}$甲脂、$C_{18:3\text{-}9c,12c,15c}$甲酯色谱峰的峰面积。

① 相对质量校正因子至少 1 个月测定 1 次；每次重新安装色谱柱后也应重新测定。

5）反式脂肪酸甲酯色谱峰的判断

吸取 1μL 脂肪酸甲酯混合标准溶液Ⅰ，注入气相色谱仪，在上述色谱条件下，$C_{18:1\text{-}9t}$甲酯、$C_{18:2\text{-}9t,12t}$甲酯、$C_{18:3\text{-}9t,12t,15t}$甲酯色谱峰的位置应符合图 3-13～图 3-15。

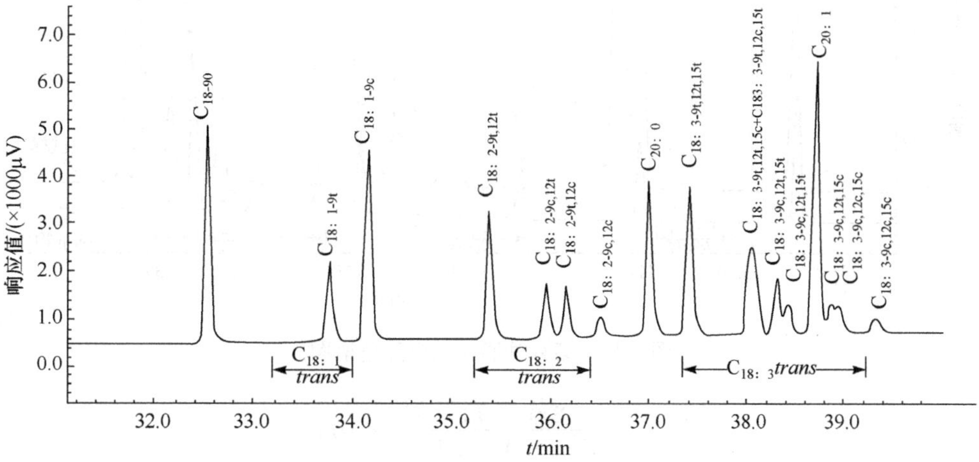

图 3-13　脂肪酸甲酯混合标准溶液Ⅰ色谱图

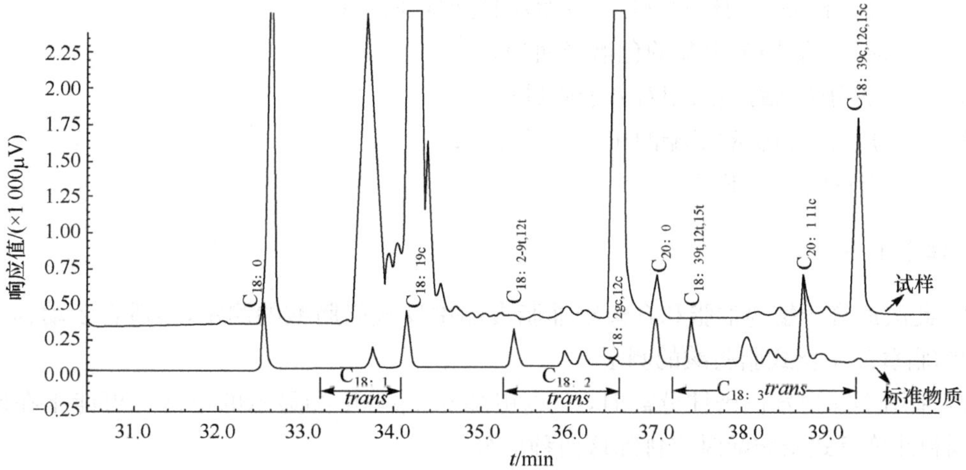

图 3-14　混合油脂肪酸甲酯色谱图

6）试样中反式脂肪酸的定量分析

吸取 1μL 经甲酯化反应得到的待测试样，注入气相色谱仪中，在上述色谱条件下进行测定。

4. 结果计算

某反式脂肪酸占总脂肪的质量分数(X_i)按式(3-31)计算：

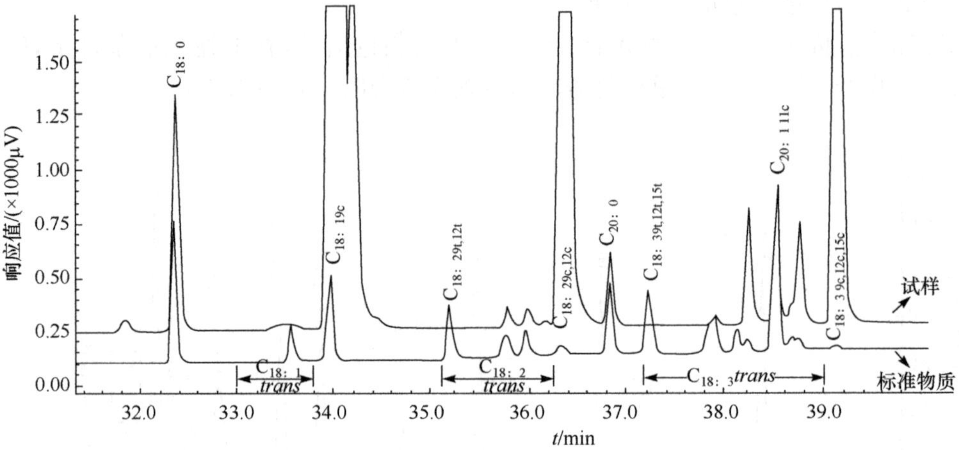

图 3-15　菜籽油脂肪酸甲酯色谱图

$$X_i = \frac{m_s \times A_i \times f_m \times M_{ai}}{m \times A_s \times M_{ei}} \times 100 \tag{3-31}$$

式中：m_s——加入样品中内标物($C_{13:0}$甲酯)的质量，mg；

m——称取脂肪的质量，mg；

A_s——加入样品中内标物($C_{13:0}$甲酯)的色谱峰面积；

A_i——成分 i 脂肪酸甲酯的色谱峰面积；

M_{ai}——成分 i 脂肪酸的相对分子质量；

M_{ei}——成分 i 脂肪酸甲酯的相对分子质量；

f_m——相对质量校正因子。

5. 注意事项

(1) 此法适合于植物油脂和含植物油脂食品中反式脂肪酸的测定，不适合于动物油脂和含动物油脂食品中反式脂肪酸的测定。

(2) 采用不同型号色谱柱分离时，$C_{20:0}$甲酯和 $C_{20:1}$甲酯显示的色谱峰可能不在同一位置，辨别和计算反式脂肪酸时应排除这两种成分。

(3) 本法样品中反式脂肪酸的最低检出限为 0.05%(以脂肪计)。

(4) 允许差：同一样品两次平行测定结果之差不得超过算术平均值的 10%。

3.3.6　脂质分析方法的进展

仪器分析方法用于脂肪的测定，其特点是快速、非破坏性、消耗试样量少，但仪器昂贵，需要有标样。

1. 红外分析法(infrared method)

红外分析法是基于脂肪能对波长 5.75μm 的红外光产生吸收，脂肪含量越高，吸收越强。牛奶分析仪是利用乳脂对中红外光谱的吸收原理制造的。近红外光谱已被用于肉、谷物、含油种子中脂肪含量的在线测定或在实验室内测定。而且有的国家已将此法指定作为法定的分析方法。

此外，美国油脂化学家协会 AOCS（American Oil Chemists' Society）法还采用衰减全反射-傅里叶红外光谱（ATR-FTIR）测定反式脂肪酸的总含量。

2. X 射线吸收法（X-ray absorption method）

X 射线吸收法可用于肉和肉制品中脂肪的快速测定，其原理是瘦肉对 X 射线的吸收比脂肪强，用标准溶剂萃取的方法绘制出脂肪含量与 X 射线吸收的标准曲线。例如，AnlyRay 脂肪分析仪通常用来快速测定新鲜牛肉、猪肉的瘦肉/肥肉比或脂肪的质量分数。

3. 介电法（dielectric method）

某种溶剂的介电常数随溶解在其中脂肪含量的变化而变化。例如，瘦肉的诱导电流比肥肉大 20 倍，用标准溶剂萃取的方法，测得诱导电流与大豆油含量之间的线性回归曲线的相关系数为 0.98，故可用于脂肪含量的测定。

4. 比色法（colorimetric method）

利用异羟肟酸（hydroxamic acid）与乳脂的发色反应，有色物在 540nm 处有最大吸收，通过与标准曲线的颜色深浅比较，可以测定乳脂含量。

5. 密度测定法（density measurement method）

人们发现油料种子中的油含量与种子密度之间的线性相关系数为−0.96，所以，可以通过测定油料种子的密度确定其含油量。

6. 超声波法（ultrasonic method）

超声波测定法是非破坏性方法，可用于各种食品的测定。各种食品成分的声学性质存在差异，可采用理论模型或用经验性方法测定超声性质与食品成分之间的关系，从而确定脂肪含量。例如，在某一临界温度附近，声波在牛奶中的传播速度随乳脂含量的增减而增减。这也可用于动物肉中脂肪含量的测定。

7. 低场核磁共振法（low-field nuclear magnetic resonance spectroscopy）

低场核磁共振谱中，不同食品成分的氢核（质子）信号消失（弛豫）的快慢不同，固相质子信号消失得快，而液相质子信号消失得很慢；样品中水中的质子弛豫比脂中质子快得多。所以核磁共振信号强度可以通过标准曲线求得样品中油含量。这种方法可用于测定样品中水含量、油含量、固体脂含量、固液比等。低场核磁共振谱已被用于分析食品中脂肪含量，包括黄油、奶油、起酥油、巧克力、油料种子、肉、乳、奶粉和乳酪。

高场核磁共振谱可通过测定谱峰的化学位移值，确定不同的食品成分，油的共振模式可反映不饱和度和其他化学性质。

3.4 糖类分析

3.4.1 概述

糖类(saccharides)即碳水化合物(carbohydrates),是食品的重要组成部分,在植物性食品中含量较高。它的分子中含有碳、氢、氧,其分子组成可用$C_n(H_2O)_m$的通式表示,故统称为碳水化合物。但后来发现有不符合此通式的糖,如鼠李糖($C_6H_{12}O_5$)和符合此通式的非糖类,如甲醛(CH_2O)存在,并且有些糖还含有N、S、P等成分,显然碳水化合物的名称并不确切,但由于沿用已久,至今仍在使用这一名词。根据糖类的化学结构特征,糖类定义为一类多羟基醛或多羟基酮,及其缩合物和衍生物的总称。

糖类可以分为单糖(monosaccharides)、低聚糖(oligosaccharides)、多糖(polysaccharides)三大类。自然界中大量存在的单糖是葡萄糖和果糖,单糖中以己糖、戊糖最为重要。食品中还原糖可发生重要的美拉德反应,单糖均为还原糖,低聚糖中有还原性低聚糖,如麦芽糖,也有非还原性低聚糖,如蔗糖;此外,蔗糖、乳糖、麦芽低聚糖是可消化性低聚糖;棉籽糖、水苏糖等是非消化性低聚糖,也被称为新型低聚糖,具有保健功能。多糖占总碳水化合物的90%以上,无甜味;多糖分为同聚多糖(如淀粉)和杂聚多糖(如半纤维素)。多糖也可由单糖的衍生物氨基糖和糖醛酸组成,如虾、蟹等甲壳动物的甲壳组成物质——甲壳质为氨基葡萄糖组成的多糖,果胶主要为D-半乳糖醛酸组成的多糖。淀粉是唯一能被人体消化、提供能量的多糖,其他多糖均为非消化性多糖。膳食纤维是以非消化性多糖为主,如纤维素、半纤维素和果胶等,此外还含有非多糖成分——木质素。常见食品中的总碳水化合物的质量分数见表3-16,食品中主要的碳水化合物见表3-17。

表3-16 常见食品中的总碳水化合物的质量分数

食品	总糖质量分数(湿重)/%	食品	总糖质量分数(湿重)/%
面包(白)	50	玉米粉、意大利面条	86
牛奶(全)	4.7	冰淇淋、巧克力	28.2
普通低脂酸奶	7	蜂蜜	82.4
碳酸饮料、可乐	10.4	无脂沙拉调味品	11
苹果沙司	20	葡萄	17.2
带皮苹果	15	带皮马铃薯	12.4
橘子原汁	10.4	西红柿、西红柿汁	4.2
萝卜	10	鱼片(捣碎后加面包屑烹制)	17
牛肉腊肠	0.8	炸鸡	0

引自:Nielsen S S. 2003. Food Analysis. 3rd ed. New York:Kluwer Academic/Plenum Publishers

表 3-17 食品中主要的碳水化合物

碳水化合物	来源	构成单位
单糖		
D-葡萄糖(glucose)	存在于蜂蜜、水果、果汁、转化糖中	
D-果糖(fructose)	存在于蜂蜜、水果、果汁、转化糖中	
糖醇		
山梨糖醇(sorbitol)	作为保湿剂(humectant)添加到食品中	
双糖		
蔗糖(sucrose)	广泛存在于水果蔬菜的细胞和汁液中,添加到食品、饮料中	D-果糖+D-葡萄糖
乳糖(lactose)	存在于乳及乳制品中	D-半乳糖+D-葡萄糖
麦芽糖(maltose)	存在于麦芽和玉米糖浆中	D-葡萄糖
其他低聚糖		
麦芽低聚糖	麦芽糊精存在于玉米糖浆中	D-葡萄糖
棉籽糖(raffinose)	少量存在于大豆中	D-葡萄糖+D-果糖+D-半乳糖
水苏糖(stachyose)	少量存在于大豆中	D-葡萄糖+D-果糖+D-半乳糖
多糖		
淀粉(starch)	广泛存在于谷物的粒和块茎中,或添加到食品中	D-葡萄糖
细胞壁多糖	天然存在	
果胶(pectin)		
纤维素(cellulose)		
半纤维素(hemicellulose)		
β-葡聚糖(β-glucan)		
食品胶(food gum)		
羧甲基纤维素(carboxymethylcelluloses)		
瓜尔豆胶(guaran)		
鹿角藻胶(卡拉胶,carageenan)		
黄原胶(xanthan)		
褐藻胶(algins)		
阿拉伯胶(Arabic gum)		
琼脂(agar)		
魔芋葡甘聚糖(konjac glucomannan)		

引自:Nielsen S S. 2003. Food Analysis. 3rd ed. New York:Kluwer Academic/Plenum Publishers

碳水化合物是食品中供能性营养素,人类摄取食物的总能量中70%以上是由糖类提供的,它是合成其他化合物的基本原料,如碳水化合物可转化为脂肪。因此,它是人类及动物的生命源泉。现代营养研究工作者指出,合理的膳食组成中,碳水化合物应占其总热能的50%~70%,不宜高于70%,且源于食糖的热能不宜超过15%。单糖能被小肠直接吸收,低聚糖、多糖需先水解后，方能被吸收。应该指出，由于人类缺乏消化膳食纤维的酶，故膳食纤维不提供热量，但这类多糖对人类营养并非是惰性的，它们在维持人体健康方面起着重要作用，如具有降低血清胆固醇、降血脂、调节血糖、防止便秘等作用，被称为第七类营养素。新型低聚糖，具有使双歧杆菌增殖、抗龋齿、改善脂质及防止便秘、难消化性及胰岛素非依赖性等作用，可作为糖尿病患者、肥胖患者的甜味剂。此外，碳水化合物还对食品的其他性质有贡献，如体积、黏度、乳化和起泡稳定性、持水性、冷冻-解冻稳定性、风味、质地、褐变等。在食品生产和科学研究中，定性、定量测定各种碳水化合物是必要的；许多加工食品的包装袋上食物成分表中，须标示出糖、增稠剂(食品胶)、淀粉含量等；在营养配餐中，需测定各种食品的成分如碳水化合物；还有如蜂蜜掺假的检测中，需进行糖品种的测定。

3.4.2　单糖和低聚糖常用分析方法

1. 样品的前处理

样品的前处理包括脱脂、用溶剂提取小分子糖、提取液的澄清等步骤，以除去脂肪、蛋白质、多糖、色素等干扰物。前处理会因原料、成分、样品的存在物态不同而不同，但大致可按图 3-16进行。

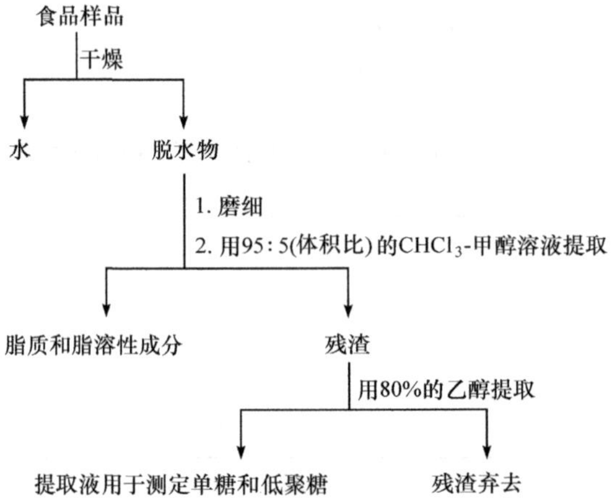

图 3-16　样品前处理及单糖和低聚糖的提取流程图

1）脱脂

对于脂肪含量高的食品，如乳酪、巧克力等，脱脂是必需的。脱脂可用 95 ∶ 5(体积比)的 $CHCl_3$-甲醇溶液或石油醚为溶剂，萃取样品 1～2 次，待分层后，弃去有机相；必要时可加热萃取，离心分离。对脂肪含量低的样品，此步骤可省略。脱水步骤是为了使有机溶剂能有效脱脂，对无需脱脂的样品，脱水步骤也可省略。

2）碾磨

固体样品需将样品磨细，以便溶剂能充分浸提其中的小分子糖。

3）小分子糖的提取

食品中的可溶性糖类包括葡萄糖、果糖等单糖和蔗糖、麦芽糖等低聚糖。这些小分子糖具有很好的水溶性，可用水提取；而对含有大量果胶、淀粉的食品，如水果、粮谷制品等，宜采用 70%～80%乙醇溶液提取。因为果胶、淀粉等多糖不溶于该浓度的乙醇，而且蛋白质也不会溶出(醇溶蛋白除外)；若用水提取会使果胶、淀粉、蛋白质溶出，不仅易造成过滤困难，而且干扰测定。

从固体样品中提取糖时，适当加热有利于提取，但加热温度宜控制在40～50℃，一般不超过80℃，温度过高时可溶性多糖会溶出，增加后续澄清工作的负担，用乙醇作提取剂，加热时应安装回流装置。酸性食品，在加热前应预先用氢氧化钠中和至中性，以防止低聚糖被部分水解。

4）糖液的澄清

糖的水提取液中，除含单糖和低聚糖等被测物外，还含有色素、单宁、蛋白质、果胶及淀粉等胶态杂质，会使糖液呈色或浑浊，使过滤困难，并影响后续测定时对终点的观察；也可能在测定过程中发生副反应，影响分析结果的准确性；因此除去这些干扰物质是十分必要的。若采用80%乙醇溶液作提取液，或糖液不浑浊，也可省去澄清步骤。常用澄清剂有：

（1）中性乙酸铅[$Pb(CH_3COO)_2 \cdot H_2O$]。

这是最常用的一种澄清剂，它不仅能除去蛋白质、有机酸、单宁等杂质，还能凝聚胶体，但其脱色能力较差，不宜用于深色样液的澄清。其澄清原理是，铅离子能与很多离子结合，生成难溶沉淀物，同时吸附除去部分杂质，但不会沉淀还原糖，在室温下也不会形成铅糖化合物，因此适用于测定还原糖的样液的澄清。一般先向糖提取液中加入1～3mL乙酸铅饱和溶液（约30%），充分混合后静置15min，向上层清液中加入几滴中性乙酸铅溶液，上层清液中如无新的沉淀形成，说明杂质已沉淀完全，如有新的沉淀形成，则再混匀并静置数分钟，如此重复直至无新沉淀形成为止。澄清后的样液中残留有铅离子，在测定时会因加热导致铅与还原糖（特别是果糖）反应，生成铅糖化合物，使结果偏低。因此，多余的铅须除去。常用的除铅剂有乙二酸钠、乙二酸钾、硫酸钠、磷酸氢二钠等。除铅剂的用量也要适当，在保证使铅完全沉淀的前提下，尽量少用。

（2）碱性乙酸铅。

能除去蛋白质、色素、有机酸等杂质，能凝聚胶体，其最大的优点是能处理深色样液，但能吸附糖，尤其是果糖。

（3）乙酸锌和亚铁氰化钾溶液。

这种澄清剂除蛋白质能力强，但脱色能力差，适用于色泽较浅、蛋白质含量较高的样液的澄清，如乳制品、豆制品等。它是利用$Zn(CH_3COO)_2$与$K_4Fe(CN)_6$反应生成的氰亚铁酸锌来夹带或吸附干扰物质。用法：50～75mL样液加入21.9g/L的乙酸锌[$Zn(CH_3COO)_2 \cdot H_2O$]溶液（配制时加入3mL冰醋酸）和10.6%的亚铁氰化钾溶液各5mL。

（4）硫酸铜和氢氧化钠溶液。

硫酸铜和氢氧化钠溶液适合于富含蛋白质的样品的澄清。该澄清剂是由$CuSO_4$溶液（69.28g $CuSO_4 \cdot 5H_2O$溶于1L水中）和1mol/L NaOH溶液组成，在碱性条件下，Cu^{2+}可使蛋白质沉淀，但直接滴定法测定还原糖时不能用该澄清剂，以免样液中引入Cu^{2+}。用法：在50～75mL样液中加入10mL硫酸铜溶液（69.28g$Cu_2SO_4 \cdot 5H_2O$/L）和1mol/L NaOH溶液4mL。

2. 还原糖的测定

醛糖具有还原性，酮糖在碱性条件下可发生差向异构化反应转化为醛糖，也具有还原性，实际上单糖和仍保留有半缩醛羟基的低聚糖均能还原费林试剂，故被称为还原糖（reducing sugar）。乳糖和麦芽糖分子中含有半缩醛羟基，属于还原糖；而蔗糖不含半缩醛羟基，无还原性；多糖无还原性，属于非还原性糖。但当多糖或低聚糖水解生成单糖后，均可用测定还原糖的方法进行定量。

还原糖的测定方法很多，其中最常用的有直接滴定法、3，5-二硝基水杨酸比色法等。

1）直接滴定法

（1）原理。

该方法是在经典的费林试剂法的基础上不断改进后得到的方法。将一定量的碱性酒石酸铜甲、乙液等量混合后摇匀，加热至溶液沸腾，以次甲基蓝作为指示剂，用含还原糖的样液滴定，还原糖与酒石酸钾钠铜发生氧化还原反应，生成红棕色的 Cu_2O 沉淀，Cu_2O 沉淀对滴定终点的观察有干扰，故在碱性酒石酸铜乙液中加入少量亚铁氰化钾，可使之与 Cu_2O 生成可溶性的淡黄色络合物，消除干扰。待 Cu^{2+} 全部被还原后，稍过量的还原糖将次甲基蓝还原，溶液由蓝色变为无色，指示出滴定终点的到达，本方法是国家标准分析方法。

以葡萄糖为例，各步反应式如下：

$$CuSO_4 + 2NaOH = Cu(OH)_2 \downarrow + Na_2SO_4 \quad (3\text{-}32)$$

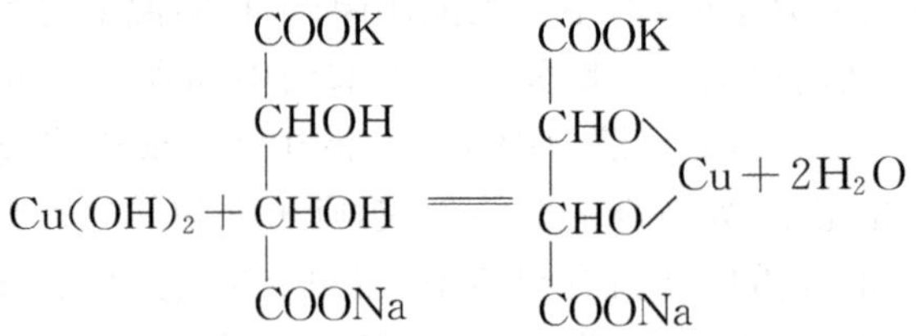

(3-33)

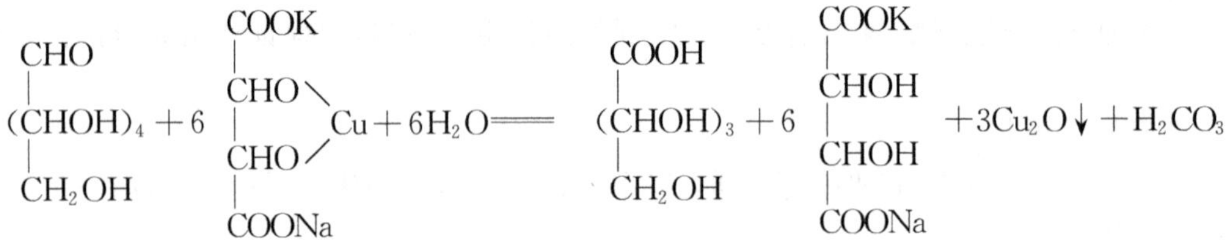

(3-34)

$$Cu_2O + K_4Fe(CN)_6 + H_2O \xrightarrow{\triangle} \underset{\text{淡黄色可溶物}}{K_2Cu_2Fe(CN)_6} + 2KOH \quad (3\text{-}35)$$

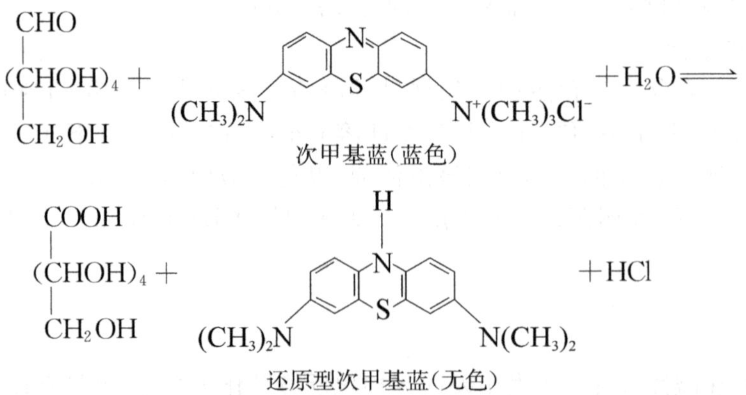

(3-36)

虽然以上反应式中葡萄糖与 Cu^{2+} 反应的物质的量比为 1∶6，但实际情形要复杂得多，两者之间的反应并非严格按此反应式的化学剂量比进行，且还受反应条件的影响。因此，不能根据上述反应式直接计算出还原糖含量，而需首先用已知浓度的葡萄糖标准溶液标定 10.00mL

碱性酒石酸铜甲、乙液等量混合液，以确定还原糖因数 F，即 10.00mL 碱性酒石酸铜溶液相当于葡萄糖的质量(mg)；或利用通过实验编制出的还原糖检索表来计算。

（2）主要试剂。

碱性酒石酸铜甲液：称取 0.05g 次甲基蓝，先溶于少量无水乙醇中，再称取 15g 硫酸铜($CuSO_4 \cdot 5H_2O$)溶于一定量的水中，将次甲基蓝乙醇液并入，用水定容至 1000mL。

碱性酒石酸铜乙液：称取 50g 酒石酸钾钠及 75g 氢氧化钠，溶于水中，再加入 4g 亚铁氰化钾，完全溶解后，用水稀释至 1000mL，储存于橡皮塞玻璃瓶中。

0.1%葡萄糖标准溶液：准确称取 1.0000g 在 100℃干燥至恒量的无水葡萄糖，加水溶解后移入 1000mL 容量瓶中，加入 5mL 盐酸(防止微生物生长)，用水稀释至 1000mL，其浓度为 1.0mg/mL。

（3）测定方法。

样品前处理：称取适量样品进行糖的提取，视具体样品决定是否需进行脱脂、澄清处理，将提取液移入 250mL 容量瓶中，定容，摇匀后静置 30min。用滤纸过滤，弃去初滤液，收集滤液备用。

碱性酒石酸铜溶液的标定：准确吸取碱性酒石酸铜甲液和乙液各 5mL，置于 250mL 锥形瓶中并加水 10mL，加玻璃珠 3 粒。从滴定管滴加约 9mL 葡萄糖标准溶液，加热使其在 2min 内沸腾 30s，趁热以 0.5 滴/s 的速度继续滴加葡萄糖标准溶液，直至溶液蓝色刚好褪去即为终点，记录消耗葡萄糖标准溶液的体积，平行测定 3 次，取平均值。

样品溶液的测定：按上述同样的标定方法，以样液滴定 10.00mL 碱性酒石酸铜甲、乙等量混合液，滴至指示剂的蓝色刚好褪去即为终点，记录消耗样品溶液的体积，平行测定 3 次。

（4）结果计算。

根据标定结果计算还原糖因数 F(即 10.00mL 碱性酒石酸铜溶液相当于葡萄糖的质量，mg)。

$$F = c \times V \tag{3-37}$$

式中：c——葡萄糖标准溶液的浓度，mg/mL；

V——标定时消耗葡萄糖标准溶液的体积，mL。

$$\text{还原糖(以葡萄糖计,\%)} = \frac{F \times \text{样液总体积}}{W \times V_1 \times 1000} \times 100 \tag{3-38}$$

式中：F——还原糖因数；

样液总体积——此处为 250mL；

W——样品质量，g；

V_1——消耗样液的体积，mL。

（5）注意事项。

① 此法与费林试剂法相比，试剂用量大为减少，因滴定终点更明显，所以准确度提高。但仍不适合于深色样品的测定。

② 与费林试剂法相同，碱性酒石酸铜甲液和乙液应分别储存，用时才混合，否则酒石酸钾钠铜络合物长期在碱性条件下，会慢慢分解析出 Cu_2O 沉淀，使试剂有效浓度降低。

③ 滴定必须在沸腾条件下进行，以驱赶氧气。因为空气中的氧易与指示剂反应，使之返色；易与 Cu_2O 反应使之氧化成 Cu^{2+}，导致滴定终点推迟。故滴定时不能随意摇动锥形瓶，更不能让锥形瓶离开热源，以防止空气进入反应溶液中。

④ 反应液的碱度直接影响 Cu^{2+} 与还原糖的反应速率和程度。在一定范围内，溶液碱度越高，反应速率越快。因此，有必要严格控制反应液的体积，标定和测定时消耗的体积应接近(应进行样液的预实验，以调整样液的浓度)，使反应体系碱度一致。热源强度应控制在使反应液在 2min 内沸腾，且应保持一致。否则因蒸发量不同，反应液碱度不同，从而引入误差。沸腾时间和滴定速度对结果的影响为，沸腾时间短，消耗糖液多；滴定速度过快，消耗糖量多。因此，在测定过程中要严格遵守标定或制表时所规定的操作条件，如热源强度(电炉功率)、锥形瓶规格、加热时间、滴定速度等，应力求一致。平行实验样液消耗相差不应超过 0.1mL。

⑤ 测定时先将反应所需样液的绝大部分加入到碱性酒石酸铜溶液中，与其共沸，仅留 1mL 左右由滴定方式加入，其目的是使大多数样液与碱性酒石酸铜在完全相同的条件下反应，减少因滴定操作带来的误差，提高测定精度。

⑥ 通过样液预实验，一是便于进行样液浓度的调整(此法要求样液中还原糖浓度为 0.1% 左右)，二是可知样液的大概消耗量，以便在正式测定时，预先加入比实际用量少 1mL 左右的样液，以保证在 1min 内完成续滴定工作，提高测定的准确度。

⑦ 若需进行澄清处理，请以乙酸锌和亚铁氰化钾溶液作澄清剂，按前述澄清剂的用法进行处理。

⑧ 当还原糖含量≥10g/100g 时，计算结果保留 3 位有效数字；当还原糖含量<10g/100g 时，计算结果保留 2 位有效数字。

2) 二硝基水杨酸比色法

(1) 原理。

在氢氧化钠和丙三醇(或酒石酸钾钠)存在下，还原糖能将 3,5-二硝基水杨酸中的硝基还原成为氨基，生成橘红色的化合物，其最大吸收波长为 540nm，在一定的浓度范围内其吸光度值与还原糖浓度成正比关系，符合朗伯-比尔定律，故可以进行定量分析。

(2) 试剂。

3,5-二硝基水杨酸溶液：称取 6.5g 3,5-二硝基水杨酸溶于少量水中，移入 1000mL 容量瓶中，加入 2mol/L 氢氧化钠溶液 325mL，再加入 45g 丙三醇，摇匀，冷却后定容到 1000mL。

10mg/mL 葡萄糖标准溶液：准确称取 1.0000g 在 100℃干燥至恒量的无水葡萄糖，加水溶解后移入 100mL 容量瓶中，加入 0.5mL 盐酸(防止微生物生长)，用水稀释至 100mL。

葡萄糖标准系列溶液：在 8 支 10mL 的具塞试管中，分别加入 10mg/mL 葡萄糖标准溶液 0mL、1mL、2mL、3mL、4mL、5mL、6mL、7mL，定容，得到一组浓度分别为 0mg/mL、1mg/mL、2mg/mL、3mg/mL、4mg/mL、5mg/mL、6mg/mL、7mg/mL 的葡萄糖系列标准溶液。

(3) 测定方法。

取 0mg/mL、1mg/mL、2mg/mL、3mg/mL、4mg/mL、5mg/mL、6mg/mL、7mg/mL 的葡萄糖标准溶液各 1mL，样液 1mL(含糖 3～4mg)，分别置于干燥的 25mL 比色管中，各加入 3,5-二硝基水杨酸溶液 2mL，置沸水浴中 2min，显色，然后以流水迅速冷却，用水定容至 25mL，摇匀。以零号管作参比，在 540nm 处测定其吸光度值，绘制标准曲线，并计算样品中还原糖含量。

(4) 结果计算。

以样液管的吸光度值平均值，在标准曲线上查出相应的还原糖毫克数。按式(3-39)计算出样品中还原糖的质量分数。

$$\text{还原糖质量分数}(\%)=\frac{W_{\text{还原糖}}(\text{mg})}{1000\times W\times V_{\text{样液}}/V_{\text{样液总}}}\times 100 \tag{3-39}$$

式中：$V_{样液总}$——样液总体积，mL；

$V_{样液}$——测定用样液体积，mL；

W——样品质量，g。

（5）注意事项。

① 若用酒石酸钾钠则不仅用量大，且试剂的灵敏度和稳定性均不如用丙三醇。

② 该法可用于含微量还原糖样品的测定，具有准确性高、重现性好、操作简便快速等优点，尤其适用于大批样品的测定，其分析结果与直接滴定法结果基本一致。

③ 若样品中含有较多酚类物质，会干扰测定。

3. 醛糖的测定（碘量法）

1）原理

碘在碱液中发生歧化反应，生成次碘酸钠，次碘酸钠将醛糖氧化。

$$I_2 + 2NaOH \longrightarrow NaIO + NaI + H_2O \tag{3-40}$$

$$RCHO + NaIO + NaOH \longrightarrow RCOONa + NaI + H_2O \tag{3-41}$$

总反应式：

$$I_2 + RCHO + 3NaOH \longrightarrow RCOONa + 2NaI + 2H_2O \tag{3-42}$$

$$NaIO(过量) + NaI + 2HCl \longrightarrow I_2 + 2NaCl + H_2O \tag{3-43}$$

$$I_2 + 2Na_2S_2O_3 \longrightarrow 2NaI + Na_2S_4O_6 \tag{3-44}$$

多余的次碘酸钠加入酸后又析出碘，用硫代硫酸钠标准溶液滴定析出的碘。由反应式(3-42)可知，相当于碘与醛糖反应的物质的量比为 1∶1，由此可算出样液中的醛糖含量。此法可用于在酮糖共存时，进行醛糖的测定。

2）试剂

0.2mol/L NaOH 溶液、0.2mol/L HCl 溶液、0.1mol/L 碘液、0.5mol/L $Na_2S_2O_3$ 溶液，准确浓度需标定。

0.5%淀粉指示剂：称 0.5g 淀粉加少量冷水调匀，再加一定量沸水，使最后体积为 100mL。

3）测定方法

以硬糖中醛糖的测定为例：准确称取敲碎的硬糖样品 1g，加水溶解后移入 250mL 容量瓶，定容。吸取样液 20.00mL 置于碘量瓶中，加入 0.2mol/L NaOH 溶液 16.0mL，再加入 15.00mL 0.1mol/L碘液，加塞，摇匀，置于暗处 10min，用 17.00mL 0.2mol/L HCl 溶液酸化，立即用 0.5mol/L $Na_2S_2O_3$ 溶液滴定至黄色，加 1mL 淀粉指示剂，继续滴定至溶液由蓝色变为无色即为终点；在相同条件下进行空白实验。

4）结果计算

$$醛糖(以葡萄糖计,\%) = \frac{(V_0 - V_1) \times c_{Na_2S_2O_3} \times 180.0}{2 \times 1000 \times W \times 20/250} \times 100 \tag{3-45}$$

式中：V_0——滴定空白时消耗的 $Na_2S_2O_3$ 溶液体积，mL；

V_1——滴定样液时消耗的 $Na_2S_2O_3$ 溶液体积，mL；

$c_{Na_2S_2O_3}$——$Na_2S_2O_3$ 标准溶液的浓度，mol/L；

180.0——葡萄糖的摩尔质量，g/mol；

W——样品质量，g。

5）注意事项

（1）控制碱度、反应温度等条件，是防止酮糖氧化的关键。若用弱碱性的碳酸钠代替氢氧化钠，可降低反应体系的碱度，并在20℃恒温条件下反应，则此条件下有2倍量的果糖共存时，对葡萄糖的测定的影响也很小。

（2）控制碱度还可防止碘发生如下歧化反应，生成氧化性比次碘酸钠弱得多的碘酸钠。

$$3I_2 + 6NaOH \longrightarrow 5NaI + NaIO_3 + 3H_2O \tag{3-46}$$

（3）样品中若含有乙醇、乙醛、丙酮等成分，会发生如下碘仿反应，消耗碘，干扰测定。

$$CH_3COCH_3 + 3NaIO \xrightarrow{\Delta} CH_3COONa + CHI_3 + 2NaOH \tag{3-47}$$

乙醇会被NaIO氧化为乙醛，进而干扰测定。

（4）结合直接滴定法，此法可用于测定硬糖中的果糖含量，直接滴定法测得的是醛糖和酮糖之和，碘量法测得的是醛糖，两者差减即为酮糖的含量。

4. 总糖的测定

营养学中“总糖”的概念是指能够被人体消化、吸收利用的糖类物质的总和，即包括单糖、低聚糖和淀粉；而在食品生产中常规分析项目“总糖”则是不同的概念，一般是指具有还原性的糖（葡萄糖、果糖、乳糖、麦芽糖等）和在测定条件下能水解成为还原糖的低聚糖的总和，不包括淀粉。因为在测定条件下，淀粉的水解作用很微弱。这些糖或源于原料或源于添加剂，对产品的风味、组织形态、营养价值和成本核算均有影响，是食品生产中常规分析项目，如是甜点、水果罐头、饮料等许多食品中的重要质量指标。

1）直接滴定法

样品经处理除去蛋白质等杂质后，加入盐酸，在加热条件使低聚糖水解为单糖（即还原糖），以直接滴定法测定水解后样品中的还原糖的含量。水解中要注意酸的浓度和水解时间的控制，防止淀粉水解。

测定方法同前，在此不再赘述。

2）蒽酮法

（1）原理。

单糖在浓硫酸的作用下，脱水生成糠醛或糠醛衍生物，糠醛类化合物可与蒽酮反应生成蓝绿色的有色化合物，在620nm处有最大吸收，当糖含量在20～200mg/L范围内时，其吸光度值与糖含量成正比，符合朗伯-比尔定律，故可以进行定量分析。该法适合于含微量糖的样品的测定，具有灵敏度高、试剂用量少等优点。其化学反应式如下：

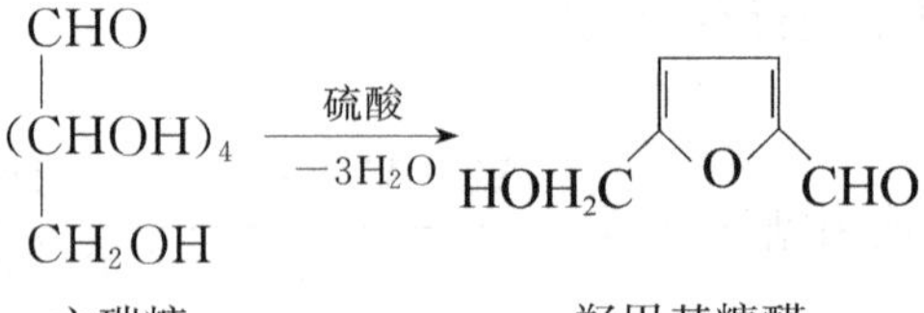

六碳糖　　羟甲基糠醛

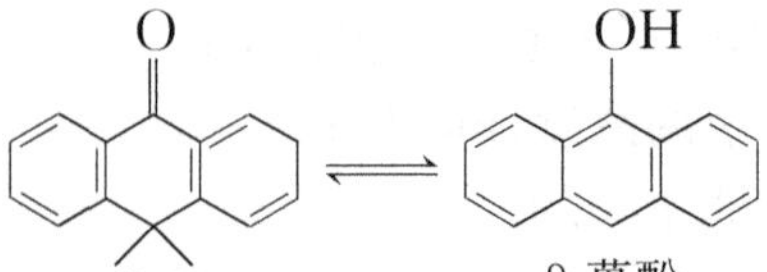

蒽酮　　9-蒽酚

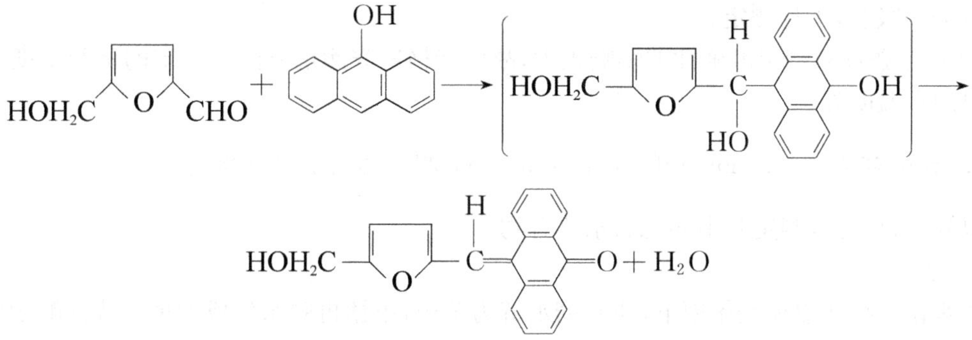

蓝绿色化合物

(2) 试剂。

10～100μg/mL 葡萄糖系列标准溶液：称取 1.0000g 葡萄糖，用水定容到 1000mL，从中吸取 1mL、2mL、4mL、6mL、8mL、10mL 分别移入 100mL 容量瓶中，用水定容即得 10μg/mL、20μg/mL、40μg/mL、60μg/mL、80μg/mL、100μg/mL 葡萄糖系列标准溶液。

0.1%蒽酮溶液：称取 0.1g 蒽酮和 1.0g 硫脲(作稳定剂)，溶于 100mL 72%硫酸中，储存于棕色瓶中，于 0～4℃存放。

72%硫酸溶液。

(3) 测定方法。

取 8 只具塞比色管，分别加入蒸馏水(零号管)及 10μg/mL、20μg/mL、40μg/mL、60μg/mL、80μg/mL、100μg/mL 葡萄糖系列标准溶液、样品溶液(含糖 20～80μg/mL)各 1.0mL，沿管壁各加入蒽酮试剂 5.0mL，立即摇匀，放入沸水浴中加热 10min，取出，迅速冷却至室温，并在暗处放置 20min 后，以零号管作参比，用 1cm 比色杯，于 620nm 波长处测定其吸光度，绘制标准曲线。根据样品溶液的吸光度查标准曲线，即得含糖量。

(4) 结果计算。

$$\text{总糖(以葡萄糖计，\%)}=\frac{c\times\text{稀释倍数}\times V_{\text{样液总}}}{10^6\times W}\times 100 \tag{3-48}$$

式中：c——从标准曲线查得的糖浓度，μg/mL；

$V_{\text{样液总}}$——样液总体积，mL；

10^6——将 μg 换算成 g；

W——样品质量，g。

(5) 注意事项。

① 该法实际上几乎可以测定所有的碳水化合物，不但可以测定单糖、低聚糖，还能测定多糖，如淀粉、纤维素等(因为反应液中的浓硫酸可以将多糖水解成单糖而被测定)。所以用蒽酮法可测出溶液中全部可溶性碳水化合物总量，因此其有特殊的应用价值。但如果不希望包含多糖的量，则应用 80%乙醇作提取剂，以避免多糖的干扰。

② 蒽酮试剂不稳定，易被氧化变为褐色，添加稳定剂硫脲后，在冰箱可保存 2 周。一般宜当天配制。

③ 混合物中硫酸的最终浓度必须大于 50%，才能使蒽酮保持溶解状态。

④ 样品中允许含有 5%的乙醇，若用乙醇作提取剂时，可稀释后再测定。

⑤ 当样品中含有大量色氨酸时，由于它也能与蒽酮反应，与糠醛发生竞争作用，减少

620nm 处的吸收，干扰测定。

⑥ 反应条件对测定准确性的影响很大，故应严格遵守测定方法所规定的试剂浓度、用量、反应时间和温度等。

5. 苯酚-硫酸法(phenol-sulfuric acid method)测定总碳水化合物

以软饮料为例，测定其中的总碳水化合物。

1) 原理

碳水化合物在浓硫酸作用下，非单糖水解为单糖，单糖再脱水生成的糠醛或糠醛衍生物能与苯酚缩合成一种橙红色化合物，在一定的浓度范围内其颜色深浅与糖的含量成正比，可在 480～490nm 波长下比色测定。此法简单，灵敏度高，基本不受蛋白质存在的影响，并且产生的颜色稳定时间在 160min 以上。虽然该法可以测定几乎所有的碳水化合物(单糖、低聚糖、多糖)，但是不同的糖其吸光度大小不同，若已知样品中不同糖的比例，则最好用混合糖作标准溶液，若不知样品中不同糖的比例，则常用葡萄糖作标准溶液，绘制标准曲线。

2) 主要仪器及试剂

(1) 仪器。

分光光度计、水浴锅、20mL 刻度试管、移液管。

(2) 试剂。

80%苯酚溶液：称取精制苯酚 80g，加去离子水 20mL 溶解，储存于棕色试剂瓶中。

100mg/L 葡萄糖储备液；浓硫酸(相对密度 1.84)。

3) 测定方法

(1) 标准系列溶液的配制。按表 3-18 配制标准系列溶液。

表 3-18　葡萄糖标准系列溶液的配制

葡萄糖浓度/(μg/2mL)	0	20	40	60	80	100
加入葡萄糖储备液体积/mL	0	0.2	0.4	0.6	0.8	1.0
加入去离子水体积/mL	2.0	1.8	1.6	1.4	1.2	1.0

(2) 样品及标准系列的测定。

取约 100mL 饮料于 500mL 容量瓶中，不断振摇(若泡沫多的样品，如啤酒只能轻轻振摇，避免大量气泡逸出)排气，直至无明显 CO_2 气体泡沫为止。

取 2mL 样液(糖含量在 20～100μg/2mL，样液需事先稀释 1000～2000 倍)于 25mL 具塞试管中，向上述标准系列溶液管、样液管中分别加入 80%苯酚溶液 0.05mL，在 20s 内迅速加入浓硫酸 5mL，摇匀(逐管操作)，放置 10min 后，放入 25℃水浴保温 10min，于 490nm 处比色，以零号管作参比，测定其吸光度值，以糖含量为横坐标，吸光度为纵坐标，绘制标准曲线，根据样品管的吸光度值，从标准曲线上查其糖含量。

4) 结果计算

$$\text{总碳水化合物(以葡萄糖计，mg/mL)}=\frac{c\times \text{稀释倍数}}{10^3} \tag{3-49}$$

式中：c——从标准曲线查得的糖浓度，μg/mL；

10^3——将微克换算成毫克。

5）注意事项

（1）虽然该法可以测定几乎所有的碳水化合物，但是不同的糖其吸光度大小不同，五碳糖常以木糖为标准绘制标准曲线，木糖的最大吸收波长在480nm，适合于测定木糖含量高的样品，如小麦麸、玉米麸；六碳糖常以葡萄糖为标准绘制标准曲线，葡萄糖的最大吸收波长在490nm，软饮料、啤酒、果汁等可用此法测定其中的总碳水化合物，因为每克碳水化合物可提供4cal（1cal＝1.1868J）热量，故可通过测定总碳水化合物的量，计算出饮料中的热量。

（2）苯酚有毒，硫酸有腐蚀性，要戴手套操作。

3.4.3　多糖常用分析方法

1. 淀粉含量的测定

淀粉是食品中主要营养成分之一，是可消化性多糖。由于淀粉是由葡萄糖残基组成的，其含量可通过水解后测定葡萄糖的方法进行定量分析，根据淀粉的水解反应：

$$\underset{n\times 162}{(C_6H_{10}O_5)_n} + nH_2O = \underset{n\times 180}{n(C_6H_{12}O_6)}$$

将葡萄糖含量折算为淀粉含量的换算系数为：162/180＝0.9。

除水解法测定淀粉含量外，还可利用淀粉遇碘变蓝的反应进行比色测定。

1）酸水解法测定淀粉

（1）原理。

食品样品经乙醚脱脂（脂肪含量较低时，可省去乙醚脱脂肪步骤），用85％乙醇除去可溶性糖类后，用6mol/L盐酸水解淀粉为葡萄糖，再按测定还原糖的方法（如直接滴定法），或按测醛糖的方法（碘量法）测定葡萄糖含量，再折算为淀粉含量。

（2）试剂。

乙醚、85％乙醇、6mol/L盐酸溶液、40％NaOH溶液及10％ NaOH溶液、0.2％甲基红乙醇溶液、20％中性乙酸铅溶液、10％硫酸钠溶液，其他试剂请见测定还原糖方法或测定醛糖方法处。

（3）测定方法。

称取一定量（含淀粉0.5g左右）经研细（能过40目筛）的食品样品，用30mL乙醚分三次脱脂，过滤；若是高水分食品则先按1∶1（质量浓度）加水，在组织捣碎机中捣成匀浆，称取含淀粉0.5g左右的匀浆于250mL锥形瓶中，加30mL乙醚振荡萃取脂肪，过滤除去醚层，再用30mL乙醚分两次洗涤滤纸上的残渣；用85％乙醇150mL分数次洗涤残渣以脱去可溶性糖类，反复操作至滤液不呈糖的反应（用苯酚-硫酸法检验）为止，用100mL水将漏斗中残渣全部转移至250mL锥形瓶中。

加入30mL 6mol/L盐酸于上述250mL锥形瓶中，装上冷凝管，置沸水浴中回流2h，回流结束后，立即用流水冷却。待样品水解液冷却后，加入两滴甲基红指示剂，先用40％氢氧化钠调pH至接近变色时，再改用10％氢氧化钠慢调至红色刚好褪去。若水解液颜色较深，可用精密pH试纸测试，使样品水解液的pH约为7。然后加入20％中性乙酸铅20mL作澄清剂，摇匀后放置10min，以沉淀蛋白质、果胶等杂质。再加入10％硫酸钠溶液20mL，以除去过多的铅。摇匀后定容至500mL，过滤，弃去初滤液，收集滤液供测定用。

取100mL水和30mL 6mol/L盐酸于250mL锥形瓶中，按上述方法操作，进行空白实验。

再按直接滴定法或测醛糖的碘量法测定葡萄糖的含量。

(4) 结果计算(直接滴定法)。

$$淀粉(\%)=\frac{F\times500\times0.9}{W\times1000(V-V_0)}\times100 \tag{3-50}$$

式中：F——还原糖因数(即 10.00mL 碱性酒石酸铜溶液相当于葡萄糖的质量)，mg；

V——滴定时样品水解液消耗的体积，mL；

V_0——滴定时空白溶液消耗的体积；mL；

500——样品中水解液总体积，mL；

0.9——还原糖换算为淀粉的系数；

W——试样的称样量，g；

1000——将克换算成毫克。

(5) 注意事项。

① 该法是以测定水解得到的还原糖为基础的，若样品中本身含有的还原糖不事先除去，则使测定结果偏高。故在前处理中，利用多糖不溶于浓度在 80%以上乙醇溶液的特点，将还原糖除去。

② 高含量的脂肪会妨碍去糖，所以除去还原糖前要先脱脂；但若脂肪含量较低时，可省去脱脂步骤。

③ 该法操作简单，但选择性和准确性不及酶水解法，仅适用于淀粉含量较高，且半纤维素和多缩戊糖等其他多糖含量较少的样品。对富含半纤维素、多缩戊糖及果胶质的样品，因其水解后会生成木糖、阿拉伯糖等还原糖，使测定结果偏高，故不宜用此法。

④ 水解的酸度和时间应严格控制，以确保淀粉既能水解完全，又不会因加热时间过长导致葡萄糖脱水形成糠醛及聚合体。通常混合液中盐酸的浓度达 1%，需在 100℃水解 4h；若混合液中盐酸浓度达 2%，100℃水解仅需 2.5h。在本方法条件下，混合液中盐酸的浓度为 5%，水解 2h 即可。

2) 酶水解法测定淀粉

(1) 原理。

食品样品经脱脂肪、脱糖后，在淀粉酶的作用下，使淀粉水解为麦芽糖、糊精和少量葡萄糖，再用稀盐酸进一步将其水解为葡萄糖，然后按测定葡萄糖的方法测定，再折算成淀粉含量。

(2) 试剂。

乙醚、80%乙醇、20%NaOH 溶液。

0.5%淀粉酶溶液：称取 0.5g 淀粉酶(若酶活低则用量需适当加大)，加 100mL 水溶解，加入数滴氯仿(防止长霉)，储存于冰箱冷藏室中。

碘溶液：称取 3.6g 碘化钾溶于 20mL 水中，加入 1.3g 碘，溶解后加水稀释到 100mL。

其他试剂同还原糖的测定。

(3) 测定方法。

① 脱脂、脱糖：称取含淀粉 0.5g 左右的食品样品，先用 50mL 乙醚分 5 次洗涤、过滤脱脂。再用 85%的乙醇溶液 100mL 分次洗涤脱糖，反复操作至滤液不呈糖的反应(用苯酚-硫酸法检验)为止，用 50mL 水将残渣移至 250mL 烧杯中。

② 水解：将上述烧杯置于沸水浴中加热 15min，使淀粉糊化，冷却至 60℃以下，加入 20mL 0.5%淀粉酶溶液，在 55～60℃水浴中酶解 1h，并不时搅拌，取 1 滴酶解液于表面皿上，加 1 滴碘液检查，酶解至溶液加碘液后不呈蓝色为止，加热至沸灭酶，冷却后定容至 250mL，摇匀后

过滤，弃去初滤液，收集滤液备用。

取上述滤液 50mL 于 250mL 锥形瓶中，加 6mol/L 盐酸 5mL 酸水解，装上回流装置，在沸水浴中回流 1h，冷却后加 2 滴甲基红指示剂，用 20%氢氧化钠溶液中和至红色刚好消失。将溶液完全转移至 100mL 容量瓶中，定容、摇匀，供测定用。

③ 测糖：按测还原糖或测醛糖的方法测定葡萄糖含量；同时取 50mL 水代替 50mL 脱脂、去糖样液，按上述方法做空白实验。

(4) 结果计算。

按式(3-50)计算。

(5) 注意事项。

① 由于淀粉酶水解具有专一性，它只水解淀粉而不会水解其他多糖，淀粉经 α-淀粉酶和 β-淀粉酶水解，一般只能分解 α-1，4 苷键，不能分解 α-1，6 苷键(支链淀粉的分支处)，故水解产物主要为麦芽糖和低分子糊精，只有少量葡萄糖；所以，还需用稀酸进一步将其水解为葡萄糖，但此酸因酸度低，不易将其他多糖水解为单糖，故该法不受半纤维素、多缩戊糖、果胶质等多糖的干扰，结果准确，但操作繁琐、费时。

② 使用淀粉酶前必须先使淀粉糊化，破坏淀粉紧密的晶体结构，使其结构伸展，易于被淀粉酶作用。

③ 淀粉酶的用量应根据预实验确定，若酶的活力高则可适当减少其用量，若酶的活力低则应适当增加其用量。

④ 检验糖分的苯酚-硫酸法：取 1mL 脱糖洗涤液于试管中，加入 1mL 5%苯酚水溶液，再加入 5mL 硫酸，混匀，如溶液呈褐色，表明糖未洗净。

3) 碘-淀粉比色法

(1) 原理。

淀粉可与碘生成深蓝色的络合物，在一定的浓度范围内，络合物颜色的深浅与样品中淀粉含量成正比，即吸光度值与淀粉含量之间的关系符合朗伯-比尔定律，故可用分光光度法测定样品中淀粉的含量。

(2) 主要仪器及试剂。

分光光度计、烧杯(100mL)、研钵、容量瓶(100mL)、洗瓶、漏斗、滤纸、具塞刻度试管(15mL)、恒温水浴、移液管(1mL，2mL)。

I_2-KI 溶液：称取 20.00g KI，加 50mL 蒸馏水溶解，再迅速称取碘 2.0g，置于 100mL 烧杯中，将溶解的 KI 溶液倒入其中，用玻棒搅拌，直到碘完全溶解，若碘不能完全溶解时，可再加少许固体 KI 即能使之溶解，储存在棕色小滴瓶中待用，用时稀释 50 倍。

乙醚、80%乙醇。

(3) 测定方法。

① 标准曲线的制作。

用分析天平准确称取 1.000g 精制马铃薯淀粉，加入 5.0mL 蒸馏水制成匀浆，逐渐倒入 90mL 左右沸腾的蒸馏水中，边倒边搅拌，即得澄清透明的糊化淀粉溶液，准确移入 100mL 容量瓶中，定容，此淀粉溶液浓度为 10mg/mL。吸取该溶液 2.0mL 置于 100mL 容量瓶中，定容，此淀粉溶液的浓度为 200μg/mL。取具塞刻度试管 8 支，按表 3-19 加入淀粉及 I_2-KI 溶液，再加蒸馏水使每支试管溶液补足到 10mL，摇匀，使蓝色溶液稳定 10min 后，于分光光度计 660nm 波长处测其吸光度值。以吸光度为纵坐标，淀粉溶液的浓度(μg/mL)为横坐标绘制标准曲线。

表 3-19 淀粉标准系列溶液的配制

试管编号	1	2	3	4	5	6	7	8
标准淀粉溶液/(μg/mL)	0	0.5	1.0	1.5	2.0	2.5	3.0	4.0
I_2-KI/mL	0.2	0.2	0.2	0.2	0.2	0.2	0.2	0.2
蒸馏水/mL	9.8	9.3	8.8	8.3	7.8	7.3	6.8	5.8
淀粉含量/(μg/mL)	0	100	200	300	400	500	600	800

② 马铃薯中淀粉含量的测定。

样品前处理：将马铃薯洗净、去皮，切成碎丝，迅速称取马铃薯碎丝 300g，置研钵中磨成匀浆。将匀浆转移到漏斗中，用乙醚 50mL 分 5 次洗涤脱脂，再用 80%乙醇洗涤 3 次，以除去样品中的可溶性糖、色素等物质，然后将滤纸上的残留物转移到 100mL 烧杯中，用蒸馏水分次将滤纸上的残留物全部洗入烧杯。将烧杯置于沸水浴中边搅拌边加热，直到淀粉全部糊化呈澄清透明。将此糊化淀粉液转移到 100mL 容量瓶中，定容，混匀。

测定：吸取上述淀粉样品溶液 2.0mL，置于 100mL 容量瓶中，用蒸馏水定容，混匀。准确吸取该溶液 2mL(吸取量依样品中淀粉浓度而变)，置于 15mL 具塞刻度试管中，加入 0.2mL I_2-KI 溶液，直至溶液呈现透明蓝色，用蒸馏水补足到 10mL，混匀，静置 10min，于 660nm 波长处测定吸光度值，由标准曲线查出样品中淀粉含量。

(4) 结果计算。

$$\text{淀粉}(\%)=\frac{c\times\text{稀释倍数}\times 100\text{mL}}{W\times 10^6}\times 100 \tag{3-51}$$

式中：c——从标准曲线查得的样品淀粉含量，μg/mL；

W——样品质量，g；

100mL——未稀释样液的体积；

10^6——将克换算成微克。

(5) 注意事项。

① 若样品含淀粉浓度高，加 I_2-KI 后会出现极深的蓝色而无法比色时，必须将溶液重新稀释后再进行测定。

② 若样品含淀粉量太少时，加 I_2-KI 后不呈现蓝色，可适当加大样品用量 。

2. 抗性淀粉的测定

抗性淀粉(resistant starch，RS) 是指在健康人小肠中不被消化吸收的淀粉及其淀粉降解物的总量。生的食物及加工过的食品中存在一定量的抗性淀粉，抗性淀粉的量受淀粉的植物来源、加工方法、直链淀粉与支链淀粉的比值、物理形态、糊化度、热处理、冷却和储藏的影响。

1) 原理

模拟胃、肠的生理条件(pH、通过的时间)，用胃蛋白酶除去蛋白质，α-淀粉酶除去可溶性淀粉，离心，弃去上清液；加碱溶解残渣中的抗性淀粉后，调节 pH，并用淀粉葡萄糖糖苷酶酶解 RS，对释放出的葡萄糖进行定量，所有操作在一支 50mL 离心管中完成。

2) 主要试剂

KCl-HCl 缓冲溶液(pH 1.5)、0.1mol/L KOH 溶液、2mol/L HCl、淀粉葡萄糖糖苷酶；

0.1mol/L Tris-顺丁烯二酸盐缓冲溶液(pH 6.9)，含4mmol/L $CaCl_2$；

0.4mol/L 乙酸缓冲溶液(pH 4.75)，含20mmol/L $CaCl_2$；

胃蛋白酶溶液：在10mL KCl-HCl缓冲溶液中含1g胃蛋白酶；

胰α-淀粉酶溶液：每毫升Tris-顺丁烯二酸盐缓冲溶液中含40mg α-淀粉酶；

葡萄糖氧化酶-过氧化物酶试剂盒：用于测定葡萄糖。

3) 测定方法

(1) 样品前处理。

将低含水量样品磨细，过1mm筛。若脂肪含量>25%，则样品必须脱脂(用乙醚-石油醚萃取)。称100mg干燥磨细了的样品放入50mL离心管中，加入10mL KCl-HCl缓冲溶液(pH1.5，用2mol/L HCl或0.5mol/L NaOH调节pH)；若是湿样则称相当于100mg干样的量，加入KCl-HCl缓冲溶液(pH1.5)，放入离心管中均质。加入0.2mL胃蛋白酶溶液(1g胃蛋白酶/10mL KCl-HCl缓冲溶液)，混匀后放入40℃水浴中孵育60min，并不断振摇。

取出样品并冷至室温，加入9mL pH6.9的Tris-顺丁烯二酸盐缓冲溶液(用2mol/L HCl或0.5mol/L NaOH调节pH)。加入1mL α-淀粉酶溶液(40mg α-淀粉酶/mL Tris-顺丁烯二酸盐缓冲溶液)，混匀后在37℃水浴中孵育16h，并不断振摇。将样品溶液离心(15min，3000g)，弃去上清液，用10mL蒸馏水至少洗一次，再次离心，弃去上清液。

向残渣中加入3mL蒸馏水，仔细润湿样品，加入3mL 4mol/L KOH，混匀后在室温下放置30min，并不断振摇。加入约5.5mL 2mol/L HCl和3mL 0.4mol/L pH 4.75的乙酸钠缓冲溶液(用2mol/L HCl或0.5mol/L NaOH调节pH)。加入80μL淀粉葡萄糖糖苷酶，混匀后在60℃水浴中温育45min，并不断振摇，离心15min(3000g)，将上清液放入容量瓶中，用10mL蒸馏水至少洗一次，再次离心，合并上清液，定容至25～1000mL，视样品中抗性淀粉的含量而定(也可采用过滤的方法)。

(2) 葡萄糖标准系列(10～60μg/mL)及试样的测定。

移取0.5mL水、试样和标准溶液于试管中，加入1mL葡萄糖测定试剂盒的试剂(GOD-PAP)，混匀后在37℃水浴中温育30min。在500nm处，以试剂空白为参比，测定样品和标准溶液的吸光度，测定应在孵育后5～45min完成。

4) 结果计算

从标准曲线中查得试样溶液的葡萄糖的浓度，进一步计算样品中葡萄糖的含量，再乘以换算系数0.9，即为样品中抗性淀粉的含量。

5) 注意事项

(1) 测定食品中抗性淀粉的含量，应避免烘干、冷却、陈放，否则会影响抗性淀粉含量的测定；样品必须直接放入离心管中均质后供测定用，均质对于测定的精确度有影响。

(2) 引入除蛋白质的步骤是为了避免淀粉与蛋白质结合、淀粉被蛋白质包埋或形成含麸质多的块状物。

3. 果胶含量的测定

1) 果胶酸钙重量法

(1) 原理。

果胶物质包含原果胶、果胶和果胶酸，在酸性条件下水解，可将原果胶、果胶转变为果胶酸。先用高浓度乙醇处理样品，使果胶沉淀，同时使果胶酶钝化，再依次用乙醇、乙醚洗涤沉淀，以脱糖、脱脂和洗去色素等物质，残渣分别用酸液提取总果胶或用水提取水溶性果胶。果胶经皂化生成果胶酸钠，再经乙酸酸化使之生成果胶酸，加入钙盐则生成果胶酸钙沉淀，烘干后称量，再折算成果胶酸的量。

(2) 主要仪器及试剂。

布氏漏斗、G2 垂融坩埚、抽滤泵、真空泵等。

乙醇、乙醚、0.05mol/L 盐酸溶液、0.1mol/L 氢氧化钠；

1mol/L 乙酸：取 58.3mL 冰醋酸，用水定容到 100mL；

2mol/L 氯化钙溶液：称取 110.99g 无水氯化钙，用水定容到 500mL。

(3) 测定方法。

① 脱脂、去糖。

称取试样 30～50g 新鲜食品样品(视样品中果胶含量高低而定)，切成薄片，置于 500mL 锥形瓶中，加入 95%乙醇适量，在装有冷凝器的回流装置中，水浴上沸腾回流 15min 后，冷却，用布氏漏斗过滤，残渣于研钵中边磨碎，边滴加 70%的热乙醇溶液继续脱糖，冷却后再过滤，反复操作直至滤液不呈糖的反应(用苯酚-硫酸法检验)为止。残渣用 95%乙醇洗涤脱水，再用乙醚洗涤以脱脂和色素，风干除去乙醚。

② 提取果胶。

总果胶的提取：用 150mL 加热至沸的 0.05mol/L 盐酸溶液，将上述漏斗中残渣移入 250mL 锥形瓶中，装上冷凝器，于沸水浴中加热回流 1h，冷却后移入 250mL 容量瓶中，加甲基红指示剂 2 滴，加 0.5mol/L 氢氧化钠中和后，用水定容，摇匀，过滤，收集滤液即得总果胶提取液。

水溶性果胶提取：将上述 0.05mol/L 盐酸溶液换为水，将漏斗中残渣移入 250mL 烧杯中，加热至沸并保持沸腾 1h，随时补足蒸发的水分，冷却后移入 250mL 容量瓶中，加水定容，摇匀，过滤，弃去初滤液，收集滤液即得水溶性果胶提取液。

③ 果胶酸钙的测定。

取 25mL 提取液(能生成果胶酸钙 25mg 左右)于 500mL 烧杯中，加入 0.1mol/L 氢氧化钠溶液 100mL，充分搅拌，放置 0.5h，再加入 1mol/L 乙酸 50mL，放置 5min，边搅拌边缓缓加入 1mol/L 氯化钙溶液 25mL，放置 1h 陈化，加热煮沸 5min，趁热用烘干至恒量的滤纸(或 G_2 垂融坩埚)过滤，用热水洗涤至无氯离子(用 10%硝酸银溶液检验)为止。滤渣连同滤纸一同放入称量瓶中，置于 105℃烘箱中(G_2垂融漏斗可直接放入)干燥至恒量。

(4) 结果计算。

$$\text{果胶物质(以果胶酸计,\%)} = \frac{(m_1 - m_2) \times 0.9233}{m \times \frac{25}{250}} \times 100 \qquad (3\text{-}52)$$

式中：m_1——果胶酸钙＋滤纸＋称量瓶(或果胶酸钙＋垂融坩埚)的质量，g；

m_2——滤纸＋称量瓶(或垂融坩埚)的质量，g；

m——样品质量，g；

25——测定时取果胶提取液的体积，mL；

250——果胶提取液总体积，mL；

0.9233——由果胶酸钙换算为果胶酸的系数。

果胶酸钙的实验式定为 $C_{17}H_{22}O_{11}Ca$，其中钙含量约为 7.67%，果胶酸含量约为 92.33%。

(5) 注意事项。

① 此法适用于各类食品，方法稳定可靠，但操作较繁琐费时，且果胶酸钙沉淀中易夹杂其他胶态物质，使本法选择性不理想。

② 新鲜试样若直接研磨，由于果胶分解酶的作用，果胶会部分分解，使测定结果偏低，故前处理中，第一次加入 95%乙醇和加热回流是为了钝化果胶酶(钝化果胶酶只需要乙醇浓度>80%即可，但由于样品中含有水分，故需加入较浓的乙醇)。

③ 检验糖分的苯酚-硫酸法：见酸水解法测淀粉的注意事项。

④ 加入氯化钙溶液时，应边搅拌边缓缓滴加，以避免溶液局部过浓，造成过饱和。

⑤ 采用热过滤和热水洗涤沉淀，是为了降低溶液的黏度，加快过滤和洗涤速度，并增大杂质的溶解度，使其易被洗去。

2) 咔唑比色法

(1) 原理。

果胶主要由 α-(1→4)-D-吡喃半乳糖醛酸单位组成的聚合物，此外还含有 α-L-鼠李糖残基等。果胶经水解生成半乳糖醛酸，在强酸中半乳糖醛酸与咔唑试剂发生缩合反应，生成紫红色化合物，在一定浓度范围内，其呈色强度与半乳糖醛酸含量成正比，可进行定量分析。

(2) 仪器及试剂。

分光光度计、50mL 比色管。

乙醇、乙醚、0.05mol/L 盐酸溶液。

0.15%咔唑乙醇溶液：称取化学纯咔唑 0.150g，溶解于精制乙醇中并定容到 100mL，咔唑溶解缓慢，需加以搅拌。

精制乙醇：取无水乙醇或 95%乙醇 1000mL，加入锌粉 4g，硫酸(1∶1，体积比)4mL，在水浴中回流 10h，用全玻璃仪器蒸馏，馏出液每 1000mL 加锌粉和氢氧化钾各 4g，重新蒸馏一次。

半乳糖醛酸标准溶液：准确称取半乳糖醛酸 100mg，溶于蒸馏水并定容到 100mL。用此液配制一组浓度为 10～70μg/mL 的半乳糖醛酸标准溶液。

硫酸：优级纯。

(3) 测定方法。

① 样品的脱糖、脱脂及果胶的提取：同重量法。

② 标准曲线的制作。取 8 支 50mL 比色管，各加入 12mL 浓硫酸，置于冰水浴中，缓缓依次加入浓度为 0μm/mL、10μm/mL、20μm/mL、30μm/mL、40μm/mL、50μm/mL、60μm/mL、70μg/mL 的半乳糖醛酸标准溶液 2mL，充分混合后，于冰水浴中冷却。然后在沸水浴中准确加热 10min，用流动水迅速冷却到室温，各加入 0.15%咔唑试剂 1mL，充分混合，于室温下放置 30min，以零号管为参比，在 530nm 波长下测定其吸光度值，绘制标准曲线。

③ 半乳糖醛酸的测定。取适量果胶提取液，用水稀释到适当的浓度(含半乳糖醛酸 10～70μg/mL)。取 2mL 稀释液于 50mL 比色管中，以下按制作标准曲线的方法操作，测定其吸光度值。从标准曲线上查出半乳糖醛酸浓度(μg/mL)。

(4) 结果计算。

$$\text{果胶物质(以半乳糖醛酸计,\%)} = \frac{c \times K \times V}{W \times 10^6} \times 100 \tag{3-53}$$

式中：c——从标准曲线上查得的半乳糖醛酸浓度，μg/mL；

K——提取液稀释倍数；

V——果胶提取液总体积，mL；

W——样品质量，g；

10^6——将微克换算成克。

（5）注意事项。

① 此法适用于测定各类食品，具有操作简便、快速，准确度较高，重现性较好等优点。

② 本法的测定结果以半乳糖醛酸表示，因不同来源的果胶中半乳糖醛酸的含量不同，如甜橙为77.7%，柠檬为94.2%，柑橘为96%，苹果为72%～75%。若把结果换算为果胶的含量，可按上述关系再进一步进行换算。

③ 此法除可测定半乳糖醛酸外，其他糖醛酸如葡萄糖醛酸等也可用此法测定，故此法测定半乳糖醛酸并不具有专一性。

④ 中性糖的存在对糖醛酸的测定结果也有影响，会使结果偏高，故去糖步骤是必需的。

⑤ 硫酸浓度对呈色反应影响较大，在低浓度的硫酸中，呈色极低，仅在浓硫酸中才可充分呈色，故在测定样液和制作标准曲线时，应使用同规格、同批号的浓硫酸，以保证其浓度一致。

4. 膳食纤维的测定(重量法)

膳食纤维（dietary fibers，DF）是指在人类小肠中不能被消化吸收，但在大肠中能部分或全部发酵的一类以非消化性多糖为主的化合物的总称，包括果胶、纤维素、半纤维素、木质素等，其中也包括食品添加剂中的食品胶。由于膳食纤维的组分复杂，性质各异，现有的所有测定膳食纤维的方法均是十分繁琐的，此处仅介绍一种国际上被广泛采用的AOAC 991.43方法。

1）原理

取干燥、脱脂并磨细了的样品，用α-淀粉酶、蛋白酶除去淀粉和蛋白质。过滤收集不溶性纤维，可溶性纤维通过加入高浓度乙醇（使终浓度达70%以上）使之沉淀，收集该沉淀物，纤维残渣用乙醇、丙酮洗涤后，于炉中干燥至恒量，称量。该残渣中还含有矿物质和少量蛋白质，矿物质的量用测灰分的方法测定，蛋白质的量用凯氏定氮法测定；故膳食纤维的量＝残渣量－灰分－蛋白质量－空白值。总膳食纤维＝不溶性膳食纤维＋可溶性膳食纤维。该法适合于各种食品中膳食纤维的测定，其结果可用于研究、立法及产品成分标示。

2）测定方法

膳食纤维测定流程图如图3-17所示。

（a）将样品与缓冲液混合，加入一种对热较稳定的α-淀粉酶，调节pH，在沸水浴中淀粉被糊化、水解。

（b）冷却后加入蛋白酶水解蛋白质。

（c）蛋白质水解完后，调节pH，进一步用葡萄糖淀粉酶使淀粉水解完全。

（d）淀粉水解完全后，用可抽滤坩埚过滤。

（e）可溶性膳食纤维存在于滤液中，不溶物用水洗涤。

（j）加入4倍体积的95%的乙醇到滤液中，使可溶性膳食纤维沉淀，抽滤。

（k）用78%的乙醇洗涤沉淀3次。如果只需要测定总膳食纤维，则不必划分可溶性和不溶性膳食纤维，可将可溶性膳食纤维和不溶性膳食纤维滤渣合并，进行以下操作。

（e，l）如果需要分别测定可溶性膳食纤维和不溶性膳食纤维，则分别将两个可抽滤坩埚中两种纤维滤渣（可溶性、不溶性）均用95%的乙醇、丙酮洗涤，送入炉中干燥，放入干燥器内冷却至室温后，称量，重复该操作直至恒量。滤渣中还包含矿物质和少量蛋白质。

（h，o）将滤渣分为两份，一份用凯氏定氮法测定其中的蛋白质含量。

（i，p）另一份用灰化法测定矿物质的量。同时，应在完全相同的条件下做空白实验。

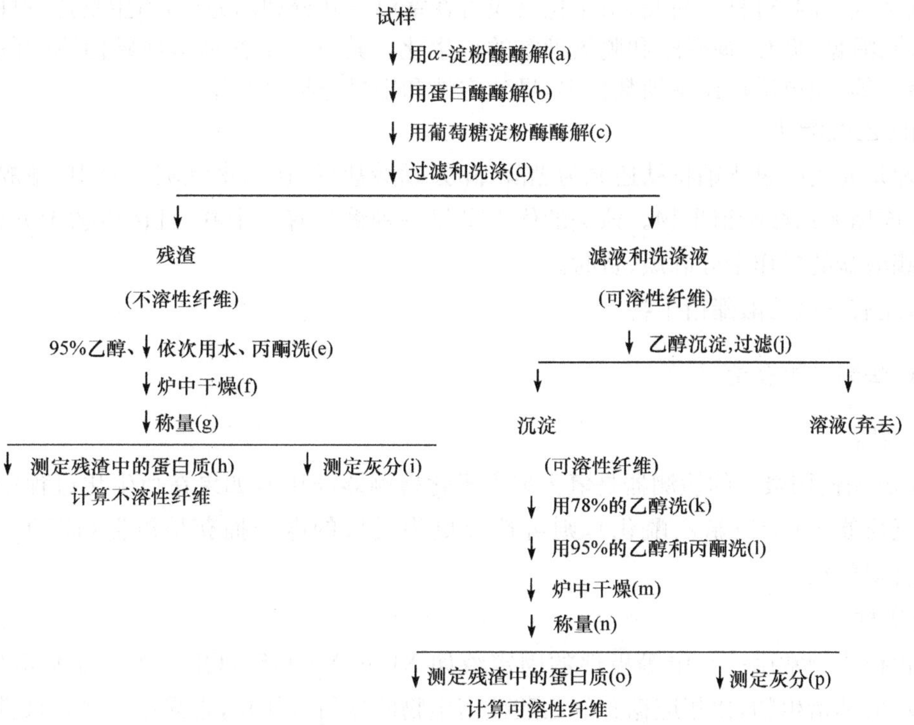

图 3-17　总膳食纤维、不溶性膳食纤维、可溶性膳食纤维测定流程图

3）结果计算

$$\text{膳食纤维}(\%)=\frac{m}{W}\times 100 \tag{3-54}$$

式中：m——试样中膳食纤维的质量，g；

W——样品质量，g。

$$\text{膳食纤维的量}=\text{残渣量}-\text{灰分}-\text{蛋白质量}-\text{空白值} \tag{3-55}$$

4）注意事项

实际上式(3.55)中残渣量中还应包含少量抗性淀粉，因此，严格地说式(3-55)中：膳食纤维的量＝残渣量－灰分－蛋白质量－抗性淀粉量－空白值。抗性淀粉的测定是将恒量后的残渣量分为三份，其中一份用于测定抗性淀粉。将该份残渣分散在 2mol/L KOH 中，使其中的抗性淀粉溶解，将 pH 调节至 4.0～4.5 后，加入葡萄糖淀粉酶使淀粉水解完全，释放出的葡萄糖可用二硝基水杨酸比色法测定。

3.4.4　气相色谱法测定糖含量

气相色谱法(GC)要求被测样品具有良好的挥发性和热稳定性，糖类由于含有大量羟基，极性强，不易挥发，因而须将其先衍生化，使其生成易挥发，对热稳定的化合物后，再进行 GC 测定。

1. 糖的衍生化

1）三甲基硅烷(TMS)化

该法是糖的羟基衍生化的主要方法之一，是基于糖的羟基与 TMS 反应，生成三甲基硅醚衍生物,其优点是制备快速、简便,衍生化反应可在室温下几分钟内完成,衍生物挥发性强。其可用于醛糖、酮糖、糖苷、糖醛酸和脱氧糖等的衍生化。其不足是各种单糖异构体(开链式、吡喃环、呋喃环等)使色谱峰比单糖数目多,导致定性和定量分析复杂化。

2) 糖醇乙酸酯法

其原理是先用硼氢化钠将糖还原为糖醇,除去硼酸盐后,在无水吡啶介质中,糖醇与乙酸酐反应,生成糖醇乙酸酯衍生物。该法的优点是每一种糖只有一个峰,且衍生物十分稳定;不足是除去硼酸盐的操作十分麻烦、费时。

此外,还有三氟乙酸酯衍生物。

2. GC 法测定糖含量

1) 检测器

GC 法测糖使用最多的检测器是氢火焰离子化检测器(FID),如果在衍生化过程中导入一些强的负电荷原子(如三氟乙酰化),则可选择更为灵敏的电子捕获检测器(ECD),可检测 10^{-12}g 级含量的糖。

2) 色谱柱

硅烷化衍生物常用一些中等极性的固定液如 XE-6,XF-1150,QF-1 等。酰基衍生物,特别是三氟乙酸酯衍生物,比相应糖苷的乙酸酯衍生物的保留时间短,常采用一些强极性的固定液进行分离,但要注意固定液的温度上限,以防固定液的流失。氰烷硅酮类,如 OV-225,OV-275,SP-2340 等有较高的温度上限。

糖的 GC 法测定实例:图 3-18、图 3-19 为蜂蜜中糖衍生物的色谱图,通过测定松三糖和吡喃葡萄糖基蔗糖这两种蜂蜜中重要的糖,可鉴别蜂蜜中是否掺了淀粉糖浆。

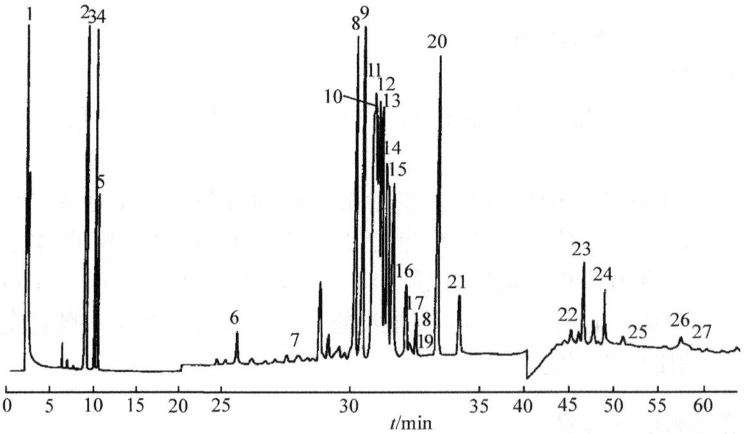

图 3-18　蜂蜜样品经硅烷化的糖肟色谱图

OV-101 石英毛细管柱(250m×0.23mm i. d.)

柱温以 3℃/min 从 180℃升至 280℃,保持 4min,再以 2℃/min 升至 290℃

1. 溶剂;2、3. 果糖;4、5. 葡萄糖;6. 蔗糖;7. α,α-海藻糖;8、9. 麦芽二糖;10. 酒二糖;11. 麦芽糖和松二糖;12. 松二糖;13. 曲二糖;14. 麦芽糖和异麦芽糖;15. 酒二糖;16. 曲二糖和帕拉金糖;17. 龙胆二糖;18. 帕拉金糖;19. 龙胆二糖;20、21. 异麦芽糖;22. 棉籽糖;23. 蔗果三糖;24. 松三糖;25～27. 麦芽三糖

引自:陈家华,等. 2005. 现代食品分析新技术. 北京:化学工业出版社

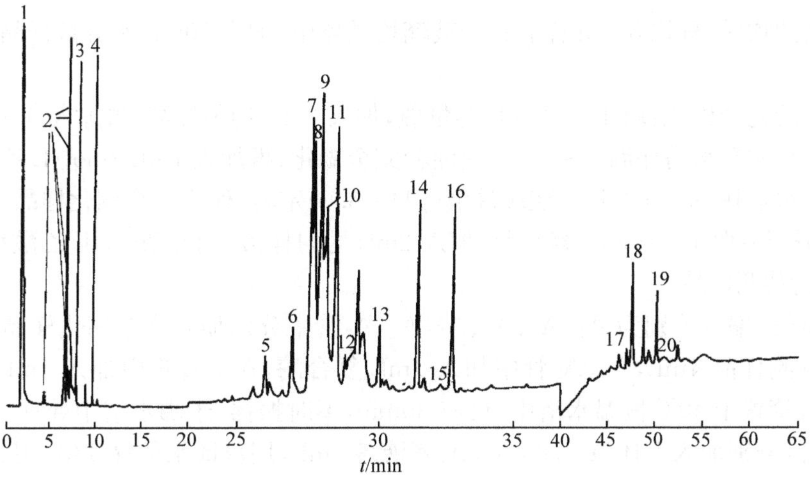

图 3-19　蜂蜜样品经 TMS 硅烷化的色谱图

色谱条件同图 3-18

1. 溶剂；2. 果糖(几种异构体)；3. α-葡萄糖；4. β-葡萄糖；5. 蔗糖；6. α-麦芽糖；7、8. 麦芽二糖；9. 酒二糖和松二糖；10. β-麦芽糖；11. β-曲二糖、酒二糖和 α,α-麦芽二糖；12. 帕拉金糖；13. α-曲二糖；14. α-异麦芽糖；15. 龙胆二糖；16. β-异麦芽糖；17. 棉籽糖；18. 蔗果三糖；19. 松三糖；20. 麦芽三糖

引自：陈家华，等．2005．现代食品分析新技术．北京：化学工业出版社

3.4.5　淀粉特性值分析

1. 淀粉糊化度(degree of gelatinization of starch)的测定

淀粉粒在适当温度(一般在 50～80℃)下吸水膨胀，形成均匀的糊状溶液的过程称为糊化。糊化后淀粉结晶区消失，双折射现象消失。淀粉糊化有利于其酶解，有利于食品中淀粉的消化，方便食品要求糊化度要高，如方便面要求糊化度达 80%以上。因此，有时有必要测定淀粉糊化度。此处介绍一种很灵敏的方法——复合酶法测定淀粉的糊化度。

1) 原理

其原理是基于充分糊化的淀粉与淀粉酶反应的速率比生淀粉要快得多。复合酶法是采用普鲁兰酶(Pullulanase)(或异淀粉酶，isoamylase)和 β-淀粉酶(amylase)，这几种酶均不易作用于生淀粉，当淀粉糊化后，淀粉的长链打开，普鲁兰酶(或异淀粉酶)起截支作用，即截断支链淀粉的支链。支链淀粉截支后成为线性链段，β-淀粉酶作用于线性链段，使之降解为麦芽糖和少量的麦芽(由奇数碳链段产生的)，再用测还原糖的方法测定还原糖的量。比较样品的还原能力和完全糊化时的还原能力，即可测得糊化度。

2) 主要试剂

复合酶溶液：将 170mg β-淀粉酶(粗酶制剂 5IU/mg)和 170mg 异淀粉酶(粗酶制剂 2IU/mg)溶于 100mL 0.8mol/L 乙酸缓冲液中(pH＝6.0)，滤去不溶部分，所得滤液含异淀粉酶 3.4 IU/mL，β-淀粉酶 0.8 IU/mL；

失活复合酶液：将上述复合酶液置于沸水浴中处理 10min，灭酶活；

0.8mol/L 乙酸缓冲液(pH＝6.0)、玉米淀粉。

3）测定方法

（1）样品的均质：称取80mg样品置于玻璃均质器中，加入80mL水分散样品，制得均匀样液。

（2）淀粉的完全糊化：取1个25mL容量瓶，加入2mL均匀样液，再加入0.2mL 10mol/L NaOH溶液，于50℃水浴保温3～5min，使淀粉完全糊化，再加入1mL 2mol/L乙酸，将溶液的pH调至6.0，最后用0.8mol/L乙酸缓冲液（pH=6.0）定容，作为完全糊化样品。

（3）待测样品：取1个25mL容量瓶，加入2mL均匀样液，用0.8mol/L乙酸缓冲液（pH=6.0）定容，作为待测样品。

取四支试管，编号分别为A_1、A_2、A_3、A_4，A_1、A_2管中分别加入完全糊化样品4mL，A_3、A_4管分别加入待测样品4mL，A_1、A_3管中加入1mL复合酶，A_2、A_4管中加入1mL失活复合酶液。将四支试管置于40℃恒温水浴中，反应30min，不时振摇，于沸水浴中处理5min灭酶活。另取四支试管，分别加入上述A_1、A_2、A_3、A_4管液各1mL，用蒸馏水稀释5倍，用二硝基水杨酸比色法测定还原糖量。

4）结果计算

$$\text{糊化度}=\frac{m-a}{m'-a'}\times 100 \tag{3-56}$$

式中：m——未糊化样品中还原糖的生成量；

a——未糊化样品对应的空白；

m'——完全糊化样品中还原糖的生成量；

a'——完全糊化样品对应的空白。

5）注意事项

（1）该法是用相对值表示糊化程度，而不是用绝对量来判别的。

（2）在实验中要注意避免样品因处理温度>50℃而糊化。

（3）对于高脂样品（脂肪含量>4%），如油炸样品，须先用乙醚或石油醚脱脂，或用丙酮脱去水和油脂。

2. 淀粉老化度（degree of retrogradation of starch）的测定

糊化淀粉放置后，重新结晶所导致的不溶解效应称为老化。面包、馒头、米饭放置后出现的回生现象即为淀粉老化。老化淀粉的行为与生淀粉相似，与复合酶作用速度很慢，故老化度的测定可用上述测定糊化度同样的方法，测定老化前后还原能力的降低。

3.4.6　糖类分析方法的进展

在糖类的测定中，除常用到化学分析法外，还用到仪器分析法，如高效液相色谱（HPLC）法、气相色谱法（GC）、薄层色谱、毛细管电泳、质谱等。

1. 色谱法（chromatography）

在科学研究中，除常需测定还原糖、总糖、淀粉含量外，有时还需了解单糖、低聚糖及多糖的糖基组成，对低聚糖和多糖需先水解成单糖后，再通过色谱分离，根据各种单糖标样的保留时间进行定性分析，根据色谱峰的峰高或峰面积等进行定量分析。用HPLC测定糖含量时，由于糖缺乏生色团，一般不便于用紫外检测器，而用折光检测器。当电磁波从一种介质（空气）

进入到另一种介质中时，其传播方向会改变。入射角的正弦函数与折射角的正弦函数之比即为折射率。折射率与温度、波长、被测物质性质及其浓度有关，当前三个因素一定时，则可通过测定折射率来测定被测物浓度。此外，在阴离子交换 HPLC 法测糖时，用电化学检测器。GC 法测糖须先将糖衍生化，通常是酯化，也有醚化，以降低其极性，增加其挥发性。

2. 质谱法(mass spectrometry)

质谱法也已被用于分析碳水化合物，但它不是常规方法，也不是经济的方法。图 3-20 是一种称为基质辅助激光解析-飞行时间(MALDI-TOF)质谱技术测定麦芽寡糖的例子，与常用于测糖的阴离子交换 HPLC 法及毛细管电泳法比较，MALDI-TOF-MS 法结果最好。

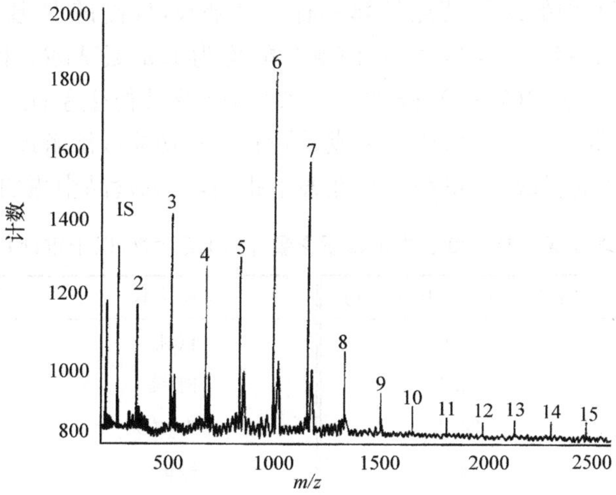

图 3-20　MALDI-TOF-MS 测定淀粉水解物中各种麦芽寡糖
图中数字表示聚合度，IS 表示内标(internal standard)
引自：Nielsen S S. 2003. Food Analysis. 3rd ed. New York：Kluwer Academic/Plenum Publishers

3. 毛细管电泳法(capillary electrophoresis)

毛细管区带电泳已被用于碳水化合物的测定中，但由于糖缺乏生色团，需用预柱衍生化后，再用紫外或荧光检测器。

4. 酶法(enzymatic method)

当多种糖共存时，除可用色谱法先分离再测定外，还可利用酶作用于底物的专一性，选择性地测定某种糖，如用葡萄糖氧化酶可测定多种糖中的葡萄糖。

5. 折光法(refractive index)

在乳品工业中，可用折光法测定牛乳中乳糖的质量分数。正常牛乳乳清的折射率为 1.34199～1.34275，若牛乳掺水则折射率降低，测定折射率可帮助判断牛乳是否掺水。

3.5 蛋白质及氨基酸分析

3.5.1 概述

蛋白质是生命的物质基础，是构成生物体组织细胞的重要成分，也是食品的重要营养指标。蛋白质组成复杂，相对分子质量分布从一万到几百万不等，分子质量低于 10 000Da 的称为肽。组成蛋白质的主要元素有 C、H、O、N、S 等，此外，有些蛋白质中还含有微量的 P、Cu、Fe、I 等元素。蛋白质分子的基本组成单位是氨基酸，目前，在各种生物体中发现的氨基酸已达 180 多种，而构成蛋白质的氨基酸主要为 20 种常见氨基酸。在这 20 种常见氨基酸中，除脯氨酸是亚氨基酸外，其共同的结构特点是都具有 α-氨基酸，仅侧链 R 基团各不相同。其中脯氨酸、甘氨酸不含有手性碳原子，其余 18 种氨基酸均为 L-α-氨基酸。根据侧链 R 基团的不同，氨基酸可分为酸性氨基酸（羧基）、碱性氨基酸（氨基及其衍生基团）和极性的中性氨基酸（羟基、巯基和酚羟基）等。蛋白质可按其组成、结构、生物功能或溶解度等进行分类。

不同食品中蛋白质的组成、含量和溶解性各不相同，常见食品中蛋白质的含量见表 3-20。

表 3-20 常见食品中蛋白质含量(g/100g 食物，以干重计)

食品种类	蛋白质含量/(g/100g 食物)	食品种类	蛋白质含量/(g/100g 食物)
燕麦	15.6	核桃	15.4
莲子	16.6	牛肉(瘦)	20.3
黄豆	36.3	羊肉(瘦)	17.3
蚕豆	28.2	鲢鱼	17.0
猪肉(瘦)	16.7	兔肉	21. 2
猪心	19.1	鸡肉	21.5
猪肝	21.3	鸡肝	18.2
豆腐皮	50.5	鸭肉	16.5
猪肾	15.5	海参(干)	76.5
花生	26.2	鸡蛋	14.7
猪血	18.9	龙虾	16.4

蛋白质是标志食品营养价值的重要成分，对食品进行总蛋白质含量、氨基酸组成、非蛋白氮、混合物中特定蛋白质的含量等分析是食品营养成分测定的主要项目，也是评估食品质量及其等级的重要依据。

除营养特性外，不同种类的食品蛋白质都有其独特的功能性质，如蛋清蛋白具有起泡性质、小麦蛋白能形成面团等。蛋白质的功能特性对食品的品质及风味起着重要作用，是开发和利用蛋白质资源的重要依据。测定食品中蛋白质的含量和功能性质，对于合理开发利用食品资源、优化食品配方、提高产品质量等具有重要意义。此外，具有生物活性的蛋白质是生物体的重要组成部分，如活性蛋白和活性肽，有些酶与抗营养因子，如蛋白水解酶、肉嫩化剂以及胰蛋白酶抑制因子等都与食品科学和营养学密切相关。

因此，蛋白质分析在测定总蛋白质含量、混合物中某一特定蛋白质含量、蛋白质在分离纯化过程中蛋白质含量变化、氨基酸组成、蛋白质的营养价值评价等中都是必不可少的。

3.5.2　蛋白质含量的测定

测定蛋白质含量的方法很多，许多方法是基于蛋白质的共性，如利用含氮量、肽键、染料结合能力、紫外吸收和光散射特性等测定蛋白质含量；另一类方法是利用蛋白质中某些特定氨基酸残基如酸性、碱性基团以及芳香基团等测定蛋白质含量。由于食品种类繁多、食品中蛋白质含量各异、组成复杂，特别是其他主要成分，如碳水化合物、脂肪等干扰成分很多，因此在测定时应综合考虑灵敏度、准确性、分析时间、成本等多种因素，选择合适的测定方法。下面对几种常用的蛋白质测定方法予以介绍。

1. 微量凯氏定氮法测定粗蛋白

1）原理

样品用浓硫酸消化，使蛋白质分解，其中碳和氢被氧化成二氧化碳和水逸出，而样品中的有机氮则转化为氨与硫酸结合成硫酸铵。然后加碱蒸馏，使氨气蒸出，用硼酸吸收后，再以标准盐酸或硫酸溶液滴定。根据标准酸消耗量，可计算出样品中氮含量，再根据蛋白质中氮的含量通常在 16%左右，进而换算出蛋白质的含量。

（1）样品消化：消化反应方程式为

$$2NH_2(CH_2)_2COOH+13H_2SO_4 = (NH_4)_2SO_4+6CO_2\uparrow+12SO_2\uparrow+16H_2O$$

浓硫酸具有脱水性，使有机物脱水后炭化。浓硫酸同时具有氧化性，将有机物炭化后的碳氧化成为二氧化碳，硫酸则被还原成二氧化硫：

$$2H_2SO_4+C = 2SO_2\uparrow+2H_2O+CO_2\uparrow$$

二氧化硫使氮还原成氨，本身则被氧化成三氧化硫，氨随之与硫酸作用，生成硫酸铵留在酸性溶液中：

$$H_2SO_4+NH_3 = (NH_4)_2SO_4$$

在消化反应中，为加速蛋白质的分解，缩短消化时间，常加入硫酸钾、硫酸铜。硫酸钾的作用是可以提高溶液的沸点，加快有机物分解。因它与硫酸作用生成硫酸氢钾可提高反应温度，一般纯硫酸的沸点在 340℃左右，而添加硫酸钾后，可使温度提高至 400℃以上，原因主要在于随着消化过程中硫酸不断地被分解，水分不断逸出而使硫酸钾浓度增大，故沸点升高，其反应式如下：

$$K_2SO_4+H_2SO_4 = 2KHSO_4$$

$$2KHSO_4 = K_2SO_4+H_2O\uparrow+SO_3\uparrow$$

但硫酸钾加入量不能太大，否则消化体系温度过高，又会引起已生成的铵盐发生热分解放出氨而造成损失：

$$(NH_4)_2SO_4 \longrightarrow NH_3\uparrow+NH_4HSO_4$$

$$NH_4HSO_4 \longrightarrow NH_3\uparrow+SO_3\uparrow+H_2O$$

硫酸铜则是起催化剂的作用，有助于蛋白质的分解，缩短消化时间。此外还可加入少量过氧化氢、次氯酸钾等氧化剂以加速有机物氧化。硫酸铜作为催化剂的机理如下：

$$2CuSO_4 \longrightarrow Cu_2SO_4+SO_2\uparrow+O_2\uparrow$$

$$C+2CuSO_4 \longrightarrow Cu_2SO_4+SO_2\uparrow+CO_2\uparrow$$

$$Cu_2SO_4+2H_2SO_4 \longrightarrow 2CuSO_4+2H_2O+SO_2\uparrow$$

此反应不断进行，待有机物全部被消化完后，不再有硫酸亚铜（Cu_2SO_4）生成，溶液呈现出清澈的蓝绿色。因此，硫酸铜除起催化剂的作用外，还可指示消化终点，以及下一步蒸馏时碱性反应的指示剂。

(2) 蒸馏：在消化完全的样品溶液中加入浓氢氧化钠使呈碱性，加热蒸馏，即可释放出氨气，反应方程式如下：

$$2NaOH+(NH_4)_2SO_4 = 2NH_3\uparrow+Na_2SO_4+2H_2O$$

(3) 吸收与滴定：加热蒸馏所释放出的氨，可用硼酸溶液进行吸收，待吸收完全后，再用盐酸标准溶液滴定，因硼酸呈微弱酸性($K_a=5.8\times10^{-10}$)，用酸滴定不影响指示剂的变色反应，但它有吸收氨的作用，吸收滴定反应方程式如下：

$$2NH_3+4H_3BO_3 = (NH_4)_2B_4O_7+5H_2O$$

$$(NH_4)_2B_4O_7+5H_2O+2HCl = 2NH_4Cl+4H_3BO_3$$

2) 主要试剂及仪器

浓硫酸、硫酸铜、硫酸钾、40%氢氧化钠溶液。

4%硼酸溶液：取 20g 硼酸溶于 50mL 热水中，摇匀备用。

0.0100mol/L 标准盐酸溶液：取盐酸 1.7mL，定容至 2000mL。

甲基红-溴甲酚绿混合液指示剂：5 份 0.2%溴甲酚绿乙醇溶液与 1 份甲基红乙醇溶液混合均匀。

凯氏烧瓶(500mL)；凯氏定氮蒸馏装置，如图 3-21 所示。

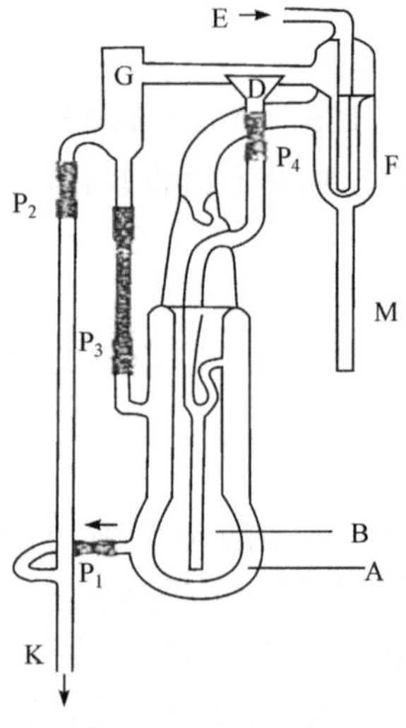

图 3-21　微量凯氏定氮蒸馏装置

A. 蒸馏装置外套管(加热管)；B. 蒸馏装置内套管(样品管)；D. 加样漏斗；E. 冷凝水入口；F. 冷凝管；G. 储液漏斗；M. 接收管；K. 冷凝水出口；$P_1\sim P_4$. 橡皮连接管

3) 操作方法

准确称取固体样品 0.2～2g(半固体样品 2～5g，液体样品 10～20mL)，小心移入洁净干燥的 500mL 凯氏烧瓶中，然后加入研细的硫酸铜 0.5g、硫酸钾 5g 和浓硫酸 20mL，轻轻摇匀后，用电炉以小火加热，加入玻璃珠数珠以防暴沸。待内容物全部炭化，泡沫停止产生后，加大火力，保持瓶内液体微沸，至液体变蓝绿色透明后，再继续加热沸腾 10min 后冷却。

将消化完全的消化液冷却后，完全转入 100mL 容量瓶中，定容，摇匀。准确移取消化稀释液 5mL 从小漏斗 D 加入蒸馏装置内套管 B 中，检查体系使之密闭，冷凝管下端插入盛有 10mL 4%硼酸吸收液的液面下。经小漏斗 D 再加 40%氢氧化钠溶液 5mL，缓缓放入，并始终保持液封，用少量蒸馏水洗漏斗数次，夹好漏斗夹，开冷凝水，并开电炉加热，进行水蒸气蒸馏。蒸馏至吸收液变为绿色开始计时，继续蒸馏 10min 后，使接收瓶液面离开冷凝管管口，放在冷凝管下方，利用冷凝液洗涤冷凝管内壁，并用少许蒸馏水冲洗管口下端，停止蒸馏。

馏出液用 0.01000mol/L 盐酸标准溶液滴定至微红色即为终点，同时做一空白实验。

4) 计算结果

$$粗蛋白(\%)=[c\times(V_1-V_2)\times M_{氮}/1000]\times F\times100/m \tag{3-57}$$

式中：c——标准盐酸溶液的物质的量浓度，mol/L；

V_1——滴定样品时用去的标准盐酸溶液的体积，mL；

V_2——滴定空白时用去的标准盐酸溶液的体积，mL；

m——蒸馏时样品的质量，g；

$M_{氮}$——氮的摩尔质量，14.01g/mol；

F——氮换算为蛋白质的系数，常用 6.25 即 16%的倒数。

5）注意事项

（1）此法是蛋白质含量测定最常用的经典方法，也是国内外蛋白质法定的标准方法。其操作相对简单，结果准确，费用低，可适用各类食品中蛋白质含量的测定，但由于样品中常含有核酸、生物碱等非蛋白质的含氮化合物，故本法测定的结果为粗蛋白质含量。

（2）此法的突出缺点是消化时间太长，由于消化过程中会产生有毒有害气体，必须在通风橱中进行，且所有试剂都有腐蚀性等。宗留香等对这一传统方法进行了改进，即用硒粉作催化剂进行消化，不用通风橱，实现了环保消化，并提高了消化效率，其测定结果与硫酸铜作为催化剂的传统方法相当吻合，但硒粉使用量过多或与硫酸作用时间过久会使铵态氮成为分子氮而损失。

（3）消化是样品处理的关键。消化时硫酸应过量，防止氨损失，如取样量较大，可按照每克试样 5mL 的比例添加硫酸用量。消化开始不要用强火，应保持平缓沸腾，以免黏附在凯氏瓶内壁上的含氮化合物在无浓硫酸存在的条件下未消化完全而造成氮损失，同时消化要充分。对于高脂肪含量（>10%）的样品，硫酸按常规量加入可能酸量不足，应在后期补加硫酸 5mL，消化时间也应相应延长；消化过程中若产生大量泡沫，为防止泡沫逸出瓶外，在开始消化时应用小火加热，并不时摇动，或者加入少量辛醇或者液体石蜡或者硅油等消泡剂，同时注意控制热源强度；对于一些含钙盐较多的样品，为避免消化液中出现浑浊难溶的硫酸钙，可选择盐酸与过氧化氢混合液为消化剂。当液体消化液不容易澄清时，可将凯氏烧瓶冷却，加入 2～3mL 30%过氧化氢后继续加热消化。

（4）目前包括国标方法大多加入硫酸钾和硫酸铜混合催化剂，但众多文献中二者用量的比例有所不同，硫酸钾与硫酸铜比例主要有 15∶1、10∶1、10∶0.9 和 9∶1 等，国标方法采用 10∶1 比例，硫酸铜用量是影响消化时间的主要因素；此外，硫酸钾与硫酸用量的比值也是决定消化成功的关键，一般两者比值为 1∶2。

（5）蒸馏装置不能漏气，同时加碱量要充足，若加碱量不足，氨不能完全蒸出，直接影响分析结果。蒸馏完毕后，应先将接收瓶液面离开冷凝管下端，并放在其下方，冷凝液清洗管口内壁，再蒸 1min 后关掉热源，否则会造成吸收液倒吸。硼酸吸收液的温度不应超过 40℃，否则对氮的吸收作用减弱而造成损失，此时可置于冷水浴中使用。

（6）不同种类蛋白质含氮量会有差异，要根据样品种类选择适当的 F 值。例如，小麦粉是 5.71，全麦为 5.83，稻米是 5.95，肉、青豆、鸡蛋和玉米是 6.25，牛乳及其制品为 6.38。

（7）也可用萘斯勒比色法代替蒸馏和酸滴定法定量测定氨或氮含量。

2. 考马斯亮蓝 G-250 染色比色法（Bradford 法）

1）原理

考马斯亮蓝 G-250 是一种有机染料，在游离状态下呈红色，在稀酸溶液中与蛋白质中的碱性氨基酸（特别是精氨酸）和芳香族氨基酸残基结合后变为蓝色，其最大吸收峰的位置也由 465nm 变为 595nm。蛋白质在 1～1000μg 范围，蛋白质-色素结合物在 595nm 波长下的吸光度与蛋白质含量成正比，故可用于蛋白质的定量测定。

2）试剂

标准蛋白质溶液：称取 10mg 牛血清白蛋白，用蒸馏水配成 100μg/mL 和 1000μg/mL 的标准溶液。

考马斯亮蓝 G-250 蛋白试剂：称取 100mg 考马斯亮蓝 G-250，溶于 50mL 90%乙醇中，加入 85%(质量浓度)的磷酸 100mL，用蒸馏水定容到 1000mL。此溶液在常温下可放置一个月。

3) 操作方法

(1) 样品处理及制备。

新鲜植物材料(如绿豆芽)直接称取 2g 放入研钵中，固体样品(如稻米和黄豆)先磨细，取 0.5～2g 放入研钵中，再加少量蒸馏水(或稀酸、稀碱、醇，视蛋白质溶解性而定)研磨成匀浆，转移到离心管中，再用少量蒸馏水分次洗涤研钵，洗涤液收集于同一离心管中，放置 0.5～1h 以充分提取，然后以 4000r/min 离心 20min，弃去沉淀，上清液转入 25mL 容量瓶，并以蒸馏水定容至刻度，即得待测样品提取液，液体样品直接或稀释后即可测定。

(2) 标准曲线制作。

① 0～100μg/mL 标准曲线的制作：取 6 支洁净具塞试管(10mL)，按表 3-21 取样。盖塞后，将各试管中溶液纵向倒转混合，放置 2min 后用 1cm 比色杯在 595nm 波长下测定吸光度，记录各管测定的吸光度值 A_{595nm}，并做标准曲线。

表 3-21　低浓度标准曲线制作

管号	1	2	3	4	5	6
1000μg/mL 标准蛋白液量/mL	0	0.02	0.04	0.06	0.08	0.10
蒸馏水量/mL	1.00	0.98	0.96	0.94	0.92	0.90
考马斯亮蓝 G-250 试剂量/mL	5	5	5	5	5	5
蛋白质含量/μg	0	20	40	60	80	100
A_{595nm}						

② 0～1000μg/mL 标准曲线的制作：另取 6 支 10mL 具塞试管，按表 3-22 取样。其余步骤同①操作，做出蛋白质浓度为 0～1000μg/mL 的标准曲线。

表 3-22　高浓度标准曲线制作

管号	7	8	9	10	11	12
1000μg/mL 标准蛋白液/mL	0	0.2	0.4	0.6	0.8	1.0
蒸馏水/mL	1.00	0.8	0.6	0.4	0.2	0
考马斯亮蓝 G-250 试剂/mL	5	5	5	5	5	5
蛋白质含量/μg	0	200	400	600	800	1000
A_{595nm}						

③ 样品提取液中蛋白质浓度的测定：另取 3 支 10mL 具塞试管，各吸取提取液 0.1mL(做三个重复)和蒸馏水 0.9mL，加入 5mL 考马斯亮蓝 G-250 蛋白试剂，充分混合，放置 2min 后用 1cm 比色杯在 595nm 下比色，记录吸光度值 A_{595nm}，并通过标准曲线查得待测样品提取液中蛋白质的含量 x(μg)。以标准曲线 1 号试管做空白。

4) 注意事项

(1) 本法在 0～100mg/L 蛋白质范围内呈良好的线性关系。

(2) 不可使用石英比色皿(因不易洗去染色),可用玻璃比色皿,使用后立即用少量 95%的乙醇荡洗,以洗去染色。

(3) 此法的突出优点是:灵敏度高,据估计比 Lowry 法约高四倍,其最低蛋白质检测量可达 1μg,这是因为蛋白质与染料结合后产生的颜色很深,蛋白质-染料复合物有更高的摩尔吸光系数;该法方法简便,易于操作,完成一个样品的测定,只需要 5min 左右。且显色后颜色可以在 1h 内保持稳定,适合大量样品的测定;所用试剂较少,显色剂易于配制;干扰物质少,干扰 Lowry 法的 K^+、Na^+、Mg^{2+}、Tris 缓冲液、蔗糖、甘油、巯基乙醇、EDTA 及酚类、游离氨基酸及其他小分子等均不干扰此法。

(4) 该法主要问题是线性关系较差,在蛋白质含量很高时线性偏低。有研究表明 H^+ 浓度是影响线性关系的主要因素,控制好显色液的 H^+ 浓度就能使被测液的吸光度与蛋白质浓度之间保持较好的线性关系,用 HCl-NaCl 缓冲液代替磷酸缓冲液也能改善标准曲线的线性关系;不同来源蛋白质由于各种蛋白质中的精氨酸和芳香族氨基酸的含量不同,与考马斯亮蓝 G-250结合状况有一定差异,在制作标准曲线时通常选用 β-球蛋白为标准蛋白质,以减少这方面的偏差;强碱性缓冲液、TritonX-100、十二烷基硫酸钠(SDS)等干扰该反应,考马斯亮蓝 G-250与蛋白质的反应物易附着在比色杯内壁上干扰该反应。

3. 双缩脲法(Biuret 法)

1) 原理

在碱性溶液中,Cu^{2+} 可与肽键中失去质子的氮原子结合成紫红色的络合物,在 560nm 处有最大吸收,且其颜色深浅与蛋白质含量成正比,而与蛋白质的氨基酸组成及相对分子质量无关。据此可用分光光度法测定蛋白质的含量。

2) 试剂

(1) 碱性硫酸铜溶液。

以甘油为稳定剂:将 10mL 10mol/L 氢氧化钾和 3.0mL 甘油加到 937mL 水中,剧烈搅拌,同时慢慢加入 50mL 4%硫酸铜溶液。

或以酒石酸钾钠为稳定剂:将 10mL 10mol/L 氢氧化钾和 20mL 25%酒石酸钾钠溶液加到 930mL 水中,剧烈搅拌,同时慢慢加入 40mL 4%硫酸铜溶液。

配制试剂加入硫酸铜溶液时,必须剧烈搅拌,否则将生成氢氧化铜沉淀。

(2) 四氯化碳(CCl_4)。

3) 操作方法

(1) 样品制备:同福林-酚比色(Lowry)法。

(2) 标准曲线的绘制:以采用凯氏定氮法测出蛋白质含量的样品作为标准蛋白样。按蛋白质含量 40mg、50mg、60mg、70mg、80mg、90mg、100mg 和 110mg 分别称取混合均匀的标准蛋白样于 8 支 50mL 比色管中,然后各加入 1mL 四氯化碳进行脱脂,再用碱性硫酸铜溶液准确稀释至 50mL,振摇 10min,静置 1h,取上层清液离心 5～10min,取离心分离后的透明液于比色皿中,在 560mn 波长下以试剂空白为参比测定各标准样品的吸光度 A,以蛋白质的含量为横坐标,吸光度 A 为纵坐标绘制标准曲线。

(3) 样品的测定:准确称取样品适量(使蛋白质含量在 40～110mg)于 50mL 比色管中,加 1mL 四氯化碳,按上述步骤显色后,在相同条件下测其吸光度值 A。用测得的 A 值在标准曲线上即可查得蛋白质毫克数,进而由此求得样品中的蛋白质含量。

4）结果计算

$$蛋白质含量=\frac{m\times 100}{m_1}(mg/100g) \tag{3-58}$$

式中：m——由标准曲线上查得的蛋白质质量，mg；

m_1——样品质量，g。

5）注意事项

（1）此法灵敏度不高，但操作简单快速，常用作粮食作物的例行分析方法；标准曲线制作完整后，无需每次再作标准曲线。

（2）含 2 个及以上肽键的肽类均可以发生此反应，故测定结果也包含这部分肽类。

（3）含脂肪高的样品应预先脱脂。

（4）样品中有不溶性成分存在时，会给比色测定带来困难，此时可预先将蛋白质抽出后再进行测定。

（5）当样品中有脯氨酸与低聚糖共存时，会影响显色效果，使测定值偏低。

（6）蛋白质种类不同，对发色程度影响不大。

4. 福林-酚比色法（Lowry 法）

1）原理

蛋白质与福林（Folin）-酚试剂反应，产生蓝色复合物。作用机理主要是蛋白质中的肽键与碱性铜盐产生双缩脲反应，同时也由于蛋白质中存在的酪氨酸及色氨酸同磷钼酸-磷钨酸试剂反应产生蓝色，呈色强度与蛋白质含量成正比。

2）酚试剂的制备

取 $Na_2WO_4\cdot 2H_2O$ 100g、$Na_2MoO_4\cdot 2H_2O$ 25g 及蒸馏水 700mL 于 1500mL 的圆底烧瓶中，加入 85% H_3PO_4 50mL、浓 HCl 100mL。安装好回流冷却装置（使用磨口接头；用软木塞或橡皮塞时，必须用锡箔包起来），小火回流 10～12h，回流完毕，待冷却后加入 $Li_2SO_4\cdot H_2O$ 150g，水 50mL 及溴水数滴，开口加热煮沸 15min，以逐出过量的溴。冷却后稀释至 1000mL，并过滤入棕色试剂瓶中，密闭于冰箱中保存。用前需按以下步骤标定：准确吸取上述试剂 1.0mL，稀释至 100mL，从中吸取 10mL，两份，各置 50mL 三角瓶中，分别加入数滴酚酞，用已标定过的 0.05mol/L 左右的 NaOH 溶液进行滴定，滴定终点由蓝变灰。滴定后计算出酸浓度，用时稀释至 1mol/L H^+，此为福林-酚试剂乙液。

配制：4% Na_2CO_3溶液；0.2mol/L NaOH 溶液；1% $CuSO_4$溶液；2%酒石酸钾钠溶液。使用前与等体积混合配成 Na_2CO_3-NaOH 溶液；将与等体积混合配成硫酸铜-酒石酸钾钠溶液。然后将这两个混合溶液按 50∶1 混合；配成福林-酚试剂甲液，此试剂只能用一天。

3）操作方法

（1）样品处理及制备：同考马斯亮蓝 G-250 染色比色法。

（2）标准曲线的绘制。

① 取 7 只试管编号，分别加 0mL、0.1mL、0.2mL、0.4mL、0.6mL、0.8mL、1.0mL 标准蛋白质溶液，用水补至 1.0mL。

② 加 5.0mL 福林-酚试剂甲液，混匀，于 30℃放置 10min。

③ 加入 0.5mL 福林-酚试剂乙液，立即振荡混匀，在 30℃下保温 30min。

④ 准确保温 30min 后，以不加标准蛋白质的管为空白，在 500nm 波长下比色测定吸光

度值。

⑤ 以蛋白质浓度为横坐标，吸光度值为纵坐标，绘制标准曲线。

(3) 样品测定。

取 1.0mL(视蛋白质含量适当稀释)样液加入试管中，然后重复步骤(2) 的②、③、④，以标准曲线中的零号管为空白，测定吸光度值。根据吸光度值查标准曲线，求出比色液中的蛋白质含量。

4) 结果计算

$$\text{蛋白质含量(mg/g 鲜重)}=\frac{c\times\frac{V}{a}}{W} \tag{3-59}$$

式中：c——查标准曲线得样品测定管中蛋白质含量，mg；

V——提取液总量，mL；

a——测定时取样液量，mL；

W——取样量，g。

5) 注意事项

(1) 福林-酚法广泛应用于水溶性蛋白质含量的测定。福林-酚法的灵敏度比双缩脲法高 100 倍，肽键显色效果增强，减少了因蛋白质种类不同引起的偏差。该法由于两步呈色反应可以叠加，其灵敏度提高，但耗时较长，因此反应显色随时间延长不断加深，因此各项操作必须精确控制时间，标准曲线也不是严格的直线形式，且福林-酚法试剂配制繁琐耗时。

(2) 福林试剂只在酸性条件稳定，故当其加到碱性的铜-蛋白质溶液中时，必须立即混匀，以便在磷钼酸-磷钨酸试剂被破坏前，还原反应即能发生。

(3) 此法专一性较差，酚类和柠檬酸、硫酸铵、Tris 缓冲液、甘氨酸、糖类、甘油、还原剂(二硫代苏糖醇、巯基乙醇)、EDTA 和尿素均会干扰反应，但质量分数或体积分数在 5%以内时，尿素、硫酸钠、硝酸钠、三氯乙酸、乙醇、乙醚和丙酮对显色无影响，高浓度时必须作校正曲线。

5. 4,4′-二羧基-2,2′-联喹啉法

1) 原理

4,4′-二羧基-2,2′-联喹啉(bicinchoninic acid,BCA)法是近来广为应用的蛋白定量方法。其原理与 Lowery 法相似，即在碱性环境下蛋白质与 Cu^{2+} 络合并将 Cu^{2+} 还原成 Cu^{+}。BCA 与 Cu^{+} 结合形成稳定的紫色复合物，BCA 与 Cu^{+} 反应比福林-酚试剂与 Cu^{+} 反应更强。在 562nm 处有高的光吸收值并与蛋白质浓度成正比，据此可测定蛋白质含量。

2) BCA 工作液

试剂 A：分别称取 10g BCA 二钠盐、20g 无水碳酸钠、0.16g 酒石酸钠、4g 氢氧化钠、9.5g 碳酸氢钠，加水至 1L，混合，调 pH 至 11.25。

试剂 B：4%硫酸铜。

BCA 工作液：试剂 A 100mL 与试剂 B 2mL 混合。

3) 操作步骤

(1) 蛋白质标准液：用结晶牛血清白蛋白根据其纯度用生理盐水配制成 1.5mg/mL 的蛋白质标准液(可由凯氏定氮法测定蛋白质含量而确定)。

(2) 绘制标准曲线：取 6 支试管，编号后分别加入 0mL、0.02mL、0.04mL、0.06mL、0.08mL、0.1mL 标准蛋白质溶液，然后各管分别用去离子水补充到 0.1mL，最后各试管中分别加入 2.0mL BCA 工作液，每加完一管，立即在漩涡混合器上混合(注意不要太剧烈，以免产生大量气泡而难于消除)；以蛋白质的含量为横坐标，吸光度 A 为纵坐标绘制标准曲线。

(3) 样品测定同步骤(2)，以测定管吸光度值，查找标准曲线，求出待测样品中蛋白质浓度(g/L)。

4) 注意事项

(1) 该法操作简单，快速，45min 内完成测定，与 Lowery 法相比，BCA 法灵敏度略高，试剂及其形成的颜色复合物稳定性俱佳，并且受干扰物质影响小。与 Bradford 法相比，BCA 法的显著优点是不受去垢剂的影响。表 3-23 比较了几种蛋白质的测定方法。

表 3-23 几种常用测定蛋白质方法的比较

方法	灵敏度	时间	原理	干扰物质	说明
微量凯氏定氮法(Kjedahl 法)	灵敏度低，适用于 0.2～1.0mg/mL 氮	费时，4～6h	将蛋白氮转化为氨，用酸吸收后滴定	非蛋白氮(可用三氯乙酸沉淀蛋白质而分离)	用于标准蛋白质含量的准确测定；干扰少；费时太长
双缩脲法(Biuret 法)	灵敏度低，1～20mg/mL	较快速，20～30min	多肽键＋碱性 Cu^{2+} 紫色络合物	硫酸铵；Tris 缓冲液；某些氨基酸	用于快速测定，但灵敏度低；不同蛋白质显色相似
福林-酚试剂法(Lowry 法)	灵敏度高，20～250μg/mL	慢速，40～60min	双缩脲反应；磷钼酸-磷钨酸试剂被 Tyr 和 Phe 还原	硫酸铵；Tris 缓冲液；甘氨酸；各种硫醇	操作要严格计时；颜色深浅随不同蛋白质变化；标准曲线不是严格的直线形式，且专一性差
考马斯亮蓝法(Bradford 法)	灵敏度更高，可达 1μg/mL	快速，5～15min	考马斯亮蓝染料与蛋白质结合时，在 595nm 处有最大吸收	强碱性缓冲液；TritonX-100；SDS	干扰物质少；颜色稳定；颜色深浅随不同蛋白质变化；标准曲线有轻微的非线性
BCA 法	灵敏度非常高，20～200μg/mL，微量 BCA 为 0.5～10μg/mL	较快速，45min 内	在碱性环境下蛋白质与 Cu^{2+} 络合并将 Cu^{2+} 还原成 Cu^{+}	螯合剂；略高浓度的还原剂	抗干扰能力强，蛋白不可逆变性

(2) 准确灵敏，试剂稳定性好，BCA 试剂的蛋白质测定范围是 20～200μg/mL，微量 BCA 测定范围在 0.5～10μg/mL。

(3) 经济实用，除试管外，测定可在微板孔中进行，大大节约样品和试剂用量。

(4) 抗试剂干扰能力比较强，如去垢剂、尿素、非离子表面活性剂和缓冲液等均无影响。

(5) 配液工作比较麻烦，但目前 BCA 法的试剂盒在市面有售。

3.5.3　氨基酸的测定

1. 茚三酮比色法测定氨基酸总量

1）原理

在 pH 4～8 的条件下，氨基酸与茚三酮一起加热，生成蓝紫色化合物（除脯氨酸以外均有反应），所生成的蓝紫色化合物颜色深浅与氨基酸含量成正比，其最大吸收波长为 570nm，据此可以测定出样品中的氨基酸含量。反应式如下（图 3-22）：

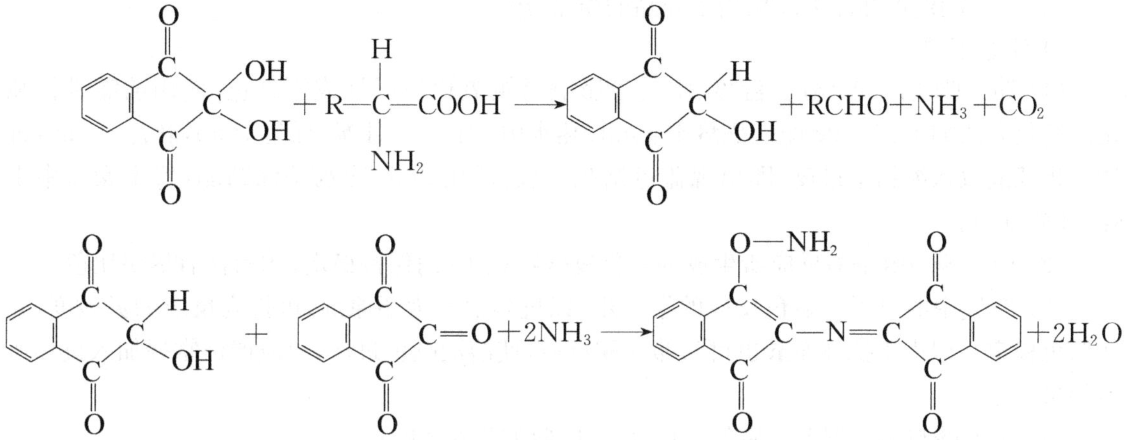

图 3-22　氨基酸与茚三酮显色反应原理

2）试剂与仪器

可见分光光度计、恒温水浴锅。

pH 5.4 的乙酸-乙酸钠缓冲液、5μg/mL 氨基酸标液（如异亮氨酸）。

2%茚三酮溶液：称茚三酮 1g，溶于 35mL 热水，再加入 40mg 氯化亚锡（$SnCl_2 \cdot H_2O$）搅拌（作防腐剂），过滤，滤液于冷暗处过夜，加水定容至 50mL，摇匀备用。

1mg/mL 抗坏血酸溶液。

3）操作方法

（1）样品前处理及制备。

若要测定某一食品蛋白质的总氨基酸含量，常需要先将样品水解，具体操作为：对于固体样品，称取适量食品样品如大米、肉、豆制品等（含蛋白质 10～20mg）放入水解管中，加入 10～15mL 6mol/L 盐酸和新鲜苯酚 2～3 滴，充氮保护，110℃水解 24h，冷却后定容备用；对于液体样品可加入等体积浓盐酸再按上述操作进行，对于高脂肪含量的样品，应先脱脂再水解。若要测定游离氨基酸总量，样品处理较为简单：准确称取粉碎样品 0.5～1.0g 或取液体样品 5～10mL，置于烧杯中，加入 50mL 蒸馏水和 5g 左右活性炭，加热煮沸，过滤。用 30～40mL 热水洗涤活性炭，收集滤液于 100mL 容量瓶中，加水至标线，摇匀备测。

（2）标准曲线绘制。

分别吸取 5μg/mL 氨基酸标准溶液 0.0mL、0.2mL、0.4mL、0.6mL、0.8mL、1.0mL、1.2mL 于 7 个 25mL 容量瓶中，各加水补充至容积为 1.0mL，然后加缓冲液（pH 5.4 乙酸-乙酸钠缓冲液）和茚三酮（2%）各 1.0mL，加抗坏血酸溶液 0.1mL，混合均匀。于沸水浴加热 15min，取出迅速冷却至室温，定容，摇匀，静置 15min 后，在 570nm 波长下，以试剂空白为参比液测定其余各溶液的吸光度值 A。以氨基酸的质量为横坐标，吸光度值 A 为纵坐标，绘制标准曲线。

(3) 样品测定。

吸取澄清的样品溶液 1～4mL，按绘制标准曲线的步骤，在相同条件下测定其吸光度 A，再在标准曲线上查得对应的氨基酸质量。

4) 结果计算

$$氨基酸含量(mg/100g)=m\times 100/(m_1\times 1000) \tag{3-60}$$

式中：m——从标准曲线上查得的氨基酸的质量，μg；

m_1——测定得样品溶液相当于样品的质量，g。

5) 注意事项

(1) 茚三酮受阳光、温度、湿度、空气等影响易被氧化呈淡红或深红色，使用前需进行纯化。纯化方法如下：取 10g 茚三酮溶于 40mL 热水中，加 1g 活性炭，摇匀 1min，静置 30min，过滤。将滤液放入冰箱中过夜，即出现蓝色结晶，过滤后用 2mL 冷水洗涤结晶，置于燥皿中干燥，装瓶备用。

(2) 茚三酮与氨基酸反应所生成的紫色复合物在 1h 内保持稳定，故稀释后尽快比色。

(3) 空气中的氧干扰显色反应的第一步，以抗坏血酸为还原剂，可提高反应的灵敏度，并使颜色稳定。但由于抗坏血酸也可与茚三酮反应，使溶液颜色过深，故应严格掌握加入抗坏血酸的量。

(4) 脯氨酸与茚三酮也可显色，但其最大吸收波长在 440nm。

2. 甲醛滴定法测定氨基酸总量

1) 原理

氨基酸含有具有酸性的—COOH 基和碱性的—NH_2，它们相互作用，使氨基酸成为中性的内盐，当加入甲醛溶液时，—NH_2 与甲醛结合，封闭碱性基团，使之可用标准强碱溶液滴定—COOH 基，以间接方法测定氨基酸的量。

2) 试剂

40%中性甲醛溶液：以百里酚酞作指示剂，用氢氧化钠将 40%甲醛中和至淡蓝色。

0.1%百里酚酞乙醇溶液、0.1%中性红的 50%乙醇溶液、0.1mol/L 氢氧化钠标准溶液。

3) 操作步骤

(1) 样品前处理及制备：同茚三酮比色法。

(2) 测定：吸取含氨基酸约 20mg 的样品溶液 2 份，分别置于 250mL 锥形瓶中，加 50mL 水，其中 1 份加入 3 滴中性红指示剂，用 0.1moL/L NaOH 标准溶液滴定至指示剂由红变为琥珀色(pH7.4)即为终点，记录消耗 NaOH 标准溶液体积 V_1；另 1 份加入 20.0mL 中性甲醛溶液和 3 滴百里酚酞指示剂，摇匀，静置 1min，用上述 NaOH 标准溶液滴定至指示剂变为淡蓝色(pH10.0)即为终点，记录消耗 NaOH 标准溶液体积 V_2。

4) 结果计算

$$氨基酸态氮含量(\%)=[c\times(V_2-V_1)\times 0.014\times 100]/m \tag{3-61}$$

式中：c——氢氧化钠标液的浓度，mol/L；

V_1——中性红为指示剂滴定至终点所消耗的 NaOH 标准溶液体积，mL；

V_2——百里酚酞为指示剂滴定至终点所消耗的 NaOH 标准溶液体积，mL；

m——测定用样品溶液相当于样品的质量，g；

0.014——氮的毫摩尔质量，g/mmoL。

5）注意事项

本法准确快速，可用于各类样品游离氨基酸含量测定，但脯氨酸和甲醛作用会产生不稳定的化合物，使结果偏低；酪氨酸含有酚羟基，滴定时也会消耗一部分碱使结果偏高。

3. 氨基酸自动分析仪法

1）原理

蛋白质在隔绝空气的条件下经盐酸水解成为游离氨基酸，水解后的样液流经氨基酸自动分析仪的离子交换树脂被分离。当用不同 pH 和离子强度的缓冲液洗脱时，因溶液的 pH 和离子强度、分离柱温度以及各种氨基酸本身的性质不同而使各种氨基酸得以分离，分离后的氨基酸与茚三酮试剂在高温反应器中发生衍生反应，生成可以被分光光度计检测的有色物质。流出液在 570nm 或 440nm 处检测，记录各峰的保留时间和峰面积，再与含有已知量氨基酸的标准溶液的保留时间和峰面积比较，即可对未知样品中的氨基酸进行定性定量检测。

2）试剂

全部试剂除注明外均为分析纯，实验用水为去离子水。

（1）不同 pH 的缓冲液。

pH2.2 的柠檬酸钠缓冲液：称取 19.6g 柠檬酸钠（$Na_3C_6H_5O_7.2H_2O$）和 16.5mL 浓盐酸加水稀释到 1000mL，用浓盐酸或 50%的氢氧化钠溶液调节 pH 至 2.2；

pH3.3 的柠檬酸钠缓冲液：称取 19.6g 柠檬酸钠和 12mL 浓盐酸加水稀释到 1000mL，用浓盐酸或 50%的氢氧化钠溶液调节 pH 至 3.3；

pH4.0 的柠檬酸钠缓冲液：称取 19.6g 柠檬酸钠和 9mL 浓盐酸加水稀释到 1000mL，用浓盐酸或 50%的氢氧化钠溶液调节 pH 至 4.0；

pH6.4 的柠檬酸钠缓冲液：称取 19.6g 柠檬酸钠和 46.8g 氯化钠（优级纯）加水稀释到 1000mL，用浓盐酸或 50%的氢氧化钠溶液调节 pH 至 6.4；

pH5.2 的乙酸锂溶液：称取氢氧化锂（$LiOH \cdot H_2O$）168g，加入冰醋酸（优级纯）279mL，加水稀释到 1000mL，用浓盐酸或 50%的氢氧化钠调节 pH 至 5.2。

（2）其他试剂。

浓盐酸：优级纯，浓盐酸与水 1∶1（体积比）混合而成 6.0mol/L 盐酸。

苯酚（需重蒸馏）；0.0025mol/L 混合氨基酸标准液（仪器制造公司出售）。

茚三酮溶液：取 150mL 二甲基亚砜（C_2H_6OS）和乙酸锂溶液 50mL 加入 4g 水合茚三酮（$C_9H_4O_3 \cdot H_2O$）和 0.12g 还原茚三酮（$C_{18}H_{10}O_6 \cdot 2H_2O$）搅拌至完全溶解。

高纯氮气：纯度 99.99%。

冷冻剂：市售食盐与冰按 1∶3 混合。

3）仪器和设备

真空泵、恒温干燥箱、真空干燥器（温度可调节）、氨基酸自动分析仪。

水解管：耐压螺盖玻璃管或硬质玻璃管，体积 20～30mL。用去离子水冲洗干净并烘干。

4）操作步骤

（1）样品前处理。

样品采集后用匀浆机打成匀浆（或者将样品尽量粉碎），于低温冰箱中冷冻保存，分析用时将其解冻后使用。准确称取一定量样品，精确到0.0001g。均匀性好的样品如奶粉等，使样品蛋白质含量在10～20mg；均匀性差的样品如鲜肉等，为减少误差可适当增大称样量，测定前再稀释。将称好的样品放于水解管中。

(2) 水解。

在水解管内加6mol/L盐酸10～15mL(视样品蛋白质含量而定)，含水量高的样品(如牛奶)可加入等体积的浓盐酸，加入新蒸馏的苯酚3～4滴，再将水解管放入冷冻剂中，冷冻3～5min，再接到真空泵的抽气管上，抽真空(接近0psi，1psi=6.89476×10^3Pa)，然后充入高纯氮气；再抽真空充氮气，重复三次后，在充氮气状态下封口或拧紧螺丝盖将已封口的水解管放在110℃±1℃的恒温干燥箱内，水解24h后，取出冷却。

打开水解管，将水解液过滤后，用去离子水多次冲洗水解管，将水解液全部转移到50mL容量瓶内，用去离子水定容。吸取滤液1.0mL于5mL容量瓶内，用真空干燥器在40～50℃干燥，残留物用1～2mL水溶解，再干燥，反复进行两次，最后蒸干，用1.0mL pH 2.2的缓冲液溶解，供仪器测定用。

(3) 测定。

取适量氨基酸标准溶液和待测样品溶液由自动进样器注入氨基酸自动分析仪的分析柱中，进样量因仪器型号不同而异，一般使各种氨基酸的含量在0.10～0.25μmol/L。氨基酸的洗脱按仪器规定的程序进行，一般要控制缓冲液流速、缓冲液泵压、茚三酮流速、柱温等参数。

5) 结果计算

通过与氨基酸混合标液对照，根据保留时间确定样品中氨基酸的种类，通过与标准品峰面积对照，用校正百分率法计算各种氨基酸的含量。

6) 注意事项

(1) 目前，氨基酸测定采用的方法主要是柱前衍生、柱后衍生、电化学方法等，但以前两种衍生化方法居多。而氨基酸衍生化试剂又有成百上千种，常用的衍生化试剂就不下十种，如茚三酮、邻苯二甲醛、异硫氰酸苯酯、氯甲酸芴甲酯等。各种衍生化试剂均有不足之处，不同的方法结果偏差往往较大。因此，允许不同实验室间氨基酸含量相差5%～10%，同实验室平行测定或连续两次测定允许结果相对偏差绝对值≤12%。

(2) 茚三酮是氨基酸分析最常用的衍生化试剂，显色反应的灵敏度可达$2\times10^{-10}\sim5\times10^{-10}$mol/L，衍生物稳定性较好。衍生剂能同时与α-氨基酸和二级氨基酸(如脯氨酸)反应并同步检测。其缺点是衍生反应条件要求较高，需附设加温衍生装置，仪器造价高并专一性强。其分析时间长，分析成本高，工作效率低，流动相与衍生液同时泵入体系，体系平衡时间长。

(3) 衍生反应受溶液的pH、温度和反应时间的影响，通常要求在pH5～6的弱酸性条件下进行，反应温度的提高可以大大缩短反应时间，在100℃水浴加热时，反应时间需15min，而在130℃时，反应仅需5s。

(4) 水解过程的严格控制和条件选择至关重要，盐酸纯度、氧气存在、水解温度和时间都会引起较大的实验误差，若盐酸不纯，有些氨基酸如酪氨酸能与盐酸中的氯等生成卤代物而影响测定结果，加入苯酚可抑制此反应。半胱氨酸和甲硫氨酸在水解过程中易被破坏，可以在酸水解前用过甲酸把半胱氨酸和甲硫氨酸分别氧化成半胱磺酸和甲硫氨酸砜，或用碘代乙酸把半胱氨酸转化为羧甲基半胱氨酸。也可采用4mol/L的甲基磺酸于110℃水解样品，此时条件温和，色氨酸不被破坏。

(5) 此法测定氨基酸时，谷氨酰胺转变为了谷氨酸，天冬酰胺转变为了天冬氨酸，色氨酸在盐酸水解时被破坏了，故测定结果常常只报出了 17 种氨基酸。若需要测定色氨酸含量，应采用碱水解。

(6) 脯氨酸与茚三酮显色，其最大吸收波长在 440nm。

4. 单一氨基酸的分析

1) 赖氨酸的测定

(1) 原理。

用铜离子阻碍游离氨基酸的 α-氨基，即铜离子与 α-氨基络合，使赖氨酸的 ε-氨基可以自由地与 1-氟-2,4-二硝基苯(FDNB)反应，生成 ε-DNP-赖氨酸。经酸化和用二乙基醚提取，在波长 390nm 处有吸收峰，吸光度大小与赖氨酸的含量成正比。

(2) 试剂及仪器。

氯化铜液：称取 28.0g 无水氯化铜，用水稀释至 1000mL。

磷酸三钠溶液：称取 68.5g 无水磷酸钠，用水稀释至 1000mL。

硼酸盐缓冲液(pH9.1～9.2)：称取 54.64g 硼砂，用水稀释至 1000mL。

磷酸铜悬浮液：把 200mL 氯化铜液在搅拌下缓慢倒入 400mL 的磷酸三钠溶液中，悬浮液以 2000r/min 速度离心 5min，用硼酸盐缓冲液再悬浮沉淀物，洗涤离心 3 次，把最后的沉淀物悬浮在硼酸盐缓冲液中，并用缓冲液稀释至 1L。

1-氟-2,4-二硝基苯(FDNB)溶液：吸取 FDNB 10mL 用甲醇稀释至 100mL。

赖氨酸-HCl 标准溶液：称取一定量赖氨酸-HCl，用水配成 200mg/L 的工作标准液。

100g/L 丙氨酸溶液。

分光光度计。

(3) 操作步骤。

称取过 40 目筛的均匀试样 1.00g，置于 100mL 烧瓶中。另吸取赖氨酸-HCl 标准工作液 5mL(相当于 1mg 赖氨酸-HCl)，连同试剂空白同时进行实验。

向各烧杯中加入 25mL 磷酸铜悬浮液，再加 10%丙氨酸 1.0mL，振摇 15min 后吸取 10% FDNB 溶液 0.5mL。置于各处理烧瓶中，将烧瓶置于沸水中加热 15min 。取出烧瓶，立即加入 1mol/L HCl 溶液 25mL，并不断摇动使之酸化和分散均匀。烧瓶中的溶液冷却至室温，用水稀释至 100mL，取约 40mL 悬浮液进行离心。

用 25mL 二乙基醚提取上清液 3 次，弃去醚层。并将溶液收集于刻度试管中，于 65℃水浴中加热 15min，以除去残留的醚，并记录溶液的体积数。吸取上述各处理液 10mL，分别与 10mL 95%乙醇溶液混合，用滤纸过滤。

用试剂空白液调零，测定样液 A_{390nm}，与赖氨酸-HCl 标准液对照，求出样品中赖氨酸-HCl 的含量。

(4) 注意事项。

① 本法在 0～40mg/L 赖氨酸溶液范围内呈良好线性关系。

② 添加一定量的中性氨基酸如丙氨酸，增加总氨基酸的浓度，有利于赖氨酸-HCl 浓度具有良好的线性关系。

③ 用醚提取酸性溶液，可将所有中性或酸性的 DNP-氨基酸衍生物除去，并将 FDNB 的产物破坏，否则这些产物在 390nm 处存在干扰。

2) 色氨酸的测定

(1) 原理。

样品中的蛋白质经碱水解后产生的游离色氨酸，在酸性条件下，其吲哚基可与对-二氨基苯甲醛(P-DAB)生成蓝色的复合物，此复合物在590nm有最大吸收，且在一定范围内吸光度与色氨酸含量成正比。

(2) 试剂与仪器。

色氨酸标准溶液：用pH7.0，0.2mol/L的磷酸盐缓冲液配制浓度为100μg/mL的色氨酸标准溶液，置棕色瓶中备用。

9mol/L硫酸：浓硫酸缓慢倒入等体积水中。

DAB液：0.85g对-二氨基苯甲醛(P-DAB)溶于25mL 9mol/L硫酸中。

0.045%亚硝酸钠溶液、6.25mol/L NaOH溶液。

紫外分光光度计。

(3) 操作方法。

样品处理：准确称取粉碎、烘干的样品100mg(若样品中含有脂肪，应先用乙醚脱脂)于安瓿瓶中，加入6.25mol/L NaOH 4mL，火焰封口，于110℃水解16～24h。水解液用4mol/L HCl溶液调节至pH6～8后，用水定容至50mL，过滤备用。

标准曲线绘制：取6个洁净干燥编号的具塞比色管，分别吸取0.0mL、0.2mL、0.4mL、0.6mL、0.8mL、1.0mL色氨酸标准溶液，各加水补充至容积为1mL，然后依次加入DAB工作液1.0mL、9mol/L硫酸5.0mL和0.045%亚硝酸钠溶液0.1mL，摇匀后在室温下反应0.5h，于590nm处测定各管吸光度值，以色氨酸质量为横坐标，吸光度A为纵坐标，绘制标准曲线。

样品测定：取上述样品水解液1.0mL于具塞比色管中，同标准曲线的方法依次加入DAB工作液1.0mL、9mol/L硫酸5.0mL和0.045%亚硝酸钠溶液0.1mL，摇匀后在室温下反应0.5h，于590nm处测定吸光度值。根据从标准曲线上查得的样品含色氨酸的微克数计算样品中色氨酸的含量。

(4) 注意事项。

除碱水解外，样品也可采用酶水解，但酶水解时必须严格控制水解温度和pH，使酶解充分，否则会影响测定结果。

3.5.4 蛋白质功能性质测定

1. 蛋白质持水力的测定

1) 原理

将蛋白质样品置于过量水中，使蛋白质充分结合水，然后采用过滤、低速离心或挤压的方法将过剩的水和被蛋白质保留的水分开，每克蛋白质吸收和保持水的最大质量即为蛋白质的持水力。

2) 试剂与仪器

蛋白质样品，如蛋清蛋白、鱼蛋白等；0.1mol/L的盐酸或氢氧化钠。

离心机、磁力搅拌器、酸度计、恒温水浴锅、天平等。

3) 操作方法

取50mL塑料离心管，称量(m_1)。准确称取1g蛋白质样品(m_2)于离心管中，加蒸馏水10～30mL(水要过量)，搅拌使蛋白质溶液均匀分散。将样液的pH调至7.0。于60℃恒温水浴锅中加热 30～40min，冷水中冷却后，在 25℃条件下以 20000g 转速离心 10min，分离上清液，并将离心管倒置于滤纸上，10min 后称取离心管质量(m_3)，即可计算出每克蛋白质样品的持水力(WHC)。

4) 结果计算

$$WHC=质量差/样品质量(g/g) \tag{3-62}$$

若测定的样品为不溶物，则

$$质量差=m_3-m_1-m_2$$

若测定的样品为部分溶解物，则

$$质量差=m_3-m_1-(100-S)/100$$

式中：m_1——塑料离心管的质量；

m_2——蛋白质样品的质量；

m_3——样品吸水后离心管的质量；

S——样品的溶解度(%)× 干样中蛋白质含量(%)。

5) 注意事项

(1) 本法具有操作简便、实用性强等优点，但因物质的粒度、加入水的温度及盐浓度等因素对水化作用的影响，同时加水方式对结果也有影响，因此本法准确度不高。

(2) 实验时尽可能保持测定条件的一致性，以减小误差。

(3) 对于在测定条件下能部分溶解的蛋白质，需要将分离出的上清液或滤液进行定氮分析，计算时扣除溶解的蛋白质，以减少误差。

2. 蛋白质乳化性的测定

1) 原理

水包油(O/W)型乳状液与油包水(W/O)型乳状液相比，具有较低的电阻，在一定的条件下，以一定速度向一定浓度的蛋白质溶液中滴加油，当电阻变为无穷大时，表明乳状液发生了相转变，由 O/W 型变成 W/O 型。因此，此时所滴加油的量即为该条件下蛋白质所能乳化油脂的最大量，根据定义即可计算出乳化容量。

将形成的乳状液在一定转速下离心，乳状液将被破坏出现水油分离现象。乳化稳定性表示为最终乳状液体积与最初乳状液体积的百分比。

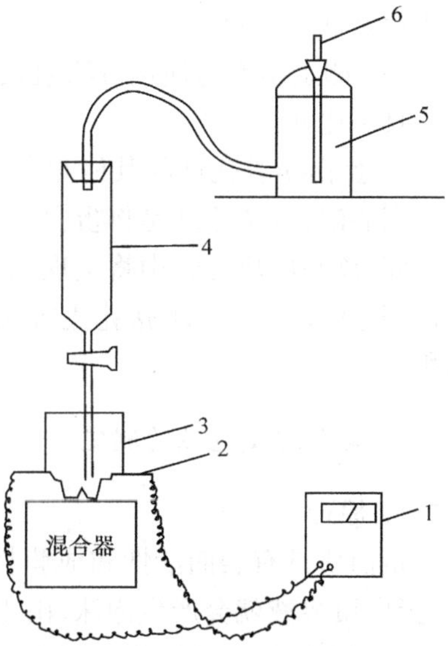

图 3-23　乳化性能测定装置

1. 伏特表；2. 伏特表电极；3. 球形陶瓷瓶；4. 装油的量管；5. 油储存器；6. 玻璃管

引自：黄晓钰，等. 2002. 食品化学综合实验. 北京：中国农业大学出版社

2) 主要仪器及试剂

离心机、乳化性能测定装置(图 3-23)、酸度计。

1%蛋白质溶液、0.1mol/L 的盐酸或氢氧化钠、精炼棉籽油。

3) 操作方法

取 1%的蛋白质溶液 100mL，调 pH 至 7.0，将其等分两份；取一份上述蛋白质溶液加至乳化测定装置的球形瓶中，插上电极，称量(m_1)。开动液体混合器，使溶液高速连续混合 30s。混合后，在高速搅拌下以 V'(mL/s)开始滴油，直至溶液的电阻值为无穷大时，停止滴油，此时已达到乳化的极限值。记录滴油时间，并称量球形瓶(m_2)。油滴加前后溶液的质量变化即为乳化油的用量。

取另一份蛋白质溶液于100mL离心管中，加入相当于其最大乳化耗油量的80%的棉籽油，高速搅拌30s，记录乳浊液体积。然后将此乳液在转速为4000r/min的条件下离心10min，测定最终乳浊液体积。

4) 结果计算

乳化容量的计算：

$$乳化容量(EC)=[(m_2-m_1)/(\rho\times c\times V)]\times 100 \quad (mL/g) \tag{3-63}$$

式中：ρ——棉籽油的密度，mg/mL；

c——蛋白质质量浓度，g/100mL；

V——蛋白质溶液的体积，mL。

或采用下列公式计算乳化容量：

$$乳化容量(EC)=(t-30)\times V'\times(1/c\times V)\times 100 \tag{3-64}$$

式中：t——乳化过程所需时间，s；

V'——油的流速，mL/s；

c，V 意义与式(3-63)相同。

乳化稳定性的计算：

$$乳化稳定性(ES)=(最终乳浊液体积/最初乳浊液体积)\times 100 \tag{3-65}$$

5) 注意事项

(1) 由于溶液的pH会影响蛋白质的乳化性，因此所用油应不含游离脂肪酸，一般采用精炼植物油如精炼棉籽油、花生油等。

(2) 使用的具体测试条件不同，所得数据相差很大，因此为了测定有良好的重现性，应保持测定条件的一致。

(3) 测定结果与使用方法直接相关，采用本方法所得的结果与采用其他不同方法所得结果不具可比性。

6) 蛋白质乳化性的其他测定方法

离心法：该法原理是将蛋白质溶液与油脂等体积混合形成乳浊液，然后以一定转速离心一段时间，离心后离心管中将呈现油、乳状液、水3个清晰的界面，测出游离油的量，按公式 $EC=(V_0-V_1)\times 100/V_0$ 计算乳化容量，其中，V_0 和 V_1 分别为最初加入和离心后释放出的油的体积。

3. 蛋白质发泡性的测定

1) 原理

蛋白质具有表面活性和成膜性，因此，向一定浓度的蛋白质溶液中通入压缩空气或纯氮气，蛋白质溶液就会产生泡沫，由于蛋白质能在气泡表面形成一定强度和黏弹性的膜，因此蛋白质在一定程度上能使泡沫稳定。以单位蛋白质产生泡沫的体积表示为蛋白质的发泡能力，而单位时间蛋白质泡沫的变化即可表示泡沫的稳定性。

2) 试剂及仪器

1%的大豆分离蛋白或菜籽蛋白质溶液、0.1mol/L的盐酸或氢氧化钠。

酸度计。

发泡装置(图3-24),主要有以下部件:

配有合适阀门的压缩氮气钢瓶:钢瓶与针状阀气压表相连,气压表与气体流量计相接,然后连接于发泡装置。

发泡装置:由色谱柱组成,柱上装有可拆卸的活动表面粗糙的玻璃盘。T形活塞磨口接头规格为45/35mm,柱上有刻度。

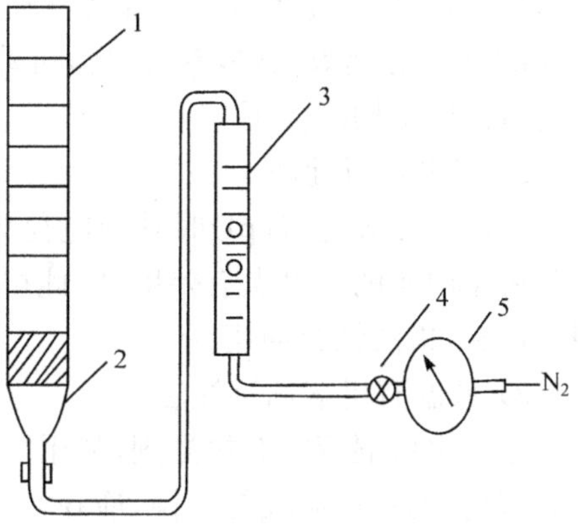

图3-24 蛋白质发泡性测定装置
1. 发泡柱;2. 玻璃盘;3. 气体流量计;
4. 针状阀;5. 气压表
引自:黄晓钰,等. 2002. 食品化学综合实验. 北京:中国农业大学出版社

3) 操作方法

将色谱柱和玻璃盘清洗干净,并按图接好。取1%的蛋白质溶液100mL,调pH至7.0,然后小心转入色谱柱内,注意不要产生泡沫。调节钢瓶压力为137kPa,开启气压表调节流量计的气体流速达到100mL/min,当第一个气泡通过溶液时,计时,连续发泡2min。关闭装置通路的压力,停止通氮,立即记录泡沫最大体积(V_1),静止30min后,再读取泡沫体积(V_2)。

4) 结果计算

$$发泡能力=V_1/(c\times V_0) \quad (mL/g) \tag{3-66}$$

式中:c——蛋白质溶液的质量浓度,g/100mL;

V_0——移取的蛋白质溶液的体积,mL;

V_1——最大泡沫体积,mL。

$$泡沫稳定性=(V_2/V_1)\times 100\% \tag{3-67}$$

5) 注意事项

蛋白质的发泡性受环境条件如溶液pH、离子强度、通气速度等的影响。因此,测定时应保持测定条件的一致,以减小误差。

3.5.5 蛋白质的分离纯化

1. 基于蛋白质溶解度差异的分离方法

这类方法是利用沉淀分离的原理分离蛋白质。蛋白质是多聚电解质,其溶解度取决于分子中氨基酸的类型和电荷数,因此,可通过改变缓冲液pH、离子强度、介电常数或温度来改变蛋白质的溶解度。在处理大量原料时,也常用此分离技术。

1) 盐析法

中性盐对蛋白质的溶解度有显著影响,利用高浓度的盐离子(如硫酸铵的SO_4^{2-}和NH_4^+)有很强的水化力,可夺取蛋白质分子的水化层,使之“失水”,使蛋白质胶粒凝结并沉淀析出。由于各种蛋白质分子大小、亲水程度不同,盐析所需的盐浓度也不同,因此调节混合蛋白质溶液中中性盐浓度可使各种蛋白质分段沉淀。

影响盐析的因素有:①温度,除对温度敏感的蛋白质如酶宜在低温(4℃)操作外,一般可在室温中进行;②pH,大多数蛋白质在等电点时溶解度最低;③蛋白质浓度,蛋白质浓度高时,欲分离的蛋白质易与杂质产生共沉淀现象,因此一般盐析时使蛋白质含量在2.5%~3.0%较好。

蛋白质盐析常用的中性盐主要有硫酸铵、硫酸镁、硫酸钠、氯化钠、磷酸钠等。其中硫酸铵应用最广，其优点是温度系数小且溶解度大（25℃时饱和溶液为 4.1mol/L；0℃时饱和溶液为 3.9mol/L），分离效果好，其分段盐析效果往往比其他盐好，且不易引起蛋白质变性，有时还有稳定蛋白质结构的作用。

2）等电点沉淀法

蛋白质在等电点（pI）时其静电荷为 0，分子之间的静电斥力消失而相互聚集并沉淀。由于各种蛋白质的等电点有差别，因此可调节溶液的 pH 使目标蛋白质分离。此法很少单独使用，可与盐析法结合使用。

3）低温有机溶剂沉淀法

用与水可混溶的有机溶剂，如甲醇、乙醇，可使多数蛋白质溶解度降低并析出，此法分辨力比盐析高，但蛋白质较易变性，应在 0℃或更低温度下进行。

4）有机聚合物沉淀法

聚乙二醇 $HOCH_2(CH_2OCH_2)_nCH_2OH$（polyethylene glycol，PEG）是一种非离子型水溶性聚合物，对水具有很强的亲和性，对热稳定，溶于水时散热低，即使浓度很高也不易引起蛋白质变性，沉淀时间比乙醇和硫酸铵都短，沉淀效能高，即使用量很少也可沉淀相当多的蛋白质，且沉淀后有机聚合物容易除去。PEG 的分子质量范围较广，目前常用的分子质量范围为 6000～20000Da。PEG 的沉淀效果主要与其本身的浓度及分子质量有关，同时还受离子强度、溶液 pH 和温度等因素的影响。在一定的 pH 下，盐浓度越高，所需 PEG 浓度越低；溶液的 pH 越接近待分离物的等电点，沉淀所需的 PEG 浓度越低。在一定范围内，高分子质量和高浓度的 PEG 沉淀效率高。

2. 基于蛋白质相对分子质量大小不同进行分离的方法

1）透析法

透析法是利用半透膜将大分子蛋白质与其他小分子分开。透析时，先将蛋白质样品溶液置于袋内，夹紧袋口，再将透析袋浸入大体积的水或缓冲液中，多次更换透析液，直到小分子物质完全扩散至袋外为止。值得注意的是，蛋白质会因为渗透压作用而膨胀，所以透析时样品只能装至透析袋的一半，另一半应挤瘪，不能留有空气。如果透析袋内留有空气，膨胀的蛋白质会挤压空气，使袋内压力升高，这可能使半透膜涨破或膜孔变形，导致蛋白质流失。

2）超滤法

超滤法是采用半透膜在一定压力下，使水和其他小的溶质分子通过超滤膜，而蛋白质被截留，通过选择不同孔径的膜，可截留不同相对分子质量的蛋白质，从而使蛋白质与其他物质分开。

3）凝胶过滤法

凝胶过滤法又称分子排阻层析法或分子筛层析法，是根据相对分子质量大小分离蛋白质混合物最有效的方法之一。依据球状凝胶内的筛孔大小对不同体积和形状的分子排阻能力不同，从而对混合物进行分离。当蛋白质混合物流过凝胶柱时，大分子无法进入凝胶筛孔，只流经凝胶及管柱间的孔隙，因而很快就可以流出管柱，较小的分子因为进入凝胶内的筛孔，故在管柱内的停留时间较长，由此区分大小不同的分子，也可与已知大小的分子作比较而测定出某一分子的相对分子质量。

（1）凝胶的种类和性质。

① 葡聚糖凝胶。

葡聚糖凝胶中最常见的是 Sephadex 系列，它是葡聚糖与 3-氯-1，2 环氧丙烷（交联剂）相互交联而成。不同规格型号的葡聚糖用英文字母 G 表示，G 后面的阿拉伯数字为干凝胶吸水率的 10 倍。Sephadex 的主要型号是 G-10～G-200。Sephadex 凝胶的种类和特性见表 3-24。

表 3-24　Sephadex 凝胶的种类和特性

型号	分离范围（相对分子质量）	吸水量/（mL/g）	最小溶胀时间/h（20～25℃，100℃）		床体积/（mL/g 干凝胶）
G-10	＜700	1.0±0.1	3	1	2～3
G-15	＜1500	1.5±0.2	3	1	2.5～3.5
G-25	＜5000	2.5±0.2	3	1	4～6
G-50	1500～30000	5.0±0.3	3	1	9～11
G-75	3000～80000	7.5±0.5	24	1	12～25
G-100	4000～150000	10.0±1.0	72	1	15～20
G-150	5000～300000	15.0±1.5	72	1	20～30
G-200	5000～600000	20.0±2.0	72	1	30～40

Sephadex 有各种颗粒大小[一般有粗（100～300μm）、中（50～150μm）、细（20～80μm）和超细（10～40μm）]可供选择，一般粗颗粒流速快，但分辨率较差；细颗粒流速慢，但分辨率高，要根据具体的分离要求选择颗粒大小。

② 聚丙烯酰胺凝胶。

聚丙烯酰胺凝胶是丙烯酰胺（acrylamide）与甲叉双丙烯酰胺交联而成。改变丙烯酰胺的浓度，就可以得到不同交联度的产物。主要有商品名为 Bio-Gel P 的系列产品，其型号有 Bio-Gel P-2～Bio-Gel P-300 等 10 种，后面的数字基本代表它们的排阻极限的 10^3 倍，所以数字越大，可分离的相对分子质量也就越大。聚丙烯酰胺凝胶的分离范围、吸水率等性能基本近似于 Sephadex。聚丙烯酰胺凝胶在水溶液、有机溶液、盐溶液中都比较稳定。聚丙烯酰胺凝胶在酸中的稳定性较好，在 pH 为 1～10 时比较稳定。但在较强的碱性条件下或较高的温度下，聚丙烯酰胺凝胶易发生分解。

③ 琼脂糖凝胶。

常见的琼脂糖凝胶有 Sepharose（2B～4B）和 Bio-gel A 等。琼脂糖凝胶在 pH4～9 及室温下很稳定。琼脂糖凝胶对样品的吸附作用很小。此外，琼脂糖凝胶的机械强度和孔穴的稳定性都很好，一般优于前两种凝胶，在高盐浓度下，柱床体积一般不会发生明显变化，使用琼脂糖凝胶时洗脱速度可以比较快。琼脂糖凝胶的排阻极限很大，分离范围很广，适合于分离大分子物质，但分辨率较低。琼脂糖凝胶不耐高温，使用温度以 0～30℃为宜。

④ 聚丙烯酰胺和琼脂糖交联凝胶。

这类凝胶是由交联的聚丙烯酰胺和嵌入凝胶内部的琼脂糖组成。这种凝胶由于含有聚丙烯酰胺，所以有较高分辨率；而它又含有琼脂糖，这使得它又有较高的机械稳定性，可以使用较高的洗脱速度。调整聚丙烯酰胺和琼脂糖的浓度可以使 Ultragel 有不同的分离范围。

⑤ 多孔硅胶、多孔玻璃珠。

多孔硅胶和多孔玻璃珠都属于硬质无机凝胶。它们是将硅胶或玻璃制成的具有一定直径的网孔状结构的球形颗粒，最大的特点是机械强度很高、化学稳定性好、使用方便，且寿命长，但无机凝胶一般柱效较低。

(2) 凝胶的选择、处理和保存。

凝胶的选择：依凝胶层析目的不同可分为两类：分组分离(group separations)和分级分离(fractionations)。分组分离是指将样品混合物按相对分子质量大小分成两组，如蛋白样品的脱盐，或蛋白质、核酸溶液去除小分子杂质等。分级分离是指将一组相对分子质量比较接近的组分分开，分级分离时则要根据样品组分的具体情况选择凝胶的类型。

凝胶的处理：葡聚糖凝胶和丙烯酰胺凝胶干胶的处理首先是在水中溶胀，不同类型的凝胶所需的膨化时间不同(表 3-24)。膨化处理后，要对凝胶进行纯化和排除气泡。可以反复漂洗，倾泻去除表面的杂质和不均一的细小凝胶颗粒。通过抽气或加热煮沸的方法排除气泡。

凝胶的保存：凝胶的保存一般是反复洗涤去除蛋白质等杂质，然后加入适当的抗菌剂，通常加入 0.02%～0.05%的叠氮化钠，于 4℃下保存。如果要较长时间保存，可以将凝胶过滤用不同浓度乙醇逐步脱水抽干，置于 60℃烘箱中烘干即可。注意膨化的凝胶不能直接高温烘干，否则可能会破坏凝胶的结构。不能加热的 Sepharose 则用乙醚洗涤干燥。

(3) 凝胶层析的基本操作。

凝胶柱装柱：凝胶柱的填装情况将直接影响分离效果，实验室常用的方法是先在柱中加入约 1/3 体积的冲洗液，边轻轻搅拌边将凝胶悬浮液倒入其中，等到底部沉积 1～2cm 的凝胶后，打开下方出口让水流出，直到达到所需高度为止。

洗脱液的选择：一般只要能溶解被洗脱物质并不使其变性的缓冲液都可以用于凝胶层析。为了防止凝胶可能有吸附作用，一般洗脱液都含有一定浓度的盐。

加样量：一般分级分离时加样体积为凝胶柱床体积的 1%～5%，而分组分离时加样体积可以较大，一般为凝胶柱床体积的 10%～25%。

洗脱速度：洗脱速度取决于很多因素，包括柱长、凝胶种类、颗粒大小等，一般洗脱速度慢，样品可以与凝胶基质充分平衡，分离效果好。但洗脱速度过慢会造成样品扩散、区带变宽、分辨率降低，且分离时间会大大延长；所以应根据实际情况选择合适的洗脱速度。

3. 基于蛋白质带电性质差异进行分离的方法

1) 电泳法

电泳法是基于各种蛋白质在同一 pH 条件下，因相对分子质量和带电荷数量不同而在电场中的迁移率不同而得以分开的方法。其中，等电聚焦电泳是蛋白质分离最重要的分离分析方法之一，该法利用一种两性电解质作为载体，电泳时两性电解质形成一个由正极到负极逐渐增加的 pH 梯度，当带一定电荷的蛋白质在其中泳动时，到达各自等电点的 pH 位置就停止，此法可用于分析和制备各种蛋白质。

2) 离子交换层析法

离子交换剂有阳离子交换剂(如羧甲基纤维素即 CM-纤维素)和阴离子交换剂(如二乙氨基乙基纤维素即 DEAE-纤维素)，当被分离的蛋白质溶液流经离子交换层析柱时，带有与离子交换剂相反电荷的蛋白质被吸附在离子交换剂上，随后用改变 pH 或离子强度的办法将吸附的蛋白质洗脱下来。

4. 基于配体特异性进行分离的方法——亲和色谱法

亲和色谱法(aflinity chromatography)是分离蛋白质的一种极为有效的方法，是一种以样品生物活性为依据的分离分析方法。生物分子有其特有的专一性。例如,酶分子与底物或抑制剂的专一结合;抗原与抗体相结合;激素与其受体的结合等。如果能将上述例子中的诸多相互作用体系中的一方连接到基质上,使之固定化,就有可能分离纯化专一作用的另一方。亲和色谱法最大的特点是高效和简便。一旦固定化载体制备后,操作使用非常方便。通常只要上样后洗去杂质,再将所要的物质解吸下来,所得的物质也有较高的纯度。

5. 蛋白质分离技术应用实例

1) 莲藕多酚氧化酶(PPO)粗酶液的纯化

(1) 原理。

将莲藕 PPO 粗酶液采用硫酸铵分段盐析,收集活性组分,透析脱盐后,上葡聚糖凝胶 Sephadex G-75 层析柱,根据分子筛原理,相对分子质量大的先流出柱外,相对分子质量小的后流出柱外,从而将莲藕 PPO 与杂蛋白质分开,收集活性组分,再上 DEAE-Sephadex A-50 阴离子交换柱。由于 PPO 是带有阳离子的蛋白质,在层析时会吸附在柱材料上,而杂蛋白会被洗下。后用 NaCl 溶液梯度洗脱 PPO(NaCl 为强离子交换剂,能将弱吸附在柱材料上的 PPO 置换解吸下来),使粗酶液得到纯化。

(2) 材料与试剂。

pH7.2 的 0.02mol/L Tris-HCl 缓冲液、NaCl、聚己二醇、DEAE-Sephadex A-50、葡聚糖凝胶 Sephadex G-75 等。

层析柱、pH 计、恒流泵、部分收集器、梯度混合仪、核酸蛋白监测仪、高速冷冻离心机等。

(3) 操作步骤。

① 盐析。

运用硫酸铵分级盐析,获得莲藕 PPO 粗品,操作步骤如图 3-25 所示。

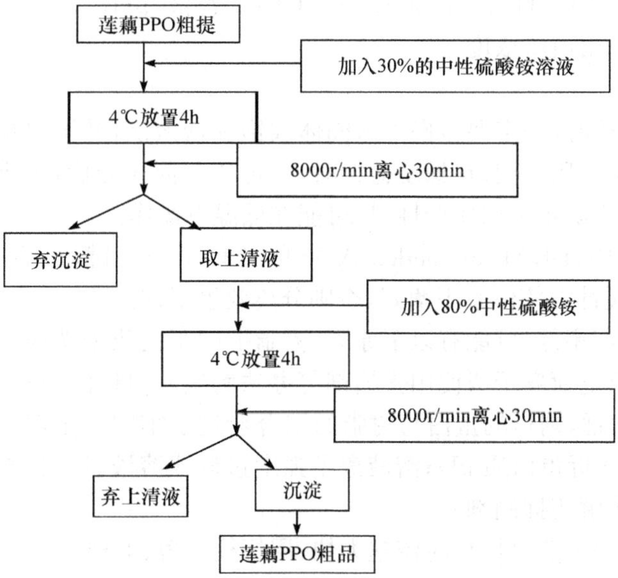

图 3-25　盐析操作步骤

② 脱盐。

Ⅰ. 透析袋的预处理:将透析袋剪成适当长度,置于大约含 1mmol/L EDTA 的 2%的

Na_2SO_4溶液中，煮沸 10min。用蒸馏水彻底清洗后，再用 1mmol/L EDTA 溶液煮沸 10min。冷却后，于 4℃保存备用。

Ⅱ. 透析：将上述莲藕 PPO 粗品装入透析袋内，在蒸馏水中于 4℃透析约 24h，其间换液 3～4次，用 1% 氯化钡溶液检查透析液中无 SO_4^{2-} 为止。

③ 葡聚糖凝胶的处理、装柱及平衡。

以 Sephadex G-75 为柱材料，按前述方法处理凝胶和装柱，采用 pH7.4 的 0.02mol/L Tris-HCl 缓冲液平衡 Sephadex G-75 凝胶柱，将粗酶液上柱，用 pH7.2 的 0.02mol/L Tris-HCl 缓冲液洗脱，收集洗脱液，测定酶活性、蛋白质浓度、聚丙烯酰胺凝胶电泳相对分子质量等。

④ DEAE-Sephadex A-50 的前处理及装柱。

Ⅰ. 前处理：先将 DEAE-Sephadex A-50 阴离子交换剂干粉浸泡于蒸馏水中，去除杂质；再在 0.5mol/L 的 HCl 溶液中浸泡 1～2h，用去离子水或蒸馏水洗至 pH 中性或 pH4 以上，并将其在抽滤漏斗中抽干；将抽干的离子交换剂浸泡在 0.5mol/L 的 NaOH 溶液中 1～2h，再用去离子水或蒸馏水将其洗至中性。

Ⅱ. 装柱和平衡：取 1.5cm×40cm 层析柱一根，关闭出口，向层析柱中加入 0.02mol/L Tris-HCl 缓冲液(pH7.4)至 1/4 高度，仔细驱除气泡。再将经 0.02mol/L Tris-HCl 缓冲液(pH7.4)平衡好的 DEAE-Sephadex A-50 沿管壁徐徐倒入柱内，待 DEAE-Sephadex A-50 沉积约 5cm 高度时，打开出水口，继续加入柱材料，直至沉积达 30cm 高度。装上层析柱顶端的密封盖，并接通洗脱液，将洗脱液流速控制在 0.5～1mL/min，平衡 1h，同时开启核酸-蛋白质检测仪，调节仪器，使记录仪基线平直，层析柱即达平衡。

⑤ 上样、洗脱和收集。

将上述所收集到的经 Sephadex G-75 初步纯化后的酶液上样，依次用含 0.1mol/L、0.2mol/L、0.3mol/L NaCl 的 0.02mol/L Tris-HCl 缓冲液(pH7.2)各 300mL 阶段洗脱，收集洗脱液，测定酶活性和蛋白质浓度。

(4) 注意事项。

盐析法沉淀蛋白质时，一定要缓慢加入固体或饱和盐溶液，并不停搅拌，防止局部盐浓度过大，造成不必要的蛋白质沉淀；在梯度盐析时，一定要沉淀充分后，再进行下一步操作，否则影响分离效果；此外，为防止蛋白质变性，尽可能在低温下操作。

在离子交换层析中，DEAE-Sephadex A-50 的处理十分关键，最后一定要用 0.02mol/L pH7.2 的 Tris-HCl 缓冲液使体系平衡好，否则分离效果不佳。

若纯化的蛋白质产率低，可能有以下原因：树脂上的蛋白质未洗净(可采用增强溶液离子强度，更换活性高的反电荷离子或使用去垢剂等办法解决)；pH 不合适(若缓冲体系的 pH 与目的蛋白的 pI 相差太远，则目的蛋白与树脂的结合会过于牢固)；蛋白质发生沉淀(可能是因为缓冲体系 pH 过于接近蛋白质 pI)；溶液离子强度过低或溶液过度稀释；蛋白质水解酶破坏了目的蛋白(应加入水解酶抑制剂)。

蛋白质分辨效果差可能是层析时流速太快、层析柱过短、上柱蛋白过多或梯度洗脱时洗脱液浓度变化太快。

2) 聚丙烯酰胺凝胶电泳(SDS-PAGE)测定莲藕 PPO 相对分子质量及纯度鉴定

(1) 原理。

蛋白质在聚丙烯酰胺凝胶中电泳时，它的迁移取决于它所带电荷以及分子大小和形状等因素。如果在聚丙烯酰胺电泳(PAGE)系统中加入阴离子表面活性剂十二烷基磺酸钠(SDS),大多数蛋白质能与 SDS 按一定比例结合,使 SDS-蛋白质复合物都带上相同密度的负电荷,它的量大大超过了蛋白质分子原有的电荷量,因而消除了蛋白质原有的电荷差别,使蛋白质分子电泳的迁移率主要取决于其相对分子质量,而与蛋白质所带的电荷无关。在一定条件下,蛋白质的相对分子质量的对数与电泳迁移率间呈负相关。

(2) 仪器及试剂。

① 材料。

经硫酸铵盐析沉淀的 PPO 粗酶样品,并经 Sephadex G-75 柱层析、DEAE-Sephadex A-50、DEAE-纤维素 DE52 柱层析纯化后的莲藕 PPO 样品。

② 试剂。

丙烯酰胺(Acr 母液):30%Acr (Acr/Bis)。

10%的 SDS 溶液;10%的过硫酸铵溶液、四甲基乙二胺(TEMED)。

分离胶缓冲液:1.5mol/L Tris-HCl,pH8.8。

浓缩胶缓冲液:1.0mol/L Tris-HCl,pH6.8。

pH8.3 电极缓冲液:3.03g Tris、14.2g 甘氨酸和 5g SDS,加水溶解后定容至 1000mL。

样品缓冲液:1mol/L Tris-HCl 2mL、SDS 500mg、甘油 3mL、巯基乙醇 1mL 及溴酚蓝 4mg,定容至 10mL。

染色液:0.15%考马斯亮蓝 R250,溶于脱色液。

脱色液:50%的甲醇、7%冰醋酸的水溶液。

标准相对分子质量蛋白质标品。

③ 仪器设备。

电泳仪、垂直电泳槽等。

(3) 操作步骤。

① 蛋白质样品的处理。

标准蛋白质样品的处理:称取标准蛋白质样品 1mg 溶于 200μL 样品缓冲液中,沸水浴中加热 3～5min 后备用。

待测样品处理:称待测样品 1mg,按 1mg/mL 溶液比例加样品缓冲液,将其转移到带塞的小离心管中,轻轻盖上盖子,在沸水浴中加热 3min,取出冷却后备用。

② 凝胶制备。

用两块电泳玻璃板制成垂直板槽(不能漏胶),垂直放置。将配制好的分离胶溶液,倒入长、短玻璃板间的窄缝内,加胶高度距样品模板梳齿下缘约 1cm。用 1mL 注射器沿短玻璃板边缘在凝胶表面轻轻加一层重蒸水,用于隔绝空气,使胶面平整。30～60min 后凝胶完全聚合,将储槽中的蒸馏水倒去,用细条滤纸吸去残留的水液。滴加入去离子水,待凝胶聚集后,倒出去离子水,用吸水纸吸干,将制备的浓缩胶溶液加到长、短玻璃板的窄缝内,距短玻璃上缘 0.5cm,然后插入样品槽模板。在上、下储槽中加入蒸馏水,但不能超过短玻璃板上缘。静置 30min 左右,上胶即可聚合,再放置 10～20min,放出蒸馏水,加入电极缓冲液,使液面没过短玻璃板约 0.5cm,轻轻取出样品槽模板,即可加样。

③上样。

用移液器分别取 10 μL 样品液,小心地将标准蛋白质样品和实验样品注入样品槽,并做好标记。

④ 电泳。

连好电泳仪，打开电泳仪开关，开始时电流为 10mA，待样品进入分离胶后，将电流调至 20mA，当溴酚蓝染料距硅胶框 1cm 时，停止电泳，关闭电源。

⑤ 染色和脱色。

电泳结束后，取下凝胶模，卸下硅胶框，用不锈钢药铲撬开短玻璃板，从凝胶板上切下一角作为加样标记，在两侧溴酚蓝染料区带中心，插入细铜丝作为前沿标记。加入染色液染色 1～2h，再用脱色液脱色，直至蛋白质区带清晰结果如图 3-26 所示，即可计算相对迁移率。如用 50℃水浴或脱色摇床，则可缩短脱色时间。脱色液经活性炭脱色后，可反复使用。

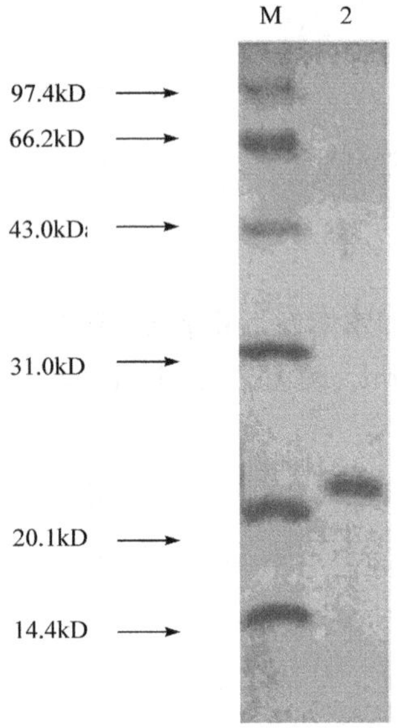

图 3-26 莲藕 PPO 的 SDS-PAGE 图
M. 标准蛋白分子质量（kD，从上至下）：兔磷酸化酶 B(97.4)、牛血清白蛋白 (66.2)、兔肌动蛋白 (43.0)、牛碳酸酐(31.0)、胰蛋白酶抑制剂(20.1)、鸡蛋清溶菌(14.4)；2. 经两步柱层析纯化后的 PPO

(4) 结果与处理。

量出加样端距细铜丝间的距离(cm)以及各蛋白质样品区带中心与加样端的距离(cm)，按式(3-68)计算相对迁移率 R_m：

$$\text{相对迁移率}(R_m)=\frac{\text{蛋白质样品迁移距离(cm)}}{\text{溴酚蓝区带距加样端距离(cm)}} \tag{3-68}$$

以相对迁移率对相对分子质量的对数作图，可得到标准曲线，根据标准曲线即可求出待测样品的相对分子质量。

(5) 注意事项。

① SDS 与蛋白质的结合按质量成比例(即 1.4g SDS/g 蛋白质)，如果比例不当，就不能得到准确的数据。

② 用 SDS-PAGE 法测定蛋白质相对分子质量时，每次必须同时作标准曲线。

③ 玻璃板表面应光滑洁净，否则在电泳时会造成凝胶板与玻璃板间产生气泡。

④ 有些蛋白质由亚基(如血红蛋白)或两条以上肽链(如胶原蛋白)组成，它们在巯基乙醇和 SDS 的作用下解离成亚基或多条单肽链。因此，对于这一类蛋白质，SDS-PAGE 法测定的只是它们的亚基或是单条肽链的相对分子质量。

⑤ 为防止电泳后区带拖尾，样品中盐离子强度应尽量低，含盐高的样品可用透析法脱盐。如果脱盐后电泳中出现拖尾、染色带的背景不清晰等现象，可能是 SDS 不纯引起。

3.5.6 蛋白质和氨基酸分析及分离方法研究进展

1. 蛋白质和氨基酸分析方法研究进展

1) 分光光度法 (spectrophotometric method)

除考马斯亮蓝 G-250 法外，近年来橙红 G、溴甲酚绿、埃铬青、溴酚蓝、酸性品红等染料也已被用于蛋白质测定；偶氮胂 K、氯磺酚 S、茜红素 S 等染料测定蛋白质的分光光度法研究也有报道。近几年，利用金属离子和有机染料形成配合物体系，结合光度法测定蛋白质含量的方法得到了长足发展。金属离子与含有—OH 或 C=O 的有机染料相遇时，氧原子中的孤对电子可与金属离子形成稳定的配合体系，在酸性条件下，该体系遇到结构不对称的蛋白质分子时，由于互相极化产生静电作用而组合成新的大分子团，改变了原体系的广谱性能，使选择性提高，从而能定量测定蛋白质的含量。此类方法具有灵敏度高，线性范围广，干扰离子少，操作简单、快速及适于常规应用等特点。

2) 荧光探针法(fluorescent probes method)

荧光探针法是用于蛋白质定量测定的新方法，该法利用反应物的荧光强度随蛋白质浓度增加而增强的原理进行蛋白质测定，具有线性范围宽和检出限低的特点，用于荧光法的试剂有吖啶橙、茜红素 S、曙红 Y 等。宋功武等根据荧光素的单体-二聚体平衡转化原理，提出了一种检测蛋白质的流动注射荧光法：荧光素在表面活性剂作用下形成二聚体后荧光强度明显降低，加入蛋白质后二聚体解聚使荧光强度增加。该法简便，灵敏度高。林旭聪等以 1,6-己二胺二吖啶为荧光探针，建立了一种新的蛋白质共振散射检测体系。陈鸿琪建立了荧光素二聚体生物探针测定蛋白质的方法，其结果与常用的考马斯亮蓝法一致，但线性范围更宽，可作为蛋白质常规分析的新体系。Sun 等以 4-氯(2′-羟基苯偶氮)绕丹宁-钛复合物[4-chloro-(2′-hydroxylophenylazo)rhodanine-Ti(Ⅳ)]为特殊探针，建立了一种灵敏度高、选择性好的蛋白质测定方法，此法用于奶粉、玉米面中蛋白质含量的测定，结果令人满意。

3) 近红外光谱法(NIR method)

该法的原理是基于波长在 0.75～3μm 的红外线具有被食品中蛋白质组分吸收及反射的特性，依据红外线的反射强度与食品中蛋白质含量之间存在的函数关系而建立的蛋白质快速定量法。近红外光谱仪广泛应用于谷物及谷类制品、油料种子、肉类和乳制品、水产品及其制品等食品中蛋白质的分析。

4) 氨基酸测定的衍生化间接法(amino acids determination-indirect derivative method)

衍生化离子交换色谱法和衍生化高效液相色谱法是较为经典的氨基酸分析方法。常用的衍生试剂有茚三酮(ninhydrin)、邻苯二甲醛(OPA)、9-芴甲基-*N*-琥珀酰亚胺基碳酸酯 FMOC(9-fluorenylmethyl chloroformate)、4-(二甲氨基)偶氮苯-4-硫酰氯 Dabsyl (4-dimethylamino-azobenzene sulfonylchloride)等。这些方法的缺点是操作复杂和影响因素多，如柱后衍生需要柱后衍生反应的附加装置和衍生化试剂；柱前衍生存在氨基酸衍生物不稳定、衍生反应的副产物和试剂本身干扰等缺点。

气相色谱(GC)用于测定衍生的氨基酸已有较长时间。此方法的优点是分离时间短、柱效高及易与质谱联用；缺点是衍生反应干扰多、专一性差。Gehrke 等对气相色谱与柱后衍生高效阳离子交换色谱分析氨基酸进行了比较，发现二者的结果相近。GC/MS 是一种强有力的分析方法，可测定氨基酸及其异构体。

衍生化毛细管电泳(CE)具有微量、灵敏和柱效高的特点，适合于氨基酸手性分离和复杂样品的氨基酸分析。与 HPLC 相比，CE 的优点是分离效率高，无须梯度洗脱，分析速度快，溶剂消耗少等；但 CE 分析的重现性较差。

高效液相色谱/质谱(HPLC/MS)和毛细管电泳/质谱(CE/MS)分析氨基酸是一种新趋势。Schmeer 等用液相色谱/大气压离子化质谱(LC/AP I-MS)测定了 D/L-胱氨酸和半胱氨酸的 PTC 衍生物，得到了 17 种 PTC-氨基酸和 6 种 PTC-胱(半胱)氨酸的碎片。Kwon 等用高效液相色谱/大气压微波等离子体离子化质谱(HPLC/AP-M IP I-MS)测定了非衍生化氨基酸。

5) 氨基酸直接分析法——积分脉冲安培法(direct amino acids determination-integrated amperometry method)

此法无需对氨基酸进行衍生化，可直接对氨基酸进行分离测定。其基本原理是利用氨基酸在碱性流动液中在阴离子交换树脂上进行分离后再采用积分脉冲安培法检测。积分脉冲安培技术是1989年由Johnson等提出的，与脉冲安培相似，积分脉冲安培法中加到工作电极上的也是一种自动重复的电位对时间的脉冲电位波形，其不同之处是采样时的电位不是恒定的，而是在高-低值之间扫描。在高电位时，氨基和金的氧化同时发生。在高电位时所形成的氧化金在低电位时被还原。因为在低电位时金的氧化是可逆的，而氨基的氧化是不可逆的，因而来自金电极氧化的信号被大大抵消，由积分整个高-低循环的电流所得到的信号仅仅是被分析成分的信号。Clarke等采用阴离子交换色谱-积分脉冲安培法直接对蛋白水解液中的氨基酸进行分析，成功测定了22种基本氨基酸，检出限达到皮摩尔水平，分析结果与茚三酮法一致。Cheng等使用一次性金电极分析氨基酸，克服了金电极容易污染的缺点。

2. 蛋白质的分离纯化方法研究进展

1）浊点萃取法(cloud point extraction，CPE)

浊点萃取法是近年来出现的一种新兴的液-液萃取技术，该法不使用挥发性有机溶剂，不影响环境，它以中性表面活性剂胶束水溶液的溶解性和浊点现象为基础，通过改变实验参数引发相分离，将疏水性物质与亲水性物质分离。目前该法已成功地应用于蛋白质大分子的分离与纯化的前处理中。

2）置换色谱法(displacement chromatography，DC)

置换色谱作为一种非线性色谱技术，是指样品输入色谱柱后，用一种与固定相作用力极强的置换剂(displacer)通过色谱柱，去替代结合在固定相表面的溶质分子。样品在置换剂的推动下沿色谱柱前进，使样品中各组分按作用力强弱的次序，形成一系列前后相邻的谱带，得以分离。

3）反胶束萃取 (reversed micelle extraction)

蛋白质进入反胶束溶液是一种协同过程。在有机溶剂相和水相两宏观相界面间的表面活性剂层同邻近的蛋白质分子发生静电吸引而变形，在两界面形成含有蛋白质的反胶束，然后扩散到有机相中，从而实现了蛋白质的萃取(正萃)；最后，将含有蛋白质的反胶束溶液与另一水相接触，通过改变条件(如pH、离子种类或离子强度)使蛋白质从反胶束转移到水相中(反萃)，从而分离出蛋白质，实现反萃取过程。

4）双水相萃取(two-aqueous phase extraction，ATPS)

双水相萃取与水-有机相萃取的原理相似，都是依据物质在两相间的选择性分配，但萃取体系的性质不同。当物质进入双水相体系后，由于表面性质、电荷作用和各种力(如疏水键、氢键和离子键等)的存在及环境因素的影响，其在上、下相中的浓度不同。分配系数 K 等于物质在两相的浓度比，由于各种物质的 K 值不同，可利用双水相萃取体系对物质进行分离。Harris采用双水相体系从羊奶中纯化蛋白，研究了羊奶血清蛋白、羊奶酪蛋白、β-乳球蛋白在聚乙二醇(PEG)/磷酸盐体系中的分配以及PEG相对分子质量、pH和盐的加入对三种蛋白分配的影响。

5）疏水作用色谱(hydrophobic interaction chromatography，HIC)

疏水作用色谱是利用蛋白质中含有的疏水基因可与固定相之间产生疏水作用而达到分离分析的目的，与RP-HPLC相比，此法具有较少使蛋白质变性的特点。HIC可将未经离子交换柱的样品纯化，而 RP-HPLC 则不能达到这一要求。

6）离子交换色谱(ion-exchange chromatography，IEXC)

离子交换色谱可在中性条件下，利用多肽的带电性不同分离纯化蛋白质和多肽。除了常用的阳离子柱与阴离子柱外，还有一些新型树脂，如大孔型树脂、均孔型树脂、离子交换纤维素、葡聚糖凝胶等，均被广泛用于蛋白质的分离。

7）灌注层析(perfusion chromatography，PC)

灌注层析是一种基于分子筛原理与高速流动的流动相的层析分离方法，固定相孔径大小及流动相速度直接影响分离效果。实验证明，其在生产、制备过程中具有低投入、高产出的特性。目前市场上可供应的 PC 固定相种类较多，适合于不同相对分子质量的多肽和蛋白质分离使用。

8）固定金属亲和层析(immobilized metal affinity chromatography，IMAC)

固定金属亲和层析是近年来发展起来的一种亲和方法。其固定相基质上螯合了一些金属离子，如 Cu^{2+}、Ni^{2+}、Fe^{3+} 等，由于这些金属离子与色氨酸、组氨酸和半胱氨酸之间可形成配价键，从而形成了亚胺金属-蛋白螯合物，使含有这些氨基酸的蛋白质被这种金属螯合亲和色谱的固定相吸附，螯合物的稳定性受单个组氨酸和半胱氨酸解离常数所控制，也受流动相的 pH 和温度的影响，控制条件可以使不同蛋白质相互分离。

9）多维高效液相色谱法 (multidimensional high performance liquid chromatography，MD-HPLC)

伴随着蛋白质组学研究的兴起，集快速、高效、自动化程度高，同时易于与质谱等技术联用等优势于一身的多维高效液相色谱技术也成为科学家的研究热点，其在未知蛋白质的大规模鉴定方面显示了独特的优势。采用该技术对蛋白质进行分析一般包括两种方案，一种是以 shotgun(“鸟枪法”)为代表的“bottom-up”技术路线。该路线的核心是先将完整的蛋白质混合样品酶解成肽段，然后采用多维液相色谱系统分离肽段，随后利用质谱仪得到各肽段的相对分子质量信息和碎片信息，然后将所得的数据与相应的蛋白质数据库中的数据进行匹配，最终完成对未知蛋白质的鉴定。另一种是双向凝胶电泳为代表的“top-down”技术路线，该路线是将复杂样品通过双向电泳进行分离，获得单个完整蛋白质分子。此外，MD-HPLC 技术常与其他分离技术如毛细管电泳、等电聚焦电泳等技术结合，以实现完整蛋白质的分离。例如，Lubman 等使用 Rotofor 液相等电聚焦电泳仪对细胞裂解液中的蛋白质一次性进行等电聚焦，然后以 RPLC 作为第二维进行分离。在获得完整蛋白质分子的基础上结合其他技术，如电喷雾傅里叶变换离子回旋共振质谱(ESI-FTICR-MS)、基质辅助激光解吸离子化飞行时间质谱(MOLDI TOF MS)等进行进一步分析，获得蛋白质的结构信息。

10）磁性纳米粒子

蛋白质组学的快速发展和基因组时代的到来，对蛋白质纯化技术也提出了新的要求。而磁性纳米粒子(magnetic nanoparticles，MNPs)在蛋白质的快速分离以及特异性的选择分离方面表现出了极大的优势。该技术是以磁性纳米粒子为载体，通过在磁性粒子的表面进行改性修饰，使其表面偶联上某些特定的功能团，如—COOH、—NH_2、—SH、—CHO、—OH 或者某些特定的金属离子，或者偶联上壳聚糖、聚乙二醇等高分子材料，使其能够选择性地吸附目标蛋白，进而在外磁场的作用下实现与复杂样品中其他组分的快速分离。分离后的磁性载体经过清洗、解吸附等操作，即可得到目标蛋白，解吸后的磁性纳米粒子可以回收和重新使用。与传统的蛋白质分离方法如柱层析、超滤等相比，此法还具有操作简单、样品处理量大、选择性和特异性好、所得样品纯度及回收率高等优点，在选择性分离纯化方面具有广阔的前景。

3.6 维生素分析

3.6.1 概述

维生素(vitamin)是维持机体正常生理功能所必需的一类低相对分子质量有机化合物，在调节物质代谢和维持生理功能等方面有着独特的作用。维生素的种类繁多，具有不同的化学结构和生理功能，但有以下三个共同点：①维生素既不是构成机体组织和细胞的组成成分，也不是体内的供能物质，主要作用是参与机体代谢的调节；②大多数的维生素，机体不能合成或合成量不足，不能满足机体的需要，必须通过食物获得；③维生素的每日需要量甚微，日需要量常以毫克或微克计算，但一旦缺乏就会引发相应的维生素缺乏症，严重时足以致命。但如果过量摄入某些维生素，也可引起维生素过多症，对健康产生危害。测定食品中的维生素含量，是食品营养成分分析的主要项目之一，特别是维生素强化食品更需要对其含量进行测定。

目前已知的维生素有二十几种，根据维生素的溶解性能通常可将它们分为脂溶性维生素和水溶性维生素两大类。脂溶性维生素包括维生素 A、维生素 D、维生素 E 和维生素 K，在生物体内的存在与吸收都与脂肪有关。而水溶性维生素又可分为 B 族和 C 族等，B 族维生素有维生素 B_1、维生素 B_2、维生素 B_3、维生素 B_5、维生素 B_6、维生素 B_{11}、维生素 B_{12}、维生素 H 以及胆碱和肌醇；C 族维生素有维生素 C 和维生素 P。水溶性维生素存在于植物性食物中，均能溶于水，在食物中常以多种形式存在。

维生素原即维生素的前体物，如 β-胡萝卜素即为维生素 A 原，其测定详见第 4 章。

3.6.2 脂溶性维生素的测定

脂溶性维生素不溶于水，易溶于脂肪、乙醇、丙酮、氯仿、乙醚、苯等有机溶剂。测定脂溶性维生素时，通常先用皂化法处理样品，用水洗去除类脂物。再用有机溶剂提取脂溶性维生素，浓缩后溶于适当的溶剂后测定。由于维生素 A、E 易氧化，因此在提取、皂化和浓缩等操作过程中，要采取必要的措施防止维生素的损失，如在提取时可添加抗氧化剂，皂化时尽可能采用低温处理，浓缩时可采用真空浓缩等，在分析操作中一般要在避光条件下进行。

1. 三氯化锑比色法测定维生素 A(GB/T5009.82—2003)

维生素 A 是由 β-紫罗酮环与不饱和一元醇所组成的一类化合物及其衍生物的总称，包括维生素 A_1 和 A_2。维生素 A_1 即视黄醇，它有多种异构体。维生素 A_2 即 3-脱氢视黄醇，是视黄醇衍生物之一，它也有多种异构体。

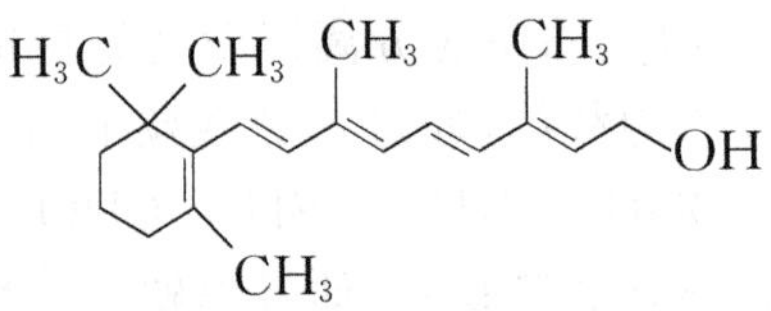

维生素A_1(视黄醇)

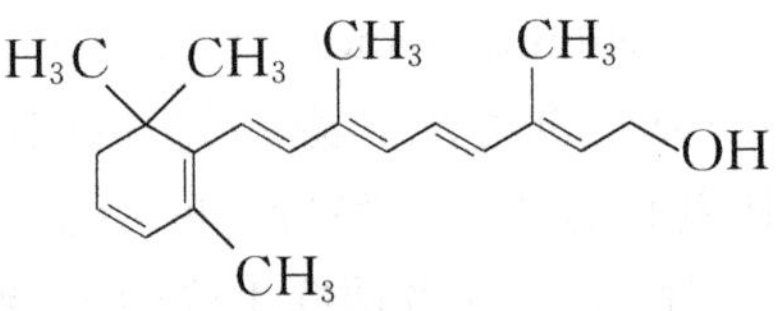

维生素A_2(3-脱氢视黄醇)

维生素A存在于动物性脂肪中，主要来源于肝脏、鱼肝油、蛋类、乳类等动物性食品中。植物性食品中不含维生素A，但在深色果蔬中含有维生素A原——类胡萝卜素，它们中的一些在人体内可转化为维生素A。维生素A对酸不稳定，在低温下对碱相对较稳定，有一定的耐热性；维生素A在食品中常以酯类形式存在，样品可用碱性乙醇溶液在有抗氧化剂或惰性气体保护下，加热皂化后，使其转化为游离的维生素A，然后用有机溶剂提取后进行测定。若采用HPLC方法测定，在大多数情况下，检测波长为325nm条件下，检测维生素A都能获得足够的灵敏度和选择性，光电二极管阵列检测器的应用也越来越普遍。荧光检测更适用于生物样品的测定，其灵敏、基线稳定、干扰少。维生素A的含量测定方法可采用三氯化锑比色法，但得到的结果偏高，而且该法对加工过程中引起的顺-反异构化作用不敏感；若条件允许，宜采用HPLC法分析。

1）原理

维生素A在三氯甲烷中与三氯化锑反应，产生蓝色物质，其颜色深浅与溶液中所含维生素A的含量在一定的范围内成正比。该蓝色物质虽不稳定，但在一定时间内于620nm波长处可用分光光度计测定其吸光度。

2）主要仪器及试剂

分光光度计、回流冷凝装置。

本实验所用试剂均为分析纯，水均为蒸馏水。

乙酸酐、无水乙醚、无水乙醇；50%氢氧化钾溶液（质量浓度）。

无水硫酸钠：不吸附维生素A。

三氯甲烷：应不含分解物，否则会破坏维生素A。

检查方法：三氯甲烷不稳定，放置后易受空气中氧的作用生成氯化氢和光气。检查时取少量三氯甲烷置于试管中加水少许振摇，使氯化氢溶到水层。加几滴硝酸银溶液，若有白色沉淀，即说明三氯甲烷中含有分解产物氯化氢。

处理方法：试剂应先检测是否含有分解产物，如有则将三氯甲烷置于分液漏斗中，加水洗涤数次，用无水硫酸钠或氯化钙使之脱水，然后蒸馏。

三氯化锑-三氯甲烷溶液（250g/L）：将250g干燥的三氯化锑迅速投入装有1000mL三氯甲烷的棕色试剂瓶中，振摇，使之溶解，储于棕色瓶中。

酚酞指示剂（10g/L）：用95%乙醇配制。

维生素A标准溶液（1mg/mL）：精确称取100mg维生素A标准品，用乙醇溶解并定容于100mL棕色容量瓶中。

注：维生素A标准溶液须在−10℃以下避光储存，临用前配制，标准溶液用前需校正。

维生素A标准溶液校正：取维生素A标准溶液若干微升，用乙醇稀释至3.00mL，在325nm波长处测定其吸光度值，通过式（3-68）计算出维生素A标准溶液的浓度。

$$X=\frac{A}{1835}\times\frac{1}{100}\times\frac{3.00}{S\times10^{-3}} \tag{3-69}$$

式中：X——维生素A的浓度，g/mL；

A——维生素A的平均紫外吸光度值；

1835——维生素A（1%）比吸光系数；

S——加入维生素 A 标准溶液的量，μL；

$\frac{3.00}{S \times 10^{-3}}$——维生素 A 标准溶液稀释倍数。

3）测定步骤

（1）样品前处理。

因含有维生素 A 的样品，多为脂肪含量高的油脂或动物性食品，故必须首先除去脂肪，将维生素 A 从脂肪中分离出来。常规的前处理方法有皂化法和研磨法。

① 皂化法。

此法适用于测定维生素 A 含量不高（$<5\mu g/g$）的样品，可减少脂溶性物质的干扰，但全部实验过程费时。

皂化：根据试样中维生素 A 含量的不同，准确称取 0.5～5g 试样于三角瓶中，加入 10mL 氢氧化钾（50%，质量浓度）及 20～40mL 乙醇，于电热板上回流 30min 至皂化完全为止。

提取：用少量的水将皂化液全部转入 500mL 分液漏斗中（如有渣子，用脱脂棉漏斗滤入分液漏斗内），加入 50mL 乙醚，轻轻振摇，静置分层后，将水相转入另一 500mL 分液漏斗中，按上述方法进行第二次萃取，最后合并醚液。

洗涤：用约 30mL 水加入到醚液中，轻轻振摇，静置片刻后，放去水层。再加入 15～20mL 0.5mol/L 的氢氧化钾溶液，轻轻振摇后，弃去下层碱液，除去醚溶性酸皂。继续用水洗涤，每次用水约 30mL，直至洗液与酚酞指示剂呈无色为止（大约洗涤 3 次）。醚层液静置 10～20min 后，小心放掉析出的水。

浓缩：将醚液经过无水硫酸钠滤入三角瓶中，再用约 25mL 乙醚冲洗分液漏斗和硫酸钠两次，洗液并入三角瓶内。置水浴上蒸馏，回收乙醚。待瓶中剩约 5mL 乙醚时取下。减压抽干，立即准确加入一定量三氯甲烷，使溶液中维生素 A 含量在适宜浓度范围内。

② 研磨法。

此法适用于测定维生素 A 含量大于 5～10μg/g 的样品，如肝样品。该法步骤简单、省时、结果准确。

研磨：精确称取 2～5g 样品，放入盛有 3～5 倍样品质量的无水硫酸钠研钵中，研磨至样品中水分完全被吸收，并均质化。

提取：小心地将全部均质化样品移入带盖的三角瓶内，准确加入 50～100mL 乙醚。紧压盖子，用力振摇 2min，使样品中维生素 A 溶于乙醚中。使其自行澄清（需 1～2h），或离心澄清（注意：因乙醚易挥发，气温高时应在冷水浴中操作。装乙醚的试剂瓶也应事先置于冷水浴中）。

浓缩：取澄清乙醚提取液 2～5mL，放入比色管中，在 70～80℃水浴上抽气蒸干，立即加入 1mL 三氯甲烷溶解残渣。

（2）标准曲线的绘制。

准确取一定量的维生素 A 标准溶液于 5 个棕色容量瓶中，用三氯甲烷定容至刻度混匀，得到标准系列工作液。分别取标准系列工作液 1mL 于 5 支比色管中，各管加入 1 滴乙酸酐，于 620nm 波长处，比色管按顺序移入光路前，迅速加入 9mL 三氯化锑-三氯甲烷溶液，于 6s 内测定吸光度，以三氯甲烷调零。以吸光度为纵坐标，维生素 A 含量为横坐标绘制标准曲线。

(3) 样品测定。

于一比色管中加入10mL三氯甲烷，加入1滴乙酸酐为空白液。另一比色管中加入1mL三氯甲烷，其余比色管中分别加入1mL试样及1滴乙酸酐。其余步骤同标准曲线的制备。

4) 结果计算

$$X=\frac{c}{m}\times V\times\frac{100}{1000} \tag{3-70}$$

式中：X——样品维生素A的量，mg/100g；

c——由标准曲线上查得样品溶液中维生素A的含量，μg/mL；

m——样品质量，g；

V——样品提取后加入三氯甲烷定容的体积，mL；

100——以每100g样品计。

如按国际单位(IU)，每1 IU维生素A=0.3μg维生素A。

5) 注意事项

(1) 以乙醚为溶剂的萃取体系，易发生乳化现象。在提取、洗涤操作中，不要用力过猛，若发生乳化，可加几滴乙醇破乳。

(2) 所用氯仿中不应含有水分，因为三氯化锑遇水会出现沉淀，干扰比色测定。所以在氯仿中应加入乙酸酐1滴，以保证脱水。

(3) 由于三氯化锑与维生素A所产生的蓝色物质很不稳定，通常6s以后便开始褪色，因此要求反应在比色皿中进行，产生蓝色后立即读取吸光度值。

(4) 维生素A极易见光分解，实验操作应在微弱光线下进行，或使用棕色玻璃仪器。

(5) 三氯化锑腐蚀性强，不能沾在手上，三氯化锑遇水生成白色沉淀：

$$SbCl_3+H_2O\longrightarrow SbOCl\downarrow+2HCl$$

因此用过的仪器要先用稀盐酸浸泡后再清洗。

(6) 维生素D也可与三氯化锑显色，当维生素D含量高时，会干扰测定。

(7) 如果样品中含β-胡萝卜素(如奶粉、禽蛋等食品)干扰测定，可将浓缩蒸干的样品用正己烷溶解，以氧化铝为吸附剂，丙酮、乙烷混合液为洗脱剂先进行柱色谱分离β-胡萝卜素。

(8) 比色法除用三氯化锑作显色剂外，还可用三氟乙酸、三氯乙酸作显色剂。其中三氟乙酸没有遇水发生沉淀而使溶液浑浊的缺点。

(9) 在重复性条件下获得的两次独立测定结果的绝对差值不得超过算术平均值的10%。

2. HPLC法测定维生素E

维生素E又称生育酚，除具有重要的生理功能以外，也是天然抗氧化剂，包括α-、β-、γ-、δ-生育酚和三烯生育酚等8种异构体(图3-27)，其中α-生育酚的生理活性最高，分布最广泛。各种异构体均为黄色的黏油状物。维生素E对酸、碱、氢化及高温均较稳定，但它易氧化。在紫外线照射、金属离子存在下会加速其氧化，因此在操作中要注意防止氧化。

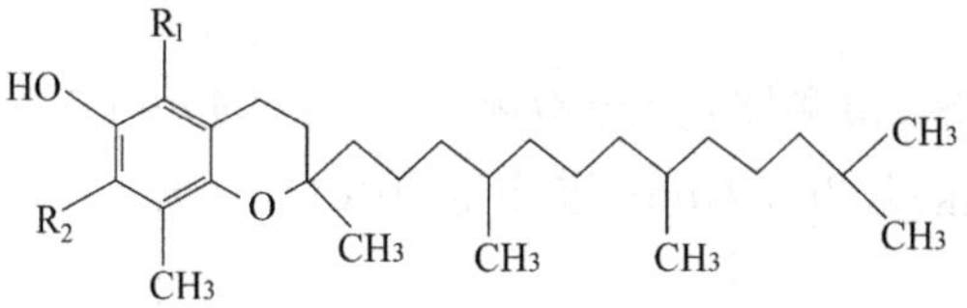

	R_1	R_2
α	CH_3	CH_3
β	CH_3	H
γ	H	CH_3
δ	H	H

图3-27　维生素E的结构式

许多植物中含有维生素 E，如莴苣、禾本科植物、大豆、许多植物种子的胚及深绿色蔬菜的叶子。牛奶、蛋、人造奶油、肝中均含有维生素 E。植物油中维生素 E 的含量较高，有的甚至高达 80mg/100g 以上。

从样品中提取维生素 E 有皂化法及直接提取法两种。皂化法：样品经乙醇-氢氧化钾溶液皂化后，维生素 E 存在于不皂化物中，再用乙醚或其他有机溶剂提取不皂化物。维生素 E 容易氧化，皂化过程最好通氮以隔绝空气，同时要加入适当的抗氧化剂，如焦棓酚、维生素 C 等，皂化时间应尽可能短。直接提取法：样品可以不经皂化而用有机溶剂直接提取，然后在低温下进行浓缩结晶，除去脂类，将维生素 E 分离出来。

现已有许多有关维生素 E 的分析的研究报道，它们包括薄层层析法、分光光度法、荧光法、双波电压法、示波法、气相色谱法，这些方法均存在操作过程复杂、样品必须经过繁琐的预处理、测定时间长、灵敏度低、准确性差等缺点。而 HPLC 法可直接分析，对于清洁的油样甚至可以直接用流动相溶液稀释过滤后进样，而且速度快、简便、灵敏、易分离、准确度高、可靠性好，现已成为维生素 E 研究分析中最常用的定量方法。

以下以油菜子样品为例，介绍维生素 E 的 HPLC 测定法。

1）原理

测定食品中的脂溶性维生素时，一般是将样品先皂化，由酯型转化为游离型后，再进行测定。也可采用有机溶剂直接提取后进行测定。但需要注意的是食品基质不同，会影响提取而造成误差。

2）主要仪器及试剂

高效液相色谱仪、荧光检测器、液相色谱柱 SUPELCOSIL™ LC-SI(25cm×4.6μm，5μm)、旋转蒸发仪。

正己烷、异辛烷、无水乙醚、维生素 C 均为分析纯；

α-、β-、γ-、δ-生育酚(tocopherol)(α-、β-、γ-、δ-T)标准品。

3）测定步骤

(1) 样品处理。

将油菜子研碎，过筛后置于冰箱中保存。准确称取样品 1.00g 置于试剂瓶中，添加 0.5g 抗坏血酸，用 90mL 正己烷分三次在室温下浸提油菜子中维生素 E，每次用 30mL 正己烷浸提 6h，合并提取液，在 40℃下减压浓缩后，用正己烷定容至 10mL 棕色容量瓶中，于冰箱中备用。

(2) α-、β-、γ-、δ-T 标样储备液的配制及工作曲线。

分别精确称量 α -、β -、γ -、δ -T 的标准品 10.0mg，用正己烷溶解后，分别定容于 10mL 棕色容量瓶中，作为储备液，置冰箱中备用。分别将 α -、β -、γ -、δ -T 的标准品储备液配制成 10μm/mL、20μm/mL、30μm/mL、40μm/mL、50μm/mL、60μg/mL 的标准系列，上样分析。然后分别以 α-、β-、γ-、δ-T 的浓度(μg/mL)为横坐标，峰面积为纵坐标，绘制标准曲线，并计算其回归方程。

(3) 色谱条件。

色谱柱：SUPELCOSIL™ LC-SI；检测器：荧光检测器，λ_{ex}=290nm、λ_{em}=330nm；流动相：正己烷/乙醚(93∶7，体积比)；流速：1.2mL/min；进样量：10μL。

(4) 测定。

将样品上样进行液相色谱分析，记录峰面积，并代入 α-、β-、γ-、δ-T 的回归方程，分别计算含量。结果如图 3-28 所示。

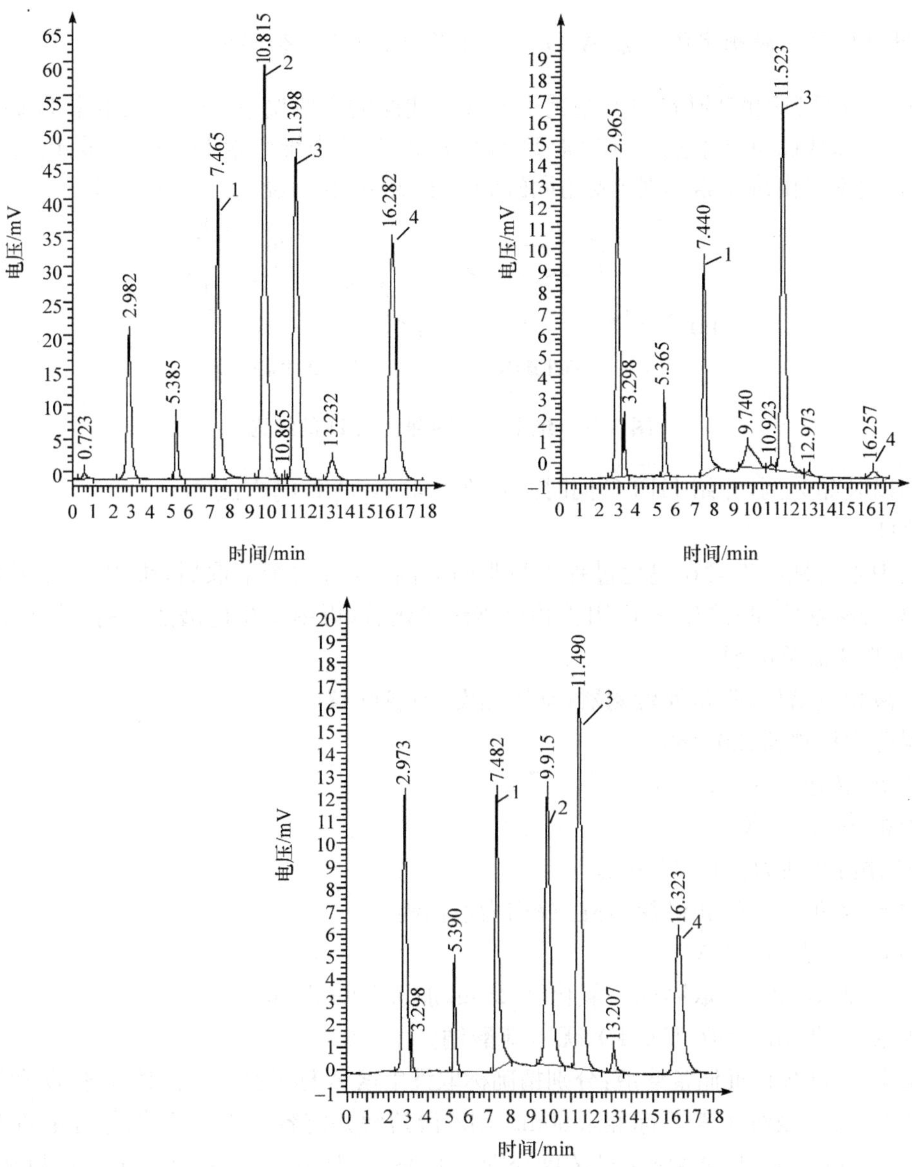

图 3-28　维生素 E 的 HPLC 图

色谱条件：色谱柱，SUPELCOSIL™LC-SI，检测器，荧光检测器，$\lambda_{ex}=290nm$、$\lambda_{em}=330nm$；流动相，正己烷/乙醚（93∶7，体积比）；流速，1.2ml/min；进样量，10μL

1. α-生育酚；2. β-生育酚；3. γ-生育酚；4. δ-生育酚

4）注意事项

（1）在提取维生素 E 时，也可以在低温（−20℃）下提取，但要延长提取时间，一般为18～24h。

（2）在配制 α-、β-、γ-、δ-T 的标准品溶液时，可在溶液中添加 BHT 或 BHA 抗氧化剂，于−20℃下，可保存 3 个月。

（3）维生素 E 易氧化，一般在避光条件下操作。

3. HPLC 法同时测定维生素 A、D、E (GB/T 5413.9—2010)

维生素 D 是类固醇的衍生物，是钙平衡和骨代谢的主要调节因子。维生素 D 缺乏可引起 Ca、P 的吸收和代谢机制紊乱。维生素 D 的种类很多，其中维生素 D_2 和维生素 D_3（图 3-29）最为重要，它们都可由维生素 D 原（麦角固醇和 7-脱氢胆固醇）经紫外线照射形成。

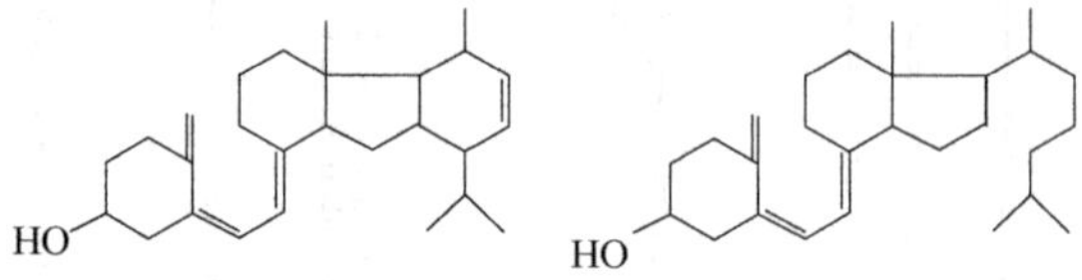

维生素D_2　　维生素D_3

图 3-29　维生素 D_2 和维生素 D_3 的结构

下面以乳品为例，介绍 HPLC 同时测定维生素 A、D、E 的方法。

1）原理

样品中脂溶性维生素在皂化过程中与脂肪分离，以石油醚萃取后，维生素 A、E 用反相色谱法分离，外标法定量；维生素 D 用正相色谱法净化后，再用反相色谱法分离，外标法定量。

2）主要仪器及试剂

高效液相色谱仪，附紫外检测器；旋转蒸发器；氮吹仪。

恒温磁力搅拌器：20～80℃。

离心机：转速≥5000r/min。

培养箱：60℃±2℃。

α-淀粉酶：酶活力≥1.5U/mg。

异丙醇、乙醇、甲醇、正己烷、环己烷均为色谱纯。

石油醚：沸程 30～60℃。

氢氧化钾水溶液：称取固体氢氧化钾 250g，加入 200mL 水溶解。

维生素 C 的乙醇溶液（15g/L）、无水硫酸钠。

维生素 A、D、E 标准储备溶液：分别精确称取维生素 A 标准品 10mg、维生素 D_2 和维生素 D_3 标准品各 10mg 以及维生素 E 标准品 50mg，用乙醇溶解并定容于 100mL 棕色容量瓶中，得到的维生素 A、D_2、D_3、E 标准储备溶液的浓度分别为 100μg/mL、100μg/mL、100μg/mL 和 500μg/mL。

注：维生素 A、D、E 标准储备溶液须在−10℃以下避光储存，标准工作液临用前配制，标准储备溶液用前浓度需校正。

维生素 A、D、E 标准储备溶液校正具体操作如下：分别取维生素 A、D、E 标准储备溶液若干微升，分别注入至含有 3.00mL 乙醇的比色皿中，根据给定的波长测定各维生素的吸光度值，按表 3-25 给定的条件进行测定，通过式(3-71)计算出该维生素的浓度。

表 3-25　各维生素吸光度值的测定条件

标准品	标准储备溶液/μL	比吸光系数($E_{1cm}^{1\%}$)	波长(λ)/nm
维生素 A	V	1835	325
维生素 E	V	71	294
维生素 D_2	V	485	264
维生素 D_3	V	462	264

浓度计算公式：

$$c=\frac{A}{E}\times\frac{1}{100}\times\frac{3.00}{V\times10^{-3}} \tag{3-71}$$

式中：c——维生素 A、D、E 的浓度，g/mL；

A——维生素 A、D、E 的平均紫外吸光度值；

V——加入维生素 A、D、E 标准储备溶液的量，μL；

E——维生素 A、D、E(1%)比吸光系数；

$\frac{3.00}{V\times10^{-3}}$——维生素 A、D、E 标准储备溶液稀释倍数。

3）操作步骤

(1) 试样前处理。

含淀粉的试样：称取混合均匀的固体试样约 5g 或液体试样约 50g(精确到 0.1mg)于 250mL 三角瓶中，加入 1 g α-淀粉酶，固体试样需用约 50mL 45～50℃的水使其溶解，混合均匀后充氮，盖上瓶塞，置于 60±2℃培养箱内培养 30min。

不含淀粉的试样：称取混合均匀的固体试样约 10g 或液体试样约 50g(精确到 0.1mg)于 250mL 三角瓶中，固体试样需用约 50mL 45～50℃水使其溶解，混合均匀。

注：测定维生素 D 的试样需要同时做回收率实验。

(2) 待测液的制备。

皂化：于上述处理的试样溶液中加入约 100mL 维生素 C 的乙醇溶液，充分混匀后加 25mL 氢氧化钾水溶液混匀，放入磁力搅拌棒，充氮排出空气，盖上胶塞。1000mL 的烧杯中加入约 300mL 的水，将烧杯放在恒温磁力搅拌器上，当水温控制在 53±2℃时，将三角瓶放入烧杯中，磁力搅拌皂化约 45min 后，取出立刻冷却到室温。

提取：用少量的水将皂化液全部转入 500mL 分液漏斗中，加入 100mL 石油醚，轻轻摇动，排气后盖好瓶塞，室温下振荡约 10min 后静置分层，将水相转入另一 500mL 分液漏斗中，按上述方法进行第二次萃取。合并醚液，用水洗至近中性。醚液通过无水硫酸钠过滤脱水，滤液收入 500mL 圆底烧瓶中，于旋转蒸发器上在 40±2℃充氮条件下蒸至近干(绝不允许蒸干)。残渣用石油醚转移至 10mL 容量瓶中，定容。

从上述容量瓶中准确移取 2.0mL 石油醚溶液放入试管 A 中，再准确移取 7.0mL 石油醚溶液放入另一试管 B 中，将试管置于 40±2℃的氮吹仪中，将试管 A 和 B 中的石油醚吹干。向试管 A 中加 5.0mL 甲醇，振荡溶解残渣。向试管 B 中加 2.0mL 正己烷，振荡溶解残渣。再将试管 A 和试管 B 以不低于 5000r/min 的速度离心 10min，取出静置至室温后待测。A 管用来测定维生素 A、E，B 管用来测定维生素 D。

(3) 测定。

① 维生素 A、E 的测定。

色谱柱：C_{18}柱，250mm×4.6mm，5μm，或具同等性能的色谱柱。

流动相：甲醇，流速 1mL/min。

检测波长：维生素 A，325nm；维生素 E，294nm。

柱温：35±1℃。

进样体积：20μL。

维生素 A、E 标准曲线的绘制：分别准确吸取维生素 A 标准储备液 0.50mL、1.00mL、

1.50mL、2.00mL、2.50mL 于 50mL 棕色容量瓶中，用乙醇定容至刻度混匀，此标准系列工作液浓度分别为 1.00μg/mL、2.00μg/mL、3.00μg/mL、4.00μg/mL、5.00μg/mL；分别准确吸取维生素 E 标准储备液 1.00mL、2.00mL、3.00mL、4.00mL、5.00mL 于 50mL 棕色容量瓶中，用乙醇定容至刻度混匀，此标准系列工作液浓度分别为 10.00μg/mL、20.00μg/mL、30.00μg/mL、40.00μg/mL、50.00μg/mL。分别将维生素 A、E 标准工作液注入液相色谱仪中，得到峰高（或峰面积）。以峰高（或峰面积）为纵坐标，以维生素 A、E 标准工作液浓度为横坐标分别绘制维生素 A、E 标准曲线。

维生素 A、E 试样的测定：将试液（A 管）注入液相色谱仪中，得到峰高（或峰面积），根据各自标准曲线查得待测溶液中维生素 A、E 的浓度。

② 维生素 D 的测定。

Ⅰ. 维生素 D 待测液的净化。

色谱参考条件：

色谱柱：硅胶柱，150mm×4.6mm，或具同等性能的色谱柱。

流动相：环己烷与正己烷按体积比 1∶1 混合，并按体积分数 0.8%加入异丙醇。

流速：1mL/min。

检测波长：264nm。

柱温：35±1℃。

进样体积：500μL。

取约 0.5mL 维生素 D 标准储备液于 10mL 具塞试管中，在 40℃±2℃的氮吹仪上吹干。残渣用 5mL 正己烷振荡溶解。取该溶液 50μL 注入液相色谱仪中测定，确定维生素 D 保留时间。然后将 500μL 待测液（B 管）注入液相色谱仪中，根据维生素 D 标准溶液保留时间收集维生素 D 馏分于试管中。将试管置于 40±2℃条件下的氮吹仪中吹干，取出准确加入 1.0mL 甲醇，残渣振荡溶解，即为维生素 D 测定液。

Ⅱ. 维生素 D 测定液的测定。

色谱参考条件：

色谱柱：C_{18}柱，250mm×4.6mm，5μm，或具同等性能的色谱柱。

流动相：甲醇。

流速：1mL/min。

检测波长：264nm。

柱温：35±1℃。

进样体积：100μL。

标准曲线的绘制：分别准确吸取维生素 D_2（或 D_3）标准储备溶液 0.20mL、0.40mL、0.60mL、0.80mL、1.00mL 于 100mL 棕色容量瓶中，用乙醇定容至刻度混匀。此标准系列工作液浓度分别为 0.200μg/mL、0.400μg/mL、0.600μg/mL、0.800μg/mL、1.000μg/mL。分别将维生素 D_2（或 D_3）标准工作液注入液相色谱仪中，得到峰高（或峰面积）。以峰高（或峰面积）为纵坐标，以维生素 D_2（或 D_3）标准工作液浓度为横坐标分别绘制标准曲线。

维生素 D 试样的测定：吸取维生素 D 测定液 100μL 注入液相色谱仪中，得到峰高（或峰面积），根据标准曲线查得维生素 D 测定液中维生素 D_2（或 D_3）的浓度。

维生素 D 回收率测定结果记为回收率校正因子 f，代入测定结果计算公式(3-73)，对维生素 D 含量测定结果进行校正。

4）结果计算

（1）维生素 A 含量的计算：

$$X=\frac{c_s}{m}\times\frac{10}{2}\times5\times100 \tag{3-72}$$

式中：X——试样中维生素 A 的含量，μg/100g；

c_s——从标线得到的维生素 A 待测液的浓度，μg/mL；

m——试样的质量，g。

注：1μg 视黄醇＝3.33 IU 维生素 A。

以重复性条件下获得的两次独立测定结果的算术平均值表示，结果保留三位有效数字。

（2）维生素 D 含量的计算：

$$X=\frac{c_s}{m\times f}\times\frac{10}{7}\times2\times2\times100 \tag{3-73}$$

式中：X——试样中维生素 D_2（或 D_3）的含量，μg/100g；

c_s——从标线得到的维生素 D_2（或 D_3）待测液的浓度，μg/mL；

m——试样的质量，g；

f——回收率校正因子。

注：试样中维生素 D 的含量以维生素 D_2 和 D_3 的含量总和计。

以重复性条件下获得的两次独立测定结果的算术平均值表示，结果保留三位有效数字。

（3）维生素 E 含量的计算：

$$X=\frac{c_s}{m\times1000}\times\frac{10}{2}\times5\times100 \tag{3-74}$$

式中：X——试样中维生素 E 的含量，μg/100g；

c_s——从标线得到的维生素 E 待测液的浓度，μg/mL；

m——试样的质量，g。

以重复性条件下获得的两次独立测定结果的算术平均值表示，结果保留三位有效数字。

5）注意事项

（1）如果皂化不完全，可适当增加氢氧化钾的加入量。

（2）试样中维生素 D_2 和维生素 D_3 无法分开，两者混合存在时，以总维生素 D 定量。

（3）标样与试样在同样条件下皂化，消除了维生素 D 的热异化性损失。

3.6.3　水溶性维生素的测定

测定水溶性维生素时，一般在酸性溶液中进行前处理（大多数水溶性维生素对酸稳定）。根据水溶性维生素在食品中的存在形式、稳定性和杂质干扰差别，分别采用不同的处理方法。如维生素 B_1 和维生素 B_2 在食品中可能同时存在游离态和结合态，因此通常采用盐酸水解，或经淀粉酶水解及蛋白酶、果胶酶等酶解作用，使结合态的维生素游离出来，然后再用水将它们从样品中提取出来。维生素 C 在酸性条件下较稳定，通常采用乙二酸、乙二酸-乙酸、偏磷酸-乙酸溶液直接提取，然后采用蛋白质沉淀剂除去蛋白质后，备测。

1. 维生素 B_1 的测定（荧光法）

维生素 B_1 又称硫胺素，它由一个嘧啶分子和一个噻唑分子通过一个亚甲基连接而成。它广泛分布于植物和动物体中，在糖类化合物的代谢中起着十分重要的作用。硫胺素的主要功能形式是焦磷酸硫胺素，然而各种结构式的硫胺素都具有维生素 B_1 活性。在酵母、米糠、麦胚、花生、黄豆以及绿色蔬菜和牛乳、蛋黄中含量较为丰富。

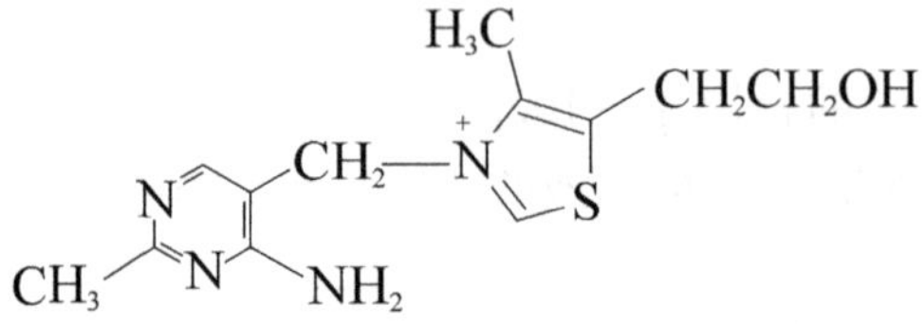

硫胺素

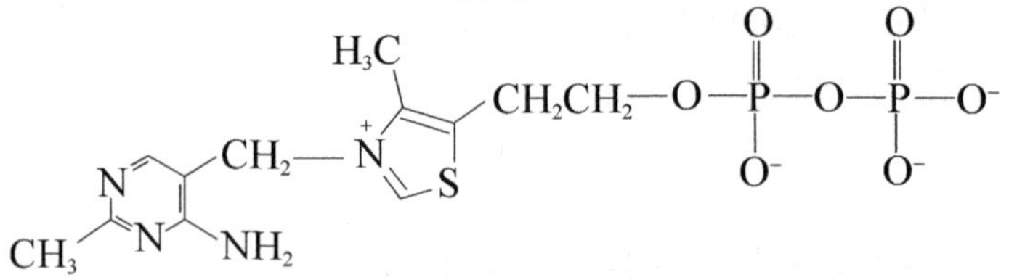

焦磷酸硫胺素

测定硫胺素的方法有比色法、微生物培养法、荧光法和 HPLC 法。比色法灵敏度低，准确度也稍差，适用于测定维生素 B_1 含量高的样品。虽然利用微生物培养法可测定食品中硫胺素的含量，但这种方法并不常用。硫胺素在稀酸的条件下从加热的食物匀浆中被提取出来，用磷酸酯酶水解成磷酸化的硫胺素，然后用层析法除去非硫胺素的荧光成分，再用氧化剂将其转化成高荧光的硫色素，此时测定就非常容易了。荧光法和 HPLC 法适用于微量维生素 B_1 的测定，是目前测定的主要方法。下面介绍荧光法(GB/T 5009.84—2003)。

1) 原理

硫胺素在碱性铁氰化钾溶液中被氧化成有荧光的硫色素，在给定条件下和没有其他荧光物质干扰时，此荧光的强度与硫色素含量成正比，即与溶液中硫胺素含量成正比。如样品中所含呈荧光的杂质较多，则应经过离子交换剂处理，使硫胺素与杂质分离，然后再测定纯化液中硫胺素的含量。

2) 主要仪器及试剂

荧光分光光度计、Malizel-Gerson 反应瓶、盐基交换管。

正丁醇、无水硫酸钠、淀粉酶、0.1mol/L 盐酸、0.3mol/L 盐酸、2mol/L 乙酸钠溶液、25%氯化钾溶液、15%氢氧化钠溶液、30%乙酸溶液、1%铁氰化钾溶液(储于棕色瓶内)。

25%酸性氯化钾溶液：将 8.5mL 浓盐酸用 25%氯化钾溶液稀释至 1000mL。

碱性铁氰化钾溶液：取 4mL 1%铁氰化钾溶液，用 15%氢氧化钠溶液稀释至 60mL。临用时配，避光放置。

活性人造浮石：取 40 目的人造浮石 100g，以 10 倍于其容积的 3%的热乙酸搅洗 2 次，每次 10min；再用 5 倍于其容积的 25%的热氯化钾搅洗 15min；然后再用 3%的热乙酸搅洗 10min；最后用热蒸馏水洗至没有氯离子，于蒸馏水中保存。

硫胺素标准溶液：准确称取 100mg 经氯化钙干燥 24h 的硫胺素，溶于 0.01mol/L 盐酸中，并稀释至 1000mL。再用 0.01mol/L 盐酸稀释 10 倍，此溶液的浓度为 10μg/mL。在冰箱中避光可保存数月。临用时以水稀释 100 倍，配成浓度为 0.1μg/mL 的硫胺素标准使用液。

0.4%溴甲酚绿溶液：取 0.1g 溴甲酚绿置于小研钵中，加入 1.4mL 0.1mol/L 氢氧化钠研磨片刻，再加入少许水继续研磨至完全溶解，用水稀释成 250mL。

3）操作步骤

（1）样品提取。

水解：精确称取已打成匀浆或粉碎好的试样 5～10g（含硫胺素为 10～30μg），置于 150mL 三角瓶中，加入 50～75mL 0.1mol/L 盐酸使其溶解，瓶口用倒置小烧杯盖好后，放入高压锅中加热水解 130min。冷却后，滴加 2mol/L 乙酸钠，边滴边取出少许，用 0.04％溴甲酚绿检验，呈草绿色时为止，其 pH 为 4.5。

酶解：按每克试样加入 20mg 淀粉酶和 40mg 蛋白酶的比例，加入这两种酶，于 45～50℃温箱保温 16h 后，冷至室温，并定容至 100mL，混匀过滤，即为样品提取液。

（2）净化：将少许脱脂棉铺在盐基交换管底部，加水将脱脂棉中气泡赶出。加 1g 左右活性人造浮石使之达到交换柱的 1/3 高度，保持盐基交换管中液面始终高于活性人造浮石。用移液管加入样品提取液 20～80mL（使通过活性人造浮石的硫胺素总量为 2～5μg）。加入 10mL 热水冲洗交换柱，弃去洗液，如此重复三次。加入 25％酸性氯化钾（温度为 90℃左右）20mL 使维生素 B_1 解吸，收集此液于 25mL 刻度试管内，冷至室温，用 25％酸性氯化钾定容，得样品净化液。

将 20mL 硫胺素标准使用液加入盐基交换管，代替样品提取液，重复上述操作，得标准净化液。

（3）氧化：将 5mL 试样净化液分别加入 A、B 两个 Malizel-Gerson 反应瓶。在避光条件下，A 瓶加 3mL 15％氢氧化钠溶液，振摇 15s 后加入 10mL 正丁醇；B 瓶加 3mL 碱性铁氰化钾溶液，振摇 15s 后也加入 10mL 正丁醇。同时用力振摇两个反应瓶，准确计时 15min。得样品空白液和样品液。

用标准净化液代替样品净化液重复上述操作，得标准空白液和标液。

用黑布遮盖各反应瓶，静置分层后弃去下层碱性溶液，加 2～3g 无水硫酸钠脱水。

（4）荧光强度的测定：在激发波长 365nm，发射波长 435nm，激发狭缝、发射狭缝各 5nm 条件下，依次测定样品空白、标准空白、样品、标液的荧光强度。

4）结果计算

$$X=\frac{U-U_B}{S-S_B}\times\frac{c\times V}{m}\times\frac{V_1}{V_2}\times\frac{100}{1000} \tag{3-75}$$

式中：X——样品中硫胺素含量，mg/100g，1IU＝3μg 维生素 B_1；

U——样品荧光强度；

U_B——样品空白荧光强度；

S——标准荧光强度；

S_B——标准空白荧光强度；

c——硫胺素标准使用液浓度，μg/mL；

V——用于净化的硫胺素标准使用液体积，mL；

m——试样质量，g；

V_1——试样水解后定容的体积，mL；

V_2——用于净化的样品提取液体积，mL。

5）注意事项

（1）一般食品中的维生素 B_1 有游离型的，也有结合型的，即与淀粉、蛋白质等结合在一起，故需先用酸和酶水解，使结合型维生素 B_1 转变成为游离型。

(2) 硫胺素在碱性条件下被铁氰化钾氧化成黄色色素，振摇 15s 使其充分反应，这期间应保证黄色不褪以证明铁氰化钾用量充足，否则应再滴加铁氰化钾溶液 1～2 滴。因为样品中如含有还原性物质，而铁氰化钾用量不够时，硫胺素氧化不完全，会给结果带来误差；但过多的铁氰化钾会破坏硫色素，故其用量应恰当控制。

(3) 硫色素能溶于正丁醇，在正丁醇中比在水中稳定，故用正丁醇等提取硫色素。萃取时振摇不宜过猛，以免乳化，不易分层。

(4) 紫外线能破坏硫色素，所以硫色素形成后要迅速测定，并力求避光操作。

(5) 用甘油-淀粉润滑剂代替凡士林涂盐基交换管下活塞，因为凡士林有荧光。

(6) 谷类物质不需酶分解，样品粉碎后用 25%酸性氯化钾直接提取，氧化测定。

(7) 氧化是操作的关键步骤，操作中应保持加试剂的速度一致。

2. 维生素 B_2(核黄素)的测定

维生素 B_2 即核黄素，是一大类具有生物活性的化合物，其母体化合物是 7,8-二甲基-10(1′-核糖醇)异咯嗪，所有衍生物均含有黄素，5′位上的核糖醇磷酸化后生成黄素单核苷酸(flavin mononucleotide,FMN)，FMN 再加上 5′-腺苷单磷酸即黄素腺嘌呤二核苷酸(flavin adenine dinucleotide ,FAD)。在许多与黄素有关的酶中，FMN 和 FAD 作为辅酶催化各种氧化还原反应。FMN 和 FAD 在食品或消化系统中，由于磷酸酶的作用很容易转变成核黄素。

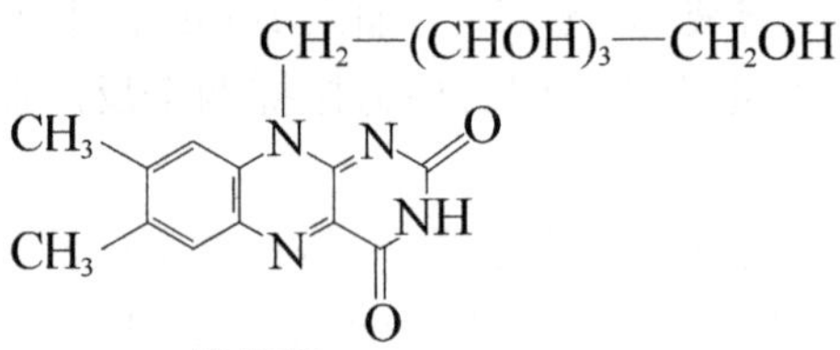

核黄素

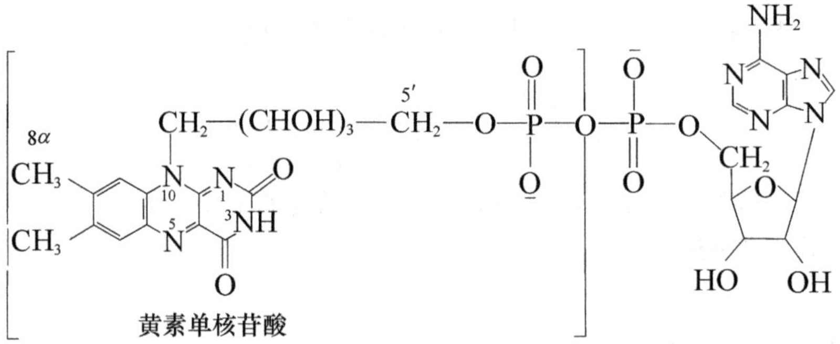

黄素腺嘌呤二核苷酸

核黄素在食品中以游离形式或磷酸酯等结合形式存在。膳食中的主要来源是各种动物性食品，其中以肝、肾、心、蛋、乳中含量最多，其次是植物性食品的豆类和新鲜绿叶蔬菜。

核黄素在 440～500nm 波长下产生黄绿色荧光，在稀溶液中荧光强度与核黄素浓度成正比，故可采用荧光法进行检测；也可用于酪乳酸杆菌(*Lactobacillus casei*)微生物法测定；HPLC 法测定维生素 B_2 具有简便、快速，可同时进行多种水溶性维生素测定等优点。

1) 荧光法(GB/T 5009.85—2003)

(1) 原理。

核黄素能形成一种具有黄绿色荧光的黄色溶液，在 440～500nm 波长下，其稀溶液中荧光强度与核黄素的浓度成正比，测定加入低亚硫酸钠($Na_2S_2O_4$)前后的荧光强度，两者之差即为食品中核黄素所产生的荧光强度。

(2) 主要仪器及试剂。

荧光分光光度计、核黄素吸附柱、高压消毒锅、电热恒温培养箱。

硅镁吸附剂：60～100 目。

2.5mol/L 乙酸钠溶液、0.1mol/L 盐酸、1mol/L 氢氧化钠、0.1mol/L 氢氧化钠、0.4g/L 溴甲酚绿指示剂、30g/L 高锰酸钾溶液、3%过氧化氢溶液。

木瓜蛋白酶(100g/L)：用 2.5mol/L 乙酸钠溶液配制，使用时现配制。

淀粉酶(100g/L)：用 2.5mol/L 乙酸钠溶液配制，使用时现配制。

低亚硫酸钠溶液(200g/L)：此液用时现配，保存在冰水浴中，4h 内有效。

洗脱液：丙酮-冰醋酸-水(5∶2∶9，体积比)。

核黄素标准储备液(25μg/mL)：将标准品核黄素粉状结晶置于真空干燥器或盛有硫酸的干燥器中，经过 24h 后，准确称取 50mg，置于 2L 容量瓶中，加入 2.4mL 冰醋酸和 1.5mL 水。将容量瓶置于温水中摇动，待其溶解，冷至室温，稀释至 2L，移至棕色瓶内，加少许甲苯盖于溶液表面，于冰箱中保存。

核黄素标准使用液：吸取 2.00mL 核黄素标准储备液，置于 50mL 棕色容量瓶中，用水稀释至刻度。避光，储于 4℃冰箱，可保存一周。此核黄素溶液浓度为 1.00μg/mL。

(3) 操作步骤。

① 样品提取。

水解：精确称取 2～10g 样品(含核黄素 10～200μg)于 100mL 三角瓶中，加入 50mL 0.1mol/L 盐酸，搅拌直到颗粒物分散均匀。用 40mL 瓷坩埚为盖扣住瓶口，置于高压锅内高压水解(10.3×10^4 Pa，30min)。待水解液冷却后，滴加 1mol/L 氢氧化钠，边滴边取出少许，用 0.4g/L 溴甲酚绿检验，呈草绿色时为止，其 pH 为 4.5。

酶解：含有淀粉的水解液中加入 3mL 10g/L 淀粉酶溶液，于 37～40℃保温 16h；含有高蛋白的水解液则加 3mL 10g/L 木瓜蛋白酶溶液，于 37～40℃保温 16h。

过滤：上述酶解液定容至 100mL，用干滤纸过滤，此提取液在 4℃冰箱中可保存一周。

② 氧化去杂质。

视样品中核黄素的含量取一定体积的样品提取液及核黄素标准使用液(含 1～10μg 核黄素)，分别于 20mL 的带盖刻度试管中，加水至 15mL，各管加 0.5mL 冰醋酸，混匀。加 30g/L 高锰酸钾溶液 0.5mL，混匀，放置 2min，使氧化去杂质。滴加 3%双氧水溶液数滴，直至高锰酸钾的颜色褪去。剧烈振摇此管，使多余的氧气逸出。

③ 核黄素的吸附与洗脱。

硅镁吸附剂约 1g 用湿法装柱，占柱长 1/2～2/3(约 5cm)为宜(吸附柱下端用一小团脱脂棉垫上)，勿使柱内产生气泡，调节流速约为 1 滴/s。将全部氧化后的样液及标准液通过吸附柱后，用约 20mL 热水洗去样液中的杂质。然后用 5.00mL 洗脱液将样品中核黄素解吸，并收集于一带盖 10mL 刻度试管中，再用水洗吸附柱，收集洗出的液体并定容至 10mL，混匀后待测荧光。

④ 标准曲线的制备。

分别精确吸取核黄素标准使用液 0.3mL，0.6mL，0.9mL，1.25mL，2.5mL，5.0mL，10.0mL，20.0mL(相当于 0.3μg，0.6μg，0.9μg，1.25μg，2.5μg，5.0μg，10.0μg，20.0μg 核黄

素)或取与样品含量相近的单点标准按核黄素的吸附和洗脱步骤操作。

⑤ 样品的测定。

于激发波长 440nm,发射波长 525nm,测量样品管和标准管的荧光值。待样品及标准的荧光值测量后,在各管的剩余液(5～7mL)中加入 0.1mL 20%低亚硫酸钠溶液,立即混匀,在 20s 内测出各管的荧光值,作各自的空白值。

(4) 结果计算。

$$X=\frac{A-B}{C-D}\times\frac{S}{m}\times f\times\frac{100}{1000} \tag{3-76}$$

式中:X——样品中核黄素含量,mg/100g;

A——样品管荧光强度;

B——样品管空白荧光强度;

C——标准管荧光强度;

D——标准管空白荧光强度;

f——稀释倍数;

m——样品质量,g;

S——标准管中核黄素质量,μg;

100/1000——将样品中核黄素含量由 μg/g 换算成 mg/100g 的系数。

(5) 注意事项。

核黄素对光极其敏感,所有的操作必须避光进行。

在提取过程中,应采用高锰酸钾盐氧化提取液中的杂质,以提高测定结果的准确性。虽然维生素 B_2属于水溶性维生素,但其溶解度并不高,因此在准备标样时,要特别注意维生素 B_2必须溶解完全。

核黄素可被低亚硫酸钠还原成无荧光型,但振荡后很快就会被空气氧化成有荧光的物质,所以还原后需立刻测定。

用高锰酸钾氧化去杂质后,加入双氧水,除去多余的高锰酸钾时,要用力摇匀至高锰酸钾颜色褪去,若不能马上褪色则稍等一段时间,加入双氧水的含量不可过多,以免影响读数。

2) 高效液相色谱法

(1) 原理。

样品在稀盐酸环境中高温水解、酶解。经 ODS C_{18}反相色谱柱分离,以荧光检测器(λ_{ex}=462nm,λ_{em}=522nm)检测,用外标法定量维生素 B_2的含量。

(2) 主要仪器及试剂。

高效液相色谱仪(附荧光检测器)、C_{18}反相色谱柱(5μm,25 cm×4.6mm)、组织捣碎机(10000～12000r/min)、高压杀菌锅。

所有试剂如未注明规格,均指分析纯。

浓盐酸、冰醋酸、甲醇(色谱纯)、无水乙酸钠、核黄素(维生素 B_2)标准品、0.1mol/L 盐酸溶液、0.01mol/L 盐酸溶液。

0.05mol/L 乙酸钠溶液(pH=4.5):称取 4.10g 乙酸钠固体,配成 1000mL,并用冰醋酸调至 pH=4.5。

2.0mol/L 乙酸钠溶液:称取 16.61g 乙酸钠配制成 100mL。

混合酶溶液:称取淀粉酶和木瓜蛋白酶各 3.6g,溶于 100mL 2mol/L 乙酸钠溶液中。

流动相配制：用 0.05mol/L 乙酸钠溶液与甲醇按适当比例混合。

维生素 B_2 标准储备溶液（500μg/mL）：精确称取 0.0500g 维生素 B_2，用 0.01mol/L 盐酸溶解并定容于 100mL 容量瓶中，于冰箱中保存。

维生素 B_2 标准工作液（0.5μg/mL）：在测定时，将标准储备液用重蒸水再稀释 1000 倍，所得溶液经 0.3μm 滤膜过滤。

（3）操作步骤。

① 样品前处理。

水解：将样品放入捣碎机中捣碎后，精确称取 5.0～10.0g（内含维生素 B_2 5μg 以上）于三角瓶中，加适量的盐酸，控制样液中酸浓度在 0.1mol/L 左右，将三角瓶内的样液摇匀后，放入高压杀菌锅内水解，在 121℃下保持 30min，待冷却后取出，轻摇数次。

酶解：冷却至 40℃以下后，分别加入 2.5mL 混合酶液，摇匀后，置于 37℃培养箱中过夜；取出后用 0.1mol/L 氢氧化钠将样液 pH 调节至 6.0 左右，再用重蒸水定容至 100mL。

过滤：样液经定量滤纸过滤，接取少量滤液以备进样。

② 样品测定。

色谱条件：流动相，0.05mol/L 乙酸钠溶液-甲醇（65∶35，体积比）；流速，1.00mL/min；检测波长，激发波长 462nm、发射波长 522nm。

（4）结果计算。

$$X=(f\times c\times V\times 100)/(m\times 100) \tag{3-77}$$

式中：X——样品中维生素 B_2 的含量，mg/100g；

c——进样样液的浓度，μg/mL；

f——稀释倍数；

V——定容容积，mL；

m——样品的质量，g。

同一样品两次测定结果之差不得超过平均值的 5%。同一样品在两个实验室测定结果之差不得超过平均值的 5%。

3. 维生素 C 的测定

维生素 C 又称抗坏血酸（ascorbic acid），是所有具有抗坏血酸生物活性的化合物的统称。它在人体内不能合成，必须依靠膳食供给。维生素 C 不仅具有广泛的生理功能，而且在食品工业中常用作抗氧化剂、酸味剂及营养强化剂。因此测定食品中维生素 C 的含量，以评价食品品质及食品加工过程中维生素 C 的变化情况具有重要的意义。

维生素 C 在中性及碱性介质中均不稳定，对氧化剂、光、热也不稳定，维生素 B_2 和铜、铁等金属离子能加速其降解，因此从取样开始的整个操作过程中都必须特别注意。

对于啤酒、黄酒等能直接溶于水的样品，经稀释、过滤后可直接进样分析；水果样品中抗坏血酸提取可用 5%偏磷酸溶液，也可以偏磷酸、乙酸联合使用提取；对含有蛋白质的样品，采用强酸、盐析、有机试剂等除去蛋白质，但处理过的样品在进色谱柱前，还需除去强酸或高浓度的盐；对乳制品的脱蛋白，可采用稀的高氯酸溶液（0.05mol/L）。为了防止样品中的维生素 C 在除蛋白的过程中被氧化成脱氢形式，需要在样品中加入稳定剂，如 0.24mol/L EDTA 和 0.2mol/L 谷胱甘肽混合溶液是一种有效稳定剂。

测定维生素 C 常用的方法有 2，6-二氯靛酚滴定法、荧光法、高效液相色谱法、苯肼比色法、极谱法等。2,6-二氯靛酚滴定法测定的是还原型抗坏血酸,该法简便,也较灵敏,但特异性差,样品中的其他还原性物质(如 Fe^{2+}、Sn^{2+}、Cu^{2+} 等)会干扰测定,使测定值偏高,且对深色样液滴定终点不易辨别。荧光法和苯肼比色法测得的均是抗坏血酸和脱氢抗坏血酸的总量。苯肼法操作复杂,特异性较差,易受共存物质的影响,结果中包括二酮基古洛糖酸,故测定值往往偏高。荧光法受干扰的影响较小,且结果不包括二酮基古洛糖酸,故准确度较高,重现性好,灵敏度与苯肼比色法基本相同。高效液相色谱法可以同时测得抗坏血酸和脱氢抗坏血酸的含量,具有干扰少,准确度高,重现性好,灵敏、简便、快速等优点,是上述几种方法中最先进、最可靠的方法。

1) 2,6-二氯靛酚滴定法

(1) 原理。

染料 2,6-二氯靛酚在酸性溶液中呈粉红色(在中性或碱性溶液中呈蓝色),被抗坏血酸还原后颜色消失,抗坏血酸则被氧化成脱氢抗坏血酸。在没有杂质干扰时,一定量的样品提取液还原标准染料液的量,与样品中抗坏血酸含量成正比。

(2) 试剂。

1%乙二酸溶液、2%乙二酸溶液、1%淀粉溶液、6%碘化钾溶液。

0.001mol/L 碘酸钾标准溶液:精确称取干燥的碘酸钾 0.3567g,用水稀释至 100mL,取出 1mL,用水稀释至 100mL,此溶液 1mL 相当于抗坏血酸 0.088mg。

抗坏血酸标准溶液;准确称取 20mg 抗坏血酸,溶于 1%的乙二酸中,并稀释至 100mL,置冰箱中保存。用时取出 5mL,置于 50mL 容量瓶中,用 1%乙二酸溶液定容,配成 0.02mg/mL 的标准溶液。

标定:吸取此标准溶液 5mL 于三角瓶中,加入 6%碘化钾溶液 0.5mL,1%淀粉溶液 3 滴,以 0.001mol/L 碘酸钾标准溶液滴定,终点为淡蓝色。

计算:

$$c=\frac{V_1\times 0.088}{V_2} \tag{3-78}$$

式中:c——抗坏血酸标准溶液的浓度,mg/mL;

V_1——滴定时消耗 0.001mol/L 碘酸钾标准溶液的体积,mL;

V_2——滴定时所取抗坏血酸的体积,mL;

0.088——1mL 0.001mol/L 碘酸钾标准溶液相当于抗坏血酸的量,mg/mL。

2,6-二氯靛酚溶液:称取 2,6-二氯靛酚 50mg,溶于 200mL 含有 52mg 碳酸氢钠的热水中,待冷,置于冰箱中过夜。次日过滤于 250mL 棕色容量瓶中,定容,在冰箱中保存。每星期标定 1 次。

标定:取 5mL 已知浓度的抗坏血酸标准溶液,加入 1%乙二酸溶液 5mL,摇匀,用 2,6-二氯靛酚溶液滴定至溶液呈粉红色,在 15s 内不褪色即为终点。

计算:

$$T=\frac{c\times V_1}{V_2} \tag{3-79}$$

式中:T——每毫升染料溶液相当于抗坏血酸的毫克数,mg/mL;

c——抗坏血酸的浓度,mg/mL;

V_1——抗坏血酸标准溶液的体积,mL;

V_2——消耗 2,6-二氯靛酚的体积,mL。

(3) 测定步骤。

① 提取。

鲜样制备:称 100g 鲜样,加等量的 2%乙二酸溶液,倒入组织捣碎机中打成匀浆。取 10~40g 匀浆(含抗坏血酸 1~2mg)于 100mL 容量瓶内,用 1%乙二酸稀释至刻度,混合均匀。

干样制备:称 1~4g 干样(含 1~2mg 抗坏血酸)放入研钵内,加 1%乙二酸溶液磨成匀浆,倒入 100mL 容量瓶中,用 1%乙二酸稀释至刻度。过滤上述样液,不易过滤的可用离心机沉淀后,倾出上清液,过滤备用。

② 滴定。

吸取 5~10mL 滤液,置于 50mL 三角瓶中,快速用 2,6-二氯靛酚溶液滴定,直到红色不能立即消失,而后再尽快地一滴一滴地加入(样品中可能存在其他还原性杂质,但一般杂质还原染料的速度均比抗坏血酸慢),以呈现的粉红色在 15s 内不消失即为终点。同时做空白实验。

(4) 结果计算。

$$X=\frac{(V-V_0)\times T}{m}\times 100 \tag{3-80}$$

式中:X——样品中抗坏血酸含量,mg/100g;

m——滴定时所取滤液中含有样品的质量,g;

T——1mL 染料溶液相当于抗坏血酸标准溶液的量,mg/mL;

V——滴定样液时消耗染料的体积,mL;

V_0——滴定空白时消耗染料的体积,mL。

(5) 注意事项。

① 所有试剂用新蒸蒸馏水配制。

② 样品采取后,应浸泡在已知量的 2%乙二酸溶液中,以防止维生素 C 氧化损失。测定时整个操作过程要迅速,防止抗坏血酸被氧化。

③ 若测动物性样品,须用 10%三氯乙酸代替 2%乙二酸溶液提取维生素 C。

④ 若样品滤液颜色较深,影响滴定终点观察,可加入白陶土脱色后再过滤。白陶土使用前应测定回收率。

⑤ 若样品中含有 Fe^{2+}、Sn^{2+}、亚硫酸盐、硫代硫酸盐等还原性杂质时,会使结果偏高;Cu^{2+} 可与抗坏血酸反应,也干扰测定。有无这些干扰离子可用以下方法检验:取样品提取液、偏磷酸-乙酸溶液各 5mL 混合均匀,加入 0.05%亚甲基蓝水溶液 2 滴。如亚甲基蓝颜色在 5~10s消失,即证明有干扰物存在;此检验对 Sn^{2+} 无反应,可在另一份 10mL 的样品溶液中加入 1∶3(体积比)盐酸溶液 10mL,加 0.05%靛胭脂红水溶液 5 滴,若颜色在 5~10s 消失,证明有 Sn^{2+} 或其他干扰性物质存在。为消除上述杂质带来的误差,可采取以下测定方法:取 10mL 提取液两份,各加入 0.1mL 10%硫酸铜溶液,在 110℃加热 10min,冷却后再用染料滴定。有铜存在时,抗坏血酸完全被破坏,从样品滴定值中扣除校正值,即得抗坏血酸含量。

2) 荧光法测定维生素 C(GB/T 5009.86—2003)

(1) 原理。

试样中还原型抗坏血酸经活性炭吸附的氧氧化为脱氢抗坏血酸后,与邻苯二胺(OPDA)反应生成有荧光的喹喔啉(quinoxaline),在一定条件下,其荧光强度与抗坏血酸的浓度成正比,据此测定食品中抗坏血酸和脱氢抗坏血酸的总量。此外,杂质的干扰可利用脱氢抗坏血酸与硼酸形成复合物(杂质无此反应)而不与 OPDA 反应,此时测定杂质的荧光,并加以扣除。

(2) 主要仪器及试剂。

荧光分光光度计、捣碎机。

偏磷酸-乙酸液:称取 15g 偏磷酸,加入 40mL 冰醋酸及 250mL 水,加温,搅拌,使之逐渐溶解,冷却后加水至 500mL,于 4℃冰箱可以保存 7~10d。

0.15mol/L 硫酸:取 10mL 硫酸,小心加入水中,再加水稀释至 1200mL。

偏磷酸-乙酸-硫酸液:以 0.15mol/L 硫酸为稀释液,其余同偏磷酸-乙酸液的配制。

500g/L 乙酸钠溶液:称取 500g 乙酸钠($CH_3COONa \cdot 3H_2O$),加水至 1000mL。

硼酸-乙酸钠溶液:称取 3g 硼酸,溶于 100mL 乙酸钠溶液中,临用前配制。

200mg/L 邻苯二胺溶液:称取 20mg 邻苯二胺,临用前用水稀释至 100mL。

1mg/L 抗坏血酸标准溶液:准确称取 50mg 抗坏血酸,用偏磷酸-乙酸溶液溶于 50mL 容量瓶中,并稀释至刻度,临用前配制。

100μg/mL 抗坏血酸标准使用液:取 10mL 抗坏血酸标准溶液,用偏磷酸-乙酸溶液稀释至 100mL,定容前试 pH,如其 pH>2.2,则应用偏磷酸-乙酸-硫酸溶液稀释。

0.04%百里酚蓝指示剂溶液:称取 0.1g 百里酚蓝,加 0.02mol/L 氢氧化钠溶液,在研钵中研磨至溶解,氢氧化钠的用量约为 10.75mL,磨溶后用水稀释至 250mL。

变色范围:pH 等于 1.2,红色;pH 等于 2.8,黄色;pH 等于 4,蓝色。

活性炭的活化:加 200g 炭粉于 1L 盐酸(1∶9,体积比)中,加热回流 1~2h,过滤,用水洗至滤液中无铁离子为止,置于 110~120℃烘箱中干燥,备用。

(3) 操作步骤。

试样制备:称取 100g 鲜样,加 100mL 偏磷酸-乙酸溶液,倒入捣碎机内打成匀浆,用百里酚蓝指示剂调试匀浆酸碱度,如呈红色,即可用偏磷酸-乙酸溶液稀释,若呈黄色或蓝色,则用偏磷酸-乙酸-硫酸溶液稀释,使其 pH 为 1.2,匀浆的取量需根据试样中抗坏血酸的含量而定,当试样液含量在 40~100μg/mL,一般取 20g 匀浆,用偏磷酸-乙酸溶液稀释至 100mL,过滤,滤液备用。

氧化处理:分别取试样滤液及标准使用液各 100mL 于 200mL 带盖三角瓶中,加 2g 活性炭,用力振摇 1min,过滤,弃去最初数毫升滤液,分别收集其余全部滤液,即试样氧化液和标准氧化液,待测定。各取 10mL 标准氧化液于 2 个 100mL 容量瓶中,分别标明“标准”及“标准空白”;各取 10mL 试样氧化液于 2 个 100mL 容量瓶中,分别标明“试样”及“试样空白”,于“标准空白”及“试样空白”溶液中各加 5mL 硼酸-乙酸钠溶液,混合摇动 15min,用水稀释至 100mL,在 4℃冰箱放置 2~3 h,取出备用,于“试样”及“标准”溶液中各加入 5mL 500g/L 乙酸钠液,用水稀释至 100mL,备用。

标准曲线的制备:取上述“标准”溶液(抗坏血酸含量 10μg/mL)0.5mL、1.0mL、1.5mL 和 2.0mL 标准系列,取双份分别置于 10mL 带盖试管中,再用水补至 2.0mL。

荧光反应:取上述“标准空白”溶液,“试样空白”溶液及“试样”溶液各 2mL,分别置于 10mL 带盖试管中,在暗室迅速向各管中加入 5mL 邻苯二胺溶液,振摇混合,在室温下反应 35min,于激发光波长 338nm、发射光波长 420nm 处测定其荧光强度。以标准系列荧光强度分别减去标准空白荧光强度为纵坐标,以对应的抗坏血酸含量为横坐标,绘制标准曲线或计算出其直线回归方程。

（4）结果计算。

$$X=\frac{c}{m}\times V\times F\times\frac{100}{1000} \tag{3-81}$$

式中：X——试样中抗坏血酸及脱氢抗坏血酸总含量，mg/100g；

c——由标准曲线查得或由回归方程算得试样溶液浓度，μg/mL；

m——试样的质量，g；

V——荧光反应所用试样体积，mL；

F——试样溶液的稀释倍数。

计算结果表示到小数点后一位。

（5）注意事项。

① 大多数植物组织内含有一种能破坏抗坏血酸的氧化酶，因此，抗坏血酸的测定应采用新鲜样品并尽快用偏磷酸-乙酸提取液将样品制成匀浆以保护维生素 C。

② 活性炭通过吸附氧气，可以将抗坏血酸氧化成脱氢抗坏血酸，但是也可以吸附抗坏血酸，所以活性炭的用量应适当，应用天平称量。

③ 影响实验荧光强度的因素很多，多次测定条件很难完全再现，因此，标准溶液应现用现配。

④ 某些果胶含量高的样品不易过滤，可采用抽滤的方法，也可离心，再取上清液过滤。

⑤ 邻苯二胺溶液在空气中颜色会逐渐变深，影响显色，所以应临用现配。

3）高效液相色谱法

（1）原理。

样品中的维生素 C 经 1g/L 的乙二酸溶液迅速提取后，在反相色谱柱上分离测定。

（2）主要仪器及试剂。

高效液相色谱仪，附紫外检测器等。

1g/L 乙二酸溶液。

维生素 C 标准溶液：准确称取维生素 C 标样 2mg 于 50mL 容量瓶中，用 1g/L 的乙二酸溶液溶解、定容，摇匀备用，用前配制。

（3）操作方法。

① 样品前处理。

液体样品：取原液 5mL 于 25mL 容量瓶中，用 1g/L 的乙二酸溶液定容，摇匀后经 0.45μm 滤膜过滤后待测。

固体样品：称 1g 样品于研钵中，用 5mL 乙二酸溶液（1g/L）迅速研磨，过滤，残渣用 1g/L 的乙二酸溶液洗涤，合并提取液于 25mL 容量瓶中，用 1g/L 的乙二酸溶液定容，摇匀后经 0.45μm 滤膜过滤后待测。

② 测定。

取 5μL 标准溶液进行色谱分析，重复进样三次，取标样峰面积的平均值；然后在相同条件下，取 5μL 样品液进行分析，以相应峰面积计算含量。

色谱条件：色谱柱，μ-Bondapak C_{18}（直径 3.9mm×300mm）；流动相，1g/L 的 $H_2C_2O_4$ 溶液，流速 1.0mL/min；检测波长，254nm；进样量，5μL。

(4) 结果计算。

$$X=\frac{m_1 A_2 V_2}{m_2 A_1 V_1}\times 100 \tag{3-82}$$

式中：X——样品中维生素 C 的含量，mg/100g 或 mg/100mL；

m_1——标样进样体积中维生素 C 的含量，μg；

m_2——样品质量(或体积)，g(或 mL)；

A_1——标样峰面积平均值；

A_2——样品峰面积；

V_1——样品进样量，μL；

V_2——样品定容体积，mL。

3.6.4 维生素分析方法的研究进展

维生素的分析方法主要有生物分析方法、微生物分析法、物理化学分析方法。生物分析法虽然不需要详尽分离组分，能准确测定维生素的生物效能，但该方法不但费时、费力，而且需要动物饲养设施，现在很少采用。微生物分析法是基于某些微生物生长需要特定的维生素，方法选择性较高，主要应用于水溶性维生素的测定，但微生物法操作繁琐，耗时过长，而且要求有特殊设备和专门的训练人员，目前还不能普及。化学法中的比色法、滴定法，具有简便、快速，不需特殊仪器等优点，从而得到普遍采用。荧光法是多种维生素的标准分析方法，它灵敏、快速，有较好的选择性。另外，各种色谱方法以其独特的高分离效能，在维生素分析方面占有越来越重要的地位；利用经典柱层析、纸层析、薄层层析分离纯化样品，进而定性和定量；利用现代高效液相色谱法或气相色谱法，可以同时完成多种维生素及其异构体的自动分离检测。

3.7 矿物质分析

3.7.1 灰分的测定

1. 概述

食品在高温灼烧时，会发生一系列的物理和化学变化，最后有机成分挥发逸散，而无机成分(主要是无机盐和氧化物)则残留下来，这些残留物称为灰分。但实际上由于食品在灰化时，某些易挥发元素，如氯、碘、铅等，会挥发散失，磷、硫等也能以含氧酸的形式挥发流失，从而使这些无机成分减少，相反某些金属氧化物会吸收有机物分解产生的二氧化碳而形成碳酸盐，又使无机成分增多，因此，通常把食品中经高温灼烧后的残留物称为粗灰分。

食品的灰分按其溶解性还可分为水溶性灰分、水不溶性灰分和酸不溶性灰分。其中水溶性灰分反映的是可溶性的钾、钠、钙、镁等的氧化物和盐类的含量。水不溶性灰分反映的是污染的泥沙和铁、铝等的氧化物及碱金属的碱式磷酸盐的含量。酸不溶性灰分反映的是污染的泥沙和食品中原来存在的微量氧化硅的含量。

灰分是标示食品中无机成分总量的一项指标。当食品加工所用原料、加工方法及测定条件等因素确定后，某种食品的灰分常在一定范围内。如果灰分含量超过了正常范围，食品生产中可能使用了不合乎卫生标准要求的原料或食品添加剂，或食品在加工、储运过程中受到了污染。例如，牛奶中的总灰分在牛奶中的含量是恒定的，一般在 0.68%～0.74%，平均值非常接近 0.7%，因此可用测定牛奶中总灰分的方法测定牛奶是否掺假。此外，还可以判别浓缩比，如果测出牛奶灰分在1.4%左右，说明牛奶浓缩了1倍。因此，通过测定食品中灰分含量可以初步判断食品质量。此外，灰分还可以评价食品的加工精度和食品的品质。例如，在面粉加工中，常以总灰分含量评价面粉等级，如富强粉，麦子中麸皮灰分含量高，而胚乳中蛋白质含量高，麸皮的灰分比胚乳的含量高20倍，就是说面粉的精度越高，则灰分就越低。富强粉的总灰分为0.3%～0.5%；标准粉为0.6%～0.9%；总灰分含量可以说明果胶、明胶等胶质品的胶冻性能；水溶性灰分含量可反映果酱、果冻等制品中果汁的含量。总之，灰分是食品重要的质量控制指标之一，是食品成分全分析的项目之一。

测定灰分通常以坩埚作为灰化容器。坩埚的种类较多，应根据食品的性质和坩埚特点来选择合适的坩埚。最常用的是素烧瓷坩埚，它具有耐高温、耐酸、价格低廉等优点，但耐碱性差，当灰化碱性食品(如水果、蔬菜、豆类等)时，瓷坩埚内壁的釉层会部分溶解，反复多次使用后，往往难以达到恒量。铂坩埚具有耐高温、耐酸、导热性好、吸湿性小等优点，但价格昂贵，故使用时应特别注意其性能和使用规则。灰化容器的大小要根据试样的性状来选用，需要前处理的液态样品、加热易膨胀的样品及灰分含量低、取样量较大的样品，需选用稍大些的坩埚，或选用蒸发皿，但灰化容器过大会使称量误差增大。

测定灰分时，取样量的多少应根据试样的种类和性状来决定，取样量还应考虑称量误差，通常以灼烧后得到的灰分量为10～100mg决定取样量。灰化温度的高低对灰化测定结果的影响很大。灰化温度过高，将引起钾、钠、氯等元素的挥发损失，而且磷酸盐、硅酸盐类也会熔融，将炭粒包藏，使炭粒无法氧化；灰化温度过低，则灰化速度慢、时间长，不易灰化完全，也不利于去除过剩的碱(碱性食品)吸收的二氧化碳。此外，加热的速度也不可太快，以防急剧干馏时灼热物的局部产生大量气体而使颗粒飞溅——爆燃。因此，必须根据食品的种类和性状等兼顾各方面因素，选择合适的灰化温度。食品的灰化温度一般为500～550℃。例如，鱼类、海产品、谷物及其制品、乳制品≤550℃；果蔬及其制品、砂糖及其制品、肉制品≤525℃；个别样品(如谷物饲料)可以达到600℃。

一般将食品灼烧至灰分呈白色或浅灰色，无炭粒存在并达到恒量为止。在实际操作中，可根据经验炭化一定时间后，观察一次残灰的颜色，以确定第一次取出的时间，但对有些样品，即使灰化完全，残灰也不一定呈白色或浅灰色，如铁含量高的食品，残灰呈褐色；锰、铜含量高的食品，残灰呈蓝绿色。有时即使灰的表面呈白色，内部仍残留有炭块。所以应根据样品的组成、性状注意观察残灰的颜色，正确判断灰化的程度。

有些样品，如含磷较多的谷物及其制品，磷过剩于阳离子，随灰化的进行，磷酸将以磷酸二氢钾、磷酸二氢钠等形式存在，在比较低的温度下会熔融而包住炭粒，使之难以完全灰化，即使长时间灰化也达不到恒量。对于这类难灰化的样品，可采用下述方法加速灰化：①样品经初步灼烧后，取出冷却，从灰化容器边缘慢慢加入(不可直接洒在残灰上，以防残灰飞扬)少量去离子水，使水溶性盐类溶解，被包住的炭粒暴露出来，在水浴上蒸发至干涸，置于120～130℃烘箱中充分干燥，以防再灰化时因加热使残灰飞散，再灼烧至恒量。②经初步灼烧后，放冷，加入几滴硝酸和双氧水，蒸干后再灼烧至恒量，利用它们的氧化作用加速炭粒的灰化。也可以加入10%碳酸铵等疏松剂，在灼烧时分解为气体逸出，使灰分呈疏松状态，促进未灰化的炭粒灰化，这些物质经灼烧完全后，不增加残灰的质量。还可加入乙酸镁、硝酸镁等助灰化剂，这类镁盐随着灰化的进行而分解，与过剩的磷酸结合，残灰不熔融而呈松散状态，避免炭粒被包裹，可大大缩短灰化时间。此法应做空白实验，以校正加入的镁盐灼烧后分解产生的 MgO 的量。

2. 食品中总灰分的测定

1）原理

将一定量的样品经炭化后放入高温炉内灼烧，使有机物质被氧化分解，以二氧化碳、氮的氧化物及水蒸气等形式逸出，而无机物质则以硫酸盐、磷酸盐、碳酸盐、氧化物等无机盐和金属氧化物的形式残留下来，这些残留物即为灰分，由称量残留物的质量即可计算出样品中总灰分的含量。

2）主要仪器及试剂

马弗炉、坩埚、坩埚钳、干燥器、分析天平。

1∶4 盐酸(体积比)溶液、0.5%三氯化铁溶液与等量蓝墨水混合。

6mol/L 硝酸、30%过氧化氢、辛酸或纯植物油。

3）操作步骤

(1) 瓷坩埚的准备。

将坩埚用盐酸(1∶4，体积比)煮 1h，洗净晾干后，用三氯化铁与蓝墨水的混合液在坩埚外壁及盖上写上编号，置于 500～550℃的马弗炉中灼烧 1h，移至炉口并冷却至 200℃左右，再移入干燥器中，冷却至室温后，准确称量，再次放入高温炉中灼烧 30min，取出冷却称量，直至恒量(两次称量之差不超过 0.5mg)。

(2) 样品预处理。

果汁、牛乳等液体试样：准确称取适量试样于已恒量的瓷坩埚(或蒸发皿中)，置于水浴上蒸发至近干，再进行炭化。这类样品若直接炭化，液体沸腾，易造成溅失。

果蔬、动植物等水分较多的试样：先制备成均匀的试样，再准确称取适量试样于已恒量的坩埚中，置烘箱中干燥，再进行炭化。也可取测定水分后的干燥试样直接进行炭化。

谷物、豆类等水分含量较少的固体试样：先粉碎成均匀的试样，取适量试样于已恒量的坩埚中再进行炭化。

富含脂肪的样品：先将试样制备均匀，准确称取一定量试样，先萃取去除脂肪，再将残留物移入已恒量的坩埚中，进行炭化。

(3) 炭化。

试样经上述预处理后，在放入马弗炉灼烧前，要先进行炭化处理，防止在灼烧时，因温度高实验中的水分急剧蒸发使试样飞扬；防止糖、蛋白质、淀粉等易发泡膨胀的物质在高温下发泡膨胀而溢出坩埚；不经炭化而直接灰化，炭粒易被包裹，灰化不完全。

炭化操作一般在电炉上进行，半盖坩埚盖，小心加热使试样在通气情况下逐渐炭化，直至无黑烟产生。对特别容易膨胀的试样(如含糖多的食品)及鲜鱼试样，加数滴辛醇或纯植物油作消泡剂，再进行炭化。

(4) 灰化。

炭化后，将坩埚移入 500～550℃的马弗炉炉口，稍停片刻，再慢慢移入炉膛内，坩埚盖斜倚在坩埚口，关闭炉门，灼烧一定时间(视试样种类、性状而异)至灰中无炭粒存在。打开炉门，将坩埚移至炉口冷却至 200℃左右，移入干燥器中冷却至室温，准确称量，再灼烧、冷却、称量，直至达到恒量。

4）结果计算

$$灰分(\%)=\frac{m_3-m_1}{m_2-m_1}\times100 \tag{3-83}$$

式中：m_1——空坩埚质量，g；

m_2——样品加空坩埚质量，g；

m_3——残灰加空坩埚质量，g。

5）注意事项

(1) 样品炭化时要注意热源强度，防止产生大量泡沫溢出坩埚。

(2) 将坩埚放入马弗炉或从炉中取出时，要放在炉口停留片刻，使坩埚预热或冷却，防止因温度剧变而致坩埚破裂。

(3) 灼烧后的坩埚应冷却到200℃以下再移入干燥器中，否则因热的对流作用，易造成残灰飞散，且冷却速度慢，冷却后于干燥器内形成较大真空，盖子不易揭开。

(4) 从干燥器内取出坩埚时，因内部形成真空，开盖恢复常压时，应注意使空气缓缓流入，以防残灰飞散。

(5) 将坩埚放入马弗炉内时，一定不要将坩埚盖完全盖严，否则会由于缺氧，无法使有机物充分氧化。

(6) 灰化后所得残渣可留作Ca、P、Fe等成分的元素分析。

(7) 用过的坩埚经初步洗刷后，可用粗盐酸浸泡10～20min，再用水冲刷洁净。

3. 水溶性灰分和水不溶性灰分的测定

向测定总灰分所得残留物中加入25mL去离子水，加热至沸，用无灰滤纸(即定量滤纸)过滤，用25mL热的去离子水分多次洗涤坩埚、定量滤纸及残渣，将残渣连同滤纸移回原坩埚中，在水浴上蒸发至干涸，放入干燥箱中干燥，再进行灼烧、冷却、称量，直至恒量。分别按式(3-84)和式(3-85)计算水不溶性灰分和水溶性灰分含量。

$$水不溶性灰分(\%)=\frac{m_4-m_1}{m_2-m_1}\times100 \tag{3-84}$$

式中：m_4——不溶性灰分和坩埚的质量，g；

其他符号意义同总灰分的计算。

$$水溶性灰分(\%)=总灰分(\%)-水不溶性灰分(\%) \tag{3-85}$$

4. 酸不溶性灰分的测定

向总灰分或水不溶性灰分中加入25mL 0.1mol/L盐酸，以下操作同水溶性灰分的测定，按式(3-86)计算酸不溶性灰分含量：

$$酸不溶性灰分(\%)=\frac{m_5-m_1}{m_2-m_1}\times100 \tag{3-86}$$

式中：m_5——酸不溶性灰分和坩埚的质量，g；

其他符号意义同总灰分的计算。

3.7.2　食品中矿物元素的测定

1. 概述

食品中所含的元素有50余种，除C、H、O、N四种构成水分和有机物质以外，其他的元素统称为矿物质元素。食品中矿物质元素按其含量多少可分为常量元素和微量元素或痕量元素。含量较多的矿物元素有Ca、Mg、K、Na、P、S、Cl 7种，其含量均在0.01%以上，称为常量元素；而Fe、Co、Ni、Zn、Cr、Mo、Al、Si、Se、Sn、I、F等元素，含量都在0.01%以下，称为微量元素或痕量元素，微量元素在机体组织中的作用浓度很低，往往只有百万分之一或十亿分之一甚至更低，故需要从食物中摄取的量也很低。微量元素的浓度与功能形式，常严格局限在一定的范围之内，而且有的元素的这个范围相当窄，如Se。微量元素在这一特定的浓度范围内可以使组织的结构与功能的完整性得到维持，当其含量低于机体需要的量时，组织功能会减弱或不健全，甚至会受到损害并处于不健康的状态，严重时可致死；但如果含量高于这一特定范围，则可能导致不同程度的毒性反应，严重时也可致死。

从营养学的角度，矿物质元素又可分为必需元素、非必需元素和有毒元素。其中有毒元素即其小的剂量，即可导致机体呈现毒性反应，且在人体中具有蓄积性，随着蓄积量的增加，机体会出现各种中毒反应，如Hg、Cd、Pb、As等。有一些矿物质元素是人体所必需的，在维持人体正常生理功能，构成人的机体组织等方面，起着十分重要的作用。例如，人体中大约98%的钙和80%的磷存在于骨骼中，Mg、K、Ca、Na与神经传导和肌肉收缩有关。胃中的盐酸对膳食中的矿物质溶解与吸收有很大的影响。此外，食品中矿物质的种类、含量与食品的品质和质量有密切的关系，如苹果风味品质与钾、钙含量成正比，钾、钙含量高的苹果果质硬、脆度高、肉质好。因此，测定食品中的矿物质元素含量，对于评价食品的营养价值和品质，开发和生产强化食品具有指导意义，有利于食品加工工艺的改进和食品质量的提高；测定食品中重金属元素含量，可以了解食品污染情况，以便采取相应措施，查清和控制污染源，以保证食品的安全和食用者的健康。

2. 食品中钙的测定

下面以谷物及制品为例，介绍高锰酸钾标准溶液滴定钙的方法(GB/T 14610—2008)。

1) 原理

样品经灰化后，在酸性溶液中钙与乙二酸生成乙二酸钙沉淀，经硫酸溶解后，用高锰酸钾标准溶液滴定，计算出钙的含量。

2) 试剂和材料

除非另有说明，仅使用分析纯试剂。

灰化助剂：优级纯浓硝酸。

乙二酸溶液：称取乙二酸($H_2C_2O_4 \cdot 2H_2O$)3.9g，溶于1000mL水中。

0.01mol/L高锰酸钾标准溶液：称取高锰酸钾1.58g，溶于1000mL水中，进行滴定。

溴甲酚绿指示剂：称取溴甲酚绿1.0g溶于2～3mL氢氧化钠(100g/L)溶液中，加水稀释至100mL。

乙酸钠溶液：称取乙酸钠($CH_3COONa \cdot 3H_2O$)33g，溶于100mL水中。

6mol/L盐酸：量取浓盐酸500mL，加水500mL混匀。

0.5mol/L盐酸：量取6mol/L盐酸80mL，用水稀释至1000mL。

氨水溶液：1mL氨水加入50mL水中。

硫酸溶液：5mL浓硫酸加入125mL水中。

3) 仪器设备

石英坩埚或瓷坩埚：直径60mm，体积35mL，如果选用瓷坩埚，则要求无裂釉、瓷面光滑、完全无裂纹。

高温电阻炉、中速定量滤纸。

粉碎磨：能将样品粉碎，使其能全部通过 40 目筛。

4）操作步骤

（1）样品制备。

取待测样品粉碎至全部通过 40 目筛，至少准备 50g 样品。

（2）试样处理。

准确称取 10g 试样，精确至 0.0001g，置于坩埚中，放在电热板上炭化至无烟。将坩埚移至已预热的高温电阻炉中，550℃下灰化至不含炭粒为止（5～6h）。取出已经灰化好的样品，放入干燥器皿冷却至室温，加入 5mol/L 盐酸 5mL，要求盐酸从坩埚的上部四周均匀加入，达到冲洗四周壁的效果，然后置于电热板上蒸发至近干。

向坩埚中加入 0.5mol/L 盐酸 2mL，溶解残留物质，加盖表面皿，置于电热板上加热 5min。用水冲洗表面皿，然后将坩埚中的溶解物质用无灰滤纸过滤至 500mL 的烧杯中，稀释至约 150mL。

向烧杯中滴加溴甲酚绿指示剂 8～10 滴和足量的乙酸钠溶液，使溶液呈蓝色（pH 为 4.8～5.0），加盖表面皿，在电热板上加热至沸腾。用滴管缓缓滴入乙二酸溶液，每 3～5s 加 1 滴，滴定至溶液呈绿色为止（pH 为 4.4～4.6），如果呈黄绿色或者蓝色将不利于乙二酸钙沉淀。

煮沸上述溶液 1～2min，静置澄清过夜。将上层清液用中速定量滤纸过滤，用氨水溶液分 2～3 次洗涤沉淀，并振荡烧杯，合并过滤，弃去滤液。用已经加热至 80～90℃的硫酸溶液洗涤过滤滤纸，并溶解沉淀物。

（3）滴定。

用 0.01mol/L 高锰酸钾标准溶液滴定预先加热至 70～90℃的滤液，至溶液呈淡粉色并维持 30s 不褪色。将预先加热至 70～90℃的约 150mL 25%（体积分数）的硫酸溶液用 0.01mol/L 高锰酸钾标准溶液滴定至呈淡粉色，并维持 30s 不褪色，作为空白值。

5）结果计算

试样中钙的干基含量（H）以质量分数表示，单位为毫克每克（mg/g），按式（3-87）计算：

$$H=\frac{(V-V_0)\times c\times 100}{m\times(1-X)} \tag{3-87}$$

式中：H——试样中钙的干基含量，mg/g；

V_0——空白消耗高锰酸钾标准溶液的体积，mL；

V——试样消耗高锰酸钾标准溶液的体积，mL；

c——高锰酸钾标准溶液的摩尔浓度，mol/L；

m——试样质量，g；

X——试样水分含量，%；

100——1mol/L 的高锰酸钾溶液相当于钙的质量，mg。

6）注意事项

（1）本法适用于谷物及制品中钙的测定。

（2）为了缩短灰化的处理时间或处理难以灼烧至不含炭粒的样品，本操作中灰化助剂选用优级纯浓硝酸，滤纸选用中速定量滤纸。

（3）灰化好的试样应是灰白色，若灰分中有黑色颗粒时，应取出坩埚放至室温后加水或稀盐酸湿润，在电烘箱中烘干后再次于 550℃±20℃高温炉中灰化，直至灰分呈灰白色。

3. 食品中钙、镁、铁、锌、钠、钾、铜和锰的测定

下面以乳品为例，介绍电感耦合等离子体原子发射光谱法（ICP-AES）测定钙、铁、锌、钠、钾、铜和锰（GB 5413.21—2010）。

1）原理

试样经干法灰化消解，稀释至合适体积后用 ICP 原子发射光谱仪测定，外标法定量。

2）试剂和材料

除非另有规定，本方法所用试剂均为优级纯，水为 GB/T 6682 规定的一级水。

硝酸溶液（50%，体积分数）、盐酸 A（4%，体积分数）、盐酸 B（40%，体积分数）。

8 种元素标准储备溶液：单元素标准储备溶液可按 GB/T 602 方法配制，也可使用有证国家标准物质，其质量浓度为 1.0mg/mL（或 0.5mg/mL）。

3）仪器和设备

ICP 原子发射光谱仪、马弗炉、电炉（1～2kW）、瓷坩埚等。

4）分析步骤

（1）试样制备。

试样为粉末状样品，分析前应将试样充分混匀；试样为较大颗粒样品，应分取适量样品粉碎后测定。

（2）试样处理。

称取 5g 试样（精确至 0.001g）于瓷坩埚中，在电炉上微火炭化至不冒烟，移入马弗炉中 550 ℃加热 2h，如有黑色炭粒，冷却后加少许硝酸溶液湿润，小火蒸干后再移入马弗炉中 550 ℃加热 0.5h，取出冷却，加盐酸 B 5mL，在电炉上小心加热使灰分充分溶解，冷却后转移至 25mL 容量瓶中，用水定容至刻度，若有沉淀需过滤。待测。

（3）平行实验。

按以上步骤，对同一试样进行平行实验测定。

（4）空白实验。

除不加试样外，其他均按试样处理和测定步骤进行。

（5）仪器参考操作条件。

功率：1.20kW；等离子气流量：15L/min；雾化器压力：200kPa；辅助气流量：1.50L/min；仪器稳定延时：15s；进样延时：20s；读数次数：3 次。各元素推荐使用分析谱线见表 3-26。

表 3-26　元素推荐使用分析谱线

元素名称	分析谱线波长/nm
Ca	315.887, 317.933
Mg	279.553,280.270
Fe	234.350,238.204,259.940
Mn	257.610
Cu	324.754,327.395
Zn	202.548,206.200
K	766.491
Na	588.995,589.592

(6) 混合标准溶液的配制。

由储备液用盐酸A逐级稀释配成表3-27浓度系列的混合标准溶液。

表3-27　混合标准溶液各元素的浓度

序号	Ca /(μg/mL)	Mg /(μg/mL)	Fe /(μg/mL)	Mn /(μg/mL)	Cu /(μg/mL)	Zn /(μg/mL)	K /(μg/mL)	Na /(μg/mL)
1	0	0	0	0	0	0	0	0
2	10.0	0.5	5.0	0.1	0.2	5.0	10.0	1.0
3	15.0	1.0	10.0	0.2	0.4	10.0	20.0	3.0
4	20.0	1.5	15.0	0.3	0.6	15.0	30.0	5.0
5	25.0	2.0	20.0	0.4	0.8	20.0	40.0	7.0

(7) 测定。

参考(5)的条件对仪器进行优化后,依次测定标准溶液、空白溶液和试样溶液。若试样溶液中某元素浓度超出工作曲线范围,可用盐酸A对试样溶液进行适当稀释后再测定。

5) 分析结果计算

按式(3-88)计算各元素的含量:

$$X=\frac{100\times(c_1-c_2)\times V\times f}{100\times m} \tag{3-88}$$

式中:X——被测元素含量,mg/100g;

c_1——试样溶液中元素的浓度,μg/mL;

c_2——空白溶液中元素的浓度,μg/mL;

V——试样溶液体积,mL;

f——试样溶液稀释倍数;

m——试样的质量,g。

以重复性条件下获得的两次独立测定结果的算术平均值表示,结果保留三位有效数字。

6) 精密度

在重复性条件下获得两次独立测定结果的绝对差值不得超过算术平均值的10%。

7) 注意事项

本标准第一法检出限:钙1.0mg/100g,镁0.3mg/100g,铁0.020mg/100g,锰0.001mg/100g,铜0.0045mg/100g,锌0.02mg/100g,钾0.2mg/100g,钠1.5mg/100g。

本标准第二法检出限:钙0.7mg/100g,镁0.2mg/100g,铁0.003mg/100g,锰0.005mg/100g,铜0.002mg/100g,锌0.002mg/100g,钾0.7mg/100g,钠1.6mg/100g。

需要指出的是,当分析任务是测定少量元素时,用原子吸收法更方便、更常用,也更经济。

4. 氢化物原子荧光光谱法测定食品中的硒含量(GB 5009.93—2010)

硒是人体必需的微量元素,对健康有多种有益作用。补硒热已经持续了很长一段时间,许多食品中都添加了硒。然而,盲目补硒是不可取的,因为硒的有益剂量和有害剂量相差不大,人体硒摄入量的安全范围非常狭窄,为40～240μg/d,即摄入过多或者不足都会对人体健康产生不良影响。美国医学部门建议从饮食中摄入硒的含量为70μg/d,每天从饮食和药片中摄入的硒的含量若不超过400μg是安全的。硒的中毒量为900μg/d,如果日常饮食不均衡,或者所在地区的水土缺硒,那么可以考虑口服含硒药片(如亚硒酸钠)适当地补充硒。当身体缺硒症状较为明显时,可以服用补硒制剂,但一定要根据机体的需要,控制在安全范围内。我国关于不同人群推荐不同剂量的硒摄入量为:预防营养缺乏病为 50μg/d,亚健康保健量为 100μg/d,预防癌症等重大慢性疾病干预剂量为 200μg/d,而治疗硒缺乏症的剂量大于 200μg/d。日常生活中含硒较多的食物有海产品、肉类及动物的肾脏、大米等谷类食品等,中药地龙中含硒量也较高。

1) 原理

试样经酸加热消化后,在 6mol/L 盐酸(HCl)介质中,用硼氢化钠($NaBH_4$)或 KBH_4 将试样中的六价硒还原成四价硒,进一步将四价硒在盐酸介质中还原成硒化氢(SeH_2),由载气(氩气)带入原子化器中进行原子化。在特制硒空心阴极灯照射下,基态硒原子被激发至高能态,在去活化回到基态时,发射出特征波长的荧光,其荧光强度与硒含量成正比,与标准系列比较进行定量。

2) 主要仪器及试剂

原子荧光光度计、电热板、自动控温消化炉、天平(感量为 0.1mg)、粉碎机、烘箱。

除非另有规定,本方法所使用试剂均为分析纯,水为 GB/T6682 规定的三级水。

硝酸、高氯酸、盐酸、氢氧化钠均为优级纯。

混合酸:将硝酸与高氯酸按 9∶1 的体积比混合。

8g/L 的硼氢化钠溶液:称取 8.0g $NaBH_4$,溶于 5g/L 氢氧化钠溶液中,然后定容至 1000mL,混匀。

100g/L 铁氰化钾溶液:称取 10.0g 铁氰化钾[$K_3Fe(CN)_6$],溶于 100mL 水中,混匀。

硒标准储备液(100μg/mL):精确称取 100.0mg 硒(光谱纯),溶于少量硝酸中,加 2mL 高氯酸,置于沸水浴中加热 3～4h,冷却后,再加 8.4mL 盐酸,再置于沸水浴中煮 2min,准确稀释至 1000mL,其盐酸浓度为 0.1mol/L。

硒标准应用液(1μg/mL):取 100μg/mL 硒标准储备液 1.0mL,定容至 100mL(注:也可购买该元素有证国家标准溶液)。

盐酸(6mol/L):量取 50mL 盐酸缓慢加入 40mL 水中,冷却后定容至 100mL。

过氧化氢(30%)。

3) 操作步骤

(1) 试样制备。

① 粮食:试样用水洗三次,于 60℃烘干,用不锈钢磨粉碎,储于塑料瓶内,备用。

② 蔬菜及其他植物性食品:取可食部分,用水洗净后用纱布吸去水滴,打成匀浆后备用。

③ 其他固体试样:粉碎,混匀,备用。

④ 液体试样:混匀,备用。

⑤ 试样消解。

Ⅰ. 电热板加热消解:称取 0.5～2.0g(精确至 0.001g)试样,液体试样吸取 1.00～10.00mL,于 150mL 高筒烧杯内,加 10.0mL 混合酸及几粒玻璃珠,盖上表面皿冷消化过夜,次日于电热板上加热,并及时补加混酸。当溶液变为清亮无色并伴有白烟时,再继续加热至剩余体积 2mL 左右,切不可蒸干,冷却,再加 5mL 6mol/L 盐酸,继续加热至溶液变为清亮无色并伴有白烟出现,完全将六价硒还原成四价硒。冷却,转移至 50mL 容量瓶中定容,混匀备用。同时做空白实验。

Ⅱ. 微波消解:称取 0.5～2.0g(精确至 0.001g)试样于消化管中,加 10mL 硝酸、2mL 过氧化氢，振荡混合均匀，其消化条件推荐表 3-28（可根据不同的仪器自行设定消解条件）中条件。

表 3-28　微波消化推荐条件

步骤	功率		升温时间/min	温度/℃	保温时间/min
1	1600W	(100%)	6:00	120	1:00
2	1600W	(100%)	3:00	150	5:00
3	1600W	(100%)	5:00	200	10:00

冷却后转入三角瓶中，加几粒玻璃珠，在电热板上继续加热至近干，切不可蒸干。再加 5.0mL 6mol/L 盐酸，继续加热至溶液变为清亮无色并伴有白烟出现，将六价硒还原成四价硒。冷却，转移试样消化液于 25mL 容量瓶中定容，混匀备用。同时做空白实验。

吸取 10.0mL 试样消化液于 15mL 具塞管中，加浓盐酸 2.0mL，铁氰化钾溶液 1.0mL，混匀待测。

(2) 标准曲线的配制。

分别取 0.00mL、0.10mL、0.20mL、0.30mL、0.40mL、0.50mL 标准应用液于 15mL 具塞管中，用去离子水定容至 10mL，再分别加浓盐酸 2.0mL、铁氰化钾 1.0mL，混匀，制成标准工作系列溶液。

(3) 测定。

仪器参考条件：负高压，340V；灯电流，100 mA；原子化温度，800℃；炉高，18mm；载气流速，500mL/min；屏蔽气流速，1000mL/min；测量方式，标准曲线法；读数方式，峰面积；延迟时间，1s；读数时间，15s；加液时间，8s；进样体积，2mL。

测定：设定好仪器最佳条件，逐步将炉温升至所需温度后，稳定 10～20min 后开始测量，连续用标准系列的零管进样，待读数稳定之后，转入标准系列测量，绘制标准曲线。转入试样测量，分别测定试样空白和试样消化液，每测不同的试样前都应清洗进样器。

4) 结果计算

$$X=\frac{(c-c_0)\times V\times 100}{m\times 1000\times 1000} \tag{3-89}$$

式中：X——试样中硒的含量，mg/kg 或 mg/L；

c——试样消化液测定浓度，ng/mL；

c_0——试样空白消化液测定浓度，ng/mL；

V——试样消化液总体积，mL；

m——试样质量(或体积)，g(mL)。

计算结果保留到小数点后两位。

5) 精密度

在重复性条件下获得的两次独立测定结果的绝对差值不得超过算术平均值的 10%。

5. 食品中磷的测定

下面以蔬菜及其制品为例，介绍分光光度法测定磷的方法(GB/T 23375—2009)。

1) 原理

样品经酸消解后，在酸性条件下磷与钼酸铵结合成磷钼酸铵。此化合物经对苯二酚、亚硫酸钠还原成蓝色化合物——钼蓝。用分光光度计在波长 660nm 处测定钼蓝的吸光度，其吸光度与磷含量成正比，与标准系列比较进行定量。

2）主要仪器及试剂

可见分光光度计、天平(感量 0.1mg)、组织捣碎机及球磨机、可调式电热板。

6mol/L 盐酸溶液：分别量取 50mL 盐酸、50mL 水，混匀。

硝酸-高氯酸(8：2，体积比)混合溶液、200g/L 亚硫酸钠水溶液、5g/L 对苯二酚水溶液。

钼酸铵溶液：称取 5g 钼酸铵[$(NH_4)_6Mo_7O_{24} \cdot 4H_2O$]，用硫酸稀释至 100mL。

磷标准溶液的配制：准确称取 0.4394g±0.0001g 在 105℃下干燥的基准 KH_2PO_4，置于烧杯中，用水溶解后转移至 1000mL 容量瓶中，并稀释至刻度。使用时，用水将磷标准储备液逐渐稀释至含磷 10.0μg/mL。操作中磷标准使用液的浓度为 10.0mg/L。

3）实验步骤

(1) 试样分解。

称取鲜样 5～20g 或干样 0.5～2.5g 于 150mL 锥形瓶中，若样品含乙醇或二氧化碳，则先在电热板上低温加热除去乙醇或二氧化碳。加 15mL 混合酸，加盖小漏斗放置片刻，置于电热板低温缓缓加热，待作用缓和再升温继续消解。若消解液剩余约 5mL 时仍有未分解物质或色泽变深，取下稍冷，补加硝酸 3～5mL，再消解至 5mL 左右观察，如此重复至无上述现象，注意避免炭化。继续加热至冒白烟，消解液呈无色透明或略带黄色即消解完全。加几毫升水，加热以除去多余的硝酸，待锥形瓶中液体接近 2～3mL 时，取下冷却。加 2mL 盐酸溶液稍加热，将试样分解液洗入 50mL 容量瓶中，用水分次洗涤锥形瓶，洗液并入容量瓶中，并稀释至刻度。以水代替样品，按同一操作方法同时做试剂空白实验。

(2) 标准曲线的绘制。

分别吸取磷标准使用液 0.00mL、2.50mL、5.00mL、10.00mL、15.00mL、20.00mL，置于 50mL 容量瓶中，依次加入 4.0mL 钼酸铵溶液摇匀，静置几秒钟。加入 2.0mL 亚硫酸溶液、2.0mL 对苯二酚溶液摇匀，用水稀释至刻度，则标准系列浓度为 0.00mg/L、0.50mg/L、1.00mg/L、2.00mg/L、3.00mg/L、4.00mg/L。室温 20℃以上放置 30min 后，用 1cm 比色环，以零管溶液调节零点，于分光光度计 660nm 波长处测定吸光度。以磷含量为横坐标，吸光度为纵坐标，计算出直线回归方程或绘制标准曲线。

(3) 磷的测定。

准确吸取试样分解液 1.00～5.00mL 及同量的空白溶液，分别置于 50mL 容量瓶中，以下按标准曲线绘制中"依次加入 4.0mL 钼酸铵溶液摇匀"起依法操作，以测得的吸光度由直线回归方程计算出或由标准曲线查得试样测定液中的磷含量。若试样测定液吸光度大于标准系列最高点吸光度，则应将测定液稀释后重新测定。

4）结果计算

$$w=\frac{c\times V_4}{m}\times\frac{V_1}{V_2}\times 10^{-4} \tag{3-90}$$

式中：w——样品中磷的含量，%；

c——试样测定液中磷质量浓度，mg/L；

V_4——试样测定液显色体积，mL；

m——样品的质量，g；

V_1——试样分解液定容体积，mL；

V_2——测定用分取试样分解液体积,mL。

5）注意事项

（1）本法适用于蔬菜及其制品中磷的测定。本法磷的检出限为 0.05mg/L,线性范围为 0.1～10mg/L。

（2）操作中亚硫酸钠溶液要现用现配,否则可使钼蓝溶液发生浑浊。

（3）实验中所使用玻璃仪器均用硝酸浸泡 24h 以上,用自来水反复冲洗,然后用水洗净晾干,所用器皿应避免与金属或橡胶制品接触,严防污染。

6. 食品中碘的测定

下面以乳品为例,介绍气相色谱法测定碘的方法(GB 5413.23—2010)。

1）原理

试样中的碘在硫酸条件下与丁酮反应生成丁酮与碘的衍生物,经气相色谱分离,电子捕获检测器检测,外标法定量。

2）主要仪器及试剂

天平(感量为 0.1mg);气相色谱仪,带电子捕获检测器(ECD)。

除非另有规定,本方法所用试剂均为分析纯,水为 GB/T 6682 规定的一级水。

高峰氏淀粉酶(Taka-diastase):酶活力≥1.5U/mg。

优级纯试剂:碘化钾(KI)或碘酸钾(KIO_3)、硫酸。

丁酮(C_4H_8O):色谱纯。

正己烷(C_6H_{14})、无水硫酸钠(Na_2SO_4)、109g/L 亚铁氰化钾水溶液、219g/L 乙酸锌水溶液。

双氧水(3.5%):吸取 11.7mL 体积分数为 30%的双氧水稀释至 100mL。

碘标准储备液(1.0mg/mL):称取 131mg 碘化钾或 168.5mg 碘酸钾(精确至 0.1mg),用水溶解并定容至 100mL,于 5℃±1℃冷藏保存,一个星期内有效。

碘标准工作液(1.0μg/mL):吸取 10mL 碘标准储备液,用水定容至 100mL 混匀,再吸取 1.0mL,用水定容至 100mL,混匀,临用前配制。

3）分析步骤

（1）试样处理。

不含淀粉的试样:称取混合均匀的固体试样 5g,液体试样 20g(精确至 0.0001g),于 150mL 三角瓶中,固体试样用 25mL 约 40℃的热水溶解。

含淀粉的试样:称取混合均匀的固体试样 5g,液体试样 20g(精确至 0.0001g),于 150mL 三角瓶中,加入 0.2g 高峰氏淀粉酶,固体试样用 25mL 约 40℃的热水充分溶解,置于 50～60 ℃恒温水浴中酶解 30min,取出冷却。

（2）试样测定液的制备。

沉淀:将上述处理过的试样溶液转入 100mL 容量瓶中,加入 5mL 亚铁氰化钾溶液和 5mL 乙酸锌溶液后,用水定容至刻度,充分振摇后静止 10min。滤纸过滤后,吸取滤液 10mL 于 100mL 分液漏斗中,加 10mL 水。

衍生与提取:向分液漏斗中加入 0.7mL 硫酸,0.5mL 丁酮,2.0mL 双氧水,充分混匀,室温下保持 20min 后,加入 20mL 正己烷振荡萃取 2min。静置分层后,将水相移入另一分液漏斗中,再进行第二次萃取。合并有机相,用水洗涤 2～3 次。通过无水硫酸钠过滤脱水后移入

50mL 容量瓶中用正己烷定容，此为试样测定液。

（3）碘标准测定液的制备。

分别吸取 1.0mL、2.0mL、4.0mL、8.0mL、12.0mL 碘标准工作液，相当于 1.0μg、2.0μg、4.0μg、8.0μg、12.0μg 的碘，其他分析步骤同试样测定液的制备。

（4）测定。

① 参考色谱条件。

色谱柱：填料为 5%氰丙基-甲基聚硅氧烷的毛细管柱（柱长 30m，内径 0.25mm，膜厚 0.25μm）或具同等性能的色谱柱。

进样口温度：260℃；ECD 检测器温度：300℃。

分流比：1∶1；进样量：1.0μL。

程序升温见表 3-29。

表 3-29　程序升温

升温速率/(℃/min)	温度/℃	持续时间/min
	50	9
30	220	3

② 标准曲线的制作。

将碘标准测定液分别注入气相色谱仪中（色谱图如图 3-30 所示），得到标准测定液的峰面积（或峰高）。以标准测定液的峰面积（或峰高）为纵坐标，以碘标准工作液中碘的质量为横坐标制作标准曲线。

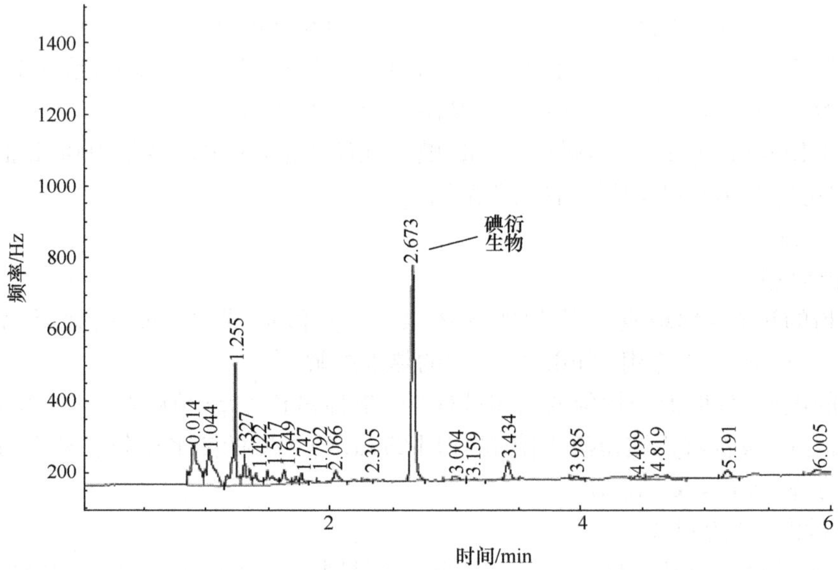

图 3-30　碘标准衍生物气相色谱图

③ 试样溶液的测定。

将试样测定液注入气相色谱仪中，得到峰面积（或峰高），从标准曲线中获得试样中碘的含量（μg）。

4）结果计算

试样中碘含量按式(3-91)计算：

$$X=\frac{c_s}{m}\times 100 \tag{3-91}$$

式中：X——试样中碘含量，μg/100g；

c_s——从标准曲线中获得试样中碘的含量，μg；

m——试样的质量，g。

以重复性条件下获得的两次独立测定结果的算术平均值表示，结果保留至小数点后一位。

5）注意事项

(1) 在重复条件下获得的两次独立测定结果的绝对差值不得超过算术平均值的 10%。

(2) 本法检出限为 2.0μg/100g。

(3) $Zn(Ac)_2$和 $K_4Fe(CN)_6$生成沉淀，可夹带和吸附干扰物质，如蛋白质，起到澄清剂的作用。

3.7.3　食品中矿物质元素测定方法研究进展

在矿物质元素分析时，样品消化是最重要的一环，将直接影响测定结果，因此，样品的消化方法一直是矿物质元素分析关注的焦点。食品中含有的无机元素，常与蛋白质、维生素等有机物质结合成难溶或难于离解的有机矿物化合物，从而失去原有的特性。因此，在测定这些无机物之前，需破坏其有机结合体，释放出被测组分。通常采用的有机物破坏法是在高温或高温结合强氧化剂的条件下，使有机质分解，其中碳、氢、氧、氮等元素生成二氧化碳、含氮的气体和水蒸气逸散，被测的金属或非金属元素则以氧化物或无机盐形式残留下来。目前在食品矿物质分析中样品的消化方法主要有：马弗炉干法灰化、湿法消化和高压消解器消化法。灰化法（干法消化）将样品灰化，取灰分进行元素测定；湿法消化主要是用强氧化剂如浓硝酸、高氯酸将样品消化。由于反应在溶液中进行，反应温度相对较低，加入浓硫酸（沸点 338℃），可以缩短分解样品的时间，消化完全。采用干法消化，谷物食品灰化后基本上都是磷酸过剩的酸性灰，因而即使以 500～550℃进行干法消化，钾、钠、镁、钙、铁、锰、锌、铜、锡都没有损失。干法消化具有操作简单，管理方便，适宜于大批量样品的测定；但也存在一些缺点，操作费时，有的金属元素如汞、镉、铅在消化的过程中会发生损失。此外，瓷坩埚不但可与某些被测组分起化学反应，还能吸收一些被测组分，有的样品灼烧之后，其残留物难于溶解，不利于下一步的测定。为此，采用干法消化时，应遵照操作规程进行，可使损失减小到最低程度。湿法消化：利用强酸氧化的湿法消化，可针对不同试样及测定元素，测定方法合理选择。但这种方法费时、易产生酸雾污染环境，且挥发性元素损失也不能避免。高压罐消解：这种方法是利用密封消解罐在烘箱内加热分解试样。此种方法可防止挥发性元素挥发，且便于控制污染，但耗时较长。微波消解技术是近年来出现的一种新的样品消解技术，是利用高压罐消解器消化与微波炉的优点，将两者联合使用的一种方法。微波消解与其他常规法相比具有如下优点：微波具有很强的穿透能力，直接作用于样品内部，使罐内外均匀受热，短时间即可达到所要求的温度。微波加热在微波管启动 10～15s 便可奏效，而且热量损失极少，极大地缩短了消解时间；封闭容器微波消解所用试剂量少，空白值显著降低，且避免了微量元素的挥发损失及样品污染，提高了分析的准确性。

矿物元素测定方法很多，常用的有化学分析法、比色法、原子吸收分光光度法、原子发射光谱法和原子质谱法。此外，极谱法、离子选择性电极法、原子荧光光谱法等也有一定的应用。重量分析法用于测定不溶性矿物质，此分析方法是基于待测元素在样品的元素组成中有固定的比例，将待测组分以选择性的形式与其他杂质分离，然后洗涤以减少吸附或夹杂的其他元素，最后将沉淀物干燥称量。重量法最适合于测定大量样品，属于常量分析法，只适合于测定待测元素含量较高的样品。EDTA络合法是基于很多含有叔胺的羧酸能与金属离子形成稳定的螯合物，能测定金属元素，此方法适用于富含钙而不含大量镁、磷的水果、蔬菜等食品。氧化还原反应分析法是以氧化还原反应为基础，用有颜色变化的反应物或生成物为指示剂的一种分析方法。一般而言，氧化还原反应在食品中金属含量测定的运用十分有限，钙、镁、铜、碘的含量可以通过这种方法测定，如AOAC法921.01和AOAC法944.02采用氧化还原滴定法测定钙和铁的含量。沉淀滴定分析方法在矿物质元素分析方面应用也十分有限，一般采用该方法测定各种含氯量高的食品，如AOAC法915.01采用此分析方法测定植物样品中氯的含量。比色法广泛应用于各种金属元素的测定，如磷的含量测定是通过磷钼酸盐的颜色强度变化，用分光光度法进行定量分析。离子选择性电极法可直接测定许多种阴、阳离子，在食品中得到广泛的应用，如肉制品中的盐分和硝酸盐、牛乳中钙的测定等。这种分析方法与其他分析方法比较相对较简单，选择性好，与分析样品的体积无关，也与样品的状态无关，样品的浑浊、色泽、黏度等对它均无影响，但该方法不能测定含量低于3mg/kg的样品。原子吸收分光光度法是基于试样中待测元素的基态原子蒸气对同种元素发射的特征谱线进行吸收，依据吸收程度来测定试样中该元素含量的一种方法。它具有灵敏度高、选择性好、抗干扰能力强、测定元素范围广、仪器简单、操作方便等优点，已成为金属元素分析中最常用的方法。原子发射光谱(AES)法以其具有广谱性和多元素分析能力，能在一个很宽的浓度范围进行定性和定量分析为优势，可以测定70多种元素，目前电感耦合等离子体-AES (ICP-AES)已成为主流，但仪器较昂贵。原子荧光光谱法以其很高的灵敏度，用于检测10^{-15}g级的超痕量元素如Pb、Cd等有独到之处，常用于检测食品中的硒元素。原子质谱法，又称无机质谱法，是将单质离子按质荷比进行分离和检测的方法。这种方法广泛地应用于物质试样中元素的识别而后进行浓度的测定，几乎所有元素都可以用无机质谱法测定，其突出特点是灵敏度高，试样用量少，但若要实现原子质谱分析，首先要使分析物质带上电荷，然后对其进行分离。

思考题

1. 水分测定常用什么方法？它对被检验物有何要求？误差可能来自哪些方面？
2. 蒸馏法测定水分主要有哪些优点？常用试剂有哪些？使用依据是什么？
3. 什么是卡尔·费休试剂？此方法是如何完成水分定量分析的？
4. 重量法测定水分含量的方法有哪几种？如何克服物理栅现象？
5. 水分活度测定仪及扩散法两种方法测定水分活度值各有何优缺点？
6. 食品中主要有哪些有机酸？测定时如何选择折算系数？
7. 测定总酸度时，应注意哪些问题？
8. 测定酸度时，应如何消除二氧化碳的影响？
9. 用水蒸气蒸馏测定挥发酸时，加入磷酸的作用是什么？
10. 食品中总酸度、挥发酸、有效酸度的测定值之间有什么关系？
11. 能用索氏提取法测定奶粉中的脂肪含量吗？为什么？

12. 磷脂含量高的样品其脂质含量的测定宜选用什么方法？
13. 比较碱性乙醚提取法、盖勃氏法测定乳制品中脂肪含量的优缺点。
14. 为什么气相色谱法测定脂肪酸需先衍生化？
15. 为什么直接滴定法测定还原糖必须始终保持溶液呈沸腾状态？不沸腾会有哪些误差来源？
16. 营养学中“总糖”的概念与食品生产中常规分析项目“总糖”有何不同？
17. 试述酸水解法和酶水解法测定淀粉这两种方法各自的优缺点和适用分析对象。
18. 试述直接滴定法和碘-淀粉比色法测定淀粉这两种方法各自的优缺点和适用分析对象。
19. 试述粗蛋白质测定中，样品消化过程中必须注意的事项。
20. 试比较凯氏定氮法与其他几种常用蛋白质定量方法的优缺点。
21. 在样品中有大量去污剂时，能否使用考马斯亮蓝染色法测蛋白质含量？在样品中有少量去污剂时能否用此法测蛋白质含量，如何操作？
22. 影响双缩脲法测定总蛋白的因素有哪些？如何消除？
23. 采用凝胶和离子交换柱层析分离蛋白质时各应注意什么问题？
24. 采用 SDS-PAGE 测定蛋白质相对分子质量时，样品溶解液中 SDS、巯基乙醇、甘油及溴酚蓝的作用分别是什么？
25. 在测定维生素时，必须先将其从食品中提取出来，通常使用哪些方法提取维生素？提取过程中需要注意哪些因素？
26. 在提取类胡萝卜素时，为什么采用石油醚-丙酮混合溶液，而不单独用石油醚或丙酮溶液？
27. 测定脂溶性维生素时，样品处理方法有哪些？并比较它们的优缺点。
28. 在测定维生素 C 时，如何消除其他还原剂的干扰？
29. 测定水溶性维生素时，可采用高效液相色谱法和荧光法测定，请描述这两种测定方法的原理，并比较它们的优缺点。
30. 测定维生素 C 的方法有哪些？并比较各自的优缺点。
31. 选择一个合适的方法分析食品中的矿物质，必须考虑哪些因素？

第4章　色素及风味物质分析

食品除含前述的六大营养元素外，感官品质——色、香、味、形也是构成食品品质的重要元素。良好的色泽、诱人的香气、令人愉悦的滋味和口感，常常会勾起人们的食欲。因此，消费者常会根据食品的色泽、风味(包括气味、滋味等)来判断食品质量，并决定是否购买。然而，一些不法人员利用了人们的消费心理，随意向食品中添加各式各样的化学物质，给食品提香提色，甚至用于掩盖食物变质产生的不良气味，给人们的身体健康造成了极大的危害。因此，定性定量分析色素和风味物质，对于严格规范食品着色剂和风味增强剂的使用，保障人们身体健康具有重要意义。本章主要介绍了食用色素及香气成分的分析，并简要介绍了食品的感官评定方法。

4.1　食用色素的分析

4.1.1　概述

天然食品经加工后有时会发生变色，影响食用的感官品质。为了保持或改善食品的色泽，使食品外观亮丽夺目，激发食欲，在食品加工中往往需要对食品进行人工着色。着色剂是改善食品色泽的食品添加剂，也常称为食用色素。食用色素来源主要有天然色素和合成色素两大类。天然色素主要从植物组织中提取，也包括取自动物和微生物的一些色素，它们的安全性高，但着色力差，对光、热、酸、碱等条件敏感，稳定性差，难以调出满意的色泽且价格昂贵，合成色素往往被生产企业选择。食用合成色素其优势在于色泽鲜艳，坚牢度大，性质稳定，着色力强，且可任意调配，加之成本低廉，使用方便。但合成色素很多是以煤焦油为原料制成的，故常被人们称为煤焦油色素或苯胺色素，此外，在合成过程中还可能被砷、铅以及其他有害物污染。如果这些合成色素不能合理使用，被人体摄入过量，将给人们带来健康危害。

着色剂的添加量必须严格遵守国家的有关标准和法规，过量使用着色剂会对食用者产生不利的影响。各国对食品中合成着色剂的安全问题都很重视，对其品种、质量和使用上均有明确严格的限制性规定。目前我国允许使用的9种食品合成着色剂是偶氮类色素苋菜红、胭脂红、新红、诱惑红、柠檬黄、日落黄和非偶氮类色素赤藓红、亮蓝和靛蓝，全是水溶性色素。美国允许使用的有10种，日本11种，欧盟有20种。此外，一些非食用色素如苏丹红(是脂溶性色素)等工业用染料，违法地添加到食品中，已引起诸多食品安全性问题。因此，定性判断是否有违禁的非食用色素的添加以及定量测定食用合成色素的含量，对监督执行国家制定的标准、法规，保证产品质量及人体健康十分必要。

许多食用天然色素，如胡萝卜素、黄酮类色素、番茄红素等还具有抗癌、抗氧化等功能，由于其安全性和营养价值高，且有一定的药理作用，功能性天然食用色素受到了广大消费者的青睐。因此，利用现代分离、分析技术分离鉴定和测定天然色素，将有助于天然色素的开发应用，满足人们对健康饮食的追求。

4.1.2　合成色素的分析

1. 合成色素的定性分析

检测合成色素时，常需先对样品进行前处理，经精制纯化后可借助于红外、紫外、拉曼光谱、质谱、核磁共振等仪器分析方法对色素进行结构鉴定；对于已知的色素，可利用薄层层析、液相色谱、电泳等方法，参照迁移率（R_f值）或者与标准图谱对比进行定性分析。

1）薄层层析法（聚酰胺粉法）

（1）原理。

聚酰胺在酸性条件下可与水溶性酸性染料结合，而与天然色素、蛋白质、脂肪、淀粉等物质分离，然后在碱性条件下解吸染料，再通过薄层层析法（TLC）进行分离，与标准物比较，根据R_f值定性，标品定量。

（2）各种食品中色素的前处理。

① 提取：食品形态千变万化，添加在食品中的色素方式也是各种各样的，有的拼色加入，有的加在食品表层的几个点上，有的覆盖一层色素，属于这类食品的有糕点，还有饮料、小食品等。样品不同，处理方法不同。

样品表面色素的提取：首先将样品整体称量，记录质量，然后分别取相同着色部分，进行提取和分离，不要将部分着色样品和整个或大部分不着色样品混在一起。

样品外皮色素的提取：如儿童食品中的糖豆、朱古力豆、红心果等样品，先称样，然后将外表皮色素用少量的水溶下来（弃去没有色素的样品部分），定容，备测。

② 吸附：针对非乙醇性饮料（各种汽水、橘子汁等）中的色素，吸取 50mL 样液于 100mL 烧杯中，在电炉上加热至沸，不断搅拌以排除 CO_2，加 1g 聚酰胺粉（60℃活化 1h），充分搅拌，使色素完全被聚酰胺粉吸附，再用布氏漏斗过滤，先用 20mL 80℃热水洗沉淀物，再用甲醇-甲酸（6∶4，体积比）20mL 洗沉淀物，以除去天然色素，直至滤下的溶液无色，最后用 80℃热水 150mL 分次洗沉淀物。

③ 解吸：在不抽滤条件下，将 9∶1（体积比）乙醇氨液加在沉淀物中，使吸附在聚酰胺粉上的色素全部解吸下来，收集于蒸发容器中，水浴浓缩到 5mL 左右，加 3 滴 20%柠檬酸溶液（使色素稳定），定容至 10mL，供薄层点样用。

注：样品在加入聚酰胺粉之前，要用 20%的柠檬酸调节 pH＝4（在弱酸性溶液中，聚酰胺粉末对色素吸附力强，吸附也完全）。如果样品不含天然色素，除 CO_2后直接加聚酰胺吸附。

（3）薄层层析分析。

经过纸层析定性之后，含有一种色素的样液定容之后，即可定量；含有两种以上的复合色素的样品溶液，需要经过薄层分离为单色素后，再用比色法分别定量，测定各种色素含量。

① 薄层板制备：聚酰胺粉 1g 于研钵中，加 15mL 75%甲酸搅拌，加 7.5g 硅胶 G，研磨 1min，立即涂板（15cm×10cm）的玻璃板要求光滑平整，先用水洗净，干燥后用乙醇擦拭干净，涂板时可用涂布器或手工玻璃涂布，涂层厚度为 0.25～0.3mm，玻璃板放入盛有少量水的层析缸中，盖好盖子，使玻璃板中的甲酸由缸底的水吸取，放置 2～3h，取出玻璃板，于空气中风干，再送入 60～65℃烘箱中烘 30min，取出，放入干燥器中备用。

② 点样：用点样管（毛细管、微量注射器）将浓缩并定容的样液点在薄层板上，基线距底边 2cm，点成与底边平行的条状，两端距边各为 2cm，点样量一般为 0.4mL，点样时要用电吹风机边点边吹干，然后进行层析。

③ 层析：将点好样的薄层板放入层析缸中，用上行法展开，薄层板下端浸入溶液 0.5～1cm，大约 1h 看色素已明显分开后，即可取出薄板晾干。

④ 溶剂体系的选择是：Ⅰ. 分离胭脂红、苋菜红、新红、柠檬黄、橘黄、靛蓝等用正丁醇-吡啶-5%氨水(6∶6∶4，体积比)（这种展开剂主要分离靛蓝，因为靛蓝上升很快，其他上升很慢）；Ⅱ. 分离柠檬黄、胭脂红、苋菜红、柠檬黄、橘黄等时用展开剂 2.5%柠檬酸钠-氨水(4∶3，体积比)（柠檬黄上升很快，其他上升慢）；Ⅲ. 对于分离两种红色素（苋菜红、胭脂红）的食品用甲醇-乙二胺-氨水(10∶3∶4，体积比)（主要是苋菜红与胭脂红上升快，其他色素上升慢）。

⑤ 色素的定性判定：将适量展开剂倒入展开槽中，将薄层板放入展开，待着色剂明显分开后取出晾干，与标准板比较，如 R_f 相同即为同一色素。

2）实例

下面以聚酰胺粉法除去果脯类食品中的天然色素为例，测定其中的人工合成色素。

处理：样品研碎后称 2g→加 50mL 水→加热 70℃使溶解。

吸附：吸附剂（聚酰胺粉）1g＋上述溶液→抽滤→用 70℃热水洗沉淀物。

除天然色素：过滤，用甲醇-甲酸(6∶4，体积比)混合液洗涤，以除去天然色素→直到滤液无色为止→再加甲醇 10mL 进一步除去天然色素→70℃热水多次洗至流出液为中性，充分搅拌。

解吸：用 9∶1 乙醇氨液解吸样品沉淀物（吸附剂）中全部人工合成色素→浓缩解吸液，挥去甲醇、氨，直至无甲醇、氨时→用 1∶10 H_2SO_4 调 pH＝4→再按上述加吸附剂操作重复 1～2 次，将天然色素全部去净为止，最后解吸、定容，备测。

2. 合成色素定量分析方法

要分析该色素含量是否超标，需要对其进行定量分析，常用的定量方法有比色法和高效液相法。

1）比色法

薄层层析法分离的色素，可进一步对其进行定量分析，具体步骤如下：用小刀分别将薄层板上各条色斑包括有扩散的部分刮下，移入砂芯漏斗，用 9∶1 的乙醇氨溶液解吸色素，抽滤，滤液于水浴上蒸发至无氨味，定容至 10mL，分别在各种色素的最大吸收波长处测定其吸光度值，再从标准曲线上查出相应的各色素的含量。

（1）标准曲线的制备。

先配制标准色素储备液(100μg/mL)：准确称量 0.1g 标准色素，加水稀释至1000mL。

标准溶液按表 4-1 配制。

表 4-1　合成色素标准溶液的配制

比色管序号	0	1	2	3	4	5	6	7	8	9
储备液体积/mL	0	0.1	0.5	1.0	2.0	3.0	4.0	5.0	6.0	7.0
加水体积/mL	分别加水至 10mL									
浓度/(μg/mL)	0	1	5	10	20	30	40	50	60	70

(2) 测定。

以水为参比,分别测出吸光度值 A_0 至 A_9,以色素浓度为横坐标,吸光度值为纵坐标,绘制标准曲线。当以水为参比,pH 为 6,各色素的最大吸收波长如下:胭脂红 508nm;柠檬黄 428nm;苋菜红 520nm;日落黄 485nm;赤藓红 528nm;靛蓝 610nm。测定吸光度值后,分别在标准曲线上查其含量,本方法检测限为 50μg。

(3) 注意事项。

① 聚酰胺粉吸附要求预先活化,并要求在一定的温度、pH 和一定的作用时间内进行。聚酰胺在酸性条件下能牢固地吸附合成色素,用水洗涤聚酰胺粉,以除去可溶性物质,要求水偏酸性(pH=4),防止聚酰胺上色素在洗涤过程中脱落下来。

② 样品的前处理中要充分去除杂质(油脂、蛋白质、淀粉、糖),以免影响吸附及层析效果。一般能溶解在水中的物质,如食盐、糖、味精、香精等,在用酸性水洗涤聚酰胺粉时都能除去;此外,还有明胶、果胶也可以通过大量水洗除去;对油脂类则可以用丙酮或石油醚洗涤脱脂,如果油脂含量很高,可在研钵中用丙酮、海砂研磨除去;若样品中蛋白质、淀粉含量高时,可用蛋白酶(或用钨酸钠沉淀蛋白质)、淀粉酶水解后除去;对于天然色素可用甲醇-甲酸(6∶4,体积比)液除去。

③ 纸层析定性时不可有皱折,边缘应剪齐,不可有毛边,而且要注意纸的横、竖向,应顺纹上行,这样展开效果较好。

④ 在浓缩样液时应控制水浴温度 70~80℃,应缓慢蒸发,勿溅出皿外,防止色素干结在蒸发皿的壁上(应经常摇动蒸发皿)。

⑤ 聚酰胺粉可回收使用:使用过的聚酰胺收集于干净的烧杯中,用 0.5%的 NaOH 溶液浸泡 24h 后,用泵抽干,倒回烧杯,加 0.1mol/L 盐酸泡 30min,然后再用泵抽干,用水洗至中性,置于 60℃烘箱中烘干备用。

⑥ 比色时样液要求透明,若浑浊,则 A 值增大,影响结果。

⑦ 靛蓝褪色过程为:深蓝色→浅蓝色→黄色→无色。靛蓝褪色是受光、氧、温度高、pH 等多种因素的影响,测定靛蓝时要注意上述因素的影响。

⑧ 加钨酸钠溶液的作用是使蛋白质沉淀,加入沉淀剂时,一般快速搅拌 1min 或者慢搅 3min 即可,如果不停地慢搅,会将形成的沉淀絮状物打碎,不易过滤。含淀粉高或黏稠的样品,用沉淀剂处理不理想,因为不易沉淀完全,可用透析袋透析后再沉淀。

2) 高效液相色谱法

(1) 原理。

食品中人工合成色素用聚酰胺吸附法或液-液分配法提取,制成水溶液,过滤后经反相 HPLC 分离,根据保留时间和峰面积分别进行定性和定量。最低检出量:新红 5ng;柠檬黄 4ng;苋菜红 6ng;胭脂红 8ng;日落黄 7ng;赤藓红 18ng;亮蓝 26ng。

(2) 主要仪器及试剂。

高效液相色谱仪(紫外检测器)。

聚酰胺粉(尼龙 6):过 200 目筛。

正己烷、盐酸、乙酸、甲醇:经滤膜(0.5μm)过滤。

甲醇-甲酸(6∶4,体积比)溶液;无水乙醇-氨水-水(7∶2∶1,体积比)溶液;饱和硫酸钠溶液;2g/L 硫酸钠溶液。

氨水-乙酸铵溶液:量取氨水(2∶98,体积比)溶液 0.5mL,加 0.02mol/L 的乙酸铵溶液至 1000mL,混匀。

柠檬酸溶液：称取 20g 柠檬酸($C_6H_8O_7 \cdot H_2O$)，加水至 100mL，溶解混匀。

5%的三正辛胺正丁醇溶液：量取三正辛胺 5mL，加正丁醇至 100mL，混匀。

pH6 的水：水加柠檬酸溶液调至 pH 为 6。

合成色素标准储备液(1.00mg/mL)：准确称取按其纯度折算为 100%质量的柠檬黄、日落黄、苋菜红、胭脂红、新红、赤藓红、亮蓝、靛蓝各 0.100g，置 100mL 容量瓶中，加 pH6 水至刻度，配成标准溶液。

合成色素标准使用液(50.0μg/mL)：临用时将上述标准储备液加水稀释 20 倍，经滤膜(0.45μm)过滤。

(3) 操作步骤。

① 样品处理。

橘子汁、果味水、果子露汽水等：准确称取样品 20.0～40.0g，置于 100mL 烧杯中。含二氧化碳样品加热，以驱除 CO_2。

配制酒类：准确称取样品 20.0～40.0g，置于 100mL 烧杯中，加小碎瓷片数片，加热驱除乙醇。

硬糖、蜜饯类、淀粉软糖等：准确称取 5.00～10.00g 粉碎样品，置于 100mL 小烧杯中，加水 30mL，温热溶解，若样品溶液 pH 较高，则用柠檬酸溶液调 pH 至 6 左右。

巧克力豆及着色糖衣制品：准确称取样品 5.00～10.00g，置于 100mL 小烧杯中，用水反复洗涤色素，直至巧克力豆无色素为止，合并色素漂洗液，即为样品溶液。

② 色素提取。

聚酰胺吸附法：样品溶液加 200g/L 柠檬酸溶液调 pH 至 6，加热至 60℃，将 1g 聚酰胺粉加少许水调成粥状，倒入样品溶液中，搅拌片刻，用漏斗抽滤，再用 60℃ pH=4 的水洗涤 3～5 次，然后用甲醇-甲酸混合溶液洗涤 3～5 次，再用水洗至中性；用乙醇-氨水-水混合溶液解吸 3～5 次，每次 5mL，收集解吸液，加乙酸中和，蒸发至近干，加水溶解，定容至 5mL 后，用滤膜(0.45μm)过滤，取 10μL 进高效液相色谱仪测定。

液-液分配法(适用于含酸性色素——赤藓红的样品)：将制备好的样品溶液放入分液漏斗中，加 2mL 盐酸、三正辛胺正丁醇溶液(5%)10～20mL，振摇提取，取有机相，重复提取至有机相无色，合并有机相，用饱和硫酸钠溶液洗 2 次，每次 10mL；将有机相放入蒸发皿中，水浴加热浓缩至 10mL，转移至分液漏斗中，加 60mL 正己烷，混匀，加氨水提取 2～3 次，每次 5mL，合并氨水溶液层(含水溶性酸性色素)，用正己烷洗 2 次，氨水层加乙酸调成中性，水浴加热蒸发至近干，加水定容至 5mL，经滤膜(0.45μm)过滤，取 10μL 进 HPLC 色谱仪测定。

③ 高效液相色谱条件。

柱：YWG-C_{18} 10μm 不锈钢柱，4.6mm(i.d.)×250mm。

流动相：甲醇-0.02mol/L 乙酸铵溶液(pH=4)。

梯度洗脱：甲醇，20%～35%，3%/min；35%～98%，9%/min；98%继续 6min。

流速：1mL/min。

紫外检测器：测定波长 254nm。

④ 测定。

取相同体积样液和合成色素标准溶液分别注入 HPLC 仪中，根据保留时间定性，外标峰面积法定量。

（4）计算。

$$X_1=\frac{m_1}{m_2\times V_2/V_1} \tag{4-1}$$

式中：X_1——样品中合成色素的含量，g/kg；

m_1——样液中合成色素的质量，μg；

V_2——进样体积，mL；

V_1——样品稀释总体积，mL；

m_2——样品质量，g。

（5）注意事项。

① 在上述标准操作条件下，各色素的参考保留时间如下：新红 4.7min；柠檬黄 4.9min，苋菜红 5.6min，靛蓝 6.7min，胭脂红 7.3min，日落黄 8.4min，诱惑红 9.7min，亮蓝 11.8min，赤藓红 13.8min。

② 本方法检出限为：新红 5ng；柠檬黄 4ng；苋菜红 6ng；胭脂红 8ng；日落黄 18ng；亮蓝 26ng。

③ 样品在加入聚酰胺粉之前，先要用 200g/L 柠檬酸溶液调 pH=6，是因为聚酰胺粉在弱酸性溶液中对色素吸附能力强。但是聚酰胺粉在酸性条件下对天然色素的吸附不紧密，若含有天然色素，则可用甲醇-甲酸洗脱下来。

3. 合成色素分析方法的研究进展

近几年来，人们对食品中人工合成色素的分析研究日益深入，各种现代的仪器分析方法在食品添加剂的分析中得到充分运用，如高效液相色谱法、微柱法、毛细管电泳法、极谱法、光度法等。

1）微柱法

采用聚酰胺-硅胶填充的微柱法可同时检出肉制品中的柠檬黄、赤藓红、苋菜红和胭脂红 4 种混合色素，方法回收率为 93.7%，相对标准偏差为 2.3%，最低检出限为 20mg/kg。天然色素红曲米的广泛使用，给许多分析测定带来干扰问题，该方法的优点是不受天然色素红曲米的干扰，使用的仪器设备简单。

2）极谱法

食用合成色素分子中往往含有 N═N 键或 C═C 键，这些基团具有电活性，在滴汞电极上，可以还原产生还原波，在不同底液中，各种色素的还原电位不同，据此进行定性分析，根据还原电位峰高与其浓度呈线性关系，可以进行定量分析。该方法的最大优点在于样品处理无特殊的要求，较其他方法简单，只要选择好测定介质，则结果准确度高，检出限低，干扰少，适宜于食品中混合色素的分析，但测定所用汞，如果操作处理不当会给环境带来污染问题。

3）高效液相色谱法

食品中色素多是二组分或多组分混合使用，HPLC 法有很强的分离能力，该法测定准确度高、灵敏、重现性好，为国家标准方法。

4）紫外吸收光谱法

根据物质对光的吸收具有选择性，不同的食用合成色素具有不同的吸收谱图，与标准谱图对照，即可直观、快速定性；在一定浓度下吸收峰高与样品中所含色素量成正比，可以定量检测，从而建立了紫外吸收光谱法测定食用合成色素。该方法的优点是测定线性范围宽、灵敏度高、操作简便、快速、准确、易普及推广。但如果多组分共存时,有些吸收峰可能存在叠加现象,使测定误差大。

4.1.3 天然色素的分析

天然色素广泛存在于各种动植物中,其化学成分十分复杂,安全性和营养价值高,有的兼具一定的药理作用。近年来一些提取、分析新技术用于天然色素的分离分析及鉴定,为天然色素的开发及应用提供了有效的技术保证。

1. 样品的预处理

将样品粉碎或打浆后,根据样品特性通过不同方法进行提取分离处理。

1) 提取分离方法

天然色素含量通常很低,而且这些色素在植物体内不是以游离态存在,往往与其他成分结合,相对较稳定,使其游离提取后,稳定性往往变差,因此对不同的色素需根据其性质选用有效的提取方法。传统的提取方法主要有压榨法、熬煮法、化学处理方法、溶剂提取法。目前,已有很多新技术应用于色素提取,如连续萃取、逆流萃取、微波辅助技术、双水相萃取技术、分子蒸馏技术、超声波技术辅助萃取、超临界流体萃取技术等,大大缩短了提取时间,提高了提取效率,减少了色素性质的变化。

2) 天然色素提取的一般原则

(1) 提取过程中保持色素的稳定性。天然食用色素稳定性相对较差,一般对光、热、pH、酶等敏感,因此设计的提取工艺应尽量避免色素的分解、破坏。

(2) 色素提取率要高、杂质提取率要低。

3) 溶剂的选择

溶剂提取法的效率与色素在溶剂中的溶解性质密切相关,依据色素的亲水/疏水特性,可分别选用水、亲水性有机溶剂、疏水性有机溶剂提取。

常见有机溶剂的亲水性排序为:甲醇>乙醇>丙酮>乙酸乙酯>乙醚>氯仿>苯>石油醚。我们可以分析色素分子的结构,估计其极性大小,然后选用合适的有机溶剂,采用合理可行的提取工艺,达到有效提取天然色素的目的。

2. 红曲色素的测定

1) 薄层层析法

(1) 原理。

样品中红曲色素经提取、净化后,采用薄层层析法(TLC)分离,与标准品比较定性,根据色素在两相中分配系数的不同而达到分离的目的。

(2) 主要仪器及试剂。

微量注射器 10μL,展开槽 25cm×6cm×4cm。

薄层板:用硅胶(柱层析用,120～180目);硅胶 GF254,自制薄层板;或购市售预制硅胶 GF254 板。

层析柱、接收瓶、全玻璃浓缩器、真空泵。

甲醇、石油醚(沸程 60～90℃)。

正己烷-乙酸乙酯-甲醇(5∶3∶2,体积比)(a)。

氯仿-甲醇(8∶2,体积比)(b)。

海砂:先用 1∶10(体积比)盐酸煮沸 15min,用水洗至中性,再于 105℃干燥,储于具塞的玻璃瓶中,备用。

红曲色素的标准溶液:取 1g 红曲色素,加入 30mL 甲醇溶解,然后加入 5g 硅胶,拌匀,装入硅胶层析柱中(湿法装柱),将拌有硅胶的红曲色素装在柱顶,后用甲醇洗脱;直至洗脱下来的甲醇无颜色为止,然后减压浓缩至膏状,于 60~70℃烘箱中烘干,约剩下 0.89g 的红曲色素作为 TLC 分析用标准品,用甲醇配成 1mg/mL 的标准溶液。

红曲色素标准使用液(0.1mg/mL):临用时吸取标准溶液 5.0mL,置于 50mL 容量瓶中,加甲醇稀释至刻度。

(3) 操作步骤。

① 样品处理。

配制酒:取 10mL 样品,于水浴上挥干,加少量乙醇溶解残渣,进行薄层分析。

蛋糕:取 30.0g 蛋糕,搅碎,加海砂少许,混匀,用热风机吹干样品,加入 30mL 石油醚脱脂,重复 3~5 次,弃去石油醚,然后将蛋糕渣放入通风橱中,残余石油醚自然挥干后,放入蒸馏瓶中,加 95%乙醇约 90mL,回流 30min,过滤,用乙醇洗涤 5 次,合并提取液,将提取液浓缩至 20mL,备测。

豆腐乳:取豆腐乳 30g,搅碎,加 95%的乙醇 50~70mL,提取回流 30min,过滤,用乙醇洗涤残渣 5 次,合并乙醇提取液,减压浓缩至 20mL,备测。

火腿肠:称取 30g 火腿肠,捣碎,加海砂少许,混匀,每次加入 50mL 石油醚提取脂肪,共提取 3 次,每次提取 45min,过滤,滤液弃去,残渣放入通风橱中,用吹风机吹干,用 50mL 甲醇提取红曲色素 30min,共 3 次,过滤后合并滤液,滤液中加入 3mL 的钨酸钠溶液沉淀蛋白质,弃去沉淀,滤液减压浓缩至 10mL,备测。

② 测定。

点样:取市售硅胶 GF254 板(4cm×20cm),离底边 2cm 处,点上述样品溶液 10μL,同时在右边点 2μL 色素标准溶液。

展开:将已点上样品与标准品的两块板,分别放入展开剂 a、展开剂 b 中展开,待展开剂前沿行至离边缘 15cm 处,取出,放入通风橱,晾干,在 UV254nm 下观察,用展开剂 a 展开得到 4 个点,R_f值分别分 0.86,0.71,0.54,0.38;用展开剂 b 展开得到 3 个点,R_f值分别为 0.86,0.69,0.57。若样品与标品的斑点的 R_f值一致,则证明样品的色素为红曲色素。

2) 色价法

(1) 原理。

通过测定试样溶液在特定波长处的吸光度表示试样纯度。

(2) 主要仪器及试剂。

可见分光光度计、70%乙醇溶液。

(3) 实验方法。

准确称取试样 0.05~0.1g(精确至 0.0002g)于 50mL 烧杯中,用 70%的乙醇溶液或水搅拌溶解,将其移入 500mL 或 1000mL 容量瓶中,用 70%乙醇溶液或水洗涤数次,使之完全转移,定容至刻度,摇匀,静置 15min(必要时可过滤),取此液置于 1cm 比色皿,分光光度计于 495nm±10nm 处测定其吸光度,试样溶液的浓度应使测出的吸光度在 0.2~0.7 范围为最佳,当试样溶液的吸光度大于 0.7 时,可用 70%乙醇溶液或水稀释到适当的浓度,然后测定,该吸光度可按式(4-2)计算成本标准所规定的吸光度。

注:生产工艺中以乙醇溶液为提取剂的用70%乙醇作为溶剂测定,以水为提取剂的用水作为溶剂测定。

(4) 结果计算。

$$E_{1cm}^{1\%}(495nm \pm 10nm) = \frac{A \times n}{m} \times \frac{1}{100} \tag{4-2}$$

式中:$E_{1cm}^{1\%}(495nm \pm 10nm)$ ——试样色阶;

A——稀释后试样溶液的吸光度;

m——试样的质量,g;

n——稀释倍数。

(5) 允许差。

两次平行测定结果之差不大于2%,取其算术平均值为测定结果(精确到小数点后一位)。

3. 花色素的分析

目前有关花青素的定量分析还没有较好的方法,常用的方法是以色价或吸光度表示其相对含量,其中测定花青素总量的pH示差法因其简便、快速而得到广泛的应用。

1) pH示差法原理

pH示差法原理是利用花青素在pH 1条件下在500～540nm波长具有明显的吸收峰,而在pH 4.5时无吸收峰,根据其在两种不同pH缓冲液中吸光度的差值来测定花青素的含量。

2) 主要仪器及试剂

紫外-可见分光光度计、酸度计、旋转蒸发仪、电子恒温水浴锅。

0.25 mol/L氯化钾缓冲液(pH 1.0)、pH 4.5的0.4 mol/L乙酸钠缓冲液。

3) 操作步骤

(1) 样品的制备。

干制果蔬:称取5～20g样品(视样品中花色素含量的高低而定),粉碎过40目筛,按1∶15的料液比用酸性乙醇溶液在50～70℃下浸提3次,至浸提液为无色,抽滤后,合并浸提液,并用酸性乙醇溶液定容至1000mL。

新鲜果蔬:称取20～100g样品,置于打浆机中粉碎2min,再用高速匀浆机以15000r/min的速度破碎细胞2min。称取1g破碎样品于离心管中,加入酸性乙醇溶液14mL,振荡20min后离心(20000g)10min,上清液经0.45μm滤膜过滤后备用。

(2) 样品测定。

取制备的样品1mL,加入pH 4.5的0.4mol/L乙酸钠缓冲液或pH 1.0的0.25mol/L氯化钾缓冲液4mL,摇匀,用1cm的比色皿,在紫外-可见分光光度计上分别以520nm和700nm为吸收波长测定其吸光度。

4) 结果计算

$$花青素浓度(mg/L) = A/\varepsilon L \times 10^3 \times M_w \times 稀释倍数 \tag{4-3}$$

式中:A——最终吸光度;

M_w——摩尔质量;

ε——摩尔吸光系数;

L——比色皿厚度,cm。

$$A = (A_{520nm,pH\,1.0} - A_{700nm,pH\,1.0}) - (A_{520nm,pH\,4.5} - A_{700nm,pH\,4.5}) \quad (4\text{-}4)$$

不同样品选用其含有的主要花色苷的摩尔吸光系数进行计算。例如，草莓以主要花青素天竺葵-3-葡萄糖苷的摩尔吸光系数计算，蓝莓以主要花青素之一的矢车菊素-3-葡萄糖苷的摩尔吸光系数计算。最终以 1g 试样含有花青素的量(mg)来表示。

5) 注意事项

(1) 不同提取溶剂的提取效果不同。除酸性乙醇外，还可以根据样品中花色素的特性选用酸性丙酮、甲醇、乙腈等溶剂进行提取。

(2) 花青素在较强的酸性条件下相对稳定，因此在提取液中需添加酸来维持其稳定性。但是，添加酸的种类不同对花青素本身会产生影响，如添加较强的酸可能引起糖苷键的断裂，这会对定量结果产生影响，特别是对鉴定花青素种类产生的影响更大。因此，在分析鉴定花青素种类时应避免向提取液中添加较强的酸。

(3) 比色法是利用花青素在不同 pH 缓冲液中的吸光度的差值来测量的。该方法在测定标样或纯化程度较高的样品时准确程度较高，但对于未经提纯的样品，会受到其他共存成分的影响而降低其准确性。因此，不同种材料的花青素含量宜选用 HPLC 等其他方法进行定量，而作同种材料之间的花青素含量比较则可以使用此法测定。

4. 类胡萝卜素的测定

类胡萝卜素是胡萝卜素和叶黄素两大类色素的总称，它们由 8 个类异戊二烯单位组成。类胡萝卜素对碱、热等相对较稳定，对酸、紫外线和氧不稳定。类胡萝卜素易发生异构化和氧化降解反应，光辐射、高温、酸、碱、游离卤素、脂肪氧合酶、水分等因素都会影响其稳定性，但光和氧是影响类胡萝卜素稳定的主要因素，因此，在分析样品时要采取避光和抗氧化措施。

1) 分光光度法

(1) 原理。

样品通过石油醚-丙酮(2∶1，体积比)混合溶液萃取，使类胡萝卜素与其他成分分离，在 451nm 波长下测定萃取溶液的吸光度值，可以计算出食品中总胡萝卜素的含量。

(2) 主要仪器及试剂。

可见分光光度计、分液漏斗。

石油醚、丙酮、无水硫酸钠、饱和氯化钠溶液。

(3) 操作步骤。

① 样品处理。

称取 5g 已捣碎混匀的样品置于研钵中，加石油醚-丙酮(2∶1，体积比)混合溶液 10mL，石英砂少量，研磨提取，然后将提取液过滤至 100mL 容量瓶中。如此反复提取残渣 3～4 次，并过滤，直至提取液无色。将几次滤液从 100mL 三角瓶移至 150mL 梨形分液漏斗中，并用蒸馏水洗涤石油醚层，出现乳化时，加饱和氯化钠溶液 3～5mL，剧烈振荡，待液相分层后，弃去水相，重复 2～3 次。将石油醚层定量转移至 50mL 容量瓶中，用无水硫酸钠过滤，以石油醚定容，摇匀，置暗处供比色用。

② 测定。

用 1cm 比色皿以石油醚作参比，于 451nm 波长处测定吸光度值。

(4) 结果计算。

$$总胡萝卜素(\mu g/100g)=\frac{A\times V\times 100\times 1000\times 1000}{A_1\times m\times 100}=A\times 20000/m \tag{4-5}$$

式中:A——样品在451nm波长下吸光度值;

A_1——1% β-胡萝卜素石油醚溶液在451nm波长下吸光度值,即1%浓度吸光系数,其值为2500;

V——样品中总胡萝卜素石油醚提取液定容体积,mL;

m——样品质量,g。

2) HPLC法测定

(1) 原理。

各种类胡萝卜素在450nm可见波长条件下都有吸收,样品中的类胡萝卜素经石油醚-丙酮(80∶20,体积比)混合液提取后,经三氧化二铝柱纯化,然后以HPLC法进行分离测定,根据保留时间和峰高(或峰面积)与标准比较进行定性和定量分析。

(2) 主要仪器及试剂。

高效液相色谱仪、回流皂化冷凝装置。

丙酮、石油醚(沸程30~60℃,60~90℃)、甲醇、正己烷、乙醇、乙腈(色谱纯)、二氯甲烷、甲醇溶液、BHT;各种胡萝卜素标准:α-胡萝卜素(α-carotenoid)、β-胡萝卜素、γ-胡萝卜素、番茄红素(lycopene)、角黄素(canthaxanthin)。

(3) 操作步骤。

① 样品提取。

新鲜蔬菜和水果(番茄、胡萝卜):称取5~10g新鲜样品于研钵中,加入1∶1(体积比)丙酮-石油醚(沸程30~60℃)约10mL,0.1mg BHT,以适量石英砂研磨提取,上清液倾入盛有100mL蒸馏水的分液漏斗中,直至浸提液无色,摇动分液漏斗1min,静置分层,将下层水相放入另一分液漏斗,再向原分液漏斗中加蒸馏水30mL,摇动,静置分层,将下层水相放入另一分液漏斗,如此重复3~4次,直至丙酮完全清除。向第二个分液漏斗中加入石油醚5~10mL,振摇提取,弃去下层水相,提取液合并于第一分液漏斗中。所得提取液经无水硫酸钠过滤后,置于10mL容量瓶中,用石油醚定容后备测。

干制菜果:称取磨碎(40目以上)样品5~10g于磨口三角瓶中,用3∶7丙酮-石油醚(沸程60~90℃)混合液,并于水浴中回流提取,后续操作同上。

脂肪含量高的动物性食品(如牛奶、鸡肝等):称取磨碎样品5~10g于250mL磨口三角瓶中,加入50% KOH甲醇溶液40mL、乙醇50mL及少量BHT,于水浴上75℃回流30min,使之皂化完全。冷却后,用石油醚分次提取,提取过程同新鲜蔬菜和水果。用蒸馏水多次洗涤提取液,直至洗到中性为止(pH滤纸为6)。将石油醚提取液经无水硫酸钠过滤,完全转入50mL容量瓶中,用石油醚定容后待用。

淀粉类、油类食品:称取10g样品于25mL具塞量筒中(若含量少,取样量可多些),加入石油醚-丙酮混合液振荡提取,吸取上层黄色液体并转入蒸发器,重复提取至提取液为无色。合并提取液,于旋转蒸发器蒸发至干。

② 标样的配制。

单一标样的配制:准确称取各类胡萝卜素5mg,先用少量乙酸乙酯溶解,再用甲醇定容至50mL容量瓶中,得浓度为100μg/mL的母液,储备于冰箱中。使用前配成浓度为5~10μg/mL

的工作液。

混合标样的配制：将单一标准溶液按比例混合，得各类胡萝卜素浓度为 5～10μg/mL 的混合标准工作液。

样品液的制备：吸取 5～10mL 样品提取液减压蒸干或氮气吸干，迅速加 1mL 甲醇或乙酸乙酯溶解，经 0.45μm 微孔滤膜过滤后作上样液。

③ 测定。

Ⅰ. HPLC 条件。

色谱柱：Spherisorb C18 柱，4.6mm×150mm；

流动相：甲醇-乙腈（9∶1，体积比）；流速：1.2mL/min；检测波长：448nm。

Ⅱ. 试样测定。

吸取已纯化的溶液 20μL 依法操作，以峰面积对胡萝卜素的浓度做标准曲线，从标准曲线查得或回归求得所含胡萝卜素含量。

（4）结果计算。

根据标样保留时间定性，根据峰高或峰面积进行外标法定量。

$$X=\frac{c}{m}\times V\times\frac{100}{1000} \tag{4-6}$$

式中：X——试样中胡萝卜素的含量，mg/100g；

V——定容后的体积，mL；

c——试样中胡萝卜素的浓度（标曲上查得），μg/mL；

m——试样的量，g 或者 mL。

（5）注意事项。

① 皂化时需加入足够量的碱液和乙醇，并控制皂化温度和时间使皂化完全。

② 在分液漏斗中提取时若分层不明显，可加入少量无水乙醇处理。

③ 蒸馏水洗提取液一定要充分，上机液不能呈碱性，以免影响柱子寿命。

④ 整个过程要快速、闭光操作，标准工作液需临时配制。

⑤ 为了较长时间保存胡萝卜素标准溶液，可在溶液中添加脂溶性抗氧化剂，于棕色试剂瓶中，−18℃保存。

⑥ 在采用石油醚-丙酮提取胡萝卜素时，若样品含水量较多，适当增加丙酮的比例，可提高提取效率。

⑦ 若胡萝卜素在色谱上分离效果不理想，可能是脂溶性成分在色谱柱上有沉积，可用不同极性的流动相，反复冲洗，以达到改善色谱柱的分离效果。

⑧ 本方法检出限为 5.0mg/kg，特点是快速简便、准确度高、精确度好，可以区分 α-胡萝卜素和 β-胡萝卜素。

5. 天然色素分析的进展

近年来，随着食品天然色素种类的迅速增加，色素体系的复杂程度也越来越高，给分析工作者提出了挑战。一些高新技术也逐步用于天然色素的分析工作之中。

1）提取分离富集技术

（1）分子蒸馏技术提取天然色素。

天然色素大多稳定性不高，分子蒸馏技术是一项较新的特殊的液-液分离技术，能在极高真空度下操作，它依据分子运动平均自由程的差别，能使液体在远低于其沸点的温度下将其分离，具有蒸馏压强低、受热时间短、分离程度高等特点，因而能大大降低高沸点物料的分离成本，特别适用于高沸点、热敏性及易氧化物质的分离，该项技术可用于天然色素的提取。

(2) 逆流色谱技术

逆流色谱技术(countercurrent chromatography，CCC)是当今国际分离技术的一个新颖的分支，它的突出特点在于全液态型分离。使用很长的软管(如聚四氟乙烯管)绕制成的色谱柱，其内部不加任何固态支撑体或填料。使用时根据被分离混合物的理化特性，选择某一种有机/水两相溶剂体系或双水相溶剂体系。利用此体系的上层或下层作为色谱过程的固定相，首先将其注满管柱内，然后让此管柱做特定的旋转运动，利用形成的离心力场来支撑住柱内的液态相。此时，溶剂体系中的另一层作为流动相，带着混合样品推入分离管柱，样品就会穿过两个液相对流的整个管柱空间，各个组分会按其在两相中的分配系数分离开来。

2) 分析测定技术

(1) 高效毛细管电泳法。

高效毛细管电泳法(HPCE)是以高压电场为驱动力，以毛细管为分离通道，依据样品中各组分之间淌度和分配行为上的差异实现分离分析的。HPCE 技术克服了 HPLC 实验成本高，GC 应用面窄，TLC 塔板数低、重现性差、时间长的缺点。近年来，HPCE 已被广泛应用于天然色素的分析中。

(2) 液质联用技术。

液质联用技术结合了液相色谱、质谱两者的优点，实现了优势互补，色谱是一种高分辨率的分离技术，可以直接分析不挥发性化合物、极性化合物，分析范围广，而且不需衍生化步骤；而质谱则是一种灵敏度高、选择性好，具有较强的定性功能的现代仪器，在一次分析中可获得很多结构信息。例如，可采用 HPLC-MS-MS 法，分离鉴定天然红心鸭蛋蛋黄和极地微生物中的红色素的分子组成和结构。

4.2　香气分析

4.2.1　概述

香气是食品品质的一个重要组成部分。虽然香气成分没有列入任何食品的成分表，但对于蔬菜、水果、糕点、饮料、佐料，特别是对于香烟、酒类、茶叶、咖啡等嗜好品，香气甚至是影响消费者作出选择的首要因素。

香气是人类的嗅觉系统对外来刺激物产生的生理反应，这里的刺激物是指由食品中挥发出的一系列挥发性的和半挥发性的化合物，它们是本节分析的对象。这些对人体嗅觉系统产生刺激的香味物质的组成十分复杂，化学分类可以是从醇、醛、酮、酸、胺到萜烯类化合物、羰基化合物、杂环化合物、芳环化合物等。目前在各种食品中已有超过 7000 个呈香化合物被报道。可以想象，从食品样品基质中去提取、分离、浓缩如此复杂的香气成分是一项多么具有挑战性的工作。另外，由于这些香气化合物在食物中的含量极低，即便成功地提取得到了分析样品，在其后的仪器分析过程中还面临仪器灵敏度不足的问题(图 4-1)。

自古以来，人们对食品香气的评判是靠嗅觉的辨别完成的，这个过程称为感官评定(有关内容将在 4.3 节中详细介绍)。迄今为止，在食品加工过程中，特别是在香精香料的配方过程

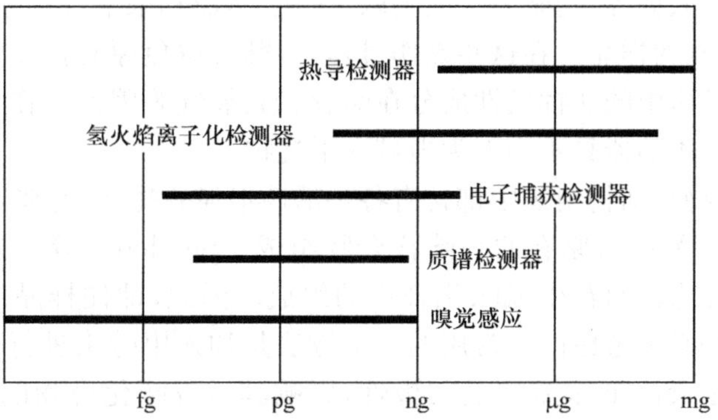

图 4-1 几种常用的气相色谱检测器与嗅觉感应的检测范围

中，仍然由训练有素、经验丰富的“闻香师”、“调香师”依靠感官评定对样品进行评判，感官评定对指导生产很有帮助，但是从分析角度来说，这既不能定性地回答产生这些香气的化合物是什么，也不能定量地告诉我们它们有多少。感官评定带有一定的主观性，评定结果随着年龄、性别、识别能力及语言表达能力的不同而带有相当大的个体差异。即使是同一人员，也随其身体状态、情绪变化的不同会产生不同的结果。因此，仅靠感官评定还不能完成对食品香气成分的定性和定量分析任务。

在本节中将介绍如何利用仪器分析（主要有气相色谱、气相色谱-质谱联用）的技术手段，结合气相色谱-嗅觉测量分析（gas chromatography-olfactometry，GC-O，一种对香气组成成分逐一进行感官评定的方法），回答在香气分析中面临的如下问题：食品样品中有哪些挥发性化合物？哪些化合物对食品样品的香气有贡献？哪些是影响样品香味的关键化合物？这些挥发物在食品样品中的含量有多少？

4.2.2 香气分析样品的选择和前处理

1. 样品的选取与保存

与其他食品成分定量分析工作一样，在进行香气分析前，选取的样品也应该具有代表性和均匀性，这个过程是分析人员在嗅觉引导下完成的。但是，由于人的嗅觉系统远比气相色谱的检测器灵敏，通常气味最强个体作为样品，以提高检测出感兴趣的挥发物的概率。

也有例外，对于一些产生异味的化合物来说，它们的浓度达到人的嗅感阈值后，只在一定浓度范围内嗅感强度与异味化合物浓度呈正相关，随着化合物浓度的继续升高，异味的嗅感消失，甚至产生非异味的嗅觉感应。即使研究的对象是令人愉快的香气，分析中样品选择的任务同样是非常困难的。例如，腐乳的香气组成成分是什么？在中国，各地生产的腐乳香味各不相同，对什么是腐乳应该具有的香味也没有一致的看法。这时，分析人员必须依照自己对腐乳香气的理解，决断地作出样品选择。

由于香气化合物具有较强的挥发性，而且新鲜植物或动物组织中生理代谢还没有停止，被选取的样品应该及时地进行分析。如果不能立即进行分析，样品在进行低温（−50℃）速冻处理后，应用洁净的瓷质或不锈钢容器密封保存在低于−20℃的环境中。

2. 样品的前处理

对于大多数分析任务来说，样品的前处理是一项冗长繁杂的工作。要进行香味分析的食物样品通常要经过粉碎、捣碎、匀浆、碾磨、提取、净化、蒸馏和浓缩等一系列处理步骤，才能得到适合于气相色谱检测的样品。在这些操作过程中，既要避免原有挥发性香气化合物的过度挥发，又要避免食品基质中的非挥发性成分在酶、高温、氧气等因素的作用下产生新的挥发性化合物，还要避免因使用的器具不当人为地带入干扰物。

大多数新鲜的植物和动物组织中都含有各种活性很强的酶，细胞破碎后，它们迅速地引发一系列化学反应，改变了食品原有的香味化合物组成。Singleton 等通过实验证实了粉碎时间、温度和 pH 都显著地影响花生风味化合物的组成。因此，即便样品的处理过程只有几分钟，抑制酶的活性也是必须考虑的。常用的一个方法是加入甲醇来进行匀浆，但是，这个步骤一是会稀释样品，二是会降低水基样品的极性，影响其后香味化合物的分离过程（如溶剂萃取）。用热处理来钝化酶活也可以运用，如对果汁类样品，可以让它们快速地通过一个高温热交换器来达到灭酶的目的。对于酶活极强的动植物组织，冷冻粉碎是一种常用的方法，样品经液氮浸没，充分冻结后，用捣碎机可以容易地粉碎而得到样品粉末，整个制样过程中样品温度低于－40℃，是一种较为理想的降低酶活的方法。

长时间的样品处理过程中还可能伴随样品的发酵，Ribereau-Gayon 等加入氟化钠破碎葡萄，以抑制微生物的生长。除了酶和微生物的影响外，化学变化的结果也将影响样品的香气组成，特别值得注意的是氧化反应，长时间的样品处理过程要考虑在通入 CO_2 或 N_2 的条件下进行，或是往样品中加入抗氧化剂。高温情况下（高于 60℃）还会引起非酶褐变反应，尽可能采用低温的操作过程，如使用减压蒸馏等。

样品处理过程中所用到的水、蒸气和溶剂通常是带入干扰物的主要来源。稀释样品、配制模拟样品基质所用的水必须是重新煮沸的蒸馏水或去离子水，由于用溶剂萃取香气化合物后，通常需要进行数千倍的浓缩才能进行色谱分析，因此即便是市售的色谱纯溶剂也必须经过重蒸馏后才可以使用。接触样品的器皿和用具应由玻璃、瓷器、不锈钢和聚四氟乙烯等材料制成，大多数聚合物材料（如塑料、橡胶）既会吸附香气化合物，也会释放出干扰色谱分析的挥发物，应避免使用。

4.2.3　香气成分的提取分离

从复杂的食品基质中提取分离含量极低的香气成分是一项极具挑战的任务，目标是得到香气组成（aroma profile）能完全与食物样品一致，且适合气相色谱分析的提取物。在尽可能充分地把所有呈香化合物提取出来的同时，还希望在提取物中能保持各化合物在分析样品中原有的比例，并且要避免在酶和化学作用下，在提取分离过程中产生新的干扰物。

对香气化合物的提取分离一般是基于它们以下三个特性进行的，即挥发性、溶解性和它们易被某些材料吸附的特性。所有呈香物质都具有一定的挥发性，否则人体的嗅觉系统无法感知它们，利用它们的挥发特性进行提取分离的是顶空取样技术（包括静态顶空取样法、动态顶空取样法和顶空固相微萃取法）和各种类型的蒸馏技术。同样，利用绝大多数香气化合物在有机溶剂中的溶解度大于其在水溶液中（正如许多食品基质一样）溶解度的特性，可以选择溶剂提取法。而根据吸附材料对香气化合物的选择性或非选择性吸附而设计的提取方法有动态顶空取样法、固相微萃取法和搅拌棒吸附提取法。

值得指出的是，上述各种提取分离技术都有各自的特点和不足之处，图 4-2 比较了一些典型的香气化合物用不同方法提取时回收率的数据，可以看出，没有一种提取技术可以适用于不同的分析对象，综合运用不同的提取分离技术，并比较所得到的分析结果，能够更好地了解被分析样品中香气成分的组成和含量。

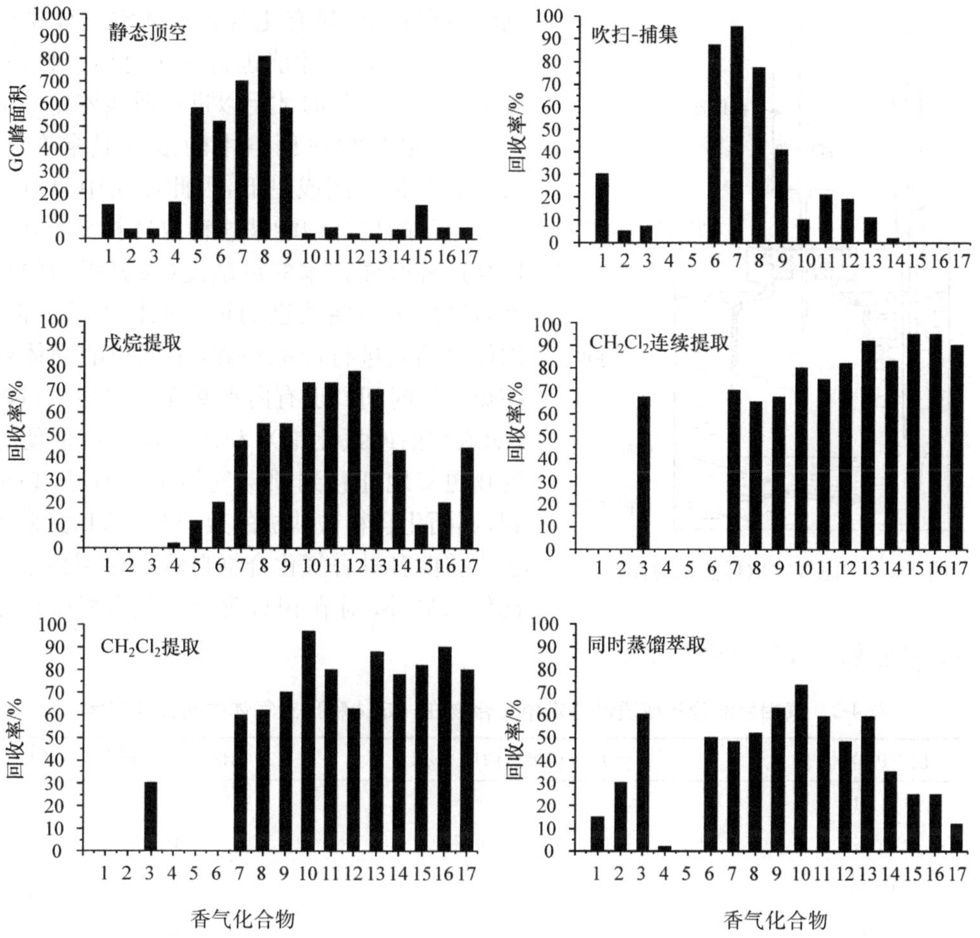

图 4-2　17 种香气化合物用不同提取方法时回收率的比较

1. 乙醇；2. 丙醇；3. 丁醇；4. 辛烷；5. 葵烷；6. 丙酸乙酯；7. 丁酸乙酯；8. 戊酸乙酯；9. 庚酮；10 乙酰苯；11. 乙酸苯甲酯；12. 水杨酸甲酯；13. 香芹酮；14. β-紫罗兰酮；15. 邻氨基苯甲酸甲酯；16. 草莓醛；17. 异丁香酚。

引自：Leahy M M, et al. 1984. Analysis Volatiles: Methods, Applications, Procedures. New York: de Gruyter

1. 静态顶空取样法

图 4-3 是静态顶空取样(static headspace)技术的工作示意图。在一个 20～40mL 的样品瓶中加入待分析样品，液体样品中可加入一粒磁力搅拌棒，立即用内衬聚四氟乙烯隔垫的橡胶盖密封瓶口，在水浴加热和搅拌的状态下，样品中的香气化合物向其顶部空间挥发。30～60min 后，香气化合物在样品中的浓度与其在顶空中的浓度达到分配平衡，用一支气密型注射器吸取 1～10mL 的顶空气体，直接进样做气相色谱分析。

静态顶空取样是一种简单、温和，易于实现自动化操作的取样技术。对于均匀的液体样品，这种取样方法有很好的重现性。对于固体样品，由于比表面积不均一，取样重现性较差。

静态顶空取样所采取到的顶空气体中，各种香气化合物的组成和比例最接近人的嗅觉系统对样品香气成分的嗅取比例，仅从这个意义上看，分析结果最能体现“香气”的概念。但是，在达到分配平衡时，绝大部分的香气分子仍然保留在固体或液体样品中，且顶空进样的体积也通

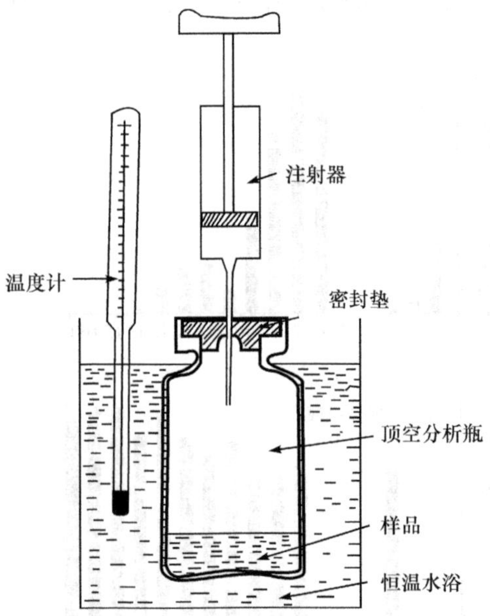

图 4-3 静态顶空取样法示意图

常不大于 10mL，因此这种取样方法的致命缺陷是灵敏度(即被分析物的顶空浓度)太低。从表 4-2 所列的数据看出，只有化合物在顶空气体中的浓度大于 10^{-7}g/L 时才能进行气相色谱分析，只有浓度大于 10^{-5}g/L 时才足以进行质谱鉴定。而事实上，香气化合物在顶空中的浓度通常在 10^{-4}～10^{-10}g/L 的范围或更低，因此该法中只有少数占主导地位的化合物能被这种取样技术检出。为了提高这种取样技术的灵敏度(被分析物的顶空浓度)，产生了一些改进的顶空取样方法。例如，对固体样品先进行冷冻粉碎，小颗粒的固体样品能缩短平衡时间。也有向水基样品中加入可溶性盐(如硫酸钠或氯化钠)，利用盐析效应促使有机挥发物更多地迁移到顶空气相中。但是，必须注意到，不同化合物被盐析的效应是不同的，采用盐析法将扭曲各种香气化合物自然迁移到顶空气相的比例。另外，调节 pH，改变某些有机酸或碱的离解度，可促使它们更容易向顶空挥发。

表 4-2 气相色谱分析或质谱鉴定中化合物在一定体积顶空气体中的最低浓度

顶空进样体积	GC 分析最低浓度/(g/L)	MS 鉴定最低浓度/(g/L)
1mL	10^{-5}～10^{-6}	10^{-3}～10^{-4}
10mL	10^{-6}～10^{-7}	10^{-4}～10^{-5}
100mL	10^{-7}～10^{-8}	10^{-5}～10^{-6}
1L	10^{-8}～10^{-9}	10^{-6}～10^{-7}
10L	10^{-9}～10^{-10}	10^{-7}～10^{-8}
100L	10^{-10}～10^{-11}	10^{-8}～10^{-9}
$1m^3$	10^{-11}～10^{-12}	10^{-9}～10^{-10}

引自：Schaefer J. 1981. Handbuch er Aroma Frischung. Berlin：Academic-Verlag

由于这种取样技术测定的是顶空气体中香气化合物的含量，分析结果不能反映这些化合物在食品中的真实含量。从食品中迁移进入顶空组分的含量既与其本身的挥发性有关，又与食物样品的基质有关，如果要做定量分析，必须使用与样品基质尽可能一致的模拟基质来配制标准溶液，以减小定量误差。但是，如果分析目的只是比较同一系列的样品中主要香气成分的相对含量，由于操作简单，重现性好，静态顶空取样仍不失为一种好方法。

2. 动态顶空取样法

当挥发物在样品中和顶空气相中达到分配平衡后，顶空中挥发物的含量就不再增加，这是静态顶空取样法灵敏度低的主要原因。如果用惰性气体(如氮气或氦气)将顶空的挥发物吹出并用吸附材料将它们捕集下来，被分析物在样品和顶空的分配平衡就被打破，因此更多的挥发物将从样品不断地被吹出、捕集，达到浓缩香气分子的目的，最后通过热解吸将挥发物分子送入气相色谱仪进行分析，这是动态顶空取样(dynamic headspace)技术的工作原理，动态顶空取样法又称吹扫-捕集(purge-trap)进样法。

图 4-4 是典型的吹扫-捕集进样器的气路示意图。其工作过程分为两个阶段，在吹扫、富集阶段，阀 1、2 开启，阀 3 关闭，一定流量的惰性气体(常与气相色谱的载气一致)不断流过装有固体或液体样品的玻璃管，气流带出的香气成分被一个装有吸附剂的低温捕集管捕集浓缩。在解吸进样阶段，首先关闭阀 1、2、3，捕集管被迅速加温，然后突然打开阀 1 和阀 3，挥发物经恒温连接管导入气相色谱仪。

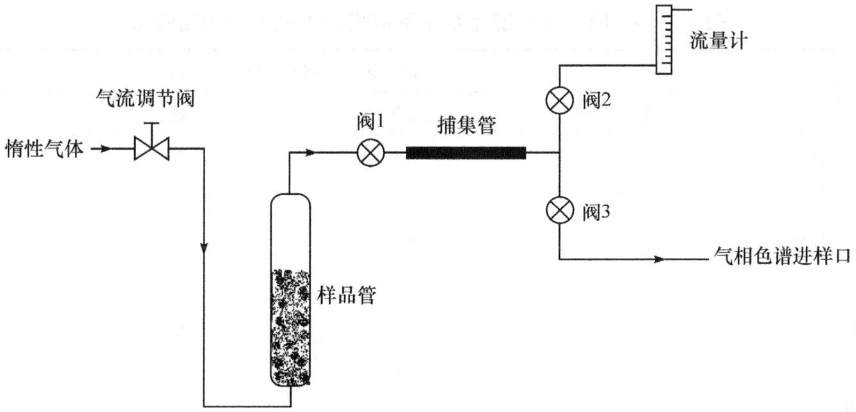

图 4-4　吹扫-捕集进样器气路示意图

这项技术的关键在于吸附捕集系统，它通常在室温或低温下工作，以确保吹扫气体带出的香气分子被有效地收集浓缩。捕集管中最常用的吸附材料有苯乙烯聚合物(Tenax)和活性炭，Tenax 对大多数非极性或弱极性香气分子有较好的亲和能力，且香气分子热解吸充分。但 Tenax 的表面积较小，吸附容量有限，对硫化氢这样的极性风味成分几乎不吸附。活性炭有很大的表面积，对大多数香气成分有很强的亲和能力和较大的吸附容量，1～10mg 的活性炭能够吸附 10～100L 吹扫气体带出的挥发物，因此也被应用于香气分析的采样中。

应用吹扫-捕集取样技术时，除了吸附材料的选择外，其他操作参数也极为重要。水基样品宜在室温下吹扫，以避免过多水分进入捕集系统，固态样品可适当升高吹扫温度(50～120℃)；根据被分析香气化合物的沸点来选择解吸温度(200～280℃)和连接管温度(150～200℃)，达到再生吸附剂和防止高沸点组分在连接管处被冷凝的目的；吹扫气的流量和吹扫捕集时间也要根据待分析化合物的性质和样品基质的不同，用实验的方法(测定回收率)来进行优化。

3. 溶剂提取法

提取分离香气化合物的一个最简单、最有效的方法就是直接用溶剂萃取，对于液体样品(如果汁、饮料)，在分液漏斗中加入适当的溶剂，充分振摇提取。对于固体或膏状样品在锥形瓶中加入溶剂，用摇床完成提取过程。

但是大多数食品样品中都含有脂质、色素和脂溶性维生素等非挥发性成分，它们会随香气化合物一起被弱极性溶剂提取出来，在其后的 GC 分析中，会在进样口的高温下炭化，甚至热分解，产生挥发物而干扰 GC 分析结果。因此在色谱分析前，必须用蒸馏法或吹扫-捕集法将它们与挥发性的香气成分分离。另一个值得重视的问题是溶剂的质量，香气成分被大量溶剂提取后需要进行高倍数的浓缩，溶剂中的微量杂质也会干扰色谱分析，因此，即使是色谱纯的溶剂也应该在使用前重新蒸馏，并做一份试剂空白来确定是否存在干扰物。

香气的提物常用的有机溶剂有戊烷、二氯甲烷、乙醚、异戊烷和氟利昂 11(一氟三氯甲烷)等，这些溶剂的沸点非常低(23.7～39.8℃)，有利于在大体积的溶剂提取后，用氮气流挥发溶剂，浓缩香气提取物。不同极性的溶剂对香气分子的萃取能力不同，图 4-2 和表 4-3 的数据列出了一些溶剂对典型香气化合物提取时的选择性差异。因此，应该根据分析任务的目标，选择这些溶剂或者适当配比混合它们，来达到充分提取的目的。

表 4-3　从 12%的乙醇体系中萃取模型香气成分的回收率

香气化合物	不同萃取溶剂的回收率* /%			
	氟利昂 11	二氯甲烷	乙醚	异戊烷
丁酸乙酯	66	43	—	16
2-甲基-1-丙醇	34	55	22	32
3-甲基-1-丁醇	63	66	50	48
正己醇	85	67	23	38
苯甲醛	83	54	18	20
乙酰苯	53	41	34	20
甲酸苯甲酯	75	56	21	25
丁酸苯乙酯	46	48	25	17
邻氨基苯甲酸甲酯	62	59	57	27

* 分批萃取，757mL 模拟样品溶液每次用 50mL 溶剂，萃取 6 次。

引自：Cobb C S, Bursey M W. 1978. Comparison of extracting solvents for typical volatile. J Agric Food Chem, 26:197

为了减少香气成分和提取溶剂的挥发，提取一般是在室温或稍低于室温的环境下(5～30℃)进行的。溶剂提取过程中，水基样品和提取溶剂常会出现乳化现象，导致无法分离得到有机相，加入无机盐、滴加少量乙醇或使用离心机都能有效促使乳化液分层。

另一种相对特殊的溶剂提取方法是超临界流体提取法，利用超临界状态的 CO_2 流体为提取溶剂，达到提取香气成分的目的，超临界 CO_2 具有渗透能力强，不在提取物中残留，不干扰后续感官评定和仪器分析的优点，但是该法装置成本高，而且超临界 CO_2 极性太弱，对香气成分的提取偏向明显，往往需要加入夹带剂(改性剂，常用甲醇)来调节溶剂极性。

溶剂提取法是目前分离鉴定食品香气组成最常用的方法，对大多数香气化合物有较高的提取回收率，可以进行大量地提取、浓缩，得到食物样品的香气成分浓缩物，有利于痕量香味化合物的鉴定。即便如此，溶剂提取技术得到的样品仍然存在香气组成偏向，首先，是不同香气化合物在溶剂中的溶解度不同造成的，可通过少量多次萃取，减低这种偏向。其次，在分离非挥发性成分的过程中和挥发溶剂的过程中，都会造成新的、不均衡的香气损失。

4. 蒸馏法

在提取分离香气成分的方法中，蒸馏法包括了一系列不同形式的蒸馏技术，运用的装置更是五花八门，归纳起来有直接蒸馏、真空蒸馏和水蒸气蒸馏。

1) 直接蒸馏

气相色谱的热解吸进样技术在这里被理解为直接蒸馏取样法，图 4-5 是一个短程热解吸装置(short-path thermal desorption apparatus)的示意图,经改装直接与气相色谱进样口连接,样品直接放在解吸管中,并迅速升温,切换阀 1、2 的开关,“蒸馏”出来的香气成分被载气带入气相色谱的进样口,通过一个冷冻聚焦阱,达到瞬间进样,以保证色谱分析有足够的分辨率。

可以想象,对水分含量较低(≤5%)的焙烤食品(如咖啡、坚果等),热解吸技术是一种简单实用的取样方法。但大量的水蒸气会在冷冻聚焦阱冻结而堵塞仪器的气路,因此在对水溶液样品取样时,解吸管后还要加装除水装置。

与静态顶空取样法相似,热解吸取样引起香气组成的偏向主要是由香气化合物挥发性不同引起的,除水装置也会引起进一步的香气损失。一个更值得关注的问题是,在样品被加热的过程中,可能有新的挥发性干扰物生成,这将严重地误导香气分析结果。

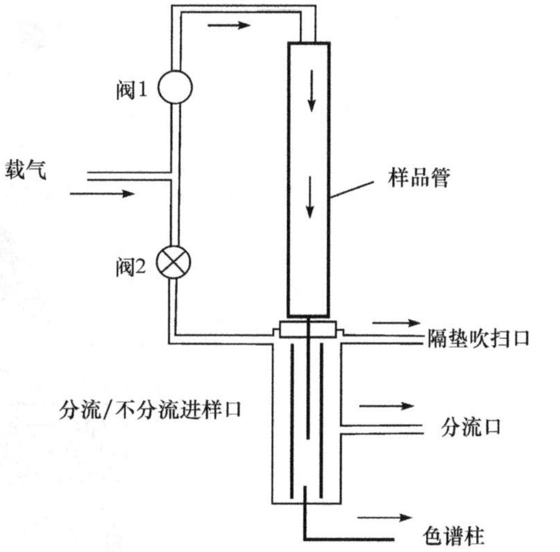

图 4-5　短程热解吸装置

引自:Grimm C C,et al. 1997. The analysis of food volatiles using direct thermal desorption//Marsili R. Techniques for Analyzing Food Aroma. New York: Marcel Dekker

2) 真空蒸馏

为了避免分析样品过度受热,真空蒸馏(减压蒸馏)在香气蒸馏中被广泛采用。图 4-6 显示的是严格意义上的真空蒸馏装置,也有人把它归结为动态顶空取样范畴(所不同的是在真空环境蒸发,并用一串冷阱代替吸附捕集管来收集挥发物),样品顶空的挥发物在低温、高真空(40~50℃,10~20mmHg)环境下蒸发,用-196℃的液氮冷阱收集,馏出物(水是主要组分)用溶剂萃取后得到香气分析样品。

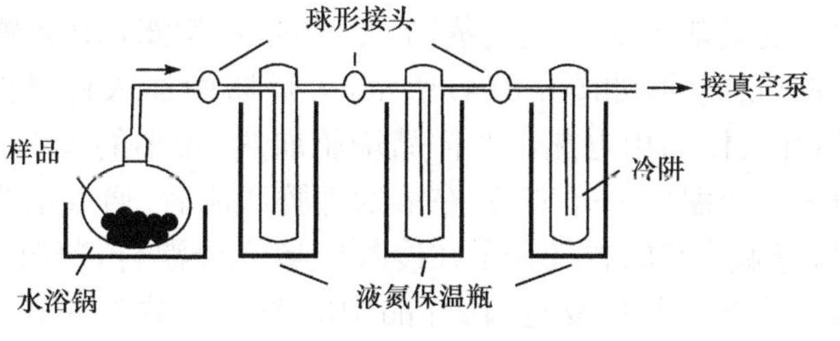

图 4-6　真空蒸馏装置

引自:Guntert M G, et al. 1998. Flavor analysis. Amer Chem Soc, 38

溶剂辅助风味蒸发(solvent assisted flavour evaporation,SAFE)是一款专门为香气化合物提取设计的装置(图 4-7),它在高真空状态下工作,溶剂提取法得到的提取液通过滴液漏斗 A 进入蒸发瓶 C,香气分子和溶剂迅速共沸蒸发,不挥发的脂溶性杂质则残留在蒸发瓶中,香气分子和溶剂在两级液氮冷阱 I、G 中回收,经脱水、浓缩,供色谱分析。SAFE 装置设计紧凑,香气成分蒸馏回收效率极高。对于一些固形物含量不高的水基食品(如牛奶、啤酒等)也可以直接蒸馏(这里水是溶剂),非常方便,是目前香气取样中应用最广的蒸馏装置。

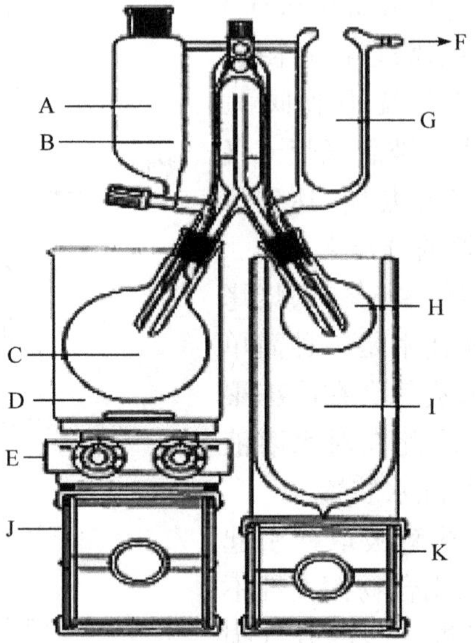

图 4-7　溶剂辅助风味蒸发装置

A. 样品滴液漏斗；B. 冷凝区；C. 蒸发瓶；D. 水浴锅；E. 加热磁力搅拌器

F. 抽真空；G,I. 液氮冷阱；H. 按收烧瓶；J,K. 升降台

引自：Engel W, Bahr W, Schieberle P. 1999. Solvent assisted flavour evaporation—a new and versatile technique for the careful and direct isolation of aroma from complex food matrices. Eur Food Res, Technol, 209：237

3）水蒸气蒸馏

水蒸气蒸馏并不仅仅意味着传统意义上导入水蒸气进行蒸馏，凡是香气成分与水共沸而得到馏出物的过程在这里都被理解为水蒸气蒸馏，从工作的形式看，也可分为常压和减压两种模式。

香气成分提取中一度最常用的水蒸气蒸馏，是用同时蒸馏萃取装置（simultaneous distillation/extraction, SDE）完成的，如图 4-8(a)所示，大烧瓶中加入样品溶液，导管可通入水蒸气，也可通入小流量惰性气体而由电热套对样品烧瓶加热，较小的蒸馏瓶中加入萃取溶剂（乙醚或二氯甲烷等），用水浴控温（40～50℃），在溶剂沸腾回流后，通入水蒸气或加热使样品保持微沸状态，溶剂蒸气和与水共沸的香气分子在冷凝区域充分混合，冷凝后分层，香气成分被萃取到有机溶剂中，蒸馏、萃取如此反复进行，样品中的挥发物被萃取到小体积的溶剂中（20～30mL），干燥脱水后稍加浓缩，就可以进行仪器分析。图 4-8 (b)所示的是减压状态的 SDE 装置，样品溶液和萃取溶剂的受热温度更低。

SDE 技术曾经非常流行，原因是它仅通过这一个步骤就达到了提取、纯化和浓缩香气化合物的目的，由图 4-2 可以看到，模拟样品中几乎所有的挥发物都被分离得到了，但是嗅觉检查发现，同时蒸馏萃取法与溶剂提取法（辅以 SAFE 技术）相比，前者得到的香气浓缩物与真实样品香气的差别更大，这可能是由样品受热时间过长而引起的。香气化合物的挥发性和在提取溶剂中溶解性的差异依然是 SDE 法引起香气组成偏向的主要原因。

5. 吸附法

用吸附法提取香气成分，主要有固相微萃取（solid phase micro-extraction, SPME）和搅拌棒吸附提取（stir bar sorptive extraction, SBSE）两种相对较新的技术。

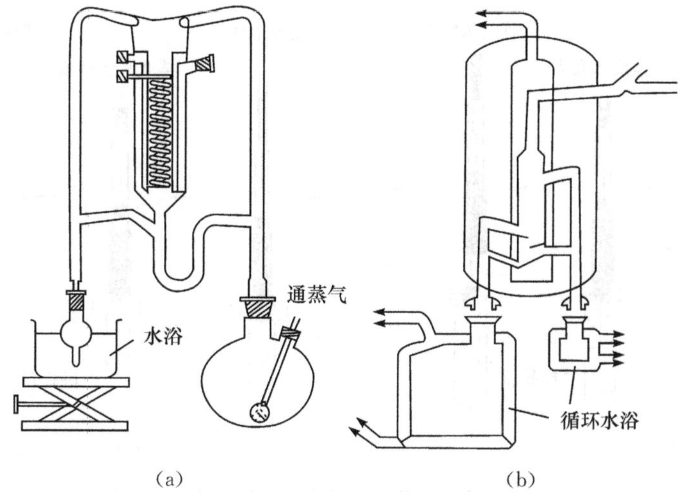

图 4-8　同时蒸馏萃取装置

(a) 常压系统;(b) 减压系统

引自:Chaintreau A. 2001. Simultaneous distillation-extraction: from birth to maturity-review. Flavour Fragrance J,16: 136

SPME 装置设计如图 4-9 所示,一个在惰性石英纤维表面附着了吸附剂的萃取头,在刺针穿透样品瓶后,被推杆推出暴露于样品溶液中(浸没式取样)或样品顶部空间(顶空式取样),目标化合物被吸附剂提取,随后萃取头被转移到气相色谱的进样口,提取的挥发物在进样口的高温下热解吸。图 4-10 显示了 SPME 装置取样(a)和进样(b)的过程。SPME 首先被用于环境分析,随着技术不断成熟和发展,SPME 技术集萃取、富集、进样任务于一体,有简单、快速和无需溶剂的优势,如今在挥发物的取样中广泛应用。

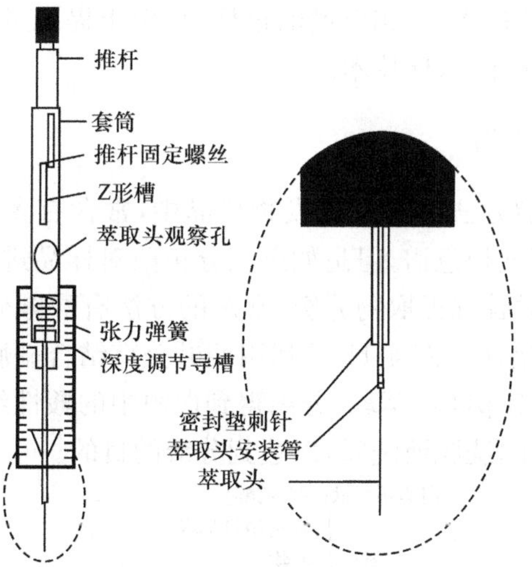

图 4-9　固相微萃取装置

引自:Zhang Z,et al. 1994. Solid phase-microextraction: a solvent-free alternative for sample preparation. Anal Chem,66: 844

SPME 同样是一个分配平衡过程,香气分子在样品溶液中和吸附剂中的分配达到平衡后(对于顶空 SPME,存在香气分子在样品中与顶空气体中,及香气分子在顶空气体与吸附剂中的两个分配平衡),取样过程完成。浸没式取样无法避免将部分样品基质带入气相色谱仪,将污染进

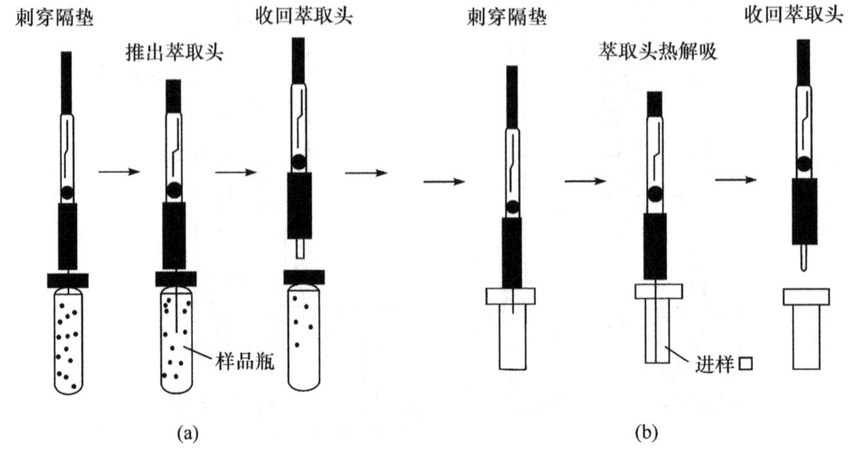

图 4-10 固相微萃取的取样(a)和进样(b)过程

样口并严重缩短萃取头的使用寿命,因此,在香气分析中,顶空固相微萃取运用更为广泛。

目前,有数种吸附剂在香气成分的提取中被使用,但是,每种萃取头对香气分子都存在不同的选择性,因此用 SPME 技术提取样品,所得到的香气组成分析,偏向十分严重。但是,如果分析的目标化合物确定,通过选择合适的萃取头和萃取参数(样品溶液浓度、样品体积、萃取时间、萃取温度等),并仔细操作,SPME 可以获得满意的取样重现性,常用于定量分析。

SPME 萃取头上吸附剂的量很有限(吸附剂涂层最大体积约 0.5μL),因此目标化合物的吸附量也十分有限。搅拌棒吸附提取是 SPME 的一种改进方法,即在一个 2cm 长玻璃搅拌棒表面可以附着高达 126μL 吸附剂涂层,在样品溶液中搅拌提取完成后,用水清洗并干燥搅拌棒,由专用的自动进样装置"投入"气相色谱的进样口,由于提取量是 SPME 的数百倍,故 SBSE 是一种非常有吸引力的吸附取样技术。

6. 香气成分的分级和浓缩

一个由溶剂提取或蒸馏方法得到的挥发物样品中,常含有多达 100～200 个挥发性化合物,尽管有高分辨的毛细管气相色谱,但是如果在分析前对样品进行适当分级,会有助于质谱鉴定和嗅觉分析的进行。对香气提取物分级,常用的方法有酸碱分离法、硅胶柱色谱法、高效液相色谱法和制备气相色谱法。图 4-11 是利用酸碱分离结合硅胶柱色谱对白酒香气化合物进行提取、分级的实例,调节 pH 后萃取,分离得到白酒中的酸性组分。硅胶柱上根据化合物极性的不同,选择不同极性的洗脱液洗脱,以达到分级的目的。

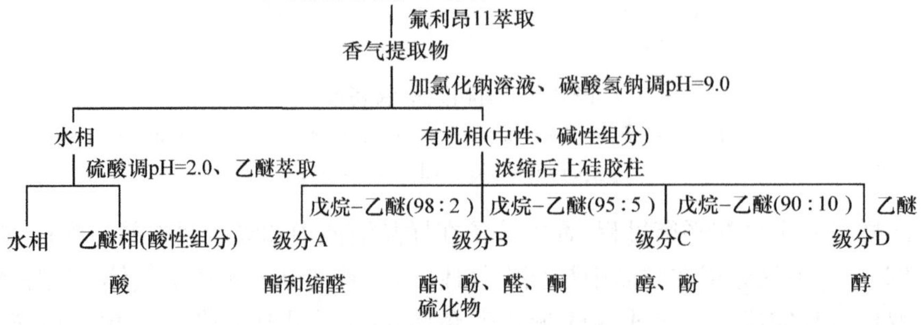

图 4-11 白酒香气化合物的提取分级流程

溶剂提取或洗脱分级后，香气成分被大量有机溶剂稀释，给后续的气相色谱分析和嗅觉测量带来困难，因此需要挥发溶剂，浓缩样品。由于提取过程中使用的溶剂沸点较低(≤40℃)，如果低沸点组分不是重要的分析对象，可以在 30～35℃水浴中用氮气流挥发溶剂。但是，如果低沸点组分中包含重要的香气成分，则必须使用一个较高回流比的 Küderna-Danish 浓缩仪来去除溶剂。

4.2.4　香气化合物的鉴定

随着气相色谱技术的不断进步，特别是高分辨率毛细管色谱柱的出现和气相色谱/质谱联用(GC/MS)技术的使用，分离鉴定由 100～200 个挥发性化合物组成的复杂样品，对分析化学工作者已经不是十分艰难的任务。但是，为了更好地理解这些挥发物对形成食品香气所作出的贡献，气相色谱/嗅觉测量法(gas chromatography-olfactometry, GC-O)被广泛地应用于香气化合物的鉴定，这项与嗅觉相联系的技术让我们发现：某种化合物在一种食品中只是一个次要的挥发物，而在另一种食品中却可能是最重要的呈香成分；在气相色谱图上一个主要(峰面积较大)色谱峰香气嗅感强度极低，或在色谱图上没有明显的峰却对香气有强烈的贡献。因此，真正意义上的香气化合物鉴定，一定要包含嗅觉鉴定的过程。

对一个呈香化合物的完整鉴定，通常应包括质谱比对、保留指数(retention index，RI)比对和香气特征比对三方面的内容。前两项鉴定工作可利用气相色谱/质谱联用分析完成，香气特征的信息则必须通过 GC-O 分析来获得。

1. 气相色谱/质谱联用分析

1) 香气化合物的 GC/MS 鉴定

香气成分十分复杂，往往需要通过质谱比对、保留指数比对和香气特征比对，才能确定其组成。在进行 GC/MS 分析时，通常要求匹配度大于 95%。色谱峰的纯度是影响匹配度的关键因素，如果色谱分离不完全，有共流出现象(表现为色谱峰形加宽、不对称)，即使匹配度高鉴定结果也存疑。为了增加鉴定结果的可靠性，香气成分的鉴定常选择在两支不同极性的色谱柱上进行，在一支色谱柱上产生共流出的两个化合物，在另一支色谱柱上很容易得以分离，如此可有效地排除共流出对鉴定结果的影响。

2) 化合物的保留指数比对

在气相色谱领域，比较保留指数是化合物定性分析的一个重要方法。自从 1958 年Kovats 提出用正构烷烃系列作为标准，构建化合物保留指数系统后，已有大量化合物的保留指数被文献报道。因此在香气成分鉴定过程中，测定并计算待鉴定成分的保留指数，并与文献报道值进行比对，若误差在允许范围，则被视为通过保留指数鉴定。

Kovats 系统定义正构烷烃的保留指数为 $100n$，如正戊烷、正己烷、正庚烷的保留指数分别为 500、600、700。实验中，将正构烷烃标样加入待鉴定的香气样品后进行色谱分析，假如在碳数为 n 和 $(n+1)$ 的两个正构烷烃的色谱峰之间，有一个待鉴定化合物色谱峰 x，则 x 的保留指数 $RI_{(x)}$ 计算公式为

$$RI_{(x)}=100\left[n+\frac{\lg t'_{R(x)}-\lg t'_{R(n)}}{\lg t'_{R(n+1)}-\lg t'_{R(n)}}\right] \tag{4-7}$$

式中：$t'_{R(n)}$、$t'_{R(x)}$、$t'_{R(n+1)}$——三个色谱峰的调整保留时间。

通常化合物的鉴定以质谱鉴定为主，而保留指数比对用于检验质谱鉴定的准确性，但是如

果出现经质谱鉴定的化合物，其保留指数与文献数据相去甚远，则必须重新检查质谱鉴定结果。

在不同类型的色谱柱上，化合物的保留指数的数值是不同的，但是，在同样的色谱系统中，测定的保留指数应该是非常接近的，受仪器型号、操作条件的影响较小。因此，保留指数的测定和比对，就如同在实验室购买了大量的化合物标准品。www.flavornet.com 网站列出了约 700 个常见香气化合物在四种不同极性色谱柱上保留指数的测定值。

2. 气相色谱-嗅觉测量分析(gas chromatography-olfactometry，GC-O)

在质谱鉴定和保留指数比对后，对于一个分析化学专家来说，化合物的鉴定工作已经完成。但是，食品风味工作者更加关注的是：这些化合物都呈现食物的香气吗？是哪些化合物让鱼产生腥味呢？气相色谱-嗅觉测量分析能回答这些问题。

图 4-12 为气相色谱-嗅觉测量仪的改装示意图，在气相色谱分析柱出口用一个分流器将流出物一分为二，一部分流出物连接质谱或氢火焰离子化检测器，另一部分通过毛细管引入保温的嗅探口，两路流出物的流量比通常为 1∶1，也可以通过调整连接毛细管的长度来控制分流比。目前已有商品化的嗅觉测量仪出售，只需将它与气相色谱仪连接安装即可，它们在嗅探口引入了小流量的加湿空气，可以避免分析人员的嗅觉系统长时间在高温干燥环境下工作。

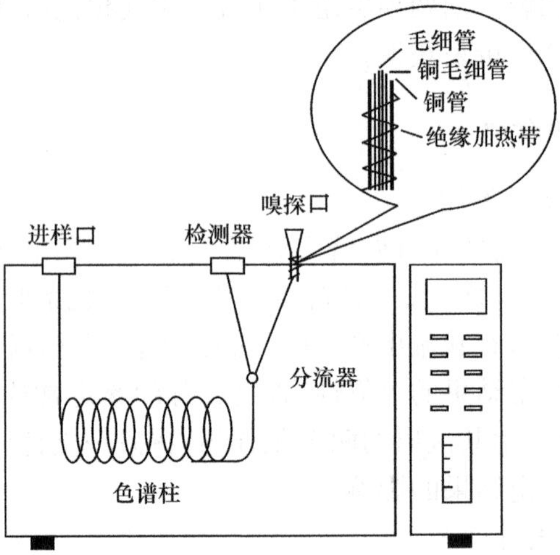

图 4-12　气相色谱-嗅觉测量仪改装示意图

嗅觉分析员的鼻子作为一个检测器，在嗅探口对气相色谱分离的流出物做出嗅觉反应，一次 GC-O 分析后，可以记录下每个香气化合物出现的时间、香气特征和香气强度，有经验的嗅觉分析员甚至能判定化合物的类别或名称。

在分流比为 1∶1 时，色谱流出物到达色谱检测器和嗅探口的时间基本一致，因此色谱峰的保留时间应该和该化合物被嗅探到的时间吻合。但是，由于化合物的香气感官阈值差异极大，经常出现一些较大的色谱峰没有或产生很小嗅觉反应，而一些极其微弱的色谱峰产生强烈的香气贡献。因此，准确地纪录嗅感时间是判断挥发物是否有香气贡献的重要依据。

香气特征是嗅觉分析员对所闻到的气味作出的语言描述，例如，在嗅探口闻到己酸乙酯时，描述为水果香、花香、酯香、白酒香都是合理的，不同的描述语言往往与嗅觉分析员的生活经历和职业特点有关。香气特征是香气化合物定性鉴定的一项重要内容，它必须与化合物的质谱鉴定和保留指数比对结果吻合，否则应该重新检查各项鉴定的准确性。

香气强度是对所闻到的气味的嗅觉刺激大小作出的反应，对一个 GC-O 初学者来说，可以仅进行强、中、弱的判断，而对一个经过长期训练的嗅觉分析员来说，则要求以 16 级标准对香气强度做出判断：0 为未检测，1 代表产生嗅感最低强度，7 代表中等强度，15 为极强刺激。可以利用不同浓度的香气化合物对嗅觉分析员进行训练，以使大家达到对香气强度的共同反应。

1）获得香气图谱(aroma-gram)

根据 GC-O 分析记录的香气保留时间和香气强度，可以绘制样品的香气图谱。图 4-13 是新鲜蔬菜蒌蒿(又称藜蒿)中挥发物用固相微萃取取样，经 GC-O 分析后得到的气相色谱图和对应的香气图谱。比较发现，并非所有的挥发物对食品的香气都有贡献，一些很次级的色谱峰(如气相色谱图中的峰 2、峰 15)却有很强的香气贡献。

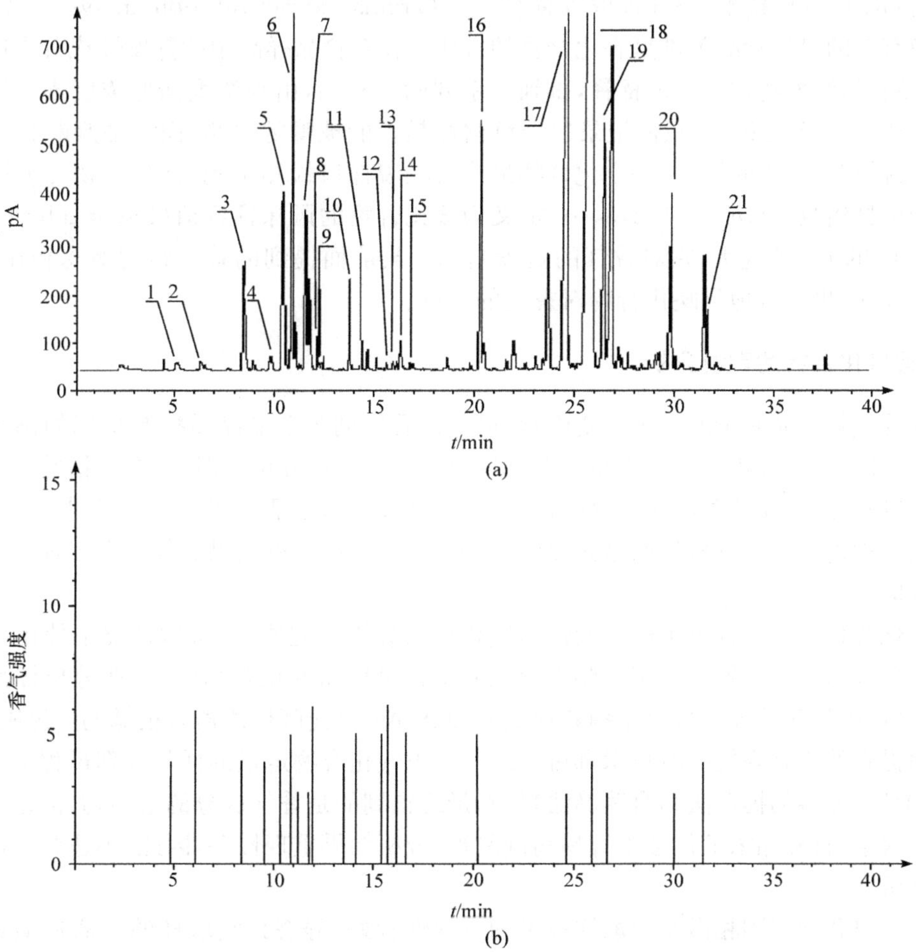

图 4-13　蒌蒿挥发物的气相色谱图(a)和香气图谱(b)

1. 己醛；2. 顺式-2-己烯醛；3. α-蒎烯；4. 辛醇；5. 月桂烯；6. 水芹烯；7. 对-伞花烃；8. β-反式-罗勒烯；9. β-顺式-罗勒烯；10. (+)-4-蒈烯；11. 3-崖柏酮；12. 樟脑；13. 黄瓜醛；14. 龙脑；15. (−)-龙脑；16. (−)-乙酸龙脑酯；17. 异石；竹烯；18. β-石竹烯；19. β-荜澄茄油烯；20. 乙酸法呢酯；21. 十七碳三烯

香气图谱能直观地表达各个化合物对样品香气的贡献，但是必须强调，食品的香气是所有挥发物共同形成的嗅觉感应，有些挥发物虽然没有在 GC-O 分析中被检测，但它们仍然以协同作用的方式影响着食品的风味。

2）确定关键呈香化合物

食品中的挥发物组成极其复杂，但现有的研究结果表明，一种食品通常只由10～30个挥发性化合物对其总体风味产生重要影响，这10～30个化合物称为关键呈香化合物，那么如何从几百个挥发物中确定这些关键呈香化合物呢？最早使用的方法是比较香气活性值（odour activity value，OAV，又称香气单位，odour unit，OU），香气活性值是香气化合物在样品中的浓度与其感官阈值浓度（sensory threshold concentration）的比值，香气活性值越高，化合物对食品风味的贡献越大。值得指出的是，化合物的感官阈值浓度已有很多文献报道，同一化合物的感官阈值浓度在不同文献中差别很大，这是因为化合物的感官阈值浓度与其所处的基质密切相关，因此要选择与样品相同或相近的基质中的感官阈值浓度值，来计算香气活性值。

利用GC-O分析技术，香气提取物稀释分析（aroma extract dilution analysis，AEDA）被认为是最有效的寻找食品关键呈香化合物的方法。在对食品样品中的挥发性成分提取并最大程度地浓缩后，浓缩物被等倍地稀释，得到一系列稀释样品，由高浓度向低浓度逐一进行GC-O分析。在AEDA分析中，只需记录每个色谱峰是否能被嗅觉检测，而不必判断其气味强度大小，随着稀释度的不断增大，每个化合物最终会在嗅探口检测不到，把化合物在嗅探口消失时样品的稀释倍数（2^n，$n=0,1,2,3,\cdots$）定义为该化合物的风味稀释值（flavor dilution value，FD），化合物的FD值越大，它对香气的贡献越强。与前面提到的香气强度概念相比，风味稀释值能更准确、更客观地反映化合物对香气的贡献。

4.2.5 香气化合物的定量分析

尽管香气是食品质量的一个重要因素，可是把香气列为食品品质控制指标的例子并不多见，因此在日常食品分析工作中也很少对香气组成进行定量分析。但是，在香精香料生产企业中，在对呈现食品异味的关键化合物的监测中，以及在对食品香气的研究工作中，对部分或全部香味化合物进行定量分析仍然是必要的。香气组分定量分析结果对复配人工香精有着重要的指导价值。

香气化合物的定量分析工作仍然依靠气相色谱分析来完成，大多数情况下使用氢火焰离子化检测器或质谱检测器。对于一些电负性元素含量较高的化合物（通常在分析样品中含量较低，并呈现出特殊的异味），电子捕获检测器和脉冲火焰光度检测器有很低的检测限。

前面提到的所有香气提取技术都可以应用到香气化合物定量的样品处理过程中。溶剂提取法、蒸馏法（或溶剂提取法结合蒸馏法）虽然最终得到的是香气成分的浓缩物，但是由于提取步骤过于繁杂，且样品浓缩倍数不容易精确测得，分析结果重现性差，因此，不适合多样品之间的比较分析。

静态顶空和顶空固相微萃取取样技术的重现性较好，静态顶空取样的致命缺陷是灵敏度低，样品中含量低的香气化合物定量困难。静态顶空取样法在调配香精产品质量分析中和监测关键香气成分在食品加工、储藏中的变化时常被使用。顶空固相微萃取取样是目前应用最多的香气定量分析取样方法，具有灵敏度高、重现性好、操作简单、取样速度快、成本低等优势。上述两种取样技术都涉及被分析化合物在样品和样品顶空的分配平衡，因此定量分析过程中建立标准曲线时，配制逼真的样品模拟基质是影响分析结果准确性的关键因素。

与其他气相色谱定量分析工作一样，香气化合物的定量分析有归一法、外标法和内标法三种。

1. 归一化法

由于食品中香气化合物组成十分复杂，在实验室没有待测定香气化合物的标准品的情况下，运用色谱峰面积归一法可以粗略估算各个挥发物的质量分数。

峰面积归一法的前提是：① 假设所有待分析的成分都已被定性鉴定并测出色谱峰面积；② 各种成分在所用的色谱检测器上的响应值是一致的。那么，某个化合物的质量分数等于其峰面积与总峰面积的百分比值。

由于上述假设中的第二条是不符合实际情况的，且不同类型的化合物在色谱检测器上的响应值相去甚远，因此峰面积归一化法所得的分析结果只能是个参考值。

2. 外标法

如果有待测定香气化合物的标准品，就可以采用外标法定量。对一系列已知浓度的标准溶液进行色谱分析，用标准品色谱峰面积（或峰高）对标准液浓度作图，得到标准曲线及回归方程，将待测样品色谱峰面积代入方程，就可以计算出该化合物在待测样品中的浓度。可以看出，准确测定标准样品和待测样品中色谱峰面积（或峰高）十分重要，因此，色谱仪的稳定性和色谱分析进样的精确度是影响外标法定量结果准确性的关键因素。

3. 内标法

为了消除仪器稳定性和进样精度给分析结果带来的误差，在外标法的基础上，选择一种或几种内标物，向所有标准溶液和样品溶液中等量加入内标化合物，色谱分析后，以化合物峰面积/内标物峰面积对化合物浓度/内标物浓度作图，得到标准曲线和回归方程，同样可以求出待测样品中各香气化合物的含量，这就是内标定量法，是香气分析中最常使用的定量方法。

内标化合物的选择原则是：① 在待测样品中不存在；② 结构与待测物质相近，性质稳定；③ 在待测组分峰附近，与待测组分峰能完全分离；④ 加入内标物的质量与待测物质的质量分数相近。由于样品中香气化合物数量多、类别杂，因此，在香气分析的实际过程中常常选择多个不同类别的内标物。

4.2.6　香气分析实验

1. 气相色谱质谱联用-嗅觉测量法（GC/MS-O）鉴定白酒中的香气成分

1）原理

优质白酒香气化合物组成十分丰富，但是若直接进行 GC/MS-O 分析，大多数痕量化合物难以达到仪器和嗅觉分析人员的检测限量，本实验中采用溶剂萃取法分离白酒中的呈香成分，浓缩后进行气相色谱质谱联用分析，并同时进行嗅觉测量。在相同的色谱条件下，分析正构烷烃标样，并依次计算各香气化合物的保留指数（RI）。得到的鉴定结果有化合物、RI、香气描述和香气强度，有助于更好地理解白酒香气的形成。

2）主要仪器及试剂

气相色谱质谱联用仪：装有 DB-wax（或 DB-5）毛细管色谱柱（30m×0.32mm×0.25μm）。

嗅觉测量仪：一个简易的嗅觉测量装置，如图 4-12 所示，分流器将毛细管色谱柱的流出物按 1∶1 分流，一路接入质谱检测器，另一路引入保温的嗅探口。

乙醚(A. R.,用前重新蒸馏)、正构烷烃标样(C_6～C_{25},色谱纯)、氯化钠(A. R.)、无水硫酸钠(A. R.)、氮气、1000mL分液漏斗、微量进样器。

3) 测定步骤

香气成分的提取:取100mL白酒样品,加蒸馏水稀释至乙醇浓度为12%(体积分数),加入氯化钠达到饱和,分液漏斗中用100mL乙醚重复萃取三次,合并乙醚层于锥形瓶中,在25℃水浴中用氮气流挥发溶剂至50mL,加入适量无水硫酸钠脱水,过滤,滤液继续以氮气流浓缩到0.2mL,供GC/MS-O分析。

气相色谱质谱联用分析:进样口温度250℃,不分流进样模式,进样量1μL。载气为氦气,流速2.0mL/min。初始柱温40℃,保持2min,以4℃/min升至220℃,保持8min。质谱传输管、离子源温度分别为280℃、230℃,离子化电压70eV,扫描范围35～300(m/z)。

各色谱峰的化合物鉴定,通过与仪器数据库中质谱图比较得出。在相同的色谱条件下分析香气提取样品和正构烷烃标准样品,各个色谱峰的保留时间用来计算化合物的RI。

嗅觉测量分析:色谱分析进样后,嗅觉分析员将鼻子靠近嗅探口,在嗅感到气味后,立即记录下嗅感时间,尽可能准确地描述气味特征,并对气味强度作出强、中、弱的判断。

4) 结果报告

化合物RI:按照式(4-7)进行计算。

按表4-4格式整理报告GC/MS-O分析结果。化合物的质谱鉴定结果绝大多数情况下是可信的,化合物的RI和应该呈现的气味可参考www.flavornet.com网站提供的数据,与实验结果进行比较。

表4-4 白酒中的香气成分GC/MS-O分析结果(示例)

质谱鉴定的化合物	DB-wax柱RI	色谱峰保留时间/min	嗅感时间/min	气味描述	气味强度
乙酸乙酯	889	4.66	4.60	菠萝	中
戊醛	929	4.95	4.91	青气,麦芽	弱
2-丁醇	1022	6.29	6.23	水果	弱
丁酸乙酯	1030	6.41	6.33	热带水果	强

5) 注意事项

(1) 检查实验中所用的水、溶剂和其他试剂的质量,避免外来挥发物干扰鉴定结果。

(2) 嗅觉测量时,保证环境安静、空气新鲜,测量人员注意力集中。

(3) 嗅觉分析员对气味的描述和气味强度的准确判断,是一个需要长期训练的过程,日常生活中要注意对气味的反应和积累。

(4) 当出现化合物鉴定结果与其气味描述不吻合时,首先应该再次检查嗅觉描述是否准确,同时检查色谱分离的情况,色谱峰共流出是影响质谱鉴定准确性的关键。

2. 顶空固相微萃取-气相色谱法(SPME-GC)测定橙汁中的D-柠檬烯含量

1) 原理

D-柠檬烯广泛存在于各种水果中,呈现类似柠檬、柑橘、薄荷的清香,在柑橘类水果的皮中含量极高,也是橙汁香气的一个主要组成成分,含量在50～300mg/kg。用顶空固相微萃取-气相色谱法定量分析橙汁中的柠檬烯,在作标准曲线时,为了消除基质效应的影响,必须按照橙汁的基本组成,配制一个模拟样品基质,然后定量稀释柠檬烯,得到标准溶液。用内标法进行定量分析，可以减小操作误差对分析结果的影响。

2）主要仪器及试剂

气相色谱仪：装有 DB-5（或 DB-wax）毛细管色谱柱（30m×0.32mm×0.25μm），氢火焰离子化检测器。

固相微萃取装置：SPME 手柄，装有 PDMS/CAR/DVB 萃取头（或 CAR/PDMS、PDMS 萃取头），带恒温水浴的磁力搅拌器，20mL 固相微萃取样品瓶。

水果榨汁机、50μL 微量进样器。

D-柠檬烯、苯甲酸甲酯、乙醇（色谱纯）、果糖、葡萄糖、蔗糖、苹果酸、柠檬酸、果胶、氯化钠（AR）。

3）测定步骤

样品制备：鲜橙去皮后榨汁，过滤除去滤渣后备用。也可直接采用市售的天然橙汁。

模拟橙汁的配制：称取 0.9g 苹果酸、8.2g 柠檬酸、18.0g 果糖、25.5g 葡萄糖、35.0g 蔗糖、5.2g 果胶，用 1000mL 新鲜煮沸过的蒸馏水溶解。

标准溶液配制：D-柠檬烯标准品储备液浓度为 50.0mg/mL，内标物苯甲酸甲酯储备液浓度为 2.0mg/mL，用色谱纯乙醇溶解。

萃取：向 20mL 的萃取瓶中加入一粒玻璃磁力搅拌棒、2.0g 氯化钠、10mL 橙汁，精确加入 10μL 内标储备液，以内衬聚四氟乙烯密封垫压盖封口，在 35℃ 的水浴中搅拌，平衡 15min 后，将已活化的萃取头（250℃，5min）插入，暴露在样品顶部空间，萃取 30min 后，立即进行气相色谱分析。

标准样品：向 4 个 20mL 的萃取瓶中各加入一粒磁力搅拌棒、2.0g 氯化钠、10mL 模拟橙汁、10μL 内标储备液，分别加入 0μL、10μL、20μL、40μL 的 D-柠檬烯标准品储备液（相当于果汁中含 0mg/kg、50mg/kg、100mg/kg、200mg/kg 的 D-柠檬烯），压盖封口后按以上萃取操作进行。

气相色谱分析：进样口温度 250℃，采用不分流模式，载气为氮气，流速 1.0mL/min。初始柱温 40℃，保持 2min，以 4℃/min 升温至 160℃，再以 6℃/min 升温至 220℃，保持 7min。FID 恒温 250℃，尾吹气 25mL/min，氢气 30mL/min，空气 300mL/min。萃取头插入进样口热解吸 5min。分析完成后，以标准样品色谱图识别 D-柠檬烯和苯甲酸甲酯色谱峰，并记录每次分析中 D-柠檬烯和苯甲酸甲酯色谱峰面积。

4）结果计算

以标准与内标色谱峰面积的比值（A_S/A_{IS}）为 x 轴，标准与内标浓度的比值（c_S/c_{IS}）为 y 轴，绘制标准曲线，建立回归方程。

将橙汁样品中 D-柠檬烯色谱峰面积与内标峰面积的比值代入以上回归方程，可以计算出橙汁样品中 D-柠檬烯的浓度。

5）注意事项

（1）样品基质效应对固相微萃取的影响十分显著，建立标准曲线时，应该尽可能逼真地模拟样品基质组成。

（2）进行萃取时，注意控制搅拌速度，避免萃取头直接接触样品溶液。

（3）加入氯化钠能促进挥发物向顶空迁移，缩短平衡时间，而萃取的温度、时间、搅拌速度等因素对分析结果影响较大，就要严格保持实验条件一致。

依照本方法可以测定橙汁中其他香气挥发物的含量，通常单个香气化合物的含量低于 10mg/kg。

4.3 食品感官评价

4.3.1 概述

人的感官用来评价食品的质量已经有数个世纪，然而真正意义上的感官评价的发展只有几十年的历史。它是20世纪下半叶，随着加工食品和消费品工业的扩展而迅速发展起来的。正如Elaine Skinner在1978年指出，“感官评价在工业中是一个新兴事物，它是伴随消费品公司(主要是食品公司)的快速发展，在最近40年中产生的。感官评价的进一步发展取决于一些因素，其中最重要的一条是人员及其培训”。随着食品工业的发展和人们对食品需求的变化，感官评价无论是在产品开发、商业利益和战略决策，还是产品的质量控制、食品安全等方面都越来越显示其重要的作用和意义。

感官评价是用于唤起(evoke)、测量(measure)、分析(analyze)和解释(interpret)食品和原料通过视觉(slight)、嗅觉(smell)、触觉(touch)、味觉(taste)和听觉(hearing)所引起反应的一种科学方法，也就是用眼睛看、鼻子嗅、耳朵听、用口品尝和用手触摸等方式，对食品的色、香、味和外观形态进行综合性的鉴别和评价。美国食品科学技术专家会1975年的这个定义已被广泛接受和认可。感官评价的原理和实践包括定义中所提及的四种活动。感官评价也是一门测量的科学，和其他的分析检验过程一样，感官评价应考虑精度、准确度、灵敏度，而避免错误的结果。

普通消费者，判别一种食品的优劣好坏，通常是根据食品的感官特性，即食品的色、香、味、形来决定其取舍。这种挑选食品的本能，就是一种最普通的感官鉴定。早在20世纪60年代，感官评价最初称为“感官测试”，到了1975年，美国食品研究所科技人员才把此学科界定为用视觉、嗅觉、味觉、触觉和听觉来激发、测量、分析和解释食品和食材特性的一门科学。

统计学检测方法的发展和对感官评价小组成员的筛选、培训及执行监测的重视是20世纪感官评价发展的两个里程碑。早在20世纪30年代初期，人们就提出了检测特定食物品质强度(如肉的嫩度)的等级评分标准、配对比较法和排序法。50年代中期美国在设计和分析方面的统计学方法发展，提出了强制选择法，如美国的“二-三”点检验和瑞士的“三角”实验。这些方法至今仍然在工业上被广泛用于感官实验。该时期感官评价得到了快速发展，如采用九分制的嗜好性评分法来判断食物是否受欢迎，其后它也成了评定食物偏好的全球标准准则。到了70年代，为了在国际范围内能用统一的感官方法学标准来进行感官评定，国际标准协会成立了子机构TC34/SC12，该团体包括了来自17个国家的成员代表和30个国家的观察员。90年代诞生了感官测量学会，他们研究了特殊的方法学和统计学方法以满足消费者的感官需求和科研领域的需求。

食品感官评价是在食品理化分析的基础上，集心理学、生理学、统计学的知识发展起来的一门学科，是在相对稳定的环境条件下，以感官评价员的感觉器官为基础，采用适当的数理统计方法来评判食物优劣的一种实验方法。食品感官评价的适用范围广泛，它涉及食品原料、半成品或食物成品。而且感官判价的检查方法，既适用于专业技术人员在实验室内进行技术鉴定，也适用于广大消费者在消费市场上选购食品时使用。感官评价现已在世界上许多发达国家中普遍采用，是从事食品生产、营销管理人员以及广大消费者所必须掌握的一门科学知识。

我国自1988年开始，相继制定和颁布了一系列感官分析相关的国家标准，包括《感官分析方法总论》(GB/T10220—2012)、《感官分析术语》(GB/T10221—2012)、《感官分析的各种方法》(GB/T12310～GB/T12316)、《建立感官分析实验室的一般导则》(GB/T13868)以及《选拔、培训与管理评价员一般导则、感官分析实验室人员一般导则》(GB/T23470.1—2009 和 GB/T23470.2—2009)等。这些标准一般都是参照采用或等效采用相关的国际标准(ISO),具有较高的权威性和可比性,对推进和规范我国的感官分析方法起到了重要作用,也是执行感官分析的法律依据。

4.3.2 食品感官评价的基本原理

感觉(sensation)是客观事物的不同特性在人脑中引起的反应。感觉是最简单的心理过程,是形成各种复杂心理的基础。除五种基本感觉(视觉、听觉、触觉、嗅觉和味觉)外,人类可辨认的感觉还有温度觉、痛觉、疲劳觉等多种感觉。感觉用感觉阈来度量。感觉阈是指感官或感受器所能接受刺激变化的上、下限,以及在这个范围内对最微小变化产生感觉的灵敏度。感觉阈一般有绝对阈和差别阈之分,绝对阈是指以产生一种感觉的最低刺激量为下限,到导致感觉消失的最高刺激量为上限的一个范围值;差别阈(difference threshold)是指感官所能感受到的刺激的最小变化量。

当食品的感官性状发生轻微的异常变化时,常会使人体感觉器官也产生相应的异常感觉。食品质量感官鉴别指标主要有色泽、气味、滋味和外观形态。有些国家以色泽指标为主,其次是形态,但这并非是科学、合理的,而应该几者并重,同时又有侧重,才能做出正确的鉴别结论。

1. 味觉与食品的滋味

味觉是人类对食品质量进行感官评价的主要标准之一。它是一种反应迅速的化学感觉,涉及味蕾对溶解在水、油或唾液中的刺激物的感知。当食品中的可溶性物质溶于唾液或液态食品后,直接刺激舌面的味觉神经,便产生味觉。基本味觉有四种,即甜、酸、苦、咸,但舌的不同部位对各基本味的敏感程度是不一样的,如舌的两侧边缘是普通酸味的敏感区,舌根对于苦味较敏感,舌尖对于甜味和咸味较敏感,但这些都不是绝对的。因此,在对食品的品质进行感官评价时,应通过舌的全面品尝才能作出正确的判定。味觉同嗅觉一样具有适应性和混合物间的相互影响这两个重要的功能特性。适应性可定义为在持续刺激的条件下反应的降低。这是大多数感官系统的特性,目的是警告生物体发生的变化。例如,将溶液流过伸出的舌体,大多数味觉会在 1～2min 消失。我们一般不会感觉到唾液中的钠,但用去离子水冲洗舌体后再提供盐水,可感觉到的 NaCl 浓度将会高于阈值。味觉的第二个特性是对不同味的混合物表现出部分抑制或相互掩盖作用的趋势。因此,奎宁和蔗糖没有等浓度的单独蔗糖溶液甜。同样,混合液也没有等浓度的单独奎宁溶液苦。这在许多食品中在决定风味的整体要求以及它们之间如何平衡时十分重要。例如,在水果和葡萄酒中,酸类物质的酸味可以部分地被糖的甜味所掩盖。当吃过很甜的甜点后,葡萄酒似乎显得太酸。这个简单的例子说明,酒中化合物强烈味觉刺激的适应效应,降低了某些味道,并通过清除抑制效应增强了另一味道。除上述抑制作用外,有时会产生超加成(hyperadditive)效应。例如,20g/L 的味精和 20g/L 的核苷酸混合时,鲜味会明显增强,增强效果超过 20g/L 的味精单独存在的鲜味和 20g/L 的核苷酸单独存在的鲜味的加和,这称为相乘作用。相乘作用的效果广泛应用于复合调味料的调配中。此外还存在一种“味的变调现象”,如当尝过食盐后,随即饮用无味的水,也会感到有些甜味。

味觉的敏感程度与许多因素有关,如食物的构成、温度、质地、介质、味蕾所在部位,甚至人体血液的化学成分、人体的生理状况等。因此，味觉往往是多种刺激作用后的综合结果。味觉与温度有关，一般在10～45℃范围较敏锐，尤以30℃时最为敏锐。随温度的降低，各种味觉都会减弱。味道与呈味物质的组合以及人的心理也有着微妙的相互关系。在吃过糖后，再吃山楂会感觉山楂特别酸，这是常见的先后对比增强现象。同一种颜色，将浓淡不同的两种放在一起观察，会感觉颜色深的更加突出，这是同时对比增强现象。还有与此相反的对比减弱现象，当食盐和砂糖以相当的浓度混合时，则砂糖的甜味会明显减弱甚至消失。对比现象提高了两个同时或连续刺激的差别反应，在进行感官检验时，应尽量避免发生。在选购食品和感官鉴别其质量时，除酸、甜、咸、苦四种基本味外，鲜味、辣味、碱味和金属味等也被列入味觉之中。但有些学者认为这些不是真正的味觉，而可能是触觉、痛觉或者是味觉与触觉、嗅觉融合在一起产生的综合反应。

味感识别与衡量是指味的定性与定量鉴别，在国际通用味敏感性确定规则中，对基本味感物质的选择、器具的准备以及鉴别方法上都有一系列严密的规定（参见我国国家标准GB 12312—1990）。例如，用柠檬酸、咖啡碱、氯化钠、蔗糖、谷氨酸单钠、硫酸亚铁分别配成一定浓度的代表酸味、苦味、咸味、甜味、鲜味、金属味的六种标准味，按照随机的编号顺序呈递给评价员，同时用制备标准味的水溶液作漱口水，以消除鉴评中的余味。一般要求样品和清水温度在室温（20℃左右），然后按要求在答案纸中标记。品尝时应注意品味的技巧，样品应一点一点啜入口中，啜入量约15mL，并使其滑动接触舌的各个部位，尤其是舌的边缘部位，产生感觉后，吐出并用清水漱口。

感官鉴别中的味觉对于辨别食品品质的优劣，是非常重要的一步。味觉器官不但能品尝到食品的滋味如何，而且对于食品中极轻微的变化也能敏感地察觉。例如，将做好的米饭在冰箱中存放，即使尚未变质，其味道仍有相应的改变。味觉器官的敏感性与食品的温度有关，在进行食品的滋味鉴别时，最好使食品处在20～45℃，以免温度的变化增强或减低对味觉器官的刺激。几种不同味道的食品在进行感官评价时，应当按照刺激性由弱到强的顺序，最后鉴别味道强烈的食品。在进行大量样品鉴别时，中间必须休息，每鉴别一种食品之后必须用温水漱口。

2. 嗅觉

食品本身所固有的、独特的气味，即食品的正常气味。嗅觉是指食品中的挥发性物质刺激鼻腔嗅觉神经时在中枢神经中引起的一种感觉。

嗅觉的功能特性类似于味觉，包括灵敏度、强度辨别、性质辨别，有表现较强适应性和混合抑制的倾向。人的嗅觉有很高的灵敏度，即使某些嗅感物质在极低的浓度范围内也能感知到，如在1L空气中含有10^{-7}mg紫罗兰酮或5×10^{-6}mg香兰素都可引起人的感觉。但嗅觉接受器对不同化学物质的敏感程度有很大差别，为10^{12}甚至更大。同样的气味，因人的嗅觉反应不同，故感受喜爱与厌恶的程度也不同。无论在个体中还是在个体之间，各种阈值的变化都很大。

嗅觉的另一个特征是区分强度水平的能力相当差。相对于其他感觉，测定的嗅觉差别阈值经常相当大，而幂函数指数经常相当低。尽管嗅觉在强度判断能力上显然有限，但与之相反的是，嗅觉在人所能体验和了解的性质范围上却相当广泛。对气味确定的类似实验表明：人们所能标志的比较熟悉的气味数量是相当大的，而且似乎没有上限。然而，标志气味本身这一过程并不容易。同样，我们的嗅觉器官从复杂的气味混合物中分析识别其中的许多成分时，其能力也是有限的。嗅觉还有另一个特性是对在一定时间和空间内稳定存在的刺激容易适应，从而没有反应，但对其他气味仍很敏感。此外，对人身体影响明显，这是因为嗅觉神经通过前梨状皮质和扁桃体，在视床下部与支配呼吸、循环、消化等功能的植物神经相连，因此气味对身体的很多部分，如呼吸系统、消化系统、循环系统、生殖系统和精神活动等都会带来一定的影响。

如果考虑到人类感受器的复杂性和气体的阈值范围的广泛性，我们就可以解释为什么不同的人对于同一气体会有不同的感受。因此，当进行气味的感官评价时，特别是对不熟悉的气体，应选择较多的参试人员进行培训，这样的结果才能可靠、有效。

同时嗅觉易受周围环境因素的影响，如温度、湿度、气压等对嗅觉的敏感度都具有一定的影响。人的嗅觉适应性特别强，即对一种气味较长时间的刺激很容易适应而不再察觉。但在适应了某种气味之后，对于其他气味仍很敏感，这是嗅觉的特点。

1）嗅觉的衡量（定量）

（1）嗅味阈值。

嗅觉阈是指一种嗅感物质被感知的最低浓度值以及对嗅感物质变化察觉的最小范围。

由于嗅觉比味觉、视觉和听觉等感觉更易疲劳，而且持续时间比较长，影响嗅味阈值测定的因素又比较多，包括测定时所用气味物质的纯度；所采用的实验方法及实验时各项条件的控制，以及参加实验人员的身体状况和嗅觉分辨能力上的差别等。因而准确测定嗅味阈值是比较困难的，而且不同研究者所测得的嗅味阈值差别也较大。

嗅觉阈值可以采用空气稀释法和水稀释法测定，常用 g/kg、mol/m^3、mg/kg、$\mu g/kg$ 等表示。

（2）相对气味强度。

相对气味强度是反映气味物质随浓度变化其气味感发生相应变化的一个特性。由于气味物质感觉阈值非常低（比滋味阈值低得多），因此很多自然状态存在的气味物质在稀释后，气味感觉不但没有减弱反而增强，这种气味感觉随气味物质浓度降低而增强的特性称为相对气味强度。各种气味物质的相对气味强度不同，除浓度影响相对气味强度外，气味物质结构也会影响相对气味强度。相对气味强度用式（4-8）表示：

相对气味强度＝嗅感物质嗅味阈变化值/嗅感物质浓度变化值 （4-8）

2）食品的嗅觉识别技术（定性）

（1）嗅技术。

嗅觉受体位于鼻腔最上端的嗅上皮内。在正常的呼吸中，吸入的空气并不倾向通过鼻上部，多通过下鼻道和中鼻道。带有气味物质的空气只能极少量而且缓慢地进入鼻腔嗅区，所以只能感受到有轻微的气味。

嗅技术是一种通常使用的嗅觉识别技术。为使嗅感物质较多地进入敏感区，让人们获得一个明显的嗅感，在嗅觉实验中必须适当用力吸气（收缩鼻孔）或煽动鼻翼作急促的呼吸，并且把头部稍微低下对准被嗅物质，使气味自下而上地通入鼻腔，使空气易形成急驶的涡流，这样反复练习几次后可确定最佳呼吸频率和被测物质的位置。这样一个嗅感过程就是“嗅技术”。注意，嗅技术并不适应所有气味物质，如一些能引起痛感的含辛辣成分的气体物质。因此，使用嗅技术要非常小心。通常对同一气味物质使用嗅技术不超过三次，否则会引起“疲劳”现象，使嗅觉灵敏度下降。

（2）范氏气味识别技术。

一种气体物质不送入口中而在舌上被感觉出的技术，就是范氏实验。首先，用手捏住鼻孔通过张口呼吸，然后把一个盛有气味物质的小瓶放在张开的口旁（注意：瓶颈靠近口，但不能咀嚼），迅速地吸入一口气并立即拿走小瓶，闭口，放开鼻孔使气流通过鼻孔流出（口仍闭着），从而在舌上感觉到该物质。这个实验已广泛地应用于训练和扩展人们的嗅觉能力。

各种气味就像学习语言那样可以被记忆，人们时时刻刻都可以感觉到气味的存在，但由于无意识或习惯性并不易觉察到它们。因此要记忆气味就必须设计专门的实验，有意地加强、训练这种记忆（注意：感冒者例外），以便识别各种气味，详细叙述其特征。

训练实验通常是选用某些纯气味物质（如十八醛、肉桂油、丁香等），以及借用范氏实验训练气味记忆。单独或者混合用纯乙醇(99.8%)作溶剂将标准气味物质稀释成 10g/mL 或 1g/mL 的溶液（当样品具有强烈辣味时，可制成水溶液），装入试管中或用纯净无味的白滤纸制备尝味条（长 150mm、宽 10mm），让培训者对这些气味产生记忆，并记录下气味的类型、强弱、异同等特征，从而提高受训者对各类气味辨别的敏锐能力和准确性。

(3) 啜食技术。

因为吞咽大量样品不卫生，品茗专家和鉴评专家发明了一个专门的技术—啜技术，来代替吞咽的感觉动作。啜技术是食品鉴评专业人员常用的专门技术，该方法不需吞咽食物，仅通过吸气使香气和空气一起流过后鼻部并压入嗅味区域。该方法常用于咖啡、茶叶以及酒的鉴评。这里应当强调的是，在使用该方法鉴评酒香时应特别小心，这是由于酒香比茶香和咖啡香含有更多的挥发性成分，因此品酒专家的啜食技术应谨慎。

人的嗅觉器官相当敏感，甚至用仪器分析的方法也不一定能检查出来极轻微的变化，用嗅觉鉴别却能够发现。当食品发生轻微的腐败变质时，就会有不同的异味产生，如核桃的核仁变质产生油脂哈喇味。食品的气味是一些具有挥发性的物质产生的，所以在嗅觉鉴别时常需稍稍加热，最好是在 15～25℃的常温下进行。在鉴别食品的气味时，液态食品可滴在清洁的手掌上摩擦，以增加气味的挥发；食品气味鉴别的顺序应当是先识别气味淡的，后鉴别气味浓的，以免影响嗅觉的灵敏度。在鉴别前禁止吸烟。

3. 视觉与食品的色泽

视觉是人类重要的感觉之一，绝大部分外部信息要靠视觉来获取，在食品感官鉴评上起相当重要的作用。产生视觉的刺激物质是光波，在 370～740nm 的可见光谱的范围内，人脑通过接受来自视觉的传入信息，可以分辨出视网膜像的不同亮度和光色泽，因而可以看清视野内发光物体或反光物体的轮廓、形状、颜色、大小、远近和表面细节等情况。

在食品生产中，特别是肉类、水果和蔬菜，消费者经常最先通过它的颜色和外观来评价产品的质量。因此，这些产品的外观和颜色是能被感知到的质量的主要指标。在食品感官评价时，特别是消费者实验中，视觉鉴别法是判断食品质量的一个重要感官手段，在某种程度上起到了决定性作用。例如，食品中混有杂质、异物，发生霉变、沉淀等不良变化时，人们能够直观地鉴别出来并作出相应的决策和处理，而不需要再进行其他的检验分析。可见食品的外观和色泽对于评价食品的新鲜程度、食品是否有不良改变以及蔬菜、水果的成熟度等都有着重要意义。

光线的明暗决定视觉的灵敏度。通常感官评价时都采用自然光线和人工照明相结合的方式，以保证任何时候进行实验都有适当的光照。大多数感官评价实验只需要 200～400 lx 光亮的自然光，仅在一些特殊的实验中需要采用一定的措施遮盖颜色，以防止色泽对评价员带来的误导，如不同红色的辣味汤料，色泽越深，会让人感到味道更辣。此时，便需要有效的颜色灯光，来遮盖样品色泽。评价时应注意整体外观、大小、形态、块形的完整程度、清洁程度，以及表面有无光泽、颜色的深浅色调等，对于液态食品，评价时需将其注入无色的玻璃器皿中，通过透过光线来观察；也可将瓶子颠倒过来，观察瓶中有无夹杂物下沉或絮状物悬浮。食品的色泽是人感官评价食品品质的一个重要因素。

不同的食品显现着不同的颜色，如菠菜的绿色、苹果的红色、胡萝卜的橙红色等，这些颜色是食品中原来固有的。一旦食品的颜色发生变化将会影响其他感觉。实验证明，只有当食品处在正常颜色范围内才能使味觉和嗅觉对该食品的评价正确发挥，否则这些感觉的灵敏度将会下降，甚至不能正确感觉。

明度、色调、饱和度是识别每一种色的 3 个指标，对于判定食品的品质也可从这 3 个基本属性全面衡量和比较。新鲜的食品常具有较高的明度，明度的降低往往意味着食品已不新鲜。例如，因酶促褐变、非酶褐变或其他原因致使食品变质时，食品的色泽常发暗甚至变黑。

色泽对分析评价食品具有很重要的作用：①便于挑选食品和判断食品的质量；②食品的颜色和接触食品时环境的颜色显著增加或降低人对食品的食欲；③食品的颜色也决定其是否受人们欢迎；④通过各种经验的积累，可以掌握不同食品应该具有的颜色，并据此判断食品所具有的特性。

4. 听觉与食品感官评价

听觉是人通过听觉器官对外界声音刺激的反映，是仅仅次于视觉的重要感觉。它在食品感官评价中也是一个不可忽视的因素。咀嚼食品时发出的声音，在决定某些食品质量和食品可接受性方面起重要的作用。例如，可以通过对酥脆薄饼、爆玉米花和坚果等食品在咀嚼时是否发出特有的声响，来判断这些食品是否变质。

人耳对一个声音的强度或频率的微小变化是很敏感的。利用听觉进行感官检验的应用范围是十分广泛的。

5. 触觉

除味觉、嗅觉、视觉和听觉外，还有一些与食品感官评价相关的感觉，如脆性、黏性、弹性、硬度、冷热、湿度、油腻性、接触压力感觉等，但是只有痛感、冷感、热感和触感被作为四种基本口感感觉。

食品的触觉是指口部和手部与食品接触时产生的感知，可以通过触感和动感表现出来，表现为咬断、咀嚼、品味的反应。常凭借触觉来鉴别食品表面的粗糙度、光滑度、软硬度、柔性、弹性、韧性、可塑性、冷热度、潮湿、干燥、黏稠度等，以评价食品品质的优劣，这也是感官评价常用的方法之一。例如，根据鱼体肌肉的硬度和弹性，可以判断鱼是否新鲜或腐败；评价动物油脂的品质时，常需鉴别其稠度等。在感官测定食品的硬度时，要求温度应在 15～20℃，因为温度的升降会影响到食品状态的改变。

在实际应用中，食品感官评价一般是运用各种感知对食品的色、香、味和外观形态等进行综合评价。例如，鉴别活体水产品及其制品的质量优劣时，主要是通过体表形态、鲜活程度、色泽、气味、肉质的弹性和洁净程度等感官指标来进行综合评价的。其中是否具有该类制品的特有的正常气味与质地，对于做出正确判断有着重要意义。

6. 食品感官评价的应用

下面举例说明怎样用食品感官评价鉴别鲜鱼的质量：在进行鱼的感官鉴别时，先观察其眼睛和鳃，然后检查其全身和鳞片，并用一块洁净的吸水纸吸取鳞片上的黏液来观察和嗅闻，并鉴别黏液的质量。必要时用竹签刺入鱼肉中，拔出后立即嗅其气味，或者切割小块鱼肉，煮沸后测定鱼汤的气味与滋味。

1）眼球鉴别

新鲜鱼——眼球饱满突出，角膜透明清亮，有弹性。

次鲜鱼——眼球不突出，眼角膜起皱，稍变浑浊。

腐败鱼——眼球塌陷或干瘪，角膜皱缩或有破裂，有时全部眼球被血色素浸润出现红染现象。

2）鱼鳃鉴别

新鲜鱼——鳃丝清晰呈鲜红色，黏液透明，具有海水鱼的咸腥味或淡水鱼的土腥味，无异臭味。

次鲜鱼——鳃色变暗呈灰红或灰紫色，黏液轻度腥臭，气味不佳。

腐败鱼——鳃呈褐色或灰白色，有污秽的黏液，带有不愉快的腐臭气味。

3）体表鉴别

新鲜鱼——有透明的黏液，鳞片有光泽且与鱼体黏附紧密，不易脱落（鲳、大黄鱼、小黄鱼除外）。

次鲜鱼——黏液多不透明，鳞片光泽度差且较易脱落，黏液黏腻而浑浊。

腐败鱼——体表暗淡无光，表面附有污秽黏液，具有腐臭味。

4）肌肉鉴别

新鲜鱼——尸僵完全，鱼体挺直。肌肉坚实有弹性，指压后凹陷立即消失，无异味，肌肉切面有光泽。

次鲜鱼——尸僵已缓解，尚有弹性或弹性差。做鱼体僵硬度检查，基本挺直或下垂，但弯曲度不严重。肌肉稍呈松散，指压后凹陷消失得较慢，稍有腥臭味，肌肉切面有光泽。

腐败鱼——做鱼体僵硬度检查，头尾明显下垂。肌肉松散，易与鱼骨分离，指压时形成的凹陷不能恢复或手指可将鱼肉刺穿。

5）腹部外观鉴别

新鲜鱼——腹部正常、不膨胀，肛孔白色，凹陷。

次鲜鱼——腹部膨胀不明显，肛门稍突出。

腐败鱼——腹部膨胀、变软或破裂，表面发暗灰色或有淡绿色斑点，肛门突出或破裂。

4.3.3　感官分析实验室的环境条件

环境条件对食品感官评价的影响体现在两个方面，即对评价人员心理和生理上的影响，以及对样品品质的影响。感官评价环境条件的控制从如何创造最能发挥作用的氛围和减少对评价人员的干扰和对样品质量的影响着手。环境条件包括感官分析实验室的设计以及样品的制备和呈送两个方面。

1. 感官分析实验室的设计

感官分析实验室应符合标准（GB/T1368—2009）。设计感官分析实验室时，一般要考虑的条件有噪声、振动、室温、湿度、色彩、气味、气压等，针对检查对象及种类，还需做适合各自对象的特殊要求。食品感官鉴评室由两个基本部分组成：检验区和样品制备区（若条件允许，也可以设置一些附属部分,如办公室、休息厅、更衣室等)。

检验区是感官评价人员进行感官实验的场所,通常由多个隔开的鉴评小间构成。检验区中的鉴评小区内带有供鉴评人员使用的工作台和座椅,工作台应配备漱口用的清水和吐液用的容器,最好配备固定的水龙头和漱口池。

样品制备区是准备感官评价实验样品的场所,该区域应靠近检验区,但又要避免评价人员进入检验区时经过制备区看到所制备的各种样品和嗅到气味后产生的影响,也应该防止制备样品时的气味传入检验区。样品制备区应配备必要的加热、保温设施如电炉、燃气炉、微波炉、烤箱、恒温箱、干燥箱等,还可以配备储藏设施,能存放样品、实验器皿和用具。

鉴评室应控制的环境条件包括:

1)温度和湿度

温度和湿度对感官评价人员的喜好和味觉有一定影响,在检验区的温度和湿度应是恒定和适宜的,并满足检验要求和让评价员舒适(在满足检验的温度和湿度的要求下,应尽量让评价员感觉舒适)。一般温度恒定在21℃左右,湿度保持在65%左右。

2)外界干扰

感官鉴评实验要求在安静、舒适的气氛下进行,任何干扰因素都会影响感官鉴评人员的注意力,影响正确鉴评的结果,推荐使用防噪声装置控制检验期间的噪声。

3)气味

检验区应安装带有碳过滤器的空调,以清除异味。允许在检验区增大一点大气压以减少外界气味的侵入。检验区的建筑材料和内部设施均应无味、不吸附和不散发气味。清洁器具不得在检验区内留下气味。有些食品本身带有挥发性气味,感官鉴评人员在工作时也会呼出一些气体。因此,对检验区应考虑有足够的换气速度。

4)颜色

检验区墙壁的颜色和内部设施的颜色应为中性色,以免影响检验样品。推荐使用乳白色或中性浅灰色。

5)照明

照明对感官检验特别是颜色检验非常重要。一般检验区的灯光要求照明均匀,无阴影,具有灯光控制器,需要时可使用红色、绿色、黄色遮盖样品颜色,使评价员能正确地评价样品特性。在进行消费者检验时灯光应与消费者家中照明相似。

6)噪声

噪声会影响人的听力,使人体血压升高,呼吸困难,唾液分泌减退,产生不快感、焦躁感、注意力下降、工作效率降低等。在检验期间感官分析实验室的噪声应控制在40dB以下,推荐采用隔离声源、吸音处理、防漏处理等方法减少噪声。

2. 样品的制备和呈送

样品是感官评价的受体,样品制备的方式以及制备好的样品呈送至评价员的方式,对感官评价实验能否获得准确而可靠的结果具有重要的影响。在感官评价实验中,必须规定样品制备的要求和样品制备的控制及呈送过程中的各种外部影响因素。样品制备的要求中均一性是最重要的因素。均一性就是指制备的样品除所要评价的特性外,其他特性应完全相同。样品在其他感官质量上的差别会造成对所要评价特性的影响,甚至会使鉴评结果完全失去意义。在样品制备中要达到均一的目的,除精心选择适当的制备方式以减少出现特性差别的机会外,还应选择一定的方法以掩盖样品间的某些明显的差别。对不希望出现差别的特性,采用不同方法消除样品间该特性上的差别。例如，在鉴评某样品的风味时，就可使用无味的色素物质掩盖样品间的色差，使感官鉴评人员能准确地分辨出样品间的味差。

样品制备的另外一个要求是样品量。样品量对感官评价实验的影响体现在两个方面，即感官评价人员在一次实验所能评价的样品个数及实验中提供给每个评价人员供分析用的样品数量。

影响样品制备和呈送的外部因素有温度、器皿、编号及样品的摆放顺序等。温度的控制应以最容易感受所检验特性为基础，通常是将样品温度保持在该产品日常食用的温度。任何一个规范的感官鉴定实验，对待测样品处理的各项条件都应保持一致，样品制备的温度、时间等细节都必须符合同一标准。呈送样品的器皿以素色、无气味、清洗方便的玻璃或陶瓷器皿比较适宜。同一实验批次的器皿，外形、颜色和大小应一致。所有呈送给评价人员的样品都应编码，推荐的编码方法是采用随机的三位数字编码，并随机地分发给评价员，避免因样品分发次序的不同影响评价员的判断。同次实验中所用编号位数应相同，同一个样品应编几个不同的号码，保证每个评价员所拿到的样品编号不重复。样品间的摆放顺序应避免可能产生的某种暗示，或对感觉顺序上的误差，如在三点实验法中选择摆放在中间的样品，在五中取二实验法中，则选择位于两端的样品。因此，应注意让样品在每个位置上出现的概率相同或采用圆形摆放法。

大多数食品感官评价实验在考虑到各种影响因素后，每次实验可鉴评样品数控制在4～8个。对含乙醇饮料和带有强刺激感官特性（如辣味）的样品，可鉴评样品数应限制在3～4个。

呈送给每个鉴评员的样品分量应随实验方法和样品种类的不同而分别控制。有些实验如二-三点检验应严格控制样品分量，另一些实验则不需控制，给鉴评人员足够鉴评的量。通常，对需要控制用量的差别实验，每个样品的分量控制在液体30mL，固体30g左右为宜。嗜好实验的样品分量可比差别实验高一倍；描述性实验的样品分量可依实际情况而定。

有些实验样品（如香精、调味料、糖浆等）由于食品风味浓郁或物理状态（黏度、颜色、粉状度等）等原因而不能直接进行感官分析，就需根据检查目的进行适当稀释，或与化学组分确定的某一物质进行混合，或将样品添加到中性的食品载体中，再按照常规食品的样品制备方法进行制备与分发、呈送。

4.3.4　食品感官分析评价员

当客观条件都具备时，只有在参加实验的分析评价人员的密切配合下，才能取得可靠而且重现性强的客观分析结果。一个完整的感官分析实验需要一个评价小组组长、多个评价员以及感官实验员的共同配合来完成。

1. 评价小组组长

评价小组组长应具有很强的感官评价能力和一定的组织与号召能力，可以把握住检验的难易程度，在感官实验中负责实验设计、组织和实施，包括实验方案的制订、样品处理方法的确定、数据收集分析及召集讨论会等，并熟悉各种感官评价方法，有数理统计的基本知识和技能，可根据不同实验目的选择不同的统计方法，给出正确分析结果。

2. 评价员

实验室内感官分析的评价员有初级评价员（initiated assessor）、优选评价员（selected assessor）、专家（expert）三种。

1）初级评价员

具有一般感官分析能力的评价员，且需要经常参加培训（一定分辨差别力的感官鉴评人员，能从事差别评定检验，但要经常参加培训，以免鉴评能力退化）。

2）优选评价员

具有较高感官分析能力的评价员（是从初级评价员中经过进一步筛选和训练而获得的感官鉴评人员，通常具备描述产品感官品质特性及特性差别的能力），可专门从事对产品品质特性的评价。

3）专家

一般具有长期从事专业工作的丰富经验和很强的感官评价能力，并在某些特性感觉上表现出特殊的天赋。专家一般从事产品质量控制中的感官评价，评估产品特定属性以及与标准样的差别，或参加产品评优等工作，如品酒师、品茶师、香精调配师等属于此类，是食品感官评价人员中最难获得的一类。

一般而言，检验所需要的评价员人数应依据结果的精度、检验的方法、评价员水平来确定（精度越高，功效越低；评价员水平越低，需要评价员的数量就越大，反之亦然）。不同检验方法所需评价人数见表 4-5。

表 4-5　不同检验方法所需评价人数

方法	所需评价员人数		
	专家型	或优选评价员	或初级评价员
成对比较检验法	7 名以上	20 名以上	30 名以上
三点检验法	6 名以上	15 名以上	25 名以上
二-三点检验法			20 名以上
五中取二检验法		10 名以上	
"A"或"非 A"检验法		20 名以上	30 名以上
排序检验法	2 名以上	5 名以上	10 名以上
分类检验法	3 名以上	3 名以上	
评估检验法	1 名以上	5 名以上	20 名以上
评分检验法	1 名以上	5 名以上	20 名以上
分等检验法		按所使用的具体分等方法而定	
简单描述检验法	5 名以上	5 名以上	
定量描述或感官剖面检验法	5 名以上	5 名以上	

引自：王浩明．2007．食品检验技术．北京：中国轻工业出版社

3. 感官实验员

一般应具备化学实验室基本技能和感官鉴定的基本知识，有完成样品及化学模拟食品制备的能力，并能保证样品状态接近实际消费形式，待评成分在样品中含量准确。

4. 评价员的基本条件

评价员的基本条件包括：①身体健康，不能有任何感觉方面的缺陷；②各评价员之间及评价员本人的感官要有一致性和正常的敏感性；③具有从事感官分析的兴趣；④个人卫生条件较

好，无明显个人气味；⑤具有对检验产品的专业知识，并对产品无偏见；⑥检验过程中应集中精力避免任何因素的干扰，不能用表情和语言来传播结果；⑦评价人员应按时出席，对经常出差、旅行或工作繁忙者应排除在外。参加分析评价人员的感官灵敏性和稳定性严重影响最终结果的趋向性和有效性。由于个体感官灵敏性差异较大，而且有许多因素会影响到感官灵敏性的正常发挥，因此，对优选评价员还要进行筛选、培训及管理（参见 GB/T 16291.1—2012 和 GB/T 16291.2—2010）。

4.3.5 食品感官分析方法

食品感官分析是建立在人的感官感觉基础上的统计分析方法。目前常用于食品领域中的方法有数十种，按应用目的可分为嗜好型和分析型，按方法的性质又可分为差别检验、标度和类别检验以及分析描述性检验。

差别检验主要分为成对比较检验法、二-三点检验法、三点检验法、“A”或“非 A”检验法、五中取二检验法。

标度和类别检验主要方法有排序检验法、类别检验法、评估法、评分法、分等法、配偶法等。

各种分析方法的特点见表 4-6。

表 4-6 感官检验的方法选择

实际应用	检验目的	方法
生产过程中的质量控制	检出与标准品有无差异	成对比较检验法(单边) 成对比较检验法(双边) 二-三点检验法 三点检验法 选择法 配偶法
	检出与标准差异多少	成对比较检验法 三点检验法
原料品质控制检查	原料的等分	分等法(总体的)
成品质量控制检查	检出趋向性和异常	分等法
消费者嗜好调查成品品质研究	获知嗜好程度或品质好坏	成对比较检验法 三点检验法 排序法 选择法
	评分法的数量化	多重比较法 配偶法
品质研究	分析品质内容	描述法

引自：张水华，徐树来，王永华．2006．食品感官分析与实验．北京：化学工业出版社

1. *差别检验*

差别检验(difference test)是感官分析中常使用的一种方法，其目的是要求评价员对两个

或两个以上产品或物质是否存在感官差别做出结论。一般规定不允许评价员回答“无差异”(即评价员未能察觉出样品之间的差异)。因此,在差别检验中要注意避免因样品外观、形态、温度和数量等所引起的差异性误差。差别检验的结果处理是以每一类别的评价员数量为基础的,分析的主要方法是统计学中的二项分布参数检验。差别检验的主要方法有三点检验、成对比较检验、二-三点检验、五中取二检验、“A”或非“A”检验法、选择检验法和配偶检验法,本节重点介绍三点检验(triangular test)。

1) 用途

适用于鉴别样品间的细微差别,如品质控制或仿制某个优良产品,也可用于挑选与培训评价人员。

2) 步骤

同时向评价员提供一组已编号的三个样品,其中两个是完全相同的,要求评价员挑出其中有差别的那个样品。为使三个样品的排列次序、出现次数的概率相等,可运用以下六个组合:BAA、ABB、ABA、BAB、AAB、BBA。

3) 技术要点

(1) 多个评价员按规定次序检验样品,呈送给每个评价员的样品次序在同一系列检验中应相同。

(2) 评价员人数不足六的倍数时,可去除多余样品组,或向每个评价员提供六组样品做重复检验。

(3) 当有效评价表数大于 100 时($n>100$ 时),正确答案最少数按式(4-9)计算,取最接近的整数值:

$$X=0.714z\sqrt{n}+\frac{(2n+3)}{6} \tag{4-9}$$

式中:X——正确答案最少数;

n——有效评价表数。

Z 值见表 4-7。

表 4-7　不同显著水平下的 Z 值

显著水平	5%	1%	0.1%
Z 值	1.64	2.33	3.10

引自:GB 12311—2012。

当正确答案大于或等于这个最小数时,说明两样品间有差异。

4) 统计学原理

原假设:不应根据特性强度区别这两种样品。在这种情况下,正确识别出单个样品的概率为 $P=1/3$。

备择假设:可以根据特性强度区别这两种样品。在这种情况下正确识别出与对照样品的概率为 $P>1/3$。

该检验是单边的。正确数目大于或等于表 4-8 某水平上的相应数值,则说明以该显著水平拒绝原假设而接受备择假设。

表 4-8 三点检验法检验表

答案数目	显著水平			答案数目	显著水平			答案数目	显著水平		
	5%	1%	0.1%		5%	1%	0.1%		5%	1%	0.1%
5	4	5	—	34	17	19	21	63	28	31	34
6	5	6	—	35	17	19	22	64	29	31	34
7	5	6	7	36	18	20	22	65	29	32	35
8	6	7	8	37	18	20	22	66	29	32	35
9	6	7	8	38	19	21	23	67	30	33	36
10	7	8	9	39	19	21	23	68	30	33	36
11	7	8	10	40	19	21	24	69	31	33	36
12	8	9	10	41	20	22	24	70	31	34	37
13	8	9	11	42	20	22	25	71	31	34	37
14	9	10	11	43	20	23	25	72	32	34	38
15	9	10	12	44	21	23	26	73	32	35	38
16	9	11	12	45	21	24	26	74	32	35	39
17	10	11	13	46	22	24	27	75	33	36	39
18	10	12	13	47	22	24	27	76	33	36	39
19	11	12	14	48	22	25	27	77	34	36	40
20	11	13	14	49	23	25	28	78	34	37	40
21	12	13	15	50	23	26	28	79	34	37	41
22	12	14	15	51	24	26	29	80	35	38	41
23	12	14	16	52	24	26	29	81	35	38	41
24	13	15	16	53	24	27	30	82	35	38	42
25	13	15	17	54	25	27	30	84	36	39	43
26	14	15	17	55	25	28	30	86	37	40	44
27	14	16	18	56	26	28	31	88	38	41	44
28	15	16	18	57	26	28	31	90	38	42	45
29	15	17	19	58	26	29	32	92	39	42	46
30	15	17	19	59	27	29	32	94	40	43	47
31	16	18	20	60	27	30	33	96	41	44	48
32	16	18	20	61	27	30	33	98	41	45	48
33	17	18	21	62	28	30	33	100	42	46	49

引自:GB/T 12311—2012。

5）实例分析

【例 4-1】 某厂准备开发新调味酱系列产品，对进口鱼籽酱进行仿制，为检验仿制产品与真品之间差异，选 40 名评价员进行口味评定，评价组长选择 5%显著水平进行三点检验，要求强迫选择(必须指出一个单个样品)获 39 张有效评价表，23 人正确选出单个样品。

【问题】 两样品之间是否有差异？

【分析】 按三点检验法进行检验，查表 4-8 在 5%显著水平上，正确选择数为 23＞19(5%)＞21(1%)，说明在 5%显著水平上原假设不成立，即两样品无差别的检验不成立，说明仿制产品与真品之间有显著差异，仿制效果不佳。

【答案】 仿制产品与真品之间还存在差距，需要进一步调整原配方。

2. 标度和类别检验

类别检验实验中，要求评价员对两个以上的样品进行评价，判定出样品的优劣以及它们之间的差异大小与差异方向，通过检验可得出样品间差异排序和大小，或归属的类别或等级。选择哪种手段解释数据，取决于检验的目的及样品数量。这类检验方法通常有排序检验法、类别检验法、评估检验法、评分检验法、分等检验法、成对比较排序法等，此处重点介绍排序检验法。

1) 排序检验法(参见国标 GB/T 12315—2008)

排序检验法是将比较的样品，按指定要求排出一系列样品的次序。其可用于进行消费者的可接受性调查；确定由不同原料、加工、处理、包装和储藏等各环节而造成的产品感官特性差异；当评价少量样品(6 个以下)的复杂特性(如质量和风味)或多数样品(20 个以上)的外观时，此法迅速有效。

(1) 技术要点。

① 检验前，应由组织者对检验提出具体的规定，对被评价的指标和准则要有一致的理解。如对哪些特性进行排列；检验的样品一般不超过 8 个样品，排列的顺序是从强到弱还是从弱到强；检验操作要求如何；评价气味时需不需要摇晃等。

② 排序检验只能按一种特性进行，如要求对不同的特性排序，则按不同的特性安排不同的顺序。

③ 进行感官刺激的评价时，可以让评价员在不同的评价之间使用水、淡茶或无味面包等以恢复原感觉能力。

④ 评价应在限定时间内完成。

答卷实例：

姓名　　　　　日期　　　　　产品

品尝样品后，请根据您所感受的甜度，把样品号码填入适当中的空格中(每格必须填一个号码)。

甜味最强 ——————→ 甜味最弱

(2) 统计原理及实例分析。

【例 4-2】 某厂为检验四种配方风味饼干的甜味差异，选取六个评价员按甜味强弱进行排序，得到的结果见表 4-9。

表 4-9　评价员的排序结果

评价员	秩次						
	1		2		3		4
1	A		B		C		D
2	B	=	C		A		D
3	A		B	=	C	=	D
4	A		B		D		C
5	A		B		C		D
6	A		C		B		D

【问题】 四种样品甜味是否存在显著差异？其分组差异强度如何(样品间差异程度如何)？

【分析】 该题按以下三个步骤解答。

① 样品秩次与秩和统计。

在每个评价员对每个样品排出的秩次当中有相同秩次时，则取平均秩次，折算后见表4-10。即

$$L_1 = \frac{\sum_{i=1}^{n} L_i}{n} \tag{4-10}$$

式中：L——秩次；

n——相同秩样品个数。

表4-10 样品的秩次与秩和

评价员	样品				
	A	B	C	D	秩和
1	1	2	3	4	10
2	3	1.5	1.5	4	10
3	1	3	3	3	10
4	1	2	4	3	10
5	1	2	3	4	10
6	1	3	2	4	10
每种样品的秩和 L	8	13.5	16.5	22	50

② 样品显著差异分析。

采用Friedman检验将 F 与查表所得 F_0 相比较，从而获得结果。Friedman检验步骤：

Ⅰ. 求出 F 值

$$F = \frac{12}{J \cdot P(P+1)}(L_1^2 + L_2^2 + \cdots + L_P^2) - 3J(P+1) \tag{4-11}$$

式中：J——评价员人数；

P——样品数；

L_i——样品的秩和数。

Ⅱ. 根据 J，P，α(显著水平)值，查表4-11，求 F_0。

表4-11 Friedman秩和检验近似值临界值表(F_0表)

评价员数目(J)	样品数目(P)					
	3	4	5	3	4	5
	显著水平 α=0.05			显著水平 α=0.01		
2	—	6.00	7.60	—	—	8.00
3	6.00	7.00	8.53	—	8.20	10.13
4	6.50	7.50	8.80	8.00	9.30	11.10
5	6.40	7.80	8.96	8.40	9.96	11.52
6	6.33	7.60	9.49	9.00	10.20	13.28
7	6.00	7.62	9.49	8.85	10.37	13.28
8	6.25	7.65	9.49	9.00	10.35	13.28
9	6.22	7.81	9.49	8.66	11.34	13.28

续表

评价员数目（J）	样品数目（P）					
	3	4	5	3	4	5
	显著水平 $\alpha=0.05$			显著水平 $\alpha=0.01$		
10	6.20	7.81	9.49	8.60	11.34	13.28
11	6.54	7.81	9.49	8.90	11.34	13.28
12	6.16	7.81	9.49	8.66	11.34	13.28
13	6.00	7.81	9.49	8.76	11.34	13.28
14	6.14	7.81	9.49	9.00	11.34	13.28
15	6.40	7.81	9.49	8.93	11.34	13.28

Ⅲ. 若 F 与 F_0 相近而不易确定样品差距时，可以用校正后的 F' 代替 F 进行判断。

$$F'=\frac{F}{1-[E/JP(P^2-1)]} \tag{4-12}$$

式中：$E=(n_1^3-n_1)+(n_2^3-n_2)+\cdots(n_k^3-n_k)$，其中 n_1、n_2、n_k 为出现相同秩次的样品数，若没有相同秩次，则 $n_k=1$。

Ⅳ. 比较：F(或 F')$>F_0$，样品之间有显著差异；F(或 F')$<F_0$，样品之间无显著差异。将例 4-2 中的数据代入 Friedman 检验的 F 值计算公式中：

评价员 J：6；样品数 P：4；秩和数 L：8，13.5，16.5，22。

$$F=\frac{12}{6\times4\times(4+1)}(8^2+13.5^2+16.5^2+22^2)-3\times6\times(4+1)=10.25$$

查表 4-11：$F_0(4,6,0.01)=10.20$。

F 值与 F_0 相似，故采用校正后的 F' 进行判断。

因为出现相同秩次的样品数有 $n_2=2$，$n_3=3$，未出现的 $n_k=1$，

所以

$$\begin{aligned}E&=(n_1^3-n)+(n_2^3-n_2)+\cdots+(n_k^3-n_k)\\&=(2^3-2)+(3^3-3)+(1^3-1)\\&=6+24=30\end{aligned}$$

所以

$$F'=\frac{F}{[1-E/JP(p^2-1)]}=\frac{10.25}{1-30/6\times4\times(4^2-1)}=11.17$$

因为 $F'=11.17$，$F_0=(4,6,0.01)=10.20$。即 $F'>F_0$。所以在 1% 显著水平 F，样品之间有显著性差异。

③ 样品差异的分组分析。

当 Friedman 检验确定了样品之间存在显著性差别时，需要采用多重比较和分组方法进一步确定哪些样品之间有显著性差别。

Ⅰ. 根据各样品的秩和 L_P，从小到大将样品初步排序，例 4-2 的排序为

L_A	L_B	L_C	L_D
8	13.5	16.5	22

Ⅱ. 计算临界值 $r(I,\alpha)$：

$$r(I,\alpha)=q(I,\alpha)\frac{\sqrt{JP(P+1)}}{12} \tag{4-13}$$

$q\ (I,\ \alpha)$值可根据 $I=2,3,\cdots,P$,查表 4-12 求取。

表 4-12　$q\ (I,\ \alpha)$值表

I	$\alpha=0.01$	$\alpha=0.05$	I	$\alpha=0.01$	$\alpha=0.05$
2	3.64	2.77	11	5.23	4.55
3	4.12	3.31	12	5.29	4.62
4	4.40	3.63	13	5.35	4.69
5	4.60	3.86	14	5.40	4.74
6	4.76	4.03	15	5.45	4.80
7	4.88	4.17	16	5.49	4.85
8	4.99	4.29	17	5.54	4.89
9	5.08	4.39	18	5.57	4.93
10	5.16	4.47	19	5.61	4.97
20	5.65	5.01	38	6.06	5.46
22	5.71	5.08	40	6.09	5.50
24	5.77	5.14	50	6.23	5.65
26	5.82	5.20	60	6.34	5.76
28	5.87	5.25	70	6.43	5.86
30	5.91	5.30	80	6.51	5.95
32	5.95	5.35	90	6.58	6.02
34	5.99	5.39	100	6.46	6.09
36	6.03	5.43			

Ⅲ. 以下列的顺序检验这些秩和的差数:最大减最小,最大减次小,……,最大减次大,然后次大减最小,次大减次小,……,依次减下去,一直到次小减最小:

$L_{AP}-L_{A1}$与 $r\ (P,a)$比较;

$L_{AP}-L_{A2}$与 $r(P\text{-}1,a)$比较;

⋮

$L_{AP}-L_{AP}-1$ 与 $r(2,a)$比较;

$L_{AP}-1-L_{A1}$与 $r(P\text{-}1,a)$比较;

$L_{AP}-1-L_{A2}$与 $r(P\text{-}1,a)$比较;

⋮

$L_{A2}-L_{A1}$与 $r(2,a)$比较。

Ⅳ. 若相互比较的两个样品 A_j 与 A_i 的秩和之差 $L_{A_j}-L_{A_i}\ (j>i)$小于相应的 r 值,则表示这两个样品以及秩和位于这两个样品之间的所有样品无显著差别,在这些样品之下可用一横线表示,即

$$\underline{A_i\quad A_{i+1}\quad \cdots\quad A_j}$$

横线内的样品不必再作比较。

若相互比较的两个样品 A_i 与 A_j 的秩和之差 $L_{A_j}-L_{A_i}$ 大于或等于相应的 r 值,则表示这两个样品有显著性差别,其下面不划线。

不同横线上面的样品表示不同的组,若有样品处于横线重叠处,应单独列为一组。

例如,根据表 4-12,临界值 $r(I,\ \alpha)$为

$$r(I,\alpha)=q(I,\alpha)\frac{\sqrt{6\times4\times(4+1)}}{12}=3.16q(I,\alpha)$$

查表 4-12 可得

$$r(4,0.05)=q\ (4,0.05)\times 3.16=3.63\times 3.16=11.47$$

$$r(3,0.05)=q\ (3,0.05)\ \times 3.16=3.31\times 3.16=10.46$$

$$r(2,0.05)=q\ (2,0.05)\times 3.16=2.77\times 3.16=8.75$$

由于

$$L4-L1=22-8=14>r\ (4,0.05)=11.47,\text{不可画线}$$

$$L4-L2=22-13.5=8.5<r\ (3,0.05)=10.46,\text{可画线}$$

$$L3-L1=16.5-8=8.5<r\ (3,0.05)=10.46,\text{可画线}$$

结果如下：

A　B　C　D

最后分为 3 组：

A　BC　D

【结论】 在 5%的显著水平上，D 样品最甜，C、B 样品次之，A 最不甜，B、C 样品在甜度上无显著性差别。

2）使用等距标度或比率标度的检验

等距标度是多种多样的，表现每个标度特征的阶段数可以不同。由于不存在理想的标度，在建立或使用一个特殊标度的时候，要注意每阶段都与固定的强度等级相对应，满足间隔相等的条件。在实践中，这些等级是依据参照物质（如根据一个等比级数的检验物质浓度标度）或一个文字表述或一组表述来定义的，故此评价员可以用一个评分或用可转换为评分的表述给出回答。

范例中的这些标度（七分标度、九分标度等）只是假定间隔相同的等距标度（表 4-13）。但若不是这种情形，应把这些标度看作顺序标度，并按顺序标度检验法进行结果处理。

表 4-13　不同定义标度

用九分定义的快感标度	用七分定义的硬度标度
1. 极令人讨厌的	1. 非常硬的
2. 很令人讨厌的	2. 硬的
3. 令人讨厌的	3. 有点硬的
4. 有点令人讨厌的	4. 不硬不软的
5. 不令人愉快也不令人讨厌的	5. 有点软的
6. 有点令人愉快的	6. 软的
7. 令人愉快的	7. 非常软的
8. 很令人愉快的	
9. 极令人愉快的	

3. 分析或描述性实验

食品的感官特性是多方面、多层次的，如其外观色泽、香气、入口后的风味（味觉、嗅觉，口腔的冷、热、涩、辣等感觉）、回味、质地、物性等。回味又称余味，是食物样品被吞下或吐出后出现的与原来不同的特性、特征的风味，质地则主要是由食物样品的机械特性如硬度、凝聚度、精细度、附着度、弹性五个基本特性和碎裂度、固体食物咀嚼度、半固体食物胶密度三个从属特性来决定物性，主要指产品的颗粒、形态及方向物性，如食品食用时的平滑感、层状感、丝状感、粗粒感、油腻感、湿润感等。

分析或描述性检验是评价员对产品的所有品质特性进行定性、定量的分析与描述的一种评价方法，通常分为简单描述检验法（定性）和定量描述检验法两类。

1）简单描述检验法

要求鉴评员对构成品的特征的各个指标进行定性描述，尽量完整地描述出样品品质的检验方法称为简单描述检验。它具体还可分为风味描述和质地描述法。

此方法可用于识别或描述某一特殊样品或许多样品的特殊指标，或将感觉到的特性指标建立一个序列。常用于质量控制、产品在储存期间的变化或描述已经确定的差异检测，也可用于培训鉴评员。

简单描述法一般有两种形式，一种是由鉴评员用任意的词汇，对每个样品的特性进行描述。这种形式往往会使鉴评员不知所措，所以应尽量由非常了解产品特性的或受过专门训练的鉴评员来回答。

另一种形式是首先提供指标检查表，使鉴评员能根据指标检查表进行评价。例如

外观：一般、深、苍白、暗状、油斑、白膜、褪色、斑纹、有杂色。

组织质地：一般、黏性、油腻、厚重、薄弱、易碎、断向粗糙、裂缝、不规则、粉状感有孔、油脂析出、有线散现象。

结果分析：鉴评员完成鉴评后，由鉴评小组组织者统计这些结果。根据每一描述性词汇的使用频数得出评价结果，最好对评价结果作出公开讨论。

2）定量描述和感官剖面检验法

它是评价员尽量完整地描述食品感官特性以及这些特性的强度的检验方法。

此方法多用于产品质量控制、质量分析、判定产品差异性、新产品开发和产品品质改良等方面，还可以为仪器检验结果提供可对比的感官数据，使产品特征可以相对稳定地保存下来。

定量描述检验又称定量描述分析（quantitative descriptive analysis，QDA），是 20 世纪 70 年代发展起来的，其特点是其数据不是通过一致性讨论而产生的，评价小组领导者不是一个活跃的参与者，同时使用非线性结构的标度来描述评估特性的强度，通常称之为 QDA 图或蜘蛛网图，并利用该图的形态变化定量描述试样的品质变化。

定量描述和感官剖面检验法依照检验方式的不同又可分为一致方法和独立方法两大类型。一致方法的含义是，在检验中所有的评价员（包括评价小组长）是作为一个集体的一部分而工作，目的是获得一个评价小组赞同的综合印象，使描述产品风味特点达到一致获得同感的方法。在检验过程中如果不能一次达成共识，可借助参比样来进行，有时需要多次讨论方可达到目的。

独立方法是由评价员先在小组内讨论产品风味，然后由每个评价员单独工作，记录对食品的感觉的评估成绩，最后用计算平均值的方法，获得评价结果。无论是一致方法还是独立方法，在检验开始前，评价组织者和评价员应完成以下准备工作：制定记录样品的特性目录；确定参比样；规定描述特性的词汇；建立描述和检验样品的方法。

在此种检验中一般包括以下几方面内容：

(1) 特性特征的鉴定。

(2) 用叙词或相关的术语规定感觉到的特性特征。

(3) 感觉顺序的确定。

(4) 记录显现和察觉到各风味的特性所出现的顺序。

(5) 强度评价。

(6) 每种特性特征的强度(质量和持续时间)由评价小组或独立工作的评价员测定。

特性特征强度可用几种标度来评估:

① 数字评估法:0=不存在,1=刚好可识别,2=弱,3=中等,4=强,5=很强。

② 标度点评估法:

弱 ○ ○ ○ ○ ○ 强

在每个标度的两端写上相应的叙词,其中间级数或数根据特性改变,在标度点"○"上写出的 1~7 数值,符合该点的强度。

③ 直线评估法:例如,在 100mm 长的直线上,距每个末端大约 10mm 处,写上叙词(如强弱),评价员在线上作一个记号标明强度,然后测量评价员作的记号与线左端之间的距离(mm),表示强度数值。

弱 强

(7) 余味审查和滞留度测定。

样品被吞下之后(或吐出后),出现的与原来不同的特性特征称为余味。

样品已经被吞下(或吐出后),继续感觉到的同一风味则称为滞留度。

某些情况下,可能要求评价员鉴别余味,并测定其强度,或者测定滞留度的强度和持续时间。

综合印象的评估是对产品的总体评估,它考虑到特性特征的适应性、强度、相一致的背景风味和风味的混合等。

综合印象通常在一个三点标度上评估。例如,3 表示高;2 表示中;1 表示低。

【例 4-3】 对调味西红柿酱的定量描述和风味剖面检验结果如下:

(1) 表格形式: 检验日期 年 月 日

产品	调味西红柿酱	
特性特征(感觉顺序)		强度(指标)
风味	西红柿	4
	肉桂	1
	丁香	3
	甜度	2
	胡椒	1
余味		无
滞留度		相当长
综合印象		2

(2) 图示:用线的长度表示每种特性强度,按顺时针方向或上下方向表示特性感觉的顺序(图 4-14)。

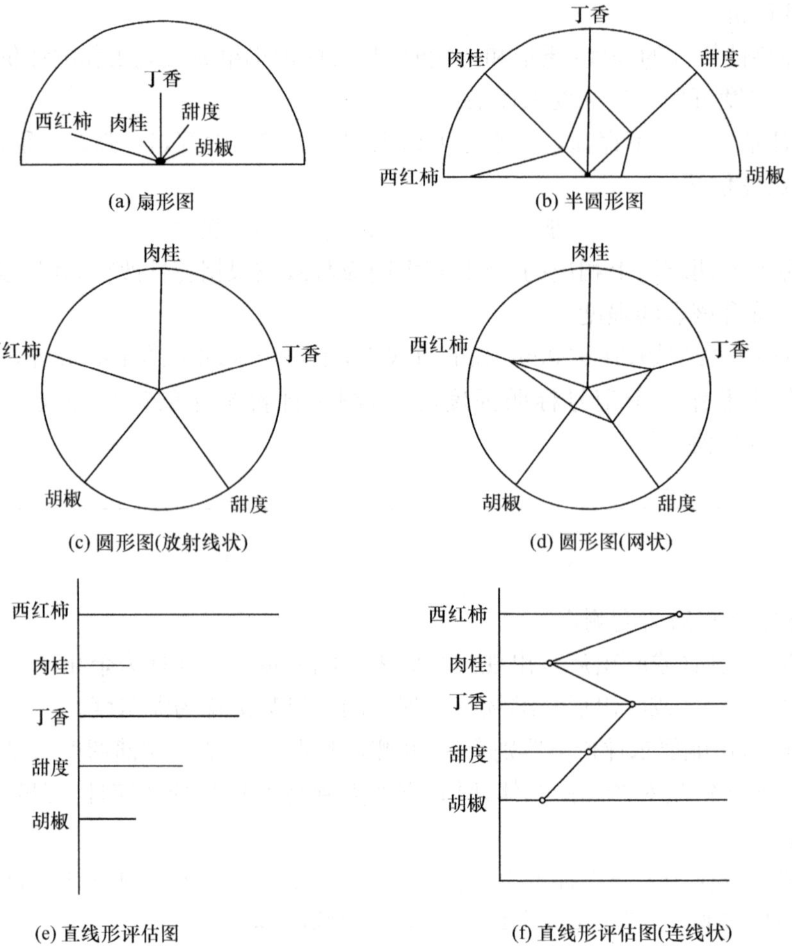

图 4-14　调味西红柿酱的风味轮廓剖面图

【例 4-4】 橙果冻的 QDA 报告图。

(1) 表格形式：

样品　　橙果冻(样品 A、B)　　　　　　　　　检验日期　　年　月　日

特性特征	样品 A	样品 B
橙色泽	10.2	7.9
橙香味	7.6	6.9
硬度	9.6	6.6
强酸味	8.6	6.9
橙风味	7.6	6.9
异味	4.3	4.8
甜味	7.1	9.6
分类级别	5.1	6.1

(2) 图示(图 4-15)：

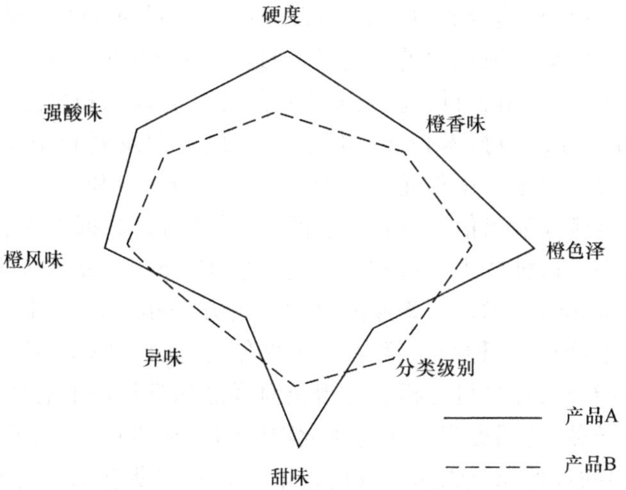

图 4-15　橙果冻的风味轮廓剖面图

引自：Mason R. 2002. Sensory evaluation manual (food 3007 and food 7012). The University of Queensland and Stephen Nottingham

4.3.6　电子鼻和电子舌

前面已经阐述了人们通过气味、外观、质地、滋味和营养等方面的感官评定方法，对食品品质和优良等级进行分类。这里简单介绍模仿生物有机体嗅觉和味觉的人工智能识别系统：电子鼻(electronic nose)和电子舌(electronic tongue)以及它们在食品中的应用。电子鼻和电子舌的应用克服了传统人工评价食品时所表现出来的受主观性影响和可重复性不佳的问题，同时又解决了使用色谱法进行分析检测时繁琐的样品前处理。其现已在医药卫生、日用化工、环保、食品和安全监测等方面得到了广泛的应用。

电子鼻是模拟人类的嗅觉系统，设计研制出的一种智能电子仪器，可适用于许多系统中测量一种或多种气味物质的气体敏感系统。1994 年，英国 Warwiek 大学的 Gardner 和 Southampton 大学的 Bartlett 使用了这一术语并给出了定义：电子鼻是一种由具有部分选择性的化学传感器阵列和适当的模式识别系统组成，能识别简单或复杂气味的仪器。电子鼻又称气味扫描仪，在检测中充分发挥了其客观性、可靠性和重现性等方面的优点，主要用来识别、分析、检测样品中一些挥发成分。电子鼻得到的不是被测样品中某种或某几种成分的定性或定量的结果，而是样品中挥发性成分的整体信息，可以对样品进行归类判别。而欲确定食品中挥发性成分则需采用 GC-MS 方法。电子鼻主要由气敏传感器阵列、信号预处理和模式识别三部分组成。当气味物与传感器接触时，传感器能将化学输入转换成电信号，由多个传感器对一种气味的响应便构成了传感器阵列对该气味的响应谱。显然，气味中的各种化学成分均会与敏感材料发生作用，所以这种响应谱为该气味的广谱响应谱。为实现对气味的定性或定量分析，必须将传感器的信号进行适当的预处理(消除噪声、特征提取、信号放大等)后，再采用合适的模式识别分析方法对其进行处理。模式识别单元包括数据处理分析器、智能解释器和知识库。模式识别单元最终完成对气味的辨识，因为是通过计算机来完成，需要运用处理数据的算法，常用的有多元统计分析中的主成分分析法、人工神经网络和偏最小二乘法。

气体传感器阵列在功能上相当于人的嗅觉感受细胞，产生嗅感信号；数据处理分析器、智能解释器和知识库在功能上相当于人的大脑，具有分析、判断、智能解释的功能。

理论上，每种气味都会有其特征响应谱，据此可区分不同的气味。同时还可利用气敏传感器构成阵列对多种气体的交叉敏感性进行测量，通过适当的分析方法，实现混合气体分析，如用于啤酒、白酒、水果蔬菜、香精香料、肉类、油炸食品等食品检测和食品安全等方面的应用。

电子舌(electronic tongue)技术是20世纪80年代中期发展起来的一种分析、识别液体"味道"的新型检测手段。它主要由传感器阵列(sensor arrays)和模式识别系统组成，传感器阵列对液体试样作出响应并输出信号，信号经计算机系统进行数据处理和模式识别后，得到反映样品味觉特征的结果。这种技术也被称为味觉传感器(taste sensors)技术或人工味觉识别(artificial taste recognition)技术。与普通的化学分析方法相比，其不同在于传感器输出的并非样品成分的分析结果，而是一种与试样某些特性有关的信号模式(signal patterns)，这些信号通过具有模式识别能力的计算机分析后能得出对样品味觉特征的总体评价。

电子舌类似于电子鼻，是用类脂膜作为味觉物质的味觉传感器，它能够模拟人的味觉感受方式，识别检测液体中的各种味觉物质。其构建单元和对于所获数据分析判断处理的人工智能系统与电子鼻的机理相似，都是对传感器得到的信号经过计算机系统采用人工智能方法进行分析处理，最终得到对样品味觉特征的总体评价。电子舌的传感器有电位分析传感器、伏安分析传感器和光学方法的味觉传感器；主要有多通道类脂膜传感器、基于表面等离子体共振、表面光伏电压技术等。它们主要的区别是在综合传感系统灵敏性、选择性、多面性和重复性方面。电子舌的模式识别主要有最初的神经网络模式识别和最新发展的混沌识别。混沌是一种遵循一定非线性规律的随机运动，它对初始条件敏感，混沌识别具有很高的灵敏度，因此其应用得到了越来越广泛的认可。目前较典型的电子舌系统有法国的Alpha MOS系统和日本的Kiyoshi Toko电子舌。电子舌在食品风味研究中得到了越来越广泛的应用。

思 考 题

1. 薄层色谱法定性和定量分析合成色素的原理是什么？
2. 采用薄层色谱法分析合成色素时，主要有哪些物质干扰？如何消除？
3. 香气提取中可使用各种不同的方法，试比较它们的优缺点。
4. 香气鉴定过程中为何要使用两支不同极性的色谱柱？
5. 为什么说GC-O分析是香气成分鉴定的必要手段？
6. 心理作用对感觉的影响有哪些？
7. 嗅觉特性有哪些？
8. 感官鉴评室的环境条件包括哪些？
9. 感官鉴评候选人员的条件有什么？
10. 鉴评样品制备的要求是什么？
11. 影响样品制备和呈送的外部因素有哪些？
12. 描述三点检验法适用范围、检验方法、样品呈送次序、统计分析方法。
13. 试描述排序检验法的适用范围、检验方法、统计分析方法。
14. 简述电子鼻和电子舌的基本原理及在食品中的应用。

第5章　食品中有害成分分析

民以食为天，食以安为先。随着人们生活质量的提高，食品安全越来越受到重视和关注。农药、兽药、食品添加剂的广泛使用，在推动农业发展的同时，也带来了安全隐患。食品中的农药和兽药残留、食品添加剂及非食品添加剂的滥用，已经成为了严重的社会公害。由于我国农业生产和食品消费的特点，目前还无法真正实现"从农田到餐桌"的全过程管理，因此市场监管成了控制食品污染的最重要的一道防线。食品中的有害成分有内源性的和外源性的。内源性有害成分源自原料本身，外源性有害成分来自食品生产、加工、储藏等过程。针对食品中农、兽药及重金属残留、黄曲霉毒素污染和当前备受关注的丙烯酰胺问题、塑化剂风波等食品安全事件，特编写本章。

5.1　农药残留分析

5.1.1　概述

农药残留是指农药使用后一个时期内没有被分解而残留于生物体、收获物、土壤、水体、大气中的微量农药原体、代谢物、降解物和杂质的总称。在一般情况下，农药残留主要是指农药原体的残留量和具有比原体毒性更高或相当毒性的降解物的残留量。导致和影响农药残留的原因有很多，其中农药的使用方法、农药本身的性质、农作物的种类以及环境因素是影响农药残留的主要因素。有机磷、氨基甲酸酯和拟除虫菊酯是目前市场上最主要的三类农药。有机氯农药曾是世界各国应用最广、用量最大的农药，虽然已被禁用三十多年，但由于其残留期长、残留量高，依然对环境和人体健康造成严重的危害。

食用农药残留量高的食物会导致人、畜急性中毒。长期食用低水平农药残留的食物，虽然不会导致急性中毒，但可能引起人和动物的慢性中毒，导致疾病的发生，诱发癌症，甚至影响到下一代。由于农药残留对人和生物危害很大，各国对农药的施用都有严格的管理，并对食品中农药残留限量作了规定。日前，我国农业部与国家卫生和计划生育委员会联合发布了新的食品安全国家标准《食品中农药最大残留限量》(GB2763—2014)。该标准规定了387种农药在284种(类)食品中3650项限量指标，基本与国际标准接轨。该标准的颁布实施，标志着我国食品中农药残留国家标准体系建设取得重大进展，对保证"产"出安全食品和"管"出安全食品具有重要意义，为我们"舌尖上的安全"提供法定依据。同时，对转变农业生产方式，推进绿色生产，提高农产品国际竞争力，促进农业可持续发展产生积极影响。

5.1.2　有机磷类农药残留的测定

大多数有机磷农药属于磷酸酯类或者硫代磷酸酯类化合物，沸点并不高，对热比较稳定，样品经过前处理后，以气相色谱法(GC)或者气相色谱-质谱联用法(GC-MS)测定。本节参照GB/T 14553—2003介绍其测定方法。

1. 原理

样品中有机磷农药用有机溶剂提取，再经液液萃取和凝结净化等步骤除去干扰物，用气相色谱氮磷检测器（NPD）或火焰光度检测器（FPD）检测，根据色谱峰的保留时间定性，外标法定量。

2. 主要仪器、试剂及材料

气相色谱仪（带 NPD 检测器或 FPD 检测器）、粉碎机、组织捣碎机、旋转蒸发仪、振荡器、真空泵、水浴锅。

丙酮、二氯甲烷、石油醚（沸程 60～90℃）为分析纯试剂，使用前重新蒸馏。乙酸乙酯、磷酸（85%）、氯化钠、无水硫酸钠、氯化铵为分析纯试剂。无水硫酸钠在 300℃下烘 4h 后置于干燥器中备用。

农药标准品：速灭磷、甲拌磷、二嗪磷、异稻瘟净、甲基对硫磷、杀螟硫磷、溴硫磷、水胺硫磷、稻丰散、杀扑磷等有机磷农药，纯度为 95.0%～99.0%。

农药储备溶液的配制：准确称取一定量的农药标准样品（准确到±0.0001g ），用丙酮为溶剂，分别配制浓度为 0.5mg/mL 的速灭磷、甲拌磷、二嗪磷、水胺硫磷、甲基对硫磷、稻丰散；浓度为 0.7mg/mL 的杀螟硫磷、异稻瘟净、溴硫磷、杀扑磷储备液，在冰箱中存放。

农药标准中间溶液的配制：用移液管准确量取一定量的上述 10 种储备液于 50mL 容量瓶中，用丙酮定容至刻度，配制成浓度为 50μg/mL 的速灭磷、甲拌磷、二嗪磷、水胺硫磷、甲基对硫磷、稻丰散和 100μg/mL 的杀螟硫磷、异稻瘟净、溴硫磷、杀扑磷标准中间溶液。

农药标准工作溶液的配制：分别用移液管吸取上述标准中间溶液每种 10mL 于 100mL 容量瓶中，用丙酮定容至刻度，得混合标准工作溶液，于冰箱中存放。

凝结液：20g 氯化铵和 85%磷酸 40mL，溶于 400mL 蒸馏水中，用蒸馏水定容至 2000mL，备用。助滤剂：Celite545。

3. 操作步骤

1）样品的采集与储存方法

粮食：取 500g 具代表性的（小麦、稻米、玉米等）样品，粉碎过 40 目筛，混匀备用（装入样品瓶中，另取 20.0g 测定含水量）；水果、蔬菜：取具代表性的新鲜水果和蔬菜的可食部位 1000g，切碎，装入塑料袋，供实验用。所有实验样品均在－18℃冷冻箱中保存。

2）提取及净化

（1）水果、蔬菜样品的提取与净化。

准确称取水果、蔬菜样品 50g（准确到±0.1g）于组织捣碎缸中，加水，使加入的水量与 50g 样品中的水分含量之和为 50mL，再加 100mL 丙酮，捣碎 2min，浆液经铺有两层滤纸及一薄层助滤剂的布式漏斗减压抽滤，取 100mL 滤液（相当于 2/3 样品），倒入 500mL 分液漏斗中，加入凝结液（用浓度为 0.5mol/L 的 KOH 溶液调 pH 为 4.5～5.0）10～15mL 和 1g 助滤剂，振摇 20 次，静置 3min，过滤入另一 500mL 分液漏斗，按上述步骤再处理 2～3 次。在滤液中加 3g 氯化钠，依次用 50mL、50mL、30mL 二氯甲烷萃取三次，合并有机相，用装有 1g 无水硫酸钠和 1g 助滤剂的筒形漏斗过滤、干燥，滤液收集于 250mL 平底烧瓶中，加入 0.5mL 乙酸乙酯，先用旋转蒸发器浓缩至 5mL，在室温下用氮气或空气吹至近干，用丙酮定容 5mL，供气相色谱测定用。

(2) 粮食样品的提取与净化。

准确称取已测含水量的粮食样 20g(准确到±0.1g)，置于 300mL 具塞锥形瓶中，加水，使加入的水量与 20g 样品中水分含量之和为 20mL，摇匀后静置 10min，加 100mL 含 20%水分的丙酮，浸泡 6～8h 后振荡 1h，下述步骤除取滤液 80mL 外，其余同(1)。

3) 测定

气相色谱条件：

(1) 测定条件 A。

石英弹性毛细管柱 HP-5，30m×0.32mm(i.d.)；载气为氮气，纯度≥99.99%；气体流速，氮气 3.5mL/min，氢气 3mL/min，空气 60mL/min，尾吹(氮气)10mL/min；进样口 220℃；检测器(NPD)300℃；起始柱温 130℃，保留 3min，以 5℃/min 升至 140℃后，保持 65min。

(2) 测定条件 B。

石英弹性毛细管柱 DB-17，30m×0.53mm(i.d.)；载气为氮气，纯度≥99.99%；气体流速，氮气 9.8mL/min，氢气 75mL/min，空气 100mL/min，尾吹(氮气)10mL/min；进样口 220℃；检测器(FPD)300℃；起始柱温 150℃，保留 3min，以 8℃/min 升至 250℃后，保持 10min。

色谱分析：吸取 1μL 混合标液或净化试样液注入气相色谱仪，记录色谱峰的保留时间和峰高(或峰面积)。以组分保留时间定性，采用外标法定量。

4. 计算

$$X=\frac{c_{is}\times V_{is}\times H_i(A_i)\times V}{V_i\times H_{is}(A_{is})\times m} \tag{5-1}$$

式中：X——样品中有机磷农药残留量，mg/kg；

c_{is}——标准溶液中 i 组分有机磷农药浓度，μg/mL；

V_{is}——标准溶液进样体积，μL；

V——样品溶液最终定容体积，mL；

V_i——样品溶液进样体积，μL；

$H_{is}(A_{is})$——标准溶液中 i 组分有机磷农药的峰高，mm(或峰面积，mm^2)；

$H_i(A_i)$——样品溶液中 i 组分有机磷农药的峰高，mm(或峰面积，mm^2)；

—m——称样质量，g(这里只用提取液的 2/3，应乘 2/3)。

5.1.3　有机氯类、拟除虫菊酯类农药残留的测定

有机氯农药是具有杀虫活性的氯代烃的总和，主要有三类：二苯乙烷类、环戊二烯类和环己烷类。它们能够长期稳定地存在于环境中，并且通过食物链传递，对生物体毒性大，难于降解，是典型的持久性有机污染物。拟除虫菊酯是一类重要的仿生性杀虫剂，其毒杀力比老一代杀虫剂如有机氯、有机磷、氨基甲酸酯类提高 10～100 倍。其由于具有杀虫广谱、效果好、低残留、无蓄积作用等优点，成为国家提倡推广的农药产品。该类农药化学结构较复杂，对光、热和酸稳定，遇碱(pH>8)时易分解。上述两类农药的提取、净化和检测条件相近，现在农产品中这两类农药的检测基本同时进行。由于它们都含有卤素原子，因此采用气相色谱-电子捕获检测器(GC-ECD)可以很灵敏地检测这些农药残留。本节参照 GB/T 5009.146—2008 介绍其测定方法。

1. 原理

试样中有机氯和拟除虫菊酯农药用有机溶剂提取，经液液萃取及层析净化除去干扰物质，用 GC(ECD)检测，根据色谱峰的保留时间定性，外标法定量。

2. 主要仪器、试剂及材料

气相色谱仪(带 ECD)、电动振荡器、粉碎机、组织捣碎机、旋转蒸发仪、布氏漏斗(直径 80mm)、抽滤瓶(200mL)、具塞三角瓶(100mL)、分液漏斗(250mL)、层析柱。

石油醚(沸程 60～90℃)、苯、丙酮、乙酸乙酯、无水硫酸钠，均为分析纯，溶剂使用前重新蒸馏。

弗罗里硅土(Florisil)：层析用，于 620℃灼烧 4h 后备用，用前 140℃烘 2h，趁热加 5%水灭活。

农药标准品：六六六、滴滴涕、滴滴滴、滴滴伊、七氯、甲氰菊酯、氯氟氰菊酯、氰戊菊酯、溴氰菊酯等农药，纯度≥99%。

农药标准溶液：分别准确称取各标准品，用苯溶解并配成 1mg/mL 的储备液，使用时用石油醚稀释配成单品种的标准使用液。再根据各农药在仪器上的响应情况，吸取不同量的标准储备液，用石油醚稀释成混合标准使用液。

3. 操作步骤

1) 样品前处理

粮食试样经粉碎机粉碎，过 20 目筛备用。蔬菜试样擦净，去掉非可食部分后备用。

2) 提取

称取 10g 粮食试样，置于 100mL 具塞三角瓶中，加入 20mL 石油醚，于振荡器上振摇 0.5h。

称取 20g 蔬菜试样，置于组织捣碎杯中，加入 30mL 丙酮和 30mL 石油醚，于捣碎机上捣碎 2min，捣碎液经抽滤，滤液移入 250mL 分液漏斗中，加入 100mL 2%硫酸钠水溶液，充分摇匀，静置分层，将下层溶液转移到另一 250mL 分液漏斗中，再用 2×20mL 石油醚萃取，合并三次萃取的石油醚层，经无水硫酸钠干燥，于旋转蒸发仪上浓缩至 10mL。

3) 净化

层析柱中先加入 1cm 高无水硫酸钠，再加入 5g 用 5%水脱活的弗罗里硅土，最后再加入 1cm 高无水硫酸钠，轻轻敲实，用 20mL 石油醚淋洗净化柱，弃去淋洗液，柱面要留有少量液体。

准确吸取上述提取液 2mL，加入已淋洗过的净化柱中，用 100mL 石油醚-乙酸乙酯(95∶5，体积比)洗脱，收集洗脱液于蒸馏瓶中，于旋转蒸发仪上浓缩近干，用少量石油醚多次溶解残渣于刻度离心管中，最终定容至 1.0mL，供气相色谱分析。

4) 测定

气相色谱条件：毛细管色谱柱 OV-101，15m×0.25mm (i.d.)；载气为氮气，流速 40mL/min，分流比 1∶50；尾吹气 60mL/min；检测器、进样口温度 250℃；起始柱温 180℃，3℃/min 升至 230℃后，保持 30min。

色谱分析：吸取 1μL 混合标液或净化试样液注入气相色谱仪，记录色谱峰的保留时间和峰高，以组分保留时间定性，采用外标法定量。

4. 结果计算

$$X=\frac{H_i \times m_{is} \times V_2}{H_{is} \times V_1 \times m} \times K \tag{5-2}$$

式中：X——试样中农药的含量，mg/kg；

H_i——试样中 i 组分农药峰高，mm；

m_{is}——标准样品中 i 组分农药的含量，ng；

V_1——试样进样体积，μL；

V_2——试样最后定容体积，mL；

H_{is}——标准样品中 i 组分农药峰高，mm；

m——试样的质量，g；

K——稀释倍数。

5.1.4　有机磷和氨基甲酸酯类农药残留量的快速测定

有机磷农药是我国常用的杀虫剂，能抑制生物体内的乙酰胆碱酯酶活性，从而引起神经递质乙酰胆碱的积累，造成神经功能的紊乱直至死亡。氨基甲酸酯类农药作用机理与有机磷类似。本节参照 GB/T 5009.199—2003 介绍有机磷和氨基甲酸酯类农药检测的速测卡法（纸片法）。

1. 原理

胆碱酯酶可催化靛酚乙酸酯（红色）水解为乙酸与靛酚（蓝色），有机磷或氨基甲酸酯类农药对胆碱酯酶有抑制作用，使催化、水解、变色的过程发生改变，由此可判断出样品中高剂量有机磷或氨基甲酸酯类农药的存在。

2. 主要仪器及试剂

常量天平，有条件时配备 37℃±2℃恒温装置，固化有胆碱酯酶和靛酚乙酸酯试剂的纸片（速测卡）。

pH7.5 缓冲溶液：分别取 15.0g 磷酸氢二钠（$Na_2HPO_4 \cdot 12H_2O$）与 1.59g 无水磷酸二氢钾（KH_2PO_4），用 500mL 蒸馏水溶解。

3. 操作步骤

1）整体测定法

选取有代表性的蔬菜样品，擦去表面泥土，剪成 1cm 左右见方碎片，取 5g 放入带盖瓶中，加入 10mL 缓冲溶液，振摇 50 次，静置 2min 以上。取一片速测卡，用白色药片蘸取提取液，放置 10min 以上进行预反应，有条件时在 37℃恒温装置中放置 10min。预反应后的药片表面必须保持湿润。将速测卡对折，用手捏 3min 或用恒温装置恒温 3min，使红色药片与白色药片叠合发生反应。每批测定应设一个缓冲液的空白对照卡。

2）表面测定法（粗筛法）

擦去蔬菜表面泥土，滴 2～3 滴缓冲溶液在蔬菜表面，用另一片蔬菜在滴液处轻轻摩擦。取一片速测卡，将蔬菜上的液滴滴在白色药片上。放置 10min 以上进行预反应，有条件时在 37℃恒温装置中放置 10min。预反应后的药片表面必须保持湿润。将速测卡对折，用手捏 3min 或用恒温装置恒温 3min，使红色药片与白色药片叠合发生反应。每批测定应设一个缓冲液的空白对照卡。

4. 结果判定

结果以酶被有机磷或氨基甲酸酯类农药抑制（为阳性）、未抑制（为阴性）表示。

与空白对照卡比较，白色药片不变色或略有浅蓝色均为阳性结果。白色药片变为天蓝色或与空白对照卡相同，为阴性结果。对阳性结果的样品，可用其他分析方法进一步确定具体农药品种和含量。

5. 速测卡技术指标

1）灵敏度

速测卡对部分常见农药的检出限见表 5-1。

表 5-1　部分农药的检出限

农药名称	检出限/(mg/kg)	农药名称	检出限/(mg/kg)	农药名称	检出限/(mg/kg)
甲胺磷	1.7	乙酰甲胺磷	3.5	久效磷	2.5
对硫磷	1.7	敌敌畏	0.3	甲萘威	2.5
水胺硫磷	3.1	敌百虫	0.3	好年冬	1.0
马拉硫磷	2.0	乐果	1.3	呋喃丹	0.5
氧化乐果	2.3				

2）符合率

在检出的 30 份以上阳性样品中，经气相色谱法验证，阳性结果的符合率应在 80%以上。

6. 注意事项

(1) 葱、蒜、萝卜、韭菜、芹菜、香菜、茭白、蘑菇和番茄汁液中，含有对酶有影响的植物次生物质，容易产生假阳性。处理这类样品时，可采取整株（体）蔬菜浸提或采用表面测定法。对一些含叶绿素较高的蔬菜，也可采取整株（体）蔬菜浸提法，以减少色素的干扰。

(2) 当温度低于 37℃，酶反应速率随之放慢，药片加液后放置反应的时间也应相对延长，延长时间的确定，应以空白对照卡用手指（体温）捏 3min 时可以变蓝，即可往下操作。注意样品放置的时间应与空白对照卡放置的时间一致才有可比性。空白对照卡不变色的原因：一是药片表面缓冲溶液加得少、预反应后的药片表面不够湿润；二是温度太低。

(3) 红色药片与白色药片叠合反应的时间以 3min 为准，3min 后蓝色会逐渐加深，24h 后颜色会逐渐褪去。

5.2　兽药残留分析

5.2.1　概述

兽药残留全称为“兽药在动物源食品中的残留”，具体是指动物产品的任何可食部分所含兽药的母体化合物及(或)其代谢物，以及与兽药有关的杂质。兽药按用途分类，主要有抗微生物药(抗生素、抗菌药和抗病毒药)、抗寄生虫药(抗蠕虫药、抗原虫药、杀虫药)、激素类及生长促进剂等。目前主要的兽药残留物有：①抗生素：如氯霉素、四环素、土霉素、金霉素等；②磺胺类药物，多用在猪、牛、禽等动物中；③激素和β-兴奋剂类：如性激素类、皮质激素类和盐酸克伦特罗(瘦肉精，为禁用兽药)等；④呋喃唑酮和硝呋烯腙，常添加在猪或鸡的饲料中用来预防疾病，但它们是我国食用动物的禁用兽药。

食品中兽药残留超标，不仅会对人体产生急、慢性毒性作用，引起细菌耐药性增加和人体菌群失调，导致致癌、致畸、致突变等严重后果而损害人们的健康，而且会给国家经济造成巨大损失，并损害我国动物性食品在国际贸易中的声誉。我国畜产品和水产品出口美国、欧盟、日本等屡屡受阻，兽药残留和大肠杆菌超标是其主要原因之一。基于兽药残留的危害性，世界各国纷纷采取相应的措施来监控兽药残留，以保证动物性食品安全，从而保障人类健康和减少贸易争端。

5.2.2　食品中兽药残留量的测定

相比于农药分子来说，大多数兽药相对分子质量较大、极性较强、水溶性好，适合于液相色谱及液相色谱-质谱联用法检测。在我国现行的国家标准中，有多项关于兽药残留的检测方法，本节参照 GB/T 21317—2007 介绍动物源性食品中四环素类兽药残留量的检测方法中的液相色谱-质谱/质谱法(LC-MS/MS)。

1. 原理

试样中四环素类抗生素残留用 Na_2EDTA-Mcllvaine 缓冲液(pH=4.0±0.05)提取，提取液经固相萃取法净化后浓缩，采用液相色谱电喷雾质谱仪测定，外标峰面积法定量。

2. 主要仪器及试剂

液相色谱串联四极杆质谱仪或相当者(配电喷雾离子源，ESI)、分析天平、旋涡混合器、低温离心机、氮吹浓缩仪、固相萃取真空装置、Oasis HLB 固相萃取柱、pH 计、组织捣碎机、超声提取仪。

甲醇和乙腈为色谱纯。乙酸乙酯、乙二胺四乙酸二钠($Na_2EDTA \cdot 2H_2O$)、三氟乙酸、柠檬酸($C_6H_8O_7 \cdot H_2O$)、磷酸氢二钠($Na_2HPO_4 \cdot 12\ H_2O$)均为分析纯。

Mcllvaine 缓冲溶液：将 1000mL 0.1mol/L 柠檬酸溶液与 625mL 0.2mol/L 磷酸氢二钠溶液混合，必要时用氢氧化钠或盐酸调节 pH=4.0±0.05。

0.1mol/L Na_2EDTA-Mcllvaine 缓冲溶液：称取 60.5g 乙二胺四乙酸二钠放入 1625mL Mcllvaine 缓冲溶液中，使其溶解，摇匀。

10mmol/L 三氟乙酸水溶液：准确吸取 0.765mL 三氟乙酸于 1000mL 容量瓶中，用水溶解并定容。

Oasis HLB 固相萃取柱：60mg，3mL，或相当者。使用前分别用 5mL 甲醇和 5mL 水预处理，保持柱体湿润。

二甲胺四环素、土霉素、四环素、去甲基金霉素、金霉素、甲烯土霉素、强力霉素、差向四环素、差向土霉素、差向金霉素等兽药标准品，纯度均≥95%。

兽药标准储备溶液：准确称取按其纯度折算为 100%质量的兽药标品各 10.0mg，分别用甲醇溶解并定容至 100mL，浓度相当于 100mg/L。储备液在－18℃以下储存于棕色瓶中，可稳定 12 个月以上。

混合标准工作溶液：根据需要，用甲醇-三氟乙酸水溶液（1∶19，体积比）将标准储备溶液配制为适当浓度的混合标准工作溶液。混合标准工作溶液应使用前配制。

3. 操作步骤

1）样品制备与储存

动物肌肉、肝脏、肾脏和水产品：从全部样品中取出约 500g，用组织捣碎机充分捣碎均匀，装入洁净容器中，密封，于－18℃以下冷冻存放。

牛奶样品：从全部样品中取出约 500g 样，充分混匀，装入洁净容器中，密封，于－18℃以下冷冻存放。

2）提取

动物肝脏、肾脏、肌肉组织、水产品：称取均质试样 5g（精确到 0.01g），置于 50mL 聚丙烯离心管中，分别用约 20mL、20mL、10mL 0.1mol/L EDTA-Mcllvaine 缓冲溶液冰水浴超声提取三次，每次旋涡混合 1min，超声提取 10min，3000r/min 离心 5min（温度低于 15℃），合并上清液（注意控制总提取液的体积不超过 50mL），并定容至 50mL，混匀，5000r/min 离心 10min（温度低于 15℃），用快速滤纸过滤，待净化。

牛奶：称取混匀试样 5g（精确到 0.01g），置于 50mL 比色管中，用 0.1mol/L EDTA-Mcllvaine 缓冲溶液溶解并定容至 50mL，旋涡混合 1min，冰水浴超声 10min，转移至 50mL 聚丙烯离心管中，冷却至 0～4℃，5000r/min 离心 10min（温度低于 15℃），用快速滤纸过滤，待净化。

3）净化

准确吸取 10mL 提取液（相当于 1g 样品），以 1 滴/s 的速度过 HLB 固相萃取柱，待样液完全流出后，依次用 5mL 水和 5mL 甲醇-水（1∶19，体积比）淋洗，弃去全部流出液。2.0kPa 以下减压抽干 5min，最后用 10mL 甲醇-乙酸乙酯（1∶9，体积比）洗脱。将洗脱液用氮吹浓缩至干（温度低于 40℃），用 1.0mL 甲醇-三氟乙酸水溶液（1∶19，体积比）溶解残渣，过 0.45μm 滤膜，待测定。

4）测定

液相色谱条件：Inertsil C8-3 色谱柱，5μm，150mm×2.1mm(i.d)，或相当者；流动相为甲醇和三氟乙酸溶液，采用梯度洗脱；流速，300μL/min；柱温，30℃；进样量，30μL。

质谱条件：电喷雾电离正离子模式（ESI^+）；质谱扫描方式，多反应监测（MRM）；分辨率，单位分辨率。

定性与定量：待测样品中化合物色谱峰的保留时间与标准溶液相比变化范围应在±2.5%；每种化合物的质谱定性离子必须出现，至少应包括一个母离子和两个子离子，而且同一检测批次，对同一化合物，样品中目标化合物的两个子离子的相对丰度比与浓度相当的标准溶液相比，其允许偏差不超过规定的范围。采用外标峰面积法定量。

4. 结果计算

$$X=\frac{A_x \times c_s \times V}{A_s \times m} \tag{5-3}$$

式中：X——样品中待测组分的含量，μg/kg；

A_x——测定液中待测组分的峰面积；

A_s——标准液中待测组分的峰面积；

c_s——标准液中待测组分的含量，μg/L；

V——定容体积，mL；

m——最终样液所代表的样品质量，g。

5.3　农药残留及兽药残留分析研究进展

近年来，由农药、兽药残留超标导致的食品安全事件时有发生，给农产品安全带来了极大的影响。对农产品中可能存在的各种农药、兽药残留进行定性定量检测，是合理使用农药和兽药，保障农产品质量安全的重要措施，对于保护人体健康、生态环境以及农产品国际贸易均具有重要意义。

药物残留检测一般包括样品前处理和仪器分析检测两个部分。样品前处理的最终目的是将待测组分从样品基体中分离出来，并达到分析仪器能够检测的状态。它对保证测定结果的准确性和可靠性，减少对检测仪器的污染，提高检测效率至关重要。过去常用的样品前处理技术有索氏提取、振荡萃取、液液萃取、柱层析等，尽管这些技术不需要昂贵的设备和特殊仪器，但却是整个分析过程中最费时费力、最容易引起误差的环节，且大量有机溶剂的使用，也造成了对环境的污染。近年来食品中残留分析的样品前处理技术得到迅猛发展。固相萃取（solid phase extraction，SPE）、基质固相分散（matrix solid-phase dispersion，MSPD）、QuEChERS（quick-easy-cheap-effective-rugged and safe）、固相微萃取（solid-phase microextraction，SPME）、液相微萃取（liquid phase microextraction，LPME）、凝胶渗透色谱（gel permeation chromatography，GPC）已经在残留分析中得到广泛应用，而超临界流体萃取（supercritical fluid extraction，SFE）、加速溶剂萃取（accelerated solvent extraction，ASE）、微波辅助萃取（microwave-aided extraction，MAE）、超声辅助萃取（ultrasound-assisted extraction，UAE）、搅拌棒吸附萃取（stir-bar sorption extraction，SBSE）、浊点萃取（cloud point extraction，CPE）、分子印迹技术（molecular imprinted technique，MIT）、免疫亲和色谱（immune affinity chromatography，IAC）、膜萃取（membrane extraction）等样品前处理技术也得到了长足发展。与传统样品前处理方式相比，这些新技术在节省时间、减轻劳动强度、节省溶剂、减少样品用量、提高提取或净化效率、提高自动化水平等方面具有显著优势。但是由于药物的多样性及复杂性，上述技术并不能全部代替传统的组织匀浆法、振荡法、索氏提取法或液液萃取法，在很多情况下需要与经典方法配合使用。

农药残留检测方法主要包括两类：生化分析法和仪器分析法。其中生化分析法包括免疫分析法、酶抑制法和生物传感器法，仪器分析法主要包括气相色谱法、液相色谱法及色谱-质谱联用法。在残留分析中，检测灵敏度和准确率是分析方法建立的最重要因素，提高对残留物质的分析能力和分析效率是残留分析的主要发展方向。近十几年来，残留分析更是向高灵敏度、高准确度、高通量、智能化、在线分析、现场快速分析、分析仪器的集成化和便携化方向发展。

5.3.1 气相色谱法

气相色谱(GC)法具有选择性高、分离效能高、灵敏度高、重现性好、分析速度快等优点，仍然是目前农药残留分析中应用最广泛的方法，将近70%的农药由于沸点低于300℃，并且含有适合GC检测器检测的基团或者元素，都可以采用GC检测。GC可供选择的检测器较多，常用的有热导池检测器(TCD)、电子捕获检测器(ECD)、氮磷检测器(NPD)、火焰光度检测器(FPD)、氢火焰离子化检测器(FID)等，可根据实际需要进行选择。为了适于野外采样和现场分析，便携式的GC也已经得到开发与应用。

近年来，GC作为一种分离技术也得到了发展，全二维气相色谱(GC×GC)的出现对复杂基体中挥发性化合物的分离分析发挥了很大的作用。GC×GC是把分离机理不同而又互相独立的两支色谱柱以串联方式结合成二维气相色谱，得到以柱1保留时间为第一横坐标，柱2保留时间为第二横坐标，信号强度为纵坐标的三维色谱图或二维轮廓图。该仪器分辨率高、峰容量大、灵敏度高，与飞行时间质谱联用在复杂样品的残留分析检测中发挥了积极作用。

5.3.2 高效液相色谱法

高效液相色谱(HPLC)法适用于高沸点、大分子、强极性和热稳定性差的化合物的分析。HPLC在农残检测中常用的检测器有示差折光检测器、紫外检测器、光电二极管阵列检测器、荧光检测器等，但目前还没有通用型的检测器。紫外检测器是HPLC应用最为广泛的检测器。近年来，HPLC柱后衍生技术得到快速发展。一些氨基甲酸酯类农药通过衍生化技术使之产生荧光，可用荧光检测器检测，检测灵敏度得到很大改善，而且由于绝大多数杂质不产生荧光物质，避免了杂质的干扰。此外，超高效液相色谱(UPLC)的出现也使得该技术有了新的发展。与常规HPLC相比，UPLC增加了分析通量、灵敏度及色谱峰容量，为残留分析带来了技术上的进步。

5.3.3 色谱-质谱联用法

GC和HPLC对分析物的定性是根据保留时间来判定的，但往往由于食品基体复杂，加上样品前处理过程并不能完全去除干扰物，在色谱分析时可能会出现许多杂质峰，影响分析物的判别。质谱(MS)分析法是一种测定离子质荷比的方法。分析物首先被离子化，然后利用不同离子在电场或磁场中的运动行为的不同，将离子按照质荷比分开而得到质谱，通过与质谱库中该物质的标准谱图对比，可以得到分析物的定性信息，因而质谱具有很强的识别功能，克服了单纯GC或HPLC检测时以保留时间定性的缺点。另外，在色谱-质谱联用技术中，质谱是一种灵敏度高的通用型检测器，尤其适合多残留分析。串联质谱MS/MS，即使对复杂基体分析，也可以得到较高的灵敏度。目前，色谱与质谱的联用技术是最受青睐的残留分析技术，尤其是在对痕量可疑化合物确证方面具有无可比拟的优势。我国已有多项国标采用色谱-质谱联用法检测农药残留。

5.3.4 酶抑制法

有机磷、氨基甲酸酯类农药对昆虫中枢和周围神经系统中乙酰胆碱酯酶的活性有抑制作用，酶抑制法正是利用这一原理而建立起来的农残分析技术。该法能在 0.5h 内测定蔬菜、水果中有机磷及氨基甲酸酯类农药残留，已经成为国内外快速检测农药残留的主要技术，越来越多的蔬菜基地、批发市场和超市都已采用该法进行现场检测以及大批样品的筛选，成为仪器分析法的有效补充。

5.3.5 免疫分析法

免疫分析法是以抗体抗原特异识别和结合反应为基础的分析方法，主要分为酶联免疫分析和放射免疫分析，最常用的是酶联免疫分析。相对分子质量的农药(如苏云金杆菌毒素等)可以直接作为抗原去免疫脊椎动物，动物的免疫系统对进入体内的异源大相对分子质量物质发生保护性应答反应。对于相对分子质量小的农药($M_w < 2500$)需要制备人工抗原才能进行免疫分析。该方法具有特异性强、灵敏度高、方便快捷、分析容量大、安全可靠等优点，可应用于现场分析和大量样品的快速检测。缺点是抗体制备较困难，易出现假阳性或假阴性现象；由于抗体有特异性，不适合多残留分析。

5.3.6 生物传感器法

生物传感器法是将传感技术与农药免疫分析技术相结合而建立起来的，可以说是免疫分析技术的一种延伸或分支。在生物传感器中，生物敏感元件与转换器紧密配合，这种生物敏感元件对特定化学物质或生物活性物质具有选择性和可逆响应，通过测定 pH、电导等物理化学信号的变化，即可测得农药残留量。该方法具有样品用量少、响应速度快、灵敏度高、选择性好、抗干扰能力强等优点，甚至可以实现在线和原位快速跟踪分析；但目前存在的主要问题是分析结果的重现性差、使用寿命短。

5.3.7 兽药残留分析研究进展

动物性食品作为人类食物中的一大类，包括畜禽肉、蛋类、水产品、奶及其制品等，能够提供人体所必需的蛋白质、脂肪、矿物质和维生素等。与植物性食品相比，从动物性食品基质中分离纯化分析物难度更大。蛋白质、脂肪等不仅会与分析物产生结合作用，还会对试剂和器皿造成严重污染。

用于农残分析检测的样品前处理技术和分析检测技术基本上都适用于兽药残留的检测。但是由于蛋白质、脂肪等干扰，在提取之前往往要对样品进行消解或者脱脂处理。另外，由于农药、兽药物理化学性质的差异，液相色谱及液质联用技术在兽药残留检测中占据主导地位，已经成为国内外积极推广使用的检测方法。从目前已有的兽药残留检测国家标准方法来看，多残留检测是其今后发展的一个主要方向。

5.4 有害元素分析

食物中的有害元素主要指重金属，包括砷、铅、镉、汞等一些具有蓄积性的有害元素。它们主要来源于工业“三废”、交通污染、生活垃圾、自然环境和含重金属的化肥、农药。虽然重金属的污染一般不会引起急性中毒反应，但其长期积累会给人类健康带来潜在威胁。

5.4.1 食品中总砷的测定(氢化物原子荧光光度法)

1. 原理

试样经消化后,先加入硫脲将五价态砷还原为三价态砷,再加入 $NaBH_4$(或 KBH_4)使三价态砷还原为 AsH_3,由氩气载入原子化器中,转变为原子态砷,在砷空心阴极灯的发射光激发下产生原子荧光,其荧光强度在固定条件下与被测液中的砷浓度成正比,通过标准曲线法定量。

2. 主要仪器及试剂

原子荧光光度计。

氢氧化钠溶液(2g/L)、硫脲溶液(50g/L),氢氧化钠溶液(100g/L)(供配制砷标准溶液用,少量即够)、硫酸溶液(1∶9,体积比)。

硼氢化钠($NaBH_4$)溶液(10g/L):称取硼氢化钠 10.0g,溶于 1000mL 2g/L 的 NaOH 溶液中,混匀,此溶液于冰箱可保存 10 天,取出后应当日使用。

砷标准储备液(0.1mg/mL):精确称取 0.1320g 三氧化二砷(100℃干燥 2h 以上),加 100g/L 的 NaOH 溶液 10mL 溶解,用适量水转入 1000mL 容量瓶中,加硫酸溶液(1∶9,体积比)25mL,用水定容。

砷标准使用液(1μg/mL):吸取 1.00mL 砷标准储备液于 100mL 容量瓶中,用水定容,此液应当日配制使用。

湿消解试剂:硝酸、硫酸、高氯酸。

干灰化试剂:六水硝酸镁(150g/L)、氯化镁、盐酸(1∶1,体积比)。

3. 操作步骤

1) 试样消解

(1) 湿法消化:称固体试样 1~2.5g 或液体试样 5~10g(或 mL)(精确至小数点后第二位),置于 50~100mL 锥形瓶中,同时做两份试剂空白。加浓硝酸 20~40mL、浓硫酸 1.25mL,摇匀后放置过夜,置于电热板上加热消解。若消解液处理至 10mL 左右时仍有未分解物质或色泽变深,取下放冷,补加浓硝酸 5~10mL,再消解至 10mL 左右观察,如此反复两三次,注意避免炭化。如仍不能消解完全,则加入高氯酸 1~2mL,继续加热至消解完全后,再持续蒸发至高氯酸的白烟散尽,硫酸的白烟开始冒出。冷却,加水 25mL,再蒸发至冒硫酸白烟。冷却,用水将内容物转入 25mL 容量瓶或比色管中,加入 50g/L 硫脲 2.5mL,补水至刻度并混匀,备测。

(2) 干法消化:一般应用于固体试样。称取 1~2.5g 试样(精确至小数点后第二位)于 50~100mL 坩埚中,同时做两份试剂空白。加 150g/L 硝酸镁 10mL 混匀,低热蒸干。将氧化镁 1g 仔细覆盖在干渣上,于电炉上炭化至无黑烟,移入 550℃马弗炉灰化 4 h。取出放冷,小心加入盐酸(1∶1,体积比)10mL,以中和氧化镁并溶解灰分,转入 25mL 容量瓶中,向容量瓶中加入 50g/L 硫脲 2.5mL,另用硫酸(1∶9,体积比)分次洗涤坩埚后转出合并,直至 25mL 刻度,混匀备测。

2）标准系列的配制

取25mL容量瓶或比色管6支，依次准确加入1μg/mL砷标准使用液0mL、0.05mL、0.2mL、0.5mL、2.0mL、5.0mL（各相当于砷浓度0ng/mL、2.0ng/mL、8.0ng/mL、20.0ng/mL、80.0ng/mL、200.0ng/mL），各加硫酸（1∶9，体积比）12.5mL，50g/L硫脲2.5mL，加水定容，混匀备测。

3）测定

（1）仪器参考条件：光电倍增管电压，400V；砷空心阴极灯电流，35mA；原子化器，温度820～850℃，高度7mm；氩气流速，600mL/min；测量方式，荧光强度或浓度直读。读数方式，峰面积；读数延迟时间，1s；读数时间，15s；$NaBH_4$溶液加入时间，5s；标液或样液加入体积，2mL。

（2）可以采用浓度方式（如直接测荧光强度）或仪器自动方式测量。

4. 结果计算

如果采用荧光强度测量方式，则需先对标准系列的结果进行回归运算（由于测量时"0"管强制为0，故零点值应该输入以占据一个点位），然后根据回归方程求出试剂空白液和试样被测液的砷浓度，再按式(5-4)计算试样的砷含量：

$$X=\frac{c-c_0}{m}\times\frac{25}{1000} \tag{5-4}$$

式中：X——试样的砷含量，mg/kg或mg/L；

c——试样被测液的浓度，ng/mL；

c_0——试剂空白液的浓度，ng/mL；

m——试样的质量或体积，g或mL。

计算结果保留两位有效数字。

5. 精密度与准确度

湿法消化测定的回收率为90%～105%，在重复性条件下获得的两次独立测定结果的绝对差值不得超过算术平均值的10%；干法消化测定的回收率为85%～100%，在重复性条件下获得的两次独立测定结果的绝对差值不得超过算术平均值的15%。

5.4.2　食品中铅的测定（石墨炉原子吸收光谱法）

1. 原理

试样经消化后，将消化液注入原子吸收分光光度计石墨炉中，电热原子化后吸收283.3nm共振线，在一定浓度范围内，其吸收值与铅含量成正比，通过标准曲线法定量。

2. 主要仪器及试剂

原子吸收分光光度计（附石墨炉及铅空心阴极灯）、马弗炉、干燥恒温箱、瓷坩埚、可调式电热板、可调式电炉、压力消解器、压力消解罐或压力溶弹、分析天平。

硝酸（优级纯）、高氯酸（优级纯）、过氧化氢（30%）、硝酸（1∶1，体积比）。

0.5mol/L硝酸：取3.2mL硝酸加入50mL水中，稀释至100mL。

1mol/L硝酸：取6.4mL硝酸加入50mL水中，稀释至100mL。

20g/L 磷酸二氢铵溶液：称取 2.0g 磷酸二氢铵，以水溶解稀释至 100mL。

混合酸：硝酸-高氯酸（9∶1，体积比）。

铅标准储备液（1.0 mg/mL）：准确称取 1.000 g 金属铅（纯度大于 99.99%），分次加少量硝酸（1∶1，体积比），加热溶解，总量不超过 37mL，移入 1000mL 容量瓶中，加水定容，混匀。

铅标准使用液：每次吸取铅标准储备液 1.0mL 于 100mL 容量瓶中，加硝酸（0.5mol/L）至刻度。如此经多次稀释成每毫升含铅 10.0ng、20.0ng、40.0ng、60.0ng、80.0ng 的标准使用液。

3. 操作步骤

1）试样预处理

（1）在采样和制备过程中，应注意不使试样污染。

（2）粮食、豆类去杂物后，磨碎，过 20 目筛，储存于塑料瓶中，备用。

（3）蔬菜、水果、鱼类、肉类及蛋类等水分含量高的鲜样，用食品加工机或匀浆机匀浆，储存于塑料瓶中，备用。

2）试样消解（可选用以下任何一种方法消解）

（1）干法消化：称取 1～5g 样品（精确到 0.001g，根据铅含量而定）于瓷坩埚中，先小火炭化至无烟，移入马弗炉 500℃灰化 6～8h，放冷。若个别样品不彻底，则加 1mL 混合酸在小火上加热，反复多次直到消化完全，放冷，用 0.5mol/L 硝酸将灰分溶解，过滤于 10～25mL 容量瓶中，并定容、摇匀备用。同时做试剂空白。

（2）湿法消化：称取 1～5g 试样（精确到 0.001g）于三角烧瓶中，放数粒玻璃珠，加 10mL 混合酸，加盖浸泡过夜。加一小漏斗在电炉上消解，若变棕黑色，再加混合酸，直至冒白烟，消化液无色透明或略带黄色，放冷，移入 10～25mL 容量瓶中，用水定容，摇匀。同时做试剂空白。

（3）压力消解罐法：称取 0.2～2g 样品（精确到 0.001g，粮食、豆类干样不得超过 1g，蔬菜、水果、动物性样品控制在 2g 以内，水分高的样品称样后先蒸水分至近干）于聚四氟乙烯罐内，加硝酸 2～4mL 过夜。再加 30%过氧化氢 2～3mL（总量不能超过内罐容积的 1/3）。盖好内盖，旋紧外盖，放入恒温箱，于 120～140℃保温 3～4h，自然冷却。将消化液定量转移至 10～25mL 容量瓶中，定容，混匀。同时做试剂空白。

3）测定

（1）仪器参考测量条件：波长 283.3nm；狭缝 0.2～1.0nm；灯电流 5～7mA；干燥温度 120℃，持续 20s；灰化温度 450℃；持续 15～20s；原子化温度 1700～2300℃，持续 4～5s。背景校正为氘灯或塞曼效应。

（2）标准曲线绘制：吸取铅标准使用液 10.0ng/mL、20.0ng/mL、40.0ng/mL、60.0ng/mL、80.0ng/mL（或 μg/L）各 10μL，分别注入石墨炉中，测得其吸光值并求得吸光值与浓度关系的一元线性回归方程。

（3）试样测定：分别取样液和试剂空白液各 10μL，注入石墨炉中，测得其吸光值，代入线性回归方程求得样液中铅含量。

（4）基体改进剂的使用：对有干扰的试样，则注入适量的基体改进剂磷酸二氢铵溶液（20g/L），一般为 5μL 或与试样同量以消除干扰。绘制铅标准曲线时也要加入与试样测定时等量的基体改进剂磷酸二氢铵溶液。

4. 结果计算

$$X=\frac{(c-c_0)\times V}{m} \tag{5-5}$$

式中：X——试样中铅含量，μg/kg 或 μg/L；

c——测定样液中铅含量，ng/mL；

c_0——空白液中铅含量，ng/mL；

V——试样消化液定容总体积，mL；

m——试样质量或体积，g 或 mL。

计算结果保留两位有效数字。

5. 精密度

在重复性条件下获得的两次独立测定结果的绝对差值不得超过算术平均值的20%。

5.4.3　食品中镉的测定(石墨炉原子吸收光谱法)

1. 原理

样品经消化后，将消化液注入原子吸收分光光度计石墨炉中，电热原子化后，镉原子吸收228.8nm的共振线，在一定浓度范围内，其吸收值与镉含量成正比，通过标准曲线法定量。

2. 主要仪器及试剂

原子吸收分光光度计(附石墨炉及镉空心阴极灯)、马弗炉、恒温干燥箱、瓷坩埚、压力消化器、微波消解装置、可调式电热板或可调式电炉。

所用玻璃仪器均需以硝酸(1∶5，体积比)浸泡过夜，用水反复冲洗，最后用去离子水冲洗干净。

硝酸、硫酸、高氯酸、30%过氧化氢、0.5mol/L 硝酸、20g/L 的磷酸铵溶液。

混合酸：硝酸-高氯酸(4∶1，体积比)。

镉标准储备液：准确称取1.000g 金属镉(纯度大于99.99%)，分次加20mL 盐酸(1∶1，体积比)溶解，加2滴硝酸，移入1000mL 容量瓶中，以水定容，混匀。

镉标准使用液：吸取10.0mL 镉标准储备液于100mL 容量瓶中，以0.5mol/L 硝酸定容，混匀。如此多次稀释至每毫升相当于100.0ng 镉的标准使用液。

3. 操作步骤

1) 样品预处理

粮食、豆类去壳去杂物后，磨碎过20目筛，储存于塑料瓶中，保存备用。蔬菜、水果、鱼类、肉类及蛋类等水分含量高的鲜样用食品加工机或者匀浆机打成匀浆，储存于塑料瓶中，备用。

2) 样品消解(根据实验条件可任选一方法)

(1) 干法消化：称取1～5g 样品(精确到0.001g，根据铅含量而定)于瓷坩埚中，先小火炭化至无烟，移入马弗炉500℃灰化6～8h，放冷。若个别样品不彻底，则加1mL 混合酸在小火上加热，反复多次直到消化完全，放冷，用0.5mol/L 硝酸将灰分溶解，过滤于10～25mL 容量瓶中，并定容、摇匀备用。同时做试剂空白。

(2) 湿法消化：称取 1～5g 试样(精确到 0.001g)于三角烧瓶中，放数粒玻璃珠，加 10mL 混合酸，加盖浸泡过夜。加一小漏斗在电炉上消解，若变棕黑色，再加混合酸，直至冒白烟，消化液无色透明或略带黄色，放冷，移入 10～25mL 容量瓶中，用水定容，摇匀。同时做试剂空白。

(3) 压力消解罐法：称取 0.2～2g 样品(精确到 0.001g，粮食、豆类干样不得超过 1g，蔬菜、水果、动物性样品控制在 2g 以内，水分高的样品称样后先蒸水分至近干)于聚四氟乙烯罐内，加硝酸 2～4mL 过夜。再加 30%过氧化氢 2～3mL (总量不能超过内罐容积的 1/3)。盖好内盖，旋紧外盖，放入恒温箱，于 120～140℃保温 3～4h，自然冷却。将消化液定量转移至 10～25mL 容量瓶中，定容，混匀。同时做试剂空白。

(4) 微波消解法：精密称取 0.3000～0.5000g 试样于微波消化罐中，加 1.0 mol/L 硝酸 4mL，盖好内盖，旋紧外盖，放入微波消解装置，按照预先设定的程序进行升温消化，待消化完毕后，取出消化罐，将消化液定量移入 10mL 或 25mL 比色管中，用水少量多次洗罐，定容，混匀。同样做试剂空白。

3) 测定

(1) 仪器参考测量条件：波长 228.8nm；狭缝 0.5～1.0nm；灯电流 8～10mA；干燥温度 120℃，20s；灰化温度 350℃，15～20s；原子化温度 1700～2300℃，4～5s，背景校正为氘灯或塞曼效应。

(2) 标准曲线绘制：分别吸取镉标准使用液 0.0mL、1.0mL、2.0mL、3.0mL、5.0mL、7.0mL、10.0mL 于 100mL 容量瓶中稀释至刻度，相当于含镉 0.0ng/mL、1.0ng/mL、2.0ng/mL、3.0ng/mL、5.0ng/mL、7.0ng/mL、10.0ng/mL，各吸取 10μL 注入石墨炉中，测得其吸光值并求得吸光值与浓度关系的一元线性回归方程。

(3) 样品测定：分别取试剂空白液和样液 10μL，测得其吸光值，代入标准系列的线性回归方程中求得样液中镉含量。

(4) 基体改进剂的使用：对有干扰的样品，则注入适量的基体改进剂磷酸铵溶液(20g/L)消除干扰。绘制镉标准曲线时也要加入与样品测定时等量的基体改进剂。

4. 结果计算

$$X=\frac{(c-c_0)\times V}{m} \tag{5-6}$$

式中：X——样品中镉含量，μg/kg 或 μg/L；

c——测定试样消化液中镉含量，ng/mL；

c_0——空白液中镉含量，ng/mL；

V——样品定容总体积，mL；

m——样品质量或体积，g 或 mL。

计算结果保留两位有效数字。

5. 精密度

在重复条件下获得的两次独立测定结果的绝对差值不得超过算术平均值的 20%。

5.4.4　食品中总汞的测定(原子荧光光谱分析法)

1. 原理

试样经酸加热消解后，在酸性介质中，试样中汞被KBH_4或$NaBH_4$还原成原子态汞。由载气带入原子化器中，在汞空心阴极灯照射下，基态汞原子被激发至高能态，在去活化回到基态时，发射出特征波长的荧光，其荧光强度与汞含量成正比，与标准系列比较进行定量。

2. 主要仪器及试剂

双道原子荧光光度计、高压消解罐(100mL容量)。

硝酸(优级纯)、硫酸(优级纯)、30%过氧化氢。

硫酸-硝酸-水(1∶1∶8，体积比)：量取10mL浓硝酸和10mL浓硫酸，缓缓倒入80mL水中，冷却后小心混匀。

硝酸溶液(1∶9，体积比)：量取50mL浓硝酸，缓缓倒入450mL水中，混匀。

KOH溶液(5g/L)：称取5.0g KOH，溶于水中，稀释至1000mL，混匀。

KBH_4溶液(5g/L)：称取5.0g KBH_4，溶于5.0g/L的KOH溶液中，并稀释至1000mL，混匀，现用现配。

汞标准储备溶液(1mg/mL)：精密称取0.1354g干燥过的氯化汞，加硫酸-硝酸-水(1∶1∶8，体积比)溶解后，移入100mL容量瓶中，并稀释至刻度，混匀。

汞标准使用溶液：用移液管吸取汞标准储备液1mL于100mL容量瓶中，用硝酸溶液(1∶9，体积比)稀释至刻度，混匀，此溶液的汞浓度为10μg/mL。再分别吸取10μg/mL汞标准溶液1mL和5mL于两个100mL容量瓶中，用硝酸溶液(1∶9，体积比)定容，混匀，此溶液的汞浓度分别为100ng/mL和500ng/mL，分别用于测定低汞浓度试样和高汞浓度试样，制作标准曲线。

3. 分析步骤

1) 试样消解

高压消解法：适用于粮食、豆类、蔬菜、水果、瘦肉类、鱼类、蛋类及乳与乳制品类食品中总汞的测定。

(1) 粮食及豆类等干样：称取经粉碎混匀过40目筛的干样0.2～1.00g，置于聚四氟乙烯塑料内罐中，加5mL硝酸，混匀后放置过夜，再加7mL 30%的过氧化氢，盖上内盖放入不锈钢外套中，旋紧密封。然后将消解器放入烘箱中加热，升温至120℃后保持恒温2～3h，至消解完全，自然冷至室温。将消解液用硝酸溶液(1∶9，体积比)定量转移，并定容至25mL，摇匀。同时做试剂空白。

(2) 蔬菜、瘦肉、鱼类及蛋类水分含量高的鲜样用捣碎机打成匀浆，称取匀浆1.00～5.00g，置于聚四氟乙烯塑料内罐中，加盖留缝放于65℃鼓风干燥烘箱中烘至近干，取出，以下按上述(1)中自“加5mL硝酸……”起依上述方法操作。

2) 标准系列配制

(1) 低浓度标准系列：分别吸取100ng/mL汞标准使用液0.25mL、0.50mL、1.0mL、2.0mL、2.5mL于25mL容量瓶中，用硝酸溶液(1∶9，体积比)稀释至刻度，混匀。各自相当于汞浓度 1.00ng/mL、2.00ng/mL、4.00ng/mL、8.00ng/mL、10.00ng/mL。此标准系列适用于一般试样测定。

(2) 高浓度标准系列:分别吸取 500ng/mL 汞标准使用液 0.25mL、0.50mL、1.00mL、1.50mL、2.00mL 于 25mL 容量瓶中,用硝酸溶液(1∶9,体积比)稀释至刻度,混匀。各自相当于汞浓度 5.00ng/mL、10.00ng/mL、20.00ng/mL、30.00ng/mL、40.00ng/mL。此标准系列适用于鱼及含汞量偏高的试样测定。

3) 测定

(1) 仪器参考条件:光电倍增管负高压,240V;汞空心阴极灯电流,30mA;原子化器,温度 300℃,高度 8.0mm;氩气流速,载气 500mL/min,屏蔽气 1000mL/min;测量方式,标准曲线法;读数方式,峰面积;读数延迟时间,1.0s;读数时间,10.0s;KBH_4溶液加液时间,8.0s;标液或样液加液体积,2mL。

(2) 可以采用浓度方式或仪器自动方式测量。

4. 结果计算

$$X=\frac{(c-c_0)\times V}{m} \tag{5-7}$$

式中:X——试样中汞的含量,μg/kg 或 μg/L;

c——试样消化液中汞的含量,ng/mL;

c_0——试剂空白液中汞的含量,ng/mL;

V——试样消化液总体积,mL;

m——试样质量或体积,g 或 mL。

计算结果保留三位有效数字。

5. 精密度

在重复性条件下获得的两次独立测定结果的绝对差值不得超过算术平均值的 10%。

5.5 黄曲霉毒素分析

5.5.1 概述

黄曲霉毒素(aflatoxins, AFTs)是一类主要由寄生曲霉(*A spergillus. parasiticus*)和产毒的黄曲霉(*A. flavus*)产生的有毒次生代谢产物,广泛分布于各种食品及饲料中。由于黄曲霉毒素产生菌对生长和产毒条件要求不高,极易侵染花生、大米、小麦、高粱、粟米、大麦、大豆、棉籽、向日葵以及芥菜籽等农作物,进而导致毒素污染。AFTs 最早发现于 20 世纪 60 年代初,目前,已发现的 AFTs 及其衍生物至少有 18 种,其中的双呋喃环为基本毒素结构,氧杂萘邻酮与致癌性有关。AFTs 中以 AFB_1、AFB_2、AFG_1、AFG_2和 AFM_1最常见(其结构如图 5-1 所示),以 AFB_1毒性最大,其次是 AFM_1、AFG_1、AFB_2以及 AFG_2,其中 AFB 和 AFG 分别表示化合物在紫外光下呈现的蓝色荧光和黄色荧光,AFM_1为 AFB_1在体内的代谢物,常见于牛乳、羊乳及其制品中。AFTs 结构较为稳定,一般处理如高温、紫外线照射以及酸、碱处理等都不易使之完全破坏。例如,AFTs 在中性、酸性溶液中相对稳定;在氢氧化钠的条件下,AFTs 的内酯环被破坏,形成香豆素钠盐,荧光随之消失,但在酸性条件下,毒素又可重新生成。

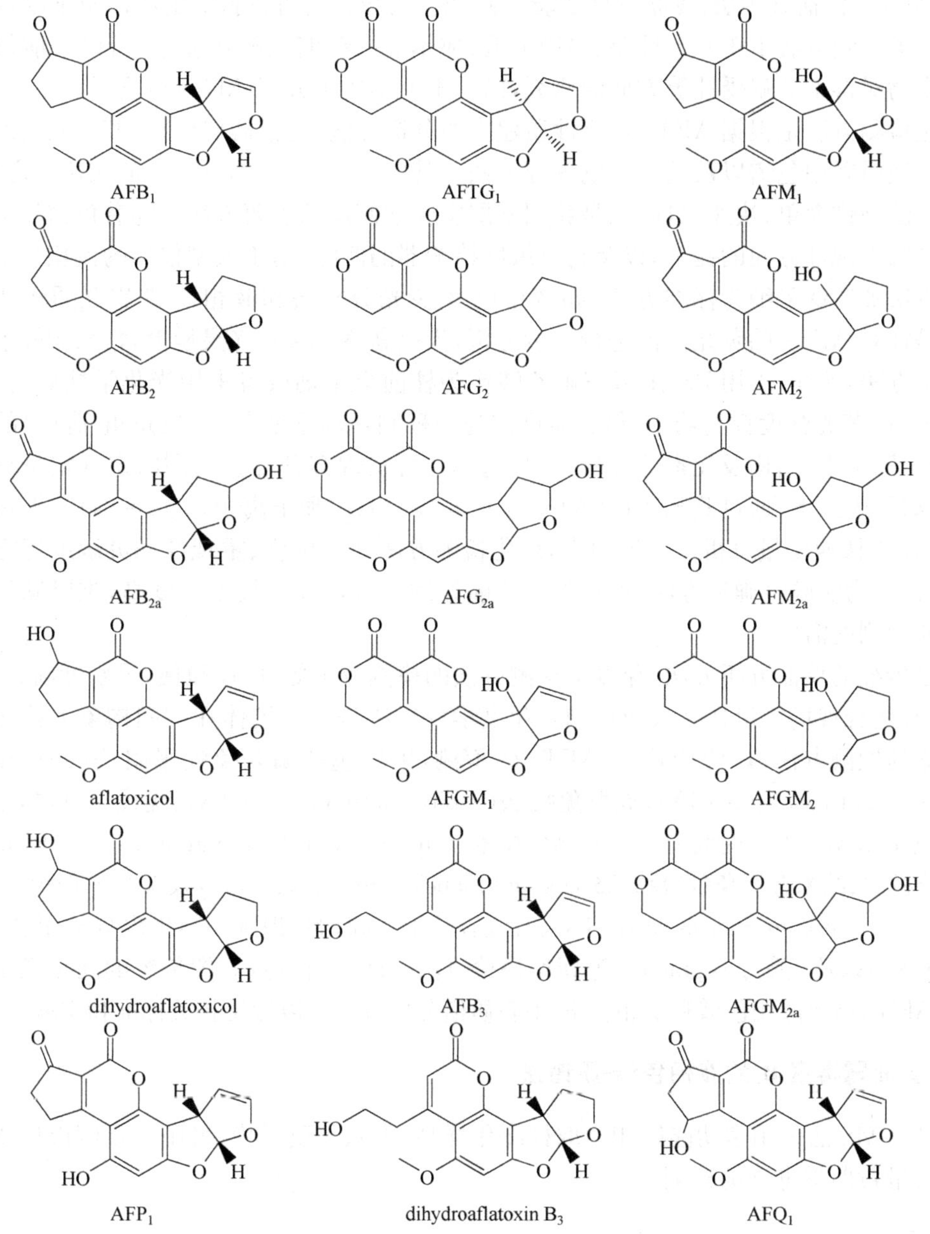

图 5-1　黄曲霉毒素不同衍生物的结构式

目前，AFB_1是已发现并已研究的真菌（丝状真菌）毒素中毒性、致癌性、致突变性、致畸性最高的化合物。1998 年，FAO/WHO 食品添加剂联合专家委员会（JECFA）针对 AFB_1的风险评估报告指出，AFB_1可引发实验动物的原发性肝癌；流行病学研究也表明，接触、食用 AFB_1污染的食品是导致人类肝癌的重要因素之一。一般而言，由于 AFB_1是 AFT 中最常见的毒素，通常只要有 AFT 的污染，就存在 AFB_1，而且 AFB_2、AFG_1和 AFG_2的含量通常小于 AFB_1的含量。因此，常以 AFB_1评价食品、农产品中 AFTs 的污染水平。

AFTs 的检测方法报道很多，主要包括生物学检测方法、理化检测方法和免疫学检测方法。生物学检测方法是通过对生物体或者其组织出现的毒理反应和毒理现象来判断样品中是否含有 AFTs,包括雏鸭法、皮肤毒性实验、种子发芽实验、生物胚胎鉴定法以及细胞培养鉴定法等。这类检测方法由于专一性差、灵敏度低、成本高、周期长、操作复杂,所以目前仅用于毒理以及生物对毒素的耐受性等方面的研究,已基本上不用于分析 AFTs 的含量。

理化检测方法是根据 AFTs 理化性质建立的分析方法,包括薄层层析(TLC)、高效液相色谱、质谱、液质联用色谱以及毛细管电泳等方法。其中 TLC 是早期 AFTs 的快速半定量方法,由于该方法操作简单、快速,目前仍是我国基层实验室使用的主要方法。随着色谱技术在准确度、精密度、重现性方面的提升,以及高灵敏度检测器的匹配,基于大型仪器的液相色谱及其串联质谱方法被广泛采纳为标准方法,如液相色谱-荧光分析法和液相色谱-串联质谱法等。其中前者是针对 AFTs 的荧光特征进行定量分析,为提高 AFTs 荧光灵敏度,常采用柱前衍生或柱后衍生方法,例如,采用 Br_2、I_2 或三氟乙酸作为柱前衍生剂或者采用光化学柱后衍生技术,可使 AFB_1 的荧光强度提高约 10 倍。质谱作为一种测量离子质荷比(质量-电荷比)的分析方法,适用于同位素、结构及元素等分析,其高选择性可实现多种毒素的同时定性定量分析。例如,在正离子模式下,通过监测 AFB_1 的母离子($m/z=312$)和子离子($m/z=241$),即可完成样品中的 AFB_1 快速定量分析。一般而言,理化检测方法在准确度、重现性和灵敏度等方面有较大优势,常作为实验室确证方法,但这类方法前处理复杂,耗时,技术难度高,难以满足现场检测和快速检测的需要。

较之传统的仪器分析方法,免疫学检测方法的检测成本低、操作简便、灵敏度高、无需大型设备、非常适合现场批量样品快速检测。免疫学分析法是基于抗体在空间构象上特异性识别抗原建立的检测方法,广泛应用于 AFTs 的检测,主要包括酶联免疫吸附法(enzyme linked immunosorbent assay,ELISA)、放射免疫法(radio immunoassy,RIA)、免疫亲和柱法(immunoaffinity column,IC)、时间分辨荧光测量技术(time-resolved fluoroimmunoassay,TRFIA)、免疫传感器分析法、纳米金标免疫分析法(nano gold labeled immunoassay)以及荧光偏振免疫法(fluorescence polarization immunoassay,FPIA)。目前,基于空间构象识别还衍生出分子印迹(molecular imprinted)以及适配子(aptamer)等新型快检方法。此处将重点介绍传统的间接竞争 ELISA 法检测 AFB_1,高效液相色谱和液相色谱-串联质谱分析方法可以参见相关标准和文献。

5.5.2 黄曲霉毒素 B_1 的液相色谱-质谱法

HPLC-MS 法采用多功能固相萃取柱净化样品,去除基质干扰,采用三重四极杆质谱检测器实现痕量黄曲霉毒素的检测。

1. *原理*

固相萃取(solid phase extraction,SPE)技术基于液-固相色谱理论,采用选择性吸附、选择性洗脱的方式对样品进行富集、分离、净化,是一种包括液相和固相的物理萃取过程。较常用的方法是使液体样品溶液通过吸附剂,保留其中被测物质,再选用适当强度溶剂冲去杂质,然后用少量溶剂迅速解吸被测物质,从而达到快速分离净化与浓缩的目的。也可选择性吸附干扰杂质,而让被测物质先流出;或同时吸附杂质和被测物质,再使用合适的溶剂选择性洗脱被测物质。本方法中,采用黄曲霉毒素多功能 SPE 柱即为一种 SPE 净化柱,以极性、非极性及离子交换树脂等作为填料,可选择性吸附样液中的色素、脂类、蛋白类等杂质,而 AFTs 不被吸附而直接通过(图 5-2)。该法操作简便,不需活化,10s 内即可完成整个净化过程,其回收率在 90%左右。

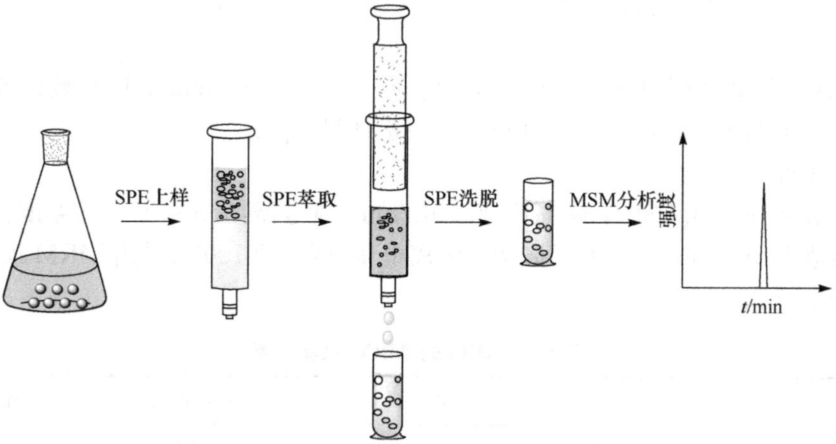

图 5-2　黄曲霉毒素多功能固相萃取柱示意图

三重四极杆质谱(triple quadrupole massspectrometer,QQQ-MS)的灵敏度和定量重现性较好,常用于痕量化合物的检测。该质谱一般由两套四极杆质谱串联构成,其中第一级四极杆(Q1)和第三级四极杆(Q3)是高分辨四极杆,起到筛选离子作用,第二级四极杆(Q2)是传输四极杆,起到打碎离子作用(图 5-3)。

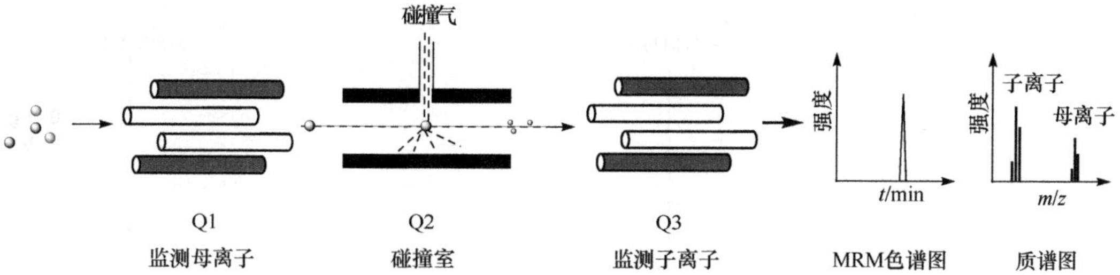

图 5-3　QQQ-MS 检测示意图

2. 主要仪器及试剂

高效液相色谱仪,配备 C_{18} 色谱柱(2.1m×50mm, 1.8μm);三重四极杆质谱仪。

色谱纯甲醇、乙腈;乙酸铵(分析纯)、去离子水等。

10mmol/L 乙酸铵水溶液:称取 0.77g 乙酸铵于烧杯中,加去离子水溶解,定容至 1L,过滤,过 0.22μm 无机滤膜。

标准溶液:分别取 AFB_1、AFB_2、AFG_1 和 AFG_2 等标准试剂,分别用甲醇溶解并制成 1mg/mL 储备液,于 4℃避光保存。等量吸取上述各种储备液至一样品瓶中,以流动相稀释并制成工作标准溶液,每种 AFT 的最终浓度为 10ng/mL。

3. 操作步骤

1) 前处理

样品粉碎后过 20 目筛,称取 10.0g 至具塞锥形瓶中。准确加入 40mL 甲醇-水溶液(84∶16,体积比) 150 r/min 振荡提取 30min(盖塞后滴水封严)。取 10mL 提取液过多功能固相萃取柱(推荐使用 MycoSep 226,Romer)净化,取 0.4mL 滤液于 0.6mL 10mmol/L 乙酸铵水溶液,样品溶液过 0.22μm 有机滤膜后，待测。

2）液相条件

固定相：C_{18} 色谱柱（2.1mm×50mm，1.8μm）；流动相：10 mmol/L 乙酸铵水溶液-甲醇 40∶60（体积比）；流速：0.2mL/min；柱温：40℃；进样量：5μL。

3）质谱条件

离子源：正离子模式 ESI；干燥气流速：10L/min；喷雾器：50psi；干燥气温度：350℃；V_{cap}：4000V；扫描范围：m/z 100～550；碰撞诱导解离电压：可变的 100V；采用 MRM 模式进行定量分析，参数见表 5-2。

表 5-2　AFTs 的 MRM 采集参数

毒素名称	相对分子质量	母离子(m/z)	子离子(m/z)	碰撞能量/V
AFB_1	312	313	241	30
AFB_2	314	315	259	30
AFG_1	328	329	243	30
AFG_2	330	331	245	30

4）参考质谱图

质谱图如图 5-4、图 5-5 所示。

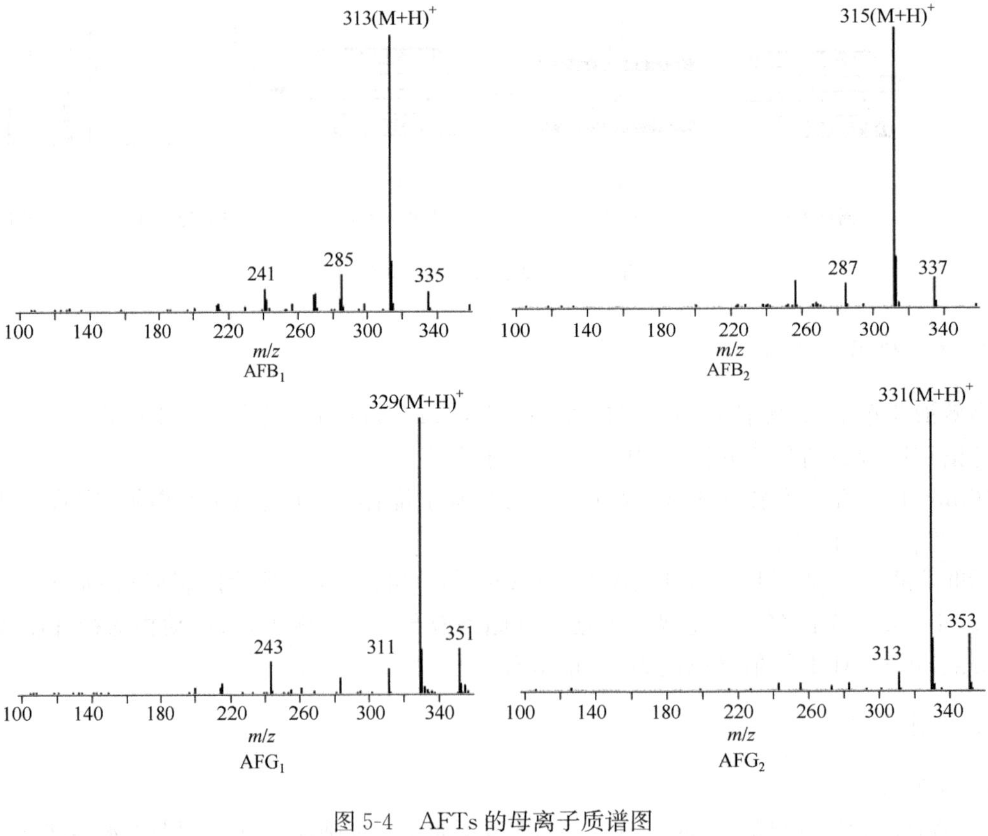

图 5-4　AFTs 的母离子质谱图

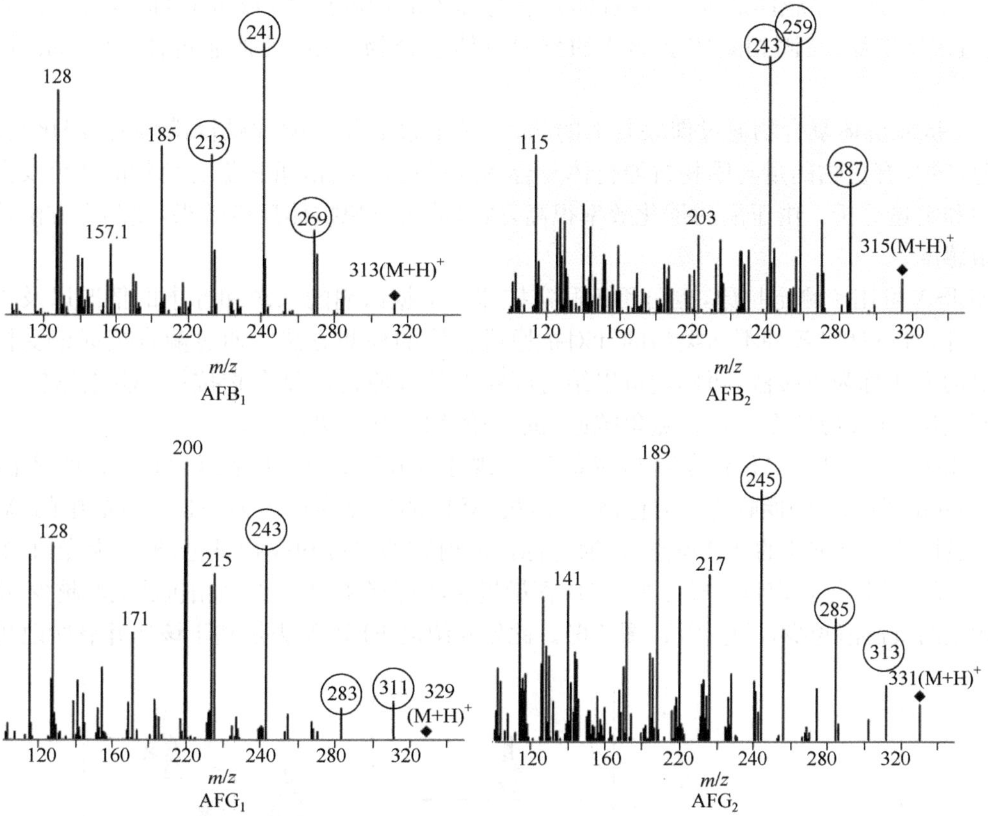

图 5-5　AFTs 的子离子质谱图

4. 注意事项

(1) 不干净的溶剂可导致基线噪声和漂移，并会阻塞溶剂容器过滤器、入口过滤器和毛细管路等。因此，应用于高效液相色谱-串联质谱的所有溶剂均应使用 MS 级溶剂（最低要求为 HPLC 级），并使用 0.22μm 滤膜过滤溶剂；请仅使用来源于高质量水净化系统的水（电阻达 18.2MΩ），如果水系统不能提供经过滤的水，可使用 0.22μm 滤膜对水进行过滤。

(2) 在全部操作过程中应防止 AFB_1 对环境的污染，所有接触过 AFB_1 的实验器皿应用含有 5%有效氯的次氯酸钠溶液完全浸泡 30min 以上，以完全降解 AFB_1。洗净的容器，特别是液相进样瓶在浸泡后，需用 1 mol/L 甲酸溶液清洗 2 次，再用去离子水浸洗 5 次，以去除进样瓶中残留的盐，防止盐沉淀，污染液质系统。

(3) 液相色谱-串联质谱的使用注意事项严格参照仪器厂商要求。

5.5.3　黄曲霉毒素 B_1 的酶联免疫分析

ELISA 作为一种免疫测定技术，最早是由 Engvall 和 Perlmann 于 1971 年用于定量检测 IgG，目前在医学、生物科学、环境分析以及食品检测等领域有着广泛应用。

1. 原理

(1) 使抗原（或抗体）结合到固相载体表面，并保持其反应原性。

(2) 结合到固相载体的抗原(或抗体),能与加入的检测抗体(或抗原)形成抗原抗体复合物,通过多次洗涤,在固相载体上形成的抗原抗体复合物保留,其他非抗体(或抗原)物质被洗出。

(3) 抗原抗体复合物通过偶联其上的酶(如辣根过氧化物酶和碱性磷酸酶)催化底物,变为有色产物,有色物的量与固相抗原抗体复合物的量正相关,故可根据有色物的颜色及深浅进行定性和定量分析。由于酶的催化效率很高,故可放大抗原抗体反应效果,使测定方法达到很高的敏感度。

ELISA 可用于测定抗原,也可用于测定抗体。根据试剂的来源和标本的情况以及检测的具体条件,可设计出各种不同类型的针对抗原或抗体的检测方法。通过酶直接标记受检抗体(抗原)的方法称为直接法,而标记可以结合固相上的抗原抗体复合物抗体(即抗抗体)的方法称为间接法;在反应体系中存在竞争抗原(抗体)的称为竞争法。

ELISA 法应用于 AFB_1 检测领域最早出现于 1977 年,该法是以 AFB_1 和卵清白蛋白(ovalbumin, OVA)的偶联物作为包被抗原,抗 AFB_1 的单克隆抗体为一抗。样品中的 AFB_1 和固相包被抗原竞争抗体的结合位点,再通过标记放射物的二抗和底物显色,根据吸光值的大小,对样品中的 AFB_1 进行定量。样品中 AFB_1 含量越多,结合在抗体上的固相包被抗原越少,即结合在固相上的抗血清越少,显色越浅(图 5-6)。此处介绍的 ELISA 法是基于该法并有所改进。

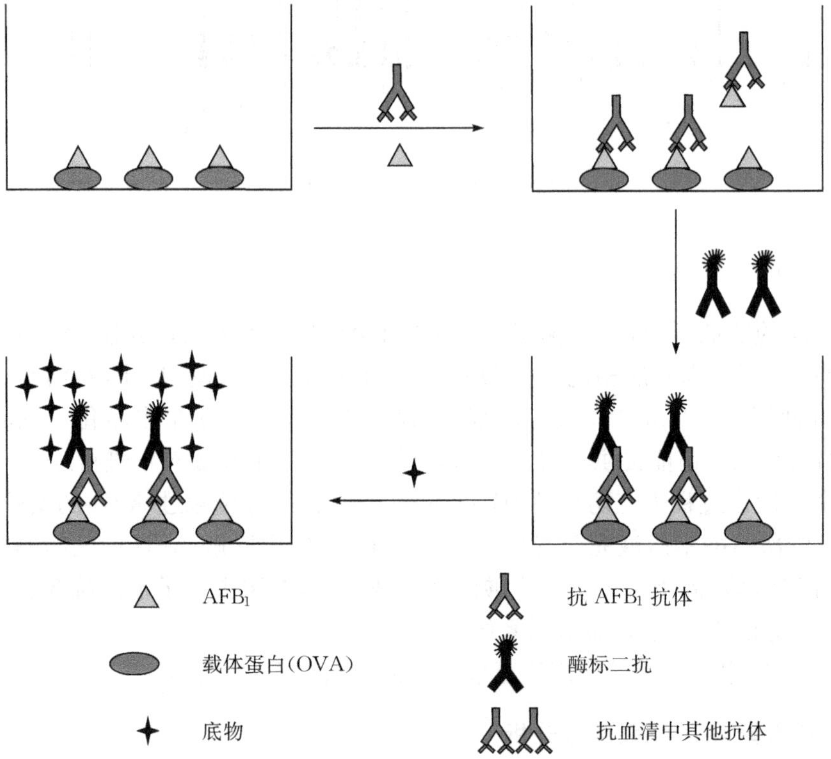

图 5-6　间接竞争 ELISA 检测 AFB_1 示意图

2. 主要仪器及试剂

酶标仪(Thermo MK-3),带 492nm 滤镜;40 孔或 96 孔酶标软板;1mL、100μL 和 10μL 移

液器各1把；100mL烧杯2个；250mL烧杯1个；吸水纸若干。

包被抗原(AFB_1-OVA)、抗AFB_1单克隆抗体、辣根过氧化物酶(HRP)、酶标羊抗小鼠IgG、甲醇、邻苯二胺、碳酸钠、碳酸氢钠、磷酸二氢钾、磷酸氢二钠、氯化钠、氯化钾、过氧化氢(H_2O_2)、硫酸等(试剂均为分析纯)。

1) ELISA相关试剂的配制

(1) 碳酸盐缓冲液(0.1mol/L，pH 9.6，carbonate buffer solution，CBS)：分别称取1.59g Na_2CO_3，2.93g $NaHCO_3$，加蒸馏水溶解，定容至1000mL。

(2) 磷酸缓冲溶液生理盐水(0.05mol/L，pH7.4，phosphate buffered saline，PBS)：分别称取NaCl 8.00g，KCl 0.20g，KH_2PO_4 0.20 g，$Na_2HPO_4 \cdot 12H_2O$ 2.9g，加蒸馏水溶解，定容至1000mL。

(3) 洗涤缓冲液(PBS with Tween-20，PBST)：含0.05%(体积分数) Tween-20的0.01mol/L pH7.4的PBS。

(4) 封闭液(block buffer，BB)：称取5g脱脂奶粉溶于95g的PBST中。

(5) 底物缓冲液(substrate buffer，SB)：分别量取0.2mol/L Na_2HPO_4(28.4g/L)溶液25.7mL，0.1 mol/L柠檬酸(19.2g/L)溶液24.3mL，补加蒸馏水至100mL。

(6) 终止液(stopping solution，SS)：取177.8mL蒸馏水，逐滴加入22.2mL的98%浓硫酸，配制为2mol/L的H_2SO_4溶液。

2) AFB_1标准溶液的制备

(1) 仪器校正：测定$K_2Cr_2O_7$溶液的摩尔吸光系数，以求出使用仪器的校正因素。准确称取25mg经干燥的重铬酸钾(基准级)，用硫酸(0.5∶1000，体积比)溶液溶解后，准确稀释至200mL，相当于$c_{K_2Cr_2O_7}=0.0004$mol/L。再用硫酸(0.5∶1000，体积比)溶液逐级稀释，分别配成0.0002mol/L和0.0001mol/L的$K_2Cr_2O_7$溶液。用1cm石英杯，在最大吸收峰的波长(接近350nm)处用硫酸(0.5∶1000，体积比)做空白，测得以上三种不同浓度溶液的吸光度，并按式(5-8)计算出以上三种浓度的摩尔吸光系数的平均值。

$$\varepsilon=\frac{A}{c} \tag{5-8}$$

式中：ε——重铬酸钾溶液的摩尔吸光系数；

A——测得重铬酸钾溶液的吸光度；

c——重铬酸钾溶液的摩尔浓度。

再以此平均值与重铬酸钾的摩尔吸光系数值3160比较，按式(5-9)即求出使用仪器的校正因素。

$$f=\frac{3160}{\varepsilon} \tag{5-9}$$

式中：f——使用仪器的校正因素；

ε——测得的重铬酸钾摩尔消光系数平均值。

若$0.95<f<1.05$，则使用仪器的校正因素可忽略不计。

(2) 10μg/mL AFB_1标准溶液的制备：称取1～2mg AFB_1，用甲醇将其配制成1.0mg/mL溶液，再用甲醇-PBS(20∶80，体积比)稀释至约10μg/mL，紫外分光光度计测此溶液最大吸收峰的吸光度值，代入式(5-10)计算：

$$X=\frac{A\times M\times 1000\times f}{\varepsilon} \tag{5-10}$$

式中：X——该溶液中 AFB_1 的浓度，μg/mL；

A——测得的吸光度值；

M——AFB_1 的相对分子质量为 312；

f——使用仪器的校正因素；

ε——AFB_1 在甲醇-水溶液的摩尔吸光系数为 21800。

根据计算将该溶液配制成 10μg/mL 标准溶液，检测时，用甲醇-PBS 溶液将该标准溶液依次稀释为 0ng/mL、0.01ng/mL、0.10ng/mL、1ng/mL、10ng/mL、100ng/mL、1000ng/mL、10000ng/mL。

3. 操作步骤

1) AFB_1 的提取

(1) 大米和小麦(脂肪含量<3.0%)。

样品粉碎后过 20 目筛，称取 20.0g，加入 250mL 具塞锥形瓶中。准确加入 60mL 三氯甲烷，盖塞后滴水封严，150r/min 振荡 30min。静置后，用快速定性滤纸过滤于 50mL 烧杯中，立即取 12mL 滤液(相当 4.0g 样品)于 75mL 蒸发皿中。65℃水浴通风挥干。用 2.0mL 甲醇-PBS(20∶80，体积比)分三次(0.8mL、0.7mL、0.5mL)溶解，并彻底冲洗蒸发皿中凝结物，移至小试管加盖振荡后静置待测。此液每毫升相当于 2.0g 样品。

(2) 玉米(脂肪含量 3.0%～5.0%)。

样品粉碎后过 20 目筛，称取 20.0g，加入 250mL 具塞锥形瓶中。准确加入 50.0mL 甲醇-水(80∶20，体积比)溶液和 15.0mL 石油醚，盖塞后滴水封严，150r/min 振荡 30min。用快速定性滤纸过滤于 125mL 分液漏斗中，待分层后，放出下层甲醇-水溶液于 50mL 烧杯内，从中取 10.0mL(相当于 4.0g 样品)于 75mL 蒸发皿中，以下同上述提取方法"65℃水浴通风挥干"后续步骤。

(3) 花生(脂肪含量 15.0%～45.0%)。

样品去壳去皮粉碎后称取 20.0g，加入 250mL 具塞三角瓶中，准确加入 100.0mL 甲醇-水(55∶45，体积比)溶液和 30mL 石油醚，盖塞后滴水封严，150r/min 振荡 30min，静置 15min 后用快速定性滤纸过滤于 125mL 分液漏斗中，待分层后，放出下层甲醇-水溶液于 100mL 烧杯内，从中取 20.0mL(相当于 4.0g 样品)置于另一 125mL 分液漏斗中，加入 20.0mL 三氯甲烷，振摇 2min，静置分层(如有乳化现象可滴加甲醇促使分层)，放出三氯甲烷于 75mL 蒸发皿中，再加 5.0mL 三氯甲烷于分液漏斗中重复振摇提取后，放出三氯甲烷层一并于蒸发皿中，以下同上述提取方法"65℃水浴通风挥干"后续步骤。

(4) 植物油。

用小烧杯称取 4.0g 样品，用 20.0mL 石油醚，将样品移至 125mL 分液漏斗中，用 20.0mL 甲-醇水(55∶45，体积比)溶液分次洗烧杯，溶液一并移入分液漏斗中(精炼油 4.0g 样为 4.575mL，可直接用移液器加入分液漏斗再加溶剂后振摇)振摇 2min，静置分层后，放出下层甲醇-水溶液于 75mL 蒸发皿中。再用 5.0mL 甲醇-水溶液重复振摇提取一次，提取液一并转入蒸发皿中，以下同上述提取方法"65℃水浴通风挥干"后续步骤。

2) 食品中 AFB_1 含量 ELISA 法分析

(1) 抗原包被：40 孔微孔软板，每孔加 100μL 包被抗原 AFB_1-OVA(AFB1-OVA 溶于包被缓冲液中，浓度为 10μg/mL)，4℃过夜；将包被板取出，恢复至室温，倾去包被液，PBST 满孔洗涤 3 次，每次 5min，扣干。

(2) 封阻：每孔 200μL 5%的脱脂牛奶(溶于 PBST)作为封阻液，37℃保温保湿 2h；恢复至室温，倾去封阻液，PBST 满孔洗涤 3 次，每次 5min，扣干。

(3) 竞争抗原抗体反应：

① 标准曲线的制备：每孔加入以 PBST 适当稀释的抗血清 90μL，同时分别加入不同浓度的 AFB_1-甲醇标准溶液，使添加标准溶液的微孔中 AFB_1 反应浓度分别为：0ng/mL，0.01ng/mL，0.1ng/mL，1ng/mL，10ng/mL，100ng/mL，1 000ng/mL，10 000ng/mL，混匀，每个浓度做 3 个平行。

② 样品检测：每孔加入 65μL 待测样品提取液和 65μL 上述的抗血清混匀，同时设置空白对照(以 PBST 代替)，每孔 100μL，37℃保温保湿 1h(或者 4℃过夜)。

重复上述 PBST 满孔洗涤 3 次，扣干。

③ 二抗反应：每孔 100μL 的羊抗兔 IgG：HRP(酶标二抗，适当倍数稀释)，37℃保温保湿 1h；同样以 PBST 满孔洗涤 5 次，扣干。

④ 显色反应：每孔加底物 100μL(4mg 邻苯二胺溶于底物缓冲液，加入 150μL H_2O_2，现配现用)，37℃保温保湿，避光反应 30min。

每孔 50μL 2mol/L H_2SO_4 终止反应，5min 后，以空白孔调零，在 492nm 处测吸光值。按照式(5-11)计算 AFB_1 的竞争抑制率：

$$\text{竞争抑制率}(\%)=\frac{\text{有竞争抗原孔的 }OD_{490nm}\text{值}}{\text{阳性对照 }OD_{490nm}\text{值}}\times 100 \qquad (5\text{-}11)$$

式中：阳性对照 OD_{490nm} 即 AFB_1 的浓度为零时的 OD_{490nm} 值。

以 AFB_1 的浓度对数为横坐标，以各浓度孔的竞争抑制率为纵坐标，作图得竞争抑制曲线。以竞争抑制率达到 50%时所对应的竞争抗原浓度为 ELISA 的灵敏度。以标准竞争抗原浓度的对数为 X 轴，竞争抑制率为 Y 轴，绘制 AFB_1 标准竞争曲线。标准竞争曲线上样品吸光值对应的抗原浓度即为样品中 AFB_1 浓度。

4. 注意事项

(1) ELISA 中用的蒸馏水或去离子水，包括用于洗涤的，应为新鲜的和高质量的。配制的缓冲液应用 pH 计测量较正。从冰箱中取出的实验用试剂应待温度与室温平衡后方可使用。

(2) 气泡的表面张力作用，会破坏抗体的高级结构，进而降低抗体活性，因此在配制抗体以及其他含蛋白质的溶液过程中，应尽量避免气泡的产生。

(3) 由于 ELISA 检测反应灵敏度高，因此在操作过程中，试剂按规定量加在微孔板的底部，避免溅出和产生气泡。加不同样本时，必须更换吸嘴，以避免交叉污染。加样后，应小心振荡 1min，保证试剂混合均匀。

(4) 洗涤在 ELISA 过程中是决定实验成败的关键步骤。由于酶标板材料多为可非特异性吸附蛋白质的聚苯乙烯塑料，而整个 ELISA 反应过程中，都涉及蛋白质间的反应，洗涤步骤可以清除残留在板孔中没能与固相抗原或抗体结合的物质，以及在反应过程中非特异性地吸附于固相载体的干扰物质，避免出现假阳性结果。因此在进行洗涤操作步骤时，可在加入 PBST 洗涤液后，将酶标板进行轻微振摇，有利于洗脱游离物质。

(5) 底物反应液要现配现用，其中 H_2O_2 要保证有效，否则 H_2O_2 被还原而无法成为底物供氢体，影响显色效果。反应的温度和时间是影响显色的主要因素。在一定时间内，阴性孔可保持无色，而阳性孔则随时间的延长而呈色加强。在定量测定中，加入底物后的反应温度和时间应按规定力求准确。定性测定的显色可在室温或 37℃进行，时间一般不需要严格控制，有时可根据阳性对照孔和阴性对照孔的显色情况适当缩短或延长反应时间，及时判断。

HRP 的底物邻苯二胺显色一般在室温或 37℃反应 20～30min 后即不再加深，延长反应时间，可使本底值增高。邻苯二胺底物液受光照会自行变色，显色反应应避光进行，显色反应结束时，加入硫酸终止反应。终止反应后，显色由橙黄色转向棕黄色。

(6) 比色前应先用洁净的吸水纸拭干板底附着的液体，然后将板正确放入酶标比色仪的比色架中。以酶标软板为载体的实验，应在实验前将软板边缘剪净，使软板可完全平妥坐入座架中进行比色。

ELSIA 操作步骤复杂，影响反应的因素较多，特别是固相载体的包被难以达到个体之间的一致，因此在定量测定中，每批测试均须用参考标准品在相同的条件下制作标准曲线。

(7) 在样品提取过程中应防止 AFB_1 对环境的污染。

5.6 丙烯酰胺分析

5.6.1 概述

丙烯酰胺是合成聚丙烯酰胺的原料，用途广泛，但是其具有潜在的神经毒性、遗传毒性和致癌性。自从瑞典科学家于 2002 年首次从油炸薯条、薯片、饼干等食品中检出了高含量的丙烯酰胺后，食品中丙烯酰胺的污染引起了国际社会的高度关注，人们开始怀疑许多不明原因的癌症与食品中的丙烯酰胺有关。世界卫生组织和欧盟规定饮用水中的丙烯酰胺限量值为 1μg/L，美国国家环境保护局(EPA)规定的限量标准为 0.5μg/L，而油炸食品中丙烯酰胺含量可达 1000μg/kg 甚至更高。2005 年中国卫生部发布了食品中丙烯酰胺的危害性评估报告，建议减少油炸食品摄入量，降低丙烯酰胺导致的健康危害。

淀粉类食品在高温(＞120℃)烹调下容易产生丙烯酰胺，在 160～180℃产生速率最大。目前普遍认为还原性糖(如葡萄糖)和氨基酸(尤其是天冬酰胺)在高温加热过程中发生的美拉德反应是生成丙烯酰胺的最主要途径，准确的形成机理还有待进一步研究。还原糖含量、游离氨基酸含量和加热条件是促使这一反应的三大主要因素。因此，丙烯酰胺的形成量与食物的烹饪方式有关，在一定范围内，随着烹饪温度的升高和烹饪时间的延长，丙烯酰胺的产生量逐渐增加，而在生的或煮的食品中基本没有丙烯酰胺。随着研究的不断深入，除了谷物和土豆等加工食品以外，在饮料和其他多种食品中也发现了丙烯酰胺的存在。

5.6.2 食品中丙烯酰胺的分析

丙烯酰胺为极性化合物，一般采用极性强的有机溶剂或者水作为提取剂。最常用的提取方法为液液提取，分为水溶液提取和有机溶剂提取两种方式。以水为提取剂，又可分冷提取和热提取两种方式。冷提取一般是在室温下，将水与样品混合进行振荡提取或在高速匀浆机中混合提取；热提取一般在 60～70℃的热水中进行振荡提取，提取效率高于冷提取法，适用于基质较为复杂的样品。由于丙烯酰胺在酸性溶液中较为稳定，故美国 FDA 用 0.1%的甲酸水溶液作为提取剂。有机溶剂提取一般适用于高脂样品。相对于水提法，有机溶剂能同时提取包埋在脂肪微粒中的丙烯酰胺，使提取更完全，且便于浓缩处理。当然，其他的萃取分离技术，如基质固相分散萃取、固相微萃取、加速溶剂萃取等也有应用。

提取液经过净化处理方能进行仪器分析。目前主流的检测方法仍为色谱法，即基于气相色谱(GC)和液相色谱(LC)的检测法。其中，使用最多的为 GC-MS 法、LC-MS 法和液相色谱-串联质谱(LC-MS/MS)法，这些方法灵敏度高，重现性好，可同时进行定性和定量分析。目前，我国检测食品中的丙烯酰胺含量的方法标准有《食品中丙烯酰胺的测定》(GB/T 5009.204—2014)和《食品中丙烯酰胺的检测方法　同位素内标法》(SN/T 2096—2008)。

1. 气相色谱法(GC)

由于丙烯酰胺的强极性和热不稳定性，采用 GC 检测时需要对其进行衍生化处理以改善丙烯酰胺的色谱性能。目前，衍生化方法主要为溴化衍生，衍生产物为 2,3-二溴丙酰胺或是 2-溴丙烯酰胺，可以采用电子捕获检测器或质谱检测器进行检测。如果采用高分辨率飞行时间质谱、串联质谱、氮磷检测器则无需对丙烯酰胺进行衍生，这类检测器具有高选择性和高灵敏度，但费用较高。

2. 液相色谱法(LC)

LC 法无需衍生，直接对丙烯酰胺进行测定，简化了分析过程，而且可以在常温下进行，克服了丙烯酰胺热不稳定的影响。采用常规的紫外检测器和二极管阵列检测器即可进行检测。由于质谱检测器具有化合物结构信息识别功能，采用 LC-MS 方法能够提高检测准确度。然而，与 LC-MS 法相比，LC-MS/MS 法降低了色谱的背景干扰及信噪比，能降低食品中丙烯酰胺的检测限，进一步提高准确度。有研究人员对比了 GC-MS 和 LC-MS/MS 两种方法的分析性能，发现后者更适合丙烯酰胺的检测。目前，LC-MS/MS 也成为丙烯酰胺分析检测的最有效的工具之一，美国 FDA 即采用此方法作为食品中丙烯酰胺的标准检测法。超高效液相色谱-串联质谱的引入能大大缩短分析时间，有报道采用这种仪器检测油炸薯片中的丙烯酰胺含量仅需 3min(不包括样品前处理)。

3. 毛细管电泳法(CE)

CE 又称高效毛细管电泳(HPCE)，是一类以毛细管为分离通道、以高压直流电场为驱动力的一类液相分离技术。石英毛细管中充满电泳缓冲液，两端与两个小瓶相连。在高电压的作用下，样品中各组分通过电泳和电渗作用进入毛细管，各组分因其分子大小、所带电荷、等电点等性质的不同而迁移速率不同，从而实现分离。CE 具有进样体积小、分辨能力高、分析时间短、样品预处理相对简单、自动化程度高等优点。目前已有采用紫外、二极管阵列、质谱、串联质谱等检测器进行后续检测的报道。CE 技术应用于食品中丙烯酰胺的检测正在快速发展之中。

4. 酶联免疫吸附法(ELISA)

尽管 GC 或 LC 等方法可以检测食品中痕量的丙烯酰胺，但对样品纯度要求高，前处理操作相对复杂，检测成本较高。ELISA 法具有灵敏度高、特异性强、操作简便及检测成本低等特点，可以作为仪器检测法的有效补充。但是，由于丙烯酰胺的结构简单，相对分子质量小，目前应用该方法最大的困难是制备针对丙烯酰胺的特异性抗体。2011 年，有研究报道利用丙烯酰

胺的结构类似物 *N*-丙烯酰氧基琥珀酰亚胺与钥孔血蓝蛋白偶联制备抗原，免疫兔子获得多克隆抗体，并建立了化学发光酶联免疫分析法，检测了薯片、方便面、饼干、蛋糕中的丙烯酰胺，获得了很高的特异性和较低的检测限。

5. 生物传感器法

生物传感器是对生物物质敏感并将其浓度转换为电信号进行检测的仪器。生物识别元件在信号处理器表面的固定并获得稳定的性能是构建装置的关键。血红蛋白可与丙烯酰胺形成加合物，可以作为丙烯酰胺的受体并进行定量检测。

5.7 塑化剂分析

5.7.1 概述

2011 年 4 月，台湾“卫生署食品药物管理局”一名质检员在一款益生菌粉末中发现邻苯二甲酸二（2-乙基己基）酯（[bis（2-ethylhexyl）phthalate 或 di（2-ethylhexyl）phthalate，DEHP]），浓度高达 600mg/kg，从而揭开了食品非法添加塑化剂的惊天大案。该事件由于对台湾影响甚大，常与 2008 年中国大陆爆发的“三聚氰胺”事件相提并论，然而部分专家从日摄取量上限的角度指出涉及的塑化剂的毒性是三聚氰胺的 20 倍。该塑化剂风波如滚雪球般愈演愈烈，不仅使台湾食品业遭受重创，也波及保健品和药品等行业，成为国际性食品安全事件，各国的食品、药品管理部门都已加强了对食品、药品中塑化剂的管理。

塑化剂又称增塑剂，是一种广泛应用在工业上的加工助剂，其添加对象包括塑胶、混凝土、水泥、石膏等，其中在塑料工业中应用最为广泛，可以显著增强塑料的可加工性、耐久性和柔韧性。邻苯二甲酸酯类化合物（phthalate acid esters，PAEs）是使用最为普遍的一类塑化剂，2010 年全球产量为 0.49 亿 t，占总塑化剂产量的 84%，而 DEHP 占 PAEs 产量的 50%，在软塑料制品，如塑料管、玩具、食品包装材料、保鲜膜等产品中均有应用。由于 PAEs 与塑料基质之间没有形成化学共价键，而是以氢键和范德华力连接，很容易从制品内向外环境迁移，导致此类化合物在环境中广泛存在。PAEs 的水解和光解速率都非常缓慢，属于难降解污染物，容易在生物体内富集。过去一直认为该类物质毒性较低，但近年来研究表明 PAEs 不仅能够致畸、致癌和致突变，还能对动物的生殖系统造成极大的危害。自从 20 世纪以来，美国、加拿大、日本、中国等已将该类化合物列入控制污染物的黑名单，由此可见 PAEs 对人类健康的危害已经引起了世界的广泛关注。目前北美对塑化剂控制最为严格。在美国，DEHP 等 PAEs 被立法限制使用于玩具、儿童产品和可入口的任何产品中，食品包装则严禁使用 DEHP；在加拿大，自 2007 年起，任何含有 PAEs 类塑化剂的婴儿奶瓶都被禁止上市，而其对 DEHP 的限制则严于美国，要求在儿童玩具材料、食品和饮料中的含量均必须为零。美国 EPA 从 2009 年开始发起“塑化剂行动计划”，对 8 种毒性明显的塑化剂进行严格管控。在很早以前各国就已经有人呼吁重视食品及医疗容器溶出的塑化剂，认为合法的极微量 DEHP 就会有不良影响，但此事件是直接将 DEHP 当成食品添加剂，含量远高于过去测量的溶出量。

5.7.2 食品中塑化剂的分析

对于食品中 PAEs 的痕量分析，最大的问题是高水平的背景污染，因为实验溶剂、化学试剂与材料、分析器皿等，甚至实验室的空气与灰尘中都可能含有这类化合物。有研究者分析了从 2005 年以来，有关饮料、奶和奶制品、肉和肉制品、食用油等食品中 PAEs 的检测数据，发现这些食品中总 PAEs 的含量一般在 0.1～100ng/g 范围内，与分析过程中的背景污染值接近。所以，消除和减少分析过程中引入的 PAEs 污染是进行食品中 PAEs 含量检测的第一步。

分析方法的背景污染来源途径可能有：①塑料制品。在实验过程中会使用各种塑料制品，如离心管、注射器、固相萃取柱、移液枪枪头、试剂瓶塞子、GC 进样垫等，都可能引入 PAEs。②吸附剂。弗罗里硅土、氧化铝、硅胶等吸附剂常用于样品的分离纯化，无水硫酸钠也常用于提取液的干燥处理。而这些吸附剂中都可能含有 PAEs，每个弗罗里硅土柱可能含有 10～460ng PAEs。美国 EPA 方法 8061A 指出，完全去除弗罗里硅土柱中的 PAEs 是不可能的。色谱柱填料或涂层、氯化钠等固体都可能被 PAEs 污染。③有机溶剂。溶剂污染是 PAEs 背景污染的一个重要原因。重蒸、吸附剂吸附等办法可部分去除溶剂中的 PAEs，在实验过程中也要尽量减少有机溶剂的使用。④玻璃器皿和空气。在分析中推荐使用洁净的玻璃器皿。玻璃器皿先用水和溶剂浸泡，然后在 450℃烘烤，能够除掉 90%以上的 PAEs。而导致玻璃器皿污染的一个主要原因是空气污染。实验室空气中的邻苯二甲酸二丁酯和 DEHP 浓度可达 0.9～3.0$\mu g/m^3$。上述这些污染会随试剂或材料的批次变化而变化，随时间的变化而变化，有效消除或扣除背景污染是获得准确分析结果的前提。

2008 年，《食品中邻苯二甲酸酯的测定》(GB/T 21911—2008)颁布实施，该标准适用于食品中 16 种 PAEs 含量的测定。标准规定了对于含油脂样品中的 PAEs 检出限为 1.5mg/kg，不含油脂样品的检出限为 0.05mg/kg。样品前处理分为不含油脂试样和含油脂试样两种。对于不含油脂的样品，液体样品混匀后，以正己烷振荡提取分析物；固体和半固体样品，先以水提取，过滤分离残渣后，再以正己烷振荡提取滤液，经静置分层后取上清液进行 GC-MS 分析。对于含油脂的样品，纯油脂试样用乙酸乙酯和环己烷混合溶剂提取，经凝胶渗透色谱装置净化，再进行 GC-MS 分析；含油脂试样先用石油醚提取后，减压浓缩去除石油醚，再进行后续操作。该国标方法由于简单，几乎能用于所有食品测定，因此，在台湾“塑化剂”事件发生后，其迅速成为国家质检总局、国家工商总局等食品安全监管部门的检测方法依据。值得注意的是，国标中部分样品以水分散并提取其中的 PAEs，而 PAEs 的水溶性较差，可能造成检测结果偏低。

除正己烷外，文献中使用的溶剂还有二氯甲烷、戊烷、异辛烷、丙酮、乙腈、乙醇、甲醇、乙酸乙酯等溶剂及其混合溶液。另外，也有大量文献采用固相萃取和固相微萃取技术进行样品前处理。值得一提的是，固相微萃取技术无需使用有机溶剂，集采样、浓缩、进样于一体，减少了操作步骤，也大大降低了背景污染。

相比于样品前处理，尤其是背景污染的控制来说，PAEs 的分析检测则简单得多。PAEs 类化合物具有半挥发性、弱极性或非极性、结构稳定的特点，适合于 GC 分析。由于 GC-MS 结果准确度高，可同时进行定性定量分析，已成为检测 PAEs 的首选方法，但是 PAEs 都是邻苯二甲酸的酯类衍生物，其质谱图中质荷比碎片相同的较多，因此需要考虑不同的碎片离子的质荷比和丰度进行定性。尽管 LC-MS/MS 也有应用，但由于仪器昂贵，检测成本较 GC-MS 法高，应用不是很广泛。

思　考　题

1. 简述气相色谱法和液相色谱法用于物质分析测定的实验原理及各自适用对象。
2. 气相色谱仪常用的检测器有哪些？在使用时该如何选择？检测有机磷和有机氯类农药分别适合用什么检

测器?

3. 目前市场上主要使用的农药残留快速检测方法是什么?简述其实验原理和操作步骤。
4. 应用GC和HPLC时,如何对分析物定性?与质谱联用时,又如何对分析物定性?
5. 色谱中常用的定量方法有哪些?
6. 列举5种用于色谱分析农、兽药残留物所用的样品前处理技术并简述其原理。
7. 试讨论农、兽药在食品中残留的原因及其影响。
8. 在检测食品中重金属元素时,可用于样品消解的方法有哪些?
9. 在ELISA测定AFB_1的实验中,为什么吸光值越低,其AFB_1含量越高?
10. 简述间接竞争ELISA的原理。
11. 在分析检测邻苯二甲酸酯类化合物时,如何减少或消除背景污染?
12. 结合丙烯酰胺和邻苯二甲酸酯类化合物的理化性质,谈谈色谱仪器的选择依据。

第 6 章　食品物性分析

食品物性分析又可称为食品物理分析，它与食品化学分析相对应，在内容上重点针对食品及食品原料的物理特性和工程特性进行分析。主要包括食品的流变分析、质构分析、乳状液分析、热分析、颜色分析、粒度分析、力学分析、电分析等，其中食品的流变分析和质构分析在食品加工和研究中应用十分广泛，也是本章介绍的重点。

6.1　食品的流变分析

食品流变学主要研究食品原料、中间产品在加工过程中的变形和流动问题，以及最终产品在消费咀嚼过程中的变形与恢复。

食品的流变性是半固态食品的重要物性，在食品物性学中占有非常重要的地位，它与产品质量密切相关。食品胶体的黏、弹、塑性与食品的口感、风味关系密切；汤汁的可口性、饮料的爽口性、面条和馒头的咀嚼味感，显著地受到其流变学性质的影响。另外，可通过改变食品的流变学性质，提高食品的品质。许多食品都有一个状态稳定性问题，例如，果汁要求不分层、不沉淀；面条要求不糊汤，且耐浸泡不烂；冰淇淋需要保型性好、口感细腻。而解决这些问题的本质，就是要调整好胶体粒子的分布或结合状态，从而使之稳定。因此，食品流变特性的分析无论在食品加工、产品开发，还是在储运及品质改良等方面，均具有十分重要的作用。

6.1.1　食品体系及胶黏性

对复杂的食品体系进行流变分析，需要简化和抽象，最为恰当的简化方式是将食品看成胶体体系，实际上大部分食品本身就是不同类型的胶体，如米饭可看成是以淀粉蛋白质固体为连续相、分散相为液体水的固体凝胶；而稀粥与之相反，可以看成是液体水为连续相，淀粉蛋白质固体为分散相。表 6-1 归纳了部分食品的胶体体系类型。

表 6-1　食品胶体体系的主要类型

连续相	分散相	胶体类型	食品举例
固体	气体	固体泡	面包、馒头、蛋糕、饼干
	液体	固体凝胶	果冻、熟米饭
	固体	固溶胶	巧克力
液体	气体	泡沫	搅打奶油、软冰淇淋、啤酒沫
	液体	乳胶体	牛奶、生奶油、黄油、卵黄、蛋黄酱
		悬胶体	果汁、汤汁
	固体	溶胶	调味料、肉汤、淀粉糊
		凝胶	果冻、凉粉、鸡蛋羹、豆腐
气体	液体	气溶胶	弥漫香气的雾
	固体	粉末	淀粉、小麦粉、砂糖、脱脂奶粉

引自：Jowitt R，Escher F，et al. 1983. Physical Properties of Foods. London：Science Publishers

将食品简化为系列的胶体类型后，即可借助胶体化学的有关流变学的基础和分析方法，应用到食品体系，但需要指出的是，食品体系并非简单的单一胶体体系，因此，应用时情况较为复杂。例如，黄油、人造奶油、面团、各种果冻状食品，甚至果酱、面酱等，既不是单纯的弹性体，也不是黏性流体，而是一种既有塑性、黏性，又有弹性的物质，即食品的胶黏性质。食品的尺寸大小和形状差别较大，小到粉末，大到团块；从液体、半固体到固体，形态组织非常复杂，种类极多。所以食品进行流变分析时，首先把食品按其流变性质分成几大类，如固体、液体、黏弹性体，在此基础上，对每种类型的物质，建立起相应的流变性质的力学模型，再从这些模型的分解、组合和解析中，找出食品流变分析的可靠方法，获得有效控制流变性的思路。正因为如此，食品流变分析需要采用不同类型的仪器和参数，以准确对应不同类型的胶体物质的测定，才能获得可靠的结果，这尤其对复杂的软物质食品极为重要。这些测定中，黏度和黏弹性的测定是最为常见的。

黏度是黏性大小的衡量指标，有时又称为黏性率、黏性系数。黏性(viscidity)是表现阻碍流体流动的性质，也是表现流体流动性质的指标。从微观上讲，就是流体受力的作用，其质点间作相对运动时产生的来自内部的阻力性质。

对于水、稀糖液、清炖肉汤这样的液体，其流动状态方程式可用牛顿内摩擦定律[式(6-1)]表示

$$\sigma=\frac{\mathrm{d}F}{\mathrm{d}A}=\eta\frac{\mathrm{d}u}{\mathrm{d}y}=\eta\dot{\varepsilon}=\frac{1}{\phi}\dot{\varepsilon} \tag{6-1}$$

式中：σ——剪切应力(shear stress)，Pa；

F——作用力的大小；

A——作用面积的大小；

η——应力与剪切速率(应变速率)之间的比例系数，表示液体流动的阻力大小，定义为黏度(viscosity，单位以 Pa·s 表示)，其值等于流体在剪切速率为 1 单位时所产生的剪应力；

$\mathrm{d}u/\mathrm{d}y$——速度梯度，也可定义为 $\dot{\varepsilon}$；

ϕ——流度(fluidity)，即黏度的倒数，侧重于衡量液体流动性的大小。

式(6-1)所表示的液体流动规律称为牛顿流体定律，又称牛顿定律。凡符合牛顿定律的液体，即应力与剪切速率成正比的流体，称为牛顿流体(Newtonian fluid)。可以用图 6-1 对该类流体的特点进行形象的描述。

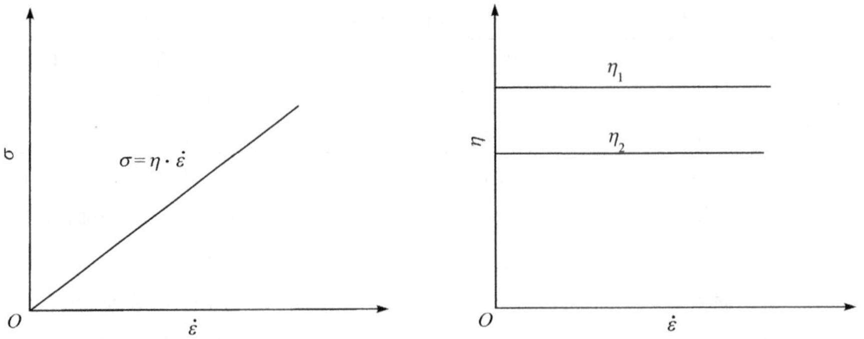

(a) 剪切速率与剪切应力的关系　　(b) 剪切速率与黏度的关系

图 6-1　牛顿流体流动特性曲线

引自：屠康，等．2006．食品物性学．南京：东南大学出版社

实际上，大部分流质食品体系的流动状态方程不符合牛顿定律，统称为非牛顿流体(non-Newtonian fluid)。其流动状态方程往往可由下面的经验公式表示

$$\sigma=k\dot{\varepsilon}^{n} \tag{6-2}$$

式中：k——黏性常数，又称浓度系数；

n——流动指数。

一些液态食品的浓度系数和流动指数见表 6-2。

表 6-2　某些液态食品的浓度系数和流动指数

食品名	固含量/%	温度/℃	n	k
苹果沙司	11.0	30	0.34	116
苹果沙司	11.0	82	0.34	90
香蕉泥	—	24	0.458	65
浓缩橘子汁	—	0	0.542	18.0
浓缩橘子汁	—	15.0	0.584	11.9
桃酱	11.9	30	0.28	72
桃酱	11.9	82	0.27	58

引自：Jowitt R, Escher F, et al. 1983. Physical Properties of Foods. London: Science Publishers

式(6-2)中，设 $\eta_a=k\dot{\varepsilon}^{n-1}$，则非牛顿流体流动状态方程可写为与牛顿流体相似的形式：$\sigma=\eta_a\varepsilon$，这里 η_a称为“表观黏度”(apparent viscosity)。然而与 η 不同的是，η_a与浓度系数 k 和流动指数 n 有关，且是剪切速率 ε 的函数。因此，η_a对应着一定的剪切速率，也就是说 η_a是非牛顿流体在某一特定流速的黏度，需要特别标明，才是有意义的。这是在流变分析中必须注意的基础环节。值得指出的是，非牛顿流体中的表观黏度 η_a和黏度 η 尽管具有相同的量纲，但具有显著不同的物理意义。

实际的非牛顿流体，并非当施加应力时，就立即产生流动，而常常是要在 σ 值大于某个一定值σ_0时，才开始流动，该值称为屈服应力(yield value)。这样，根据以上流动状态方程中 σ_0 的有无和 n 的取值范围，非牛顿流动还可以做如下分类：假塑性流动(pseudoplastic flow)、胀流型流动(dilatant flow)、塑性流动(plastic flow)、触变性流动(thixotropic flow)、胶变性流动(rheopeny)等。

6.1.2　黏度的测定

室温下呈液态的食品很多，如牛奶、汤、汁、糖液、浆、酱等。这些食品分散相多为蛋白质、淀粉、食用胶质、脂肪或纤维的乳状液。无论是食用品质，还是加工性能，对这些液态食品来说最重要的流变性质就是黏度，因此，黏度测定是分析和研究液体食品物性的重要手段，黏度测定也就是对液体流动性质的测量。

在研究分散系统黏度时，往往为了分析的方便，规定了一些不同定义的黏度。这些黏度的定义、符号、单位和名称见表 6-3。

表 6-3 分散系统各种黏度的定义

名称	定义	符号	单位
黏度、黏性率、黏性系数(visicosity)	η	η	Pa · s
相对黏度(relative viscosity)	η/η_0	η_r	无
比黏度(specific viscosity)	$(\eta/\eta_0)-1=\eta_r-1$	η_{sp}	无
比浓黏度(reduced viscosity)	$\frac{(\eta/\eta_0)-1}{c}$	η_{sp}/c	cm^3/g
比浓对数黏度(inherent viscosity)	$\frac{\ln\frac{\eta}{\eta_0}}{c}=\frac{\ln\eta_r}{c}$	$\{\eta\}$	cm^3/g
特性黏度(intrinsic viscosity)	$\lim\limits_{c\to 0}\frac{\frac{\eta}{\eta_0}-1}{c}$ $\lim\limits_{c\to 0}\frac{\ln\frac{\eta}{\eta_0}}{c}$	$[\eta]$	cm^3/g

引自:吴其晔. 2002. 高分子材料流变学. 北京:高等教育出版社

测定食品液体的黏度时,要针对测定目的和待测对象的性质选择测定仪器。食品中常见的测定方法有毛细管测定法、圆筒回转式黏度计测定法和椎板回转式黏度计测定法等。同时,随着流变仪应用的普遍性和精准性,流变仪在食品中的应用不断扩大,常见流变仪包括挤出式流变仪、转矩式流变仪、旋转式流变仪、拉伸流变仪等。这里仅介绍食品物性分析中转子回转式、毛细管黏度计以及旋转流变仪测定法的原理和应用。

1. 转子回转式黏度计测量法的原理和应用

回转式黏度计测定法是食品工业中测定流体黏度常用的方法。回转式黏度计主要有同心双圆筒式、转子回转式、锥板式和平行板式等多种类型。

转子回转式黏度计,可以看作是外圆筒半径较内筒半径大得多的情况。其结构原理如图 6-2所示。电动机通过悬吊的弹簧,带动转子在待测流体中旋转。设弹簧扭转弹性率为 K。当转子转动达到平衡状态,弹簧受黏性阻力矩作用,上部(刻度盘)与下部(指针)就会产生一个偏转角 θ。根据式(6-3)关系可得黏度 η,即

$$\eta=\frac{K\theta}{4\pi h\omega_0 R^2} \tag{6-3}$$

式中:h——转子浸入液中的高度;

ω_0——转速;

R——转子半径。

2. 旋转黏度计法测定液态食品的黏度的应用实例

1) 原理

旋转黏度计上的同步电机以稳定的速度带动刻度盘旋转,再通过游丝和转轴带动转子转

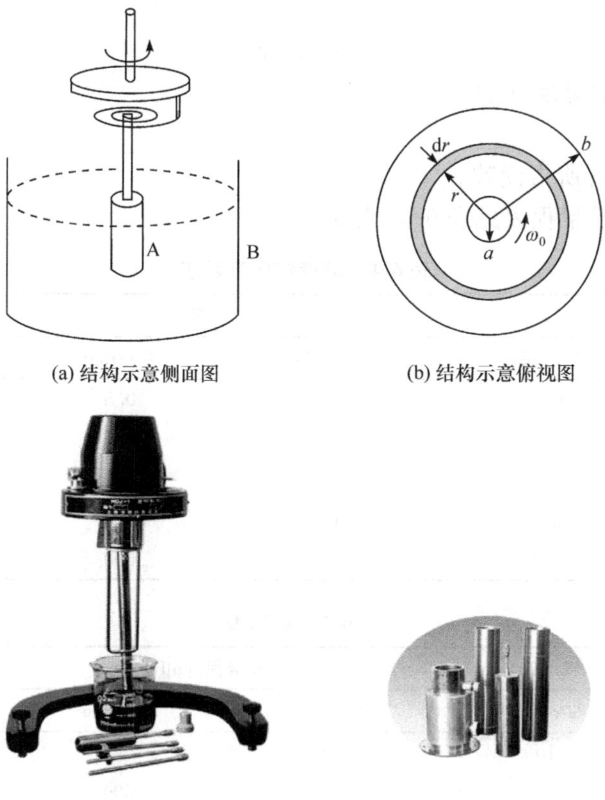

(a) 结构示意侧面图　(b) 结构示意俯视图

(c) 黏度计实物图　(d) 转子

图 6-2　转子回转式黏度计及其构造原理

动。当转子未受到液体的阻力，游丝、指针与刻度盘同速转动，指针在刻度盘上指出的刻度为“0”，如果转子受到液体的黏滞阻力，则游丝产生扭力矩，与黏滞阻力抗衡至达到平衡，这时与游丝连接的指针在刻度圆盘上指示一定的读数，根据这一读数，结合所用的转子号数及转速对照换算系数表，计算出待测样品的绝对黏度。

2）样品及仪器

脱脂牛奶、全脂牛奶、甜炼乳等。

NDJ-1 型旋转黏度计。

3）实验步骤

（1）调节仪器水平：调整仪器的水平调节螺丝，使仪器处于水平状态。根据检测容器的高低，转动仪器升降夹头旋钮使仪器调至合适的高度，然后用六角螺纹扳头紧固升降夹头。

（2）安装转子：估算待测样的黏度范围，结合量程表选择合适的转子，并小心安装到仪器的连接螺杆。

（3）样品测定：将样品倾入直径不小于 70mm 的烧杯或试筒（仪器自备）中，使转子尽量置于容器中心部位并浸入样液直至液面达到转子的标志刻度为止。选择合适的转速，接通电源开始检测。

（4）读取黏度数据：待转子在样液中转动一定时间，且指针趋于稳定时，压下操作杆，同时中断电源，使指针停留在刻度盘，读取刻度盘中指针所指示的数值。当读数过高或过低，可通过调整测定转速或转子型号，使刻度读数值落在 30～90 刻度量程为好。

4）结果计算

$$\eta = K \times S \quad (6\text{-}4)$$

式中：η——样品的绝对黏度，mPa·s；

K——转换系数；

S——圆盘中指针所指读数。

黏度转换系数表及量程表见表 6-4、表 6-5。

表 6-4 黏度转化系数表

转子代号	K			
	60r/min	30r/min	12r/min	6r/min
0	0.1	0.2	0.5	1
1	1	2	5	10
2	5	10	25	50
3	20	40	100	200
4	100	200	500	1000

表 6-5 量程表

转子代号	最大量程/(mPa·s)			
	60r/min	30r/min	12r/min	6r/min
0	10	20	50	100
1	100	200	500	1000
2	500	1000	2500	5000
3	2000	4000	10000	20000
4	10000	20000	50000	10000

5）注意事项

(1) 安装转子时可用左手固定连接螺杆，避免刻度指针大幅度左右摆动，同时用右手慢慢将转子旋入连接螺杆，注意不要使转子横向受力，以免转子弯曲。

(2) 黏度测定量程、系数、转子及转速的选择可按下列方法进行：可先估计被测液体的黏度范围，然后根据量程表选择适当的转子和转速。如不纯估算被测液体的黏度，应假定为较高的黏度，试用由小到大的转子和由慢到快的转速，原则是高黏度的液体选用小转子和慢速度，低黏度的液体选用大转子和快转速。

(3) 黏度测定时应保证待测流体的均匀性，测定前转子应有足够长的时间浸于待测流体中，使其与待测流体温度一致，以保证结果的准确性。

(4) 装上“0”号转子后不得在无液体的情况下“旋转”，以免损坏轴尖。

(5) 每次使用完毕应及时清洗转子(注意不得在仪器上直接进行转子清洗)，清洁后转子要妥善安放于转子架中。

(6) 不得随意拆动调整仪器的零件，不要自行加注润滑油。

3. 毛细管黏度计

毛细管黏度计种类很多，下面介绍常用的两种毛细管黏度计，即奥氏黏度计、乌式黏度计(图 6-3)。

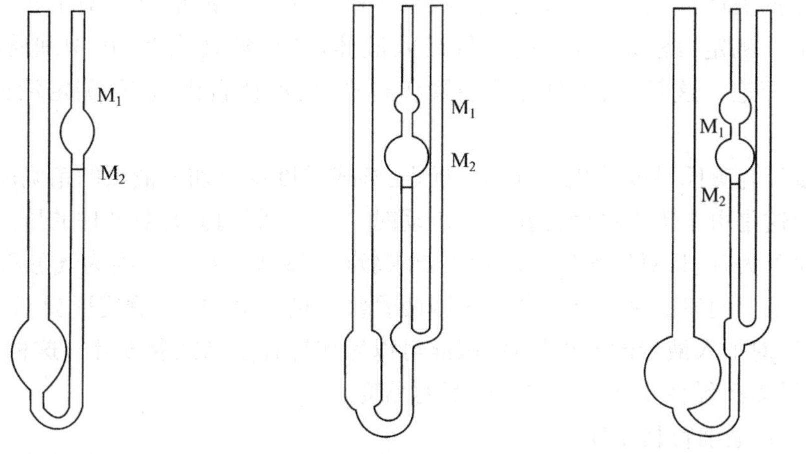

(a) 奥氏黏度计　(b) 非稀释型乌氏黏度计　(c) 稀释型乌氏黏度计

图 6-3　毛细管黏度计

1）奥氏黏度计(Ostwald viscometer)

奥氏黏度计由导管、毛细管和球泡组成[图 6-3(a)]。毛细管的孔径和长度有一定的规格和精度要求。球泡两端导管上都有刻度线(如 M_1、M_2等)，刻度线之间导管和球泡的容积也有一定规格和较高的精度。测定时，先把一定量(或一定体积)的液体注入左边管，然后，将乳胶管与右边导管的上部开口处连接，把注入的液体抽吸到右管，直到上液面超过刻线 M_1。这时，使黏度计垂直竖立，再去掉上部胶管，使液体在自重下向左管回流。注意测定液面通过 M_1 至 M_2 之间所需的时间，即一定量液体通过毛细管的时间。往往需要测定多次，取平均值。根据对标准液和试样液通过时间的测定，就可求出液体黏度。为了提高测定效率，奥氏黏度计右面也有双球形的[图 6-4(a)]。

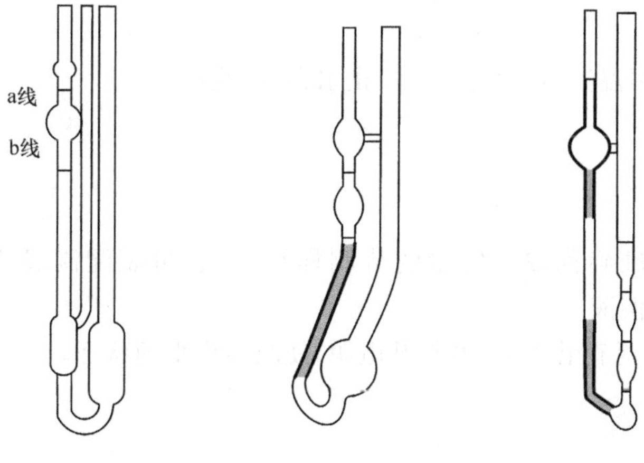

(a) 双球形奥氏黏度计　(b) 凯芬式黏度计　(c) 倒流式黏度计

图 6-4　其他常见毛细管黏度计

2）乌式黏度计(Ubbelohde viscomiter)

乌式黏度计的结构与奥氏黏度计不同之处是由三根竖管组成，其中右边的第三根管与中间球泡管的下部旁通。即在球泡管下部有一个小球泡与右管连通。这一结构可以在测量时，使流经毛细管的液体形成一个气悬液柱，减少了因左边导管液面升高对毛细管中液流压力差带来的影响。测定方法是，首先向左管注入液体，然后堵住右管，由中间管吸上液体，直至充满上面的球泡。这时，同时打开中间管和右管，使液体自由流下，测定液面由 M_1 到 M_2 的时间。

乌式黏度计与奥氏黏度计相比有如下优点：乌式黏度计对加入液量的精确度要求较低，而且误差较小。这是由于奥氏黏度计在液体流动时，左管液面的上升对液柱的压力差影响较大，从而产生的误差大，而且对每次液量的加入要求较严格；乌式黏度计因为气悬液柱的存在，对垂直性要求较低。而奥氏黏度计在测定中因两管液面的变化，所以测定时要求保持毛细管垂直；乌式黏度计对加入液量的要求较宽，因此可以做成稀释型乌式黏度计。这种黏度计可以对同一试样，通过多次稀释测其在不同浓度下的黏度。

3）其他形式毛细管黏度计

与奥氏黏度计相似的黏度计还有很多，如凯芬式黏度计[Cannon-Fenske viscometer，图 6-4(b)]、倒流式黏度计[图 6-4(c)]、品氏黏度计、伏氏黏度计等。

4. 乌式毛细管黏度计测定黄原胶的特性黏度

1）原理

溶液的黏度与其浓度有关，为了消除黏度对浓度的依赖性，定义了一种特性黏度[η]，即

$$[\eta]=\lim_{c\to 0}\frac{\eta_{sp}}{c}=\lim_{c\to 0}\frac{\eta_r}{c} \tag{6-5}$$

特性黏度为极限黏度值，与浓度无关，其量纲也是浓度的倒数。特性黏度与聚合物的相对分子质量和结构、溶液的温度和溶剂的特性有关。当温度和溶剂一定时，对于同种聚合物而言，其特性黏度与其相对分子质量有关。只要测定一系列不同浓度下的黏度后，对浓度作图，并外推到浓度为零时，即可得到特性黏度。

2）仪器及试剂

乌氏黏度计、超级恒温槽、秒表、洗耳球、止水夹、移液管。

待测样品：黄原胶。

溶剂：水。

3）准备工作

(1) 溶液的配制：准确称取一定量的待测样品，用容量瓶配制成浓度在 0.1～1g/dL (1dL＝100mL)范围的溶液。

(2) 将恒温槽温度调节至 25℃，并打开电源，使之达到平衡状态。

4）实验步骤

(1) 安装黏度计。

取一只干燥、洁净的乌氏黏度计，在两根小支管上小心地套上医用乳胶管，将黏度计置于恒温水槽中，并用铁架台固定。注意黏度计应保持垂直，而且毛细管以上的两个小球必须浸没在恒温水面以下。

(2) 溶液的流出时间的测定。

用移液管准确量取 10mL 待测样品的溶液，注入黏度计中，于 25℃恒温 5min 后，用止水夹封闭连接 C 管的乳胶管，用洗耳球通过乳胶管，将溶液吸至 a 线上方的小球一半被充满为

止。拔去洗耳球,并放开止水夹,立即水平注视液面的下降,用秒表记下液面流经 a 线和 b 线的时间,即为流出时间。重复测定 3 次,误差不超过 0.2s,取平均值,作为该浓度溶液的流出时间。

用移液管准确移取 5mL 溶剂,加入黏度计中,并混合均匀,并把溶液吸至 a 线上方小球的一半,然后让溶液流下,重复 2 次。此时黏度计内溶液的浓度是原始浓度的 2/3,待恒温(25℃)后如前测定其流出时间。按照同样的步骤,再分别加入 5mL、10mL、20mL 水稀释待测溶液后,分别测定各浓度溶液的流出时间。

(3) 溶剂流出时间的测定。

将上述测定完的溶液倾入废液桶中,加入 10mL 的溶剂,仔细清洗黏度计的各支管及毛细管,将溶剂倒入废液桶,重复清洗 3 次以上。最后量取 10mL 溶剂,按上述步骤测定溶剂的流出时间。

5) 数据处理

分别计算各不同浓度溶液的黏数和对数黏数,并对浓度作图,得到两条直线,它们应具有相同的截距,求出截距,即为特性黏数。如图 6-5 所示。

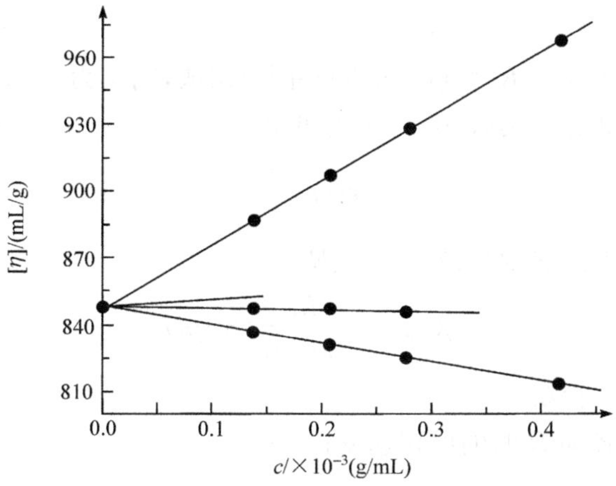

图 6-5　外推法测定黄原胶的特性黏度

5. 旋转流变仪的测量原理和方法

旋转流变仪是现代流变仪中的重要组成部分,它依靠旋转运动来产生简单剪切,快速确定材料的黏性、弹性等各方面的流变性能。测量方式分为两种:应变控制型和应力控制型。三种不同的测量系统有椎板、平行板和同轴圆筒 (图 6-6)。三种基本测量模式有稳态测试、瞬态测试和动态测试。

1) 椎板系统

椎板系统多应用于测量黏弹性流体,其顶角 θ_0 一般很小,小于 3°,在锥板上施加一定的旋转角速度 Ω 时,其剪切速率和黏度表达式分别为式(6 6)和式(6-7)

$$\dot{\gamma}\approx\frac{\Omega}{\theta_0} \tag{6-6}$$

$$\eta=\frac{3\theta_0 M}{2\pi R^3\Omega} \tag{6-7}$$

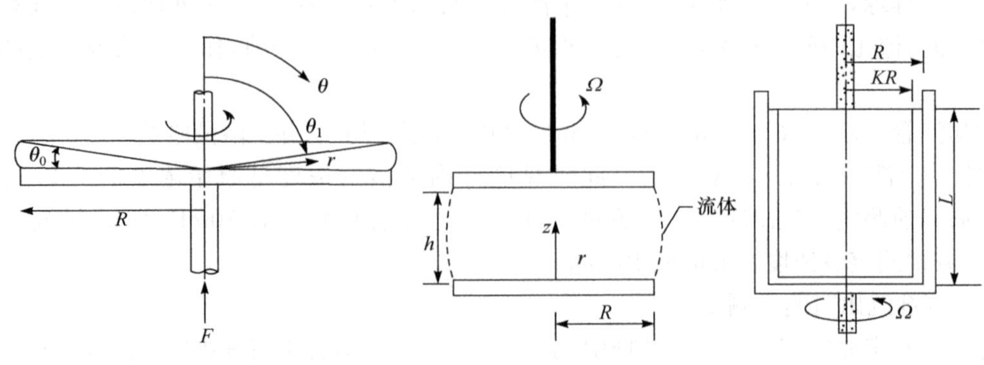

(a) 椎板　　(b) 平行板　　(c) 同轴圆筒

图 6-6　不同测量系统的结构原理

式中：Ω——旋转角速度；

θ_0——顶角；

M——扭矩，可以通过实验获得。

2）平行板系统

平行板系统由两个半径为 R、可旋转的同心圆盘组成，间距为 h，施加一定的角速度 Ω 时，其剪切速率和黏度表达式分别为式(6-8)和式(6-9)

$$\dot{\gamma}=\Omega \frac{r}{h} \tag{6-8}$$

式中：r——流体在圆盘上铺展的半径，$0<r\leqslant R$。

$$\eta(\gamma_R)=\frac{M}{2\pi R^3\dot{\gamma}_R}(3+n) \tag{6-9}$$

式中：M——转矩，可由实验获得；

$\dot{\gamma}_R$——流体铺展半径为 R 时的剪切速率；

n——非牛顿指数。

3）同轴圆筒系统

同轴圆筒系统是最早用于测量黏度的旋转流变仪；由两个半径分别为 R 和 KR 的内、外筒组成，$K<1$；内筒静止，外筒以角速度 Ω 旋转；适用于中、低黏度均匀流体测量，不适用于高黏度、糊剂和含有大颗粒的悬浮液。当内外筒间距很小时($K>0.97$)，筒间的流场可以近似为简单剪切运动，其剪切速率可以看做常数，黏度表达式为式(6-10)

$$\eta=\frac{M\cdot(1-K)}{2\pi R^2\Omega L} \tag{6-10}$$

若筒间距不是很小时，则黏度表达式为(6-11)

$$\eta[\gamma_{r\theta}(KR)]=\frac{Mn\left[\left(\frac{1}{K}\right)^{\frac{2}{n}}-1\right]}{4\pi R^2\Omega L} \tag{6-11}$$

选择不同测量系统时，要注意以下两点：①要明确流变仪的转速和扭矩范围，确定是否符合实际的测量要求；②如果存在多种测量系统都使用的情况，则需要按照精度、测量误差等需求，选择最合适的，这对于获得理想的结果非常重要。

6. 流变仪测定魔芋葡甘聚糖溶液性质

为了了解非均相辐照降解魔芋葡甘聚糖产物的静态流变行为，进行如下实验。

1）仪器及试剂

流变仪 AR2000ex、清洗溶剂、脱脂棉、实验用纸和矿物油。

待测样品：魔芋葡甘聚糖。

溶剂：水。

2）准备工作

（1）夹具的选择。

concentric cylinder：用于不稳定悬浮液体系或黏度较低体系。

Cone & Plate：用于纯液体均一分散体系，体系黏度要大于 10mPa · s。此类夹具根据直径分为 20mm、40mm 和 60mm 三种规格，依次适用于凝胶体系、浓溶液及稀溶液。对于魔芋葡甘聚糖，其溶液具有较高黏度，故一般选用 40mm 直径的夹具。

（2）控温系统选择。

烘箱 AR 系统，测量温度范围为：150～600℃；

帕尔贴系统，测量温度范围为：20～200℃。

3）实验步骤

（1）首先打开空气压缩机，等待 5min，然后依次打开气阀，解除空气轴承锁，打开控温系统，打开主机，开启电脑，启动测试软件。

（2）系统校正：

① 仪器惯量矫正：选择菜单 options →instrument →inertia 选项卡，然后点击 calibrate 按钮进行矫正。

② 在 Geometry 菜单下，点击 new，弹出对话框，仪器会自动列出匹配夹具。以建立平板为例：Geometry → new → show all geometry types → parallel plate → diameter choose（20，40，60mm）→next →distance gap（1.0 mm）→ next → finish。

③ 夹具校正：安装夹具，在 Geometry 菜单下点击 setting 选项卡，点击 calibrate 按照仪器提示依次完成夹具校正、高度校正（zero gap）及温度校正。

④ 空气轴承摩擦校正：点击菜单 options →instrument →miscellaneous，点击 calibrate 进行校正，校正值在 1 左右。

⑤ 加样品：平板夹具样品加样量为 0.5～2mL，锥板夹具加样量约为 0.5mL，加样注意使样品均匀分布在样品台上，不得有气泡出现。点击 Procedure →add step →选择所需测试模式→ Flow steady state（黏度）或 Oscillation frequency/strain/stress/temperature sweep，参考文献（Xu，et al.，2014）中参数进行设置。点击 Go down to setting gap，然后点击绿色运行按钮开始实验，首先起文件名，选好文件存放地址，点击确定，系统开始测试数据。

4）数据处理

（1）剪切速率对辐照魔芋葡甘聚糖黏度的影响。

魔芋葡甘聚糖是一种中性多糖，其水溶液为典型的假塑性流体，具有剪切稀化的性质，前人对魔芋葡甘聚糖水溶液流变特性一般用幂律方程进行拟合，其表达式为式（6-12）

$$\tau = K \cdot \gamma^n \tag{6-12}$$

式中：τ——剪切应力；

K——稠度系数；

n——流动指数；

γ——剪切速率。

用简单的两参数幂律方程对剪切速率及对辐照产物流体性质进行拟合。K 和 n 是代表液体性质的经验常数。K 越小，液体越稀。n 值表示假塑性程度，n 值小于 1，为剪切变稀的假塑性流体，n 值偏离 1 越大，则意味着假塑性程度越大，溶液越容易发生剪切变稀。

图 6-7 给出了不同辐照降解的魔芋葡甘聚糖产物黏度与剪切速率的关系曲线图，从图中可以明显看出，在低剪切速率时，大部分魔芋葡甘聚糖降解产物都表现出一定牛顿流体的性质，出现了第一平台区，并且随着辐照剂量的增大，平台区的范围在逐步加宽。在较高的剪切速率下，降解产物黏度下降较慢，趋于一种平缓的趋势。这种现象是因为分子本身以及分子链之间相互卷曲、缠结作用，这种作用在处于低速率切边区，高分子链之间的缠结力可以克服外界应力的作用，故其黏度在一定范围内趋于稳定，当切变速率增大到一定的临界值后，缠结被破坏的速度大于重建的速度，当体系中大多数分子完成取向后，体系黏度下降到一定值而趋于稳定，即发生了剪切变稀。

(2) 动态流变行为特性。

动态黏弹性是高聚物的重要性质之一。小幅振荡实验是通过测定 G' 和 G'' 及损耗角 δ，来评价流体黏弹性的一种方法。其中 G'(储能模量)代表弹性部分性质，G''(损耗模量)代表流体黏性部分性质，用于描述材料在外界形变时转变成剪切热的特性，反映出样品抵抗流动的能力。$\tan\delta = G''/G'$ 体现了体系的黏弹性，$\tan\delta$ 越大说明黏性占优势，体系的流体特征明显，$\tan\delta$ 越小说明弹性占优势，体系的固体特征明显，一般以 $\tan\delta = 1$ 作为界限。采用此法对辐照 KGM 产物在 25℃下频率扫描，结果如图 6-8 所示。

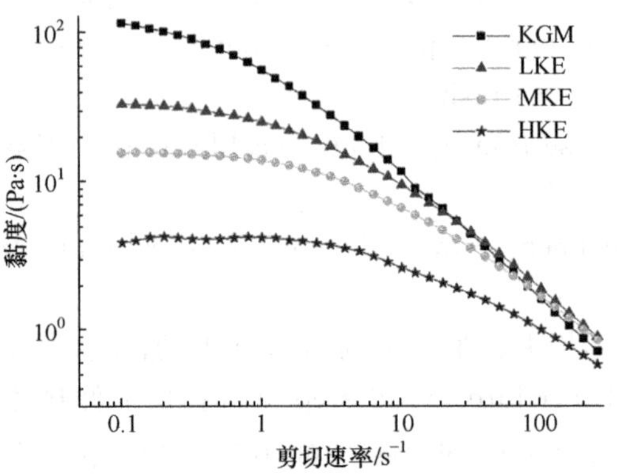

图 6-7　非均相辐照降解魔芋葡甘聚糖稳态剪切曲线

KGM. 原始魔芋葡甘聚糖；LKE、MKE、HME. 分别代表低、中、高剂量处理后 KGM

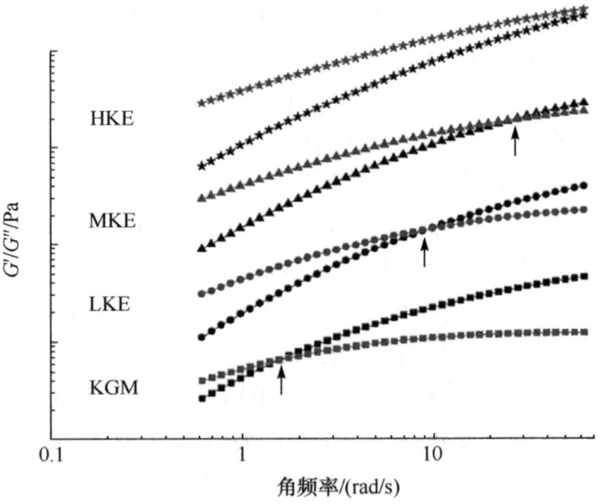

图 6-8　非均相辐照降解魔芋葡甘聚糖动态流变频率扫描

随着振荡频率的增加，不同条件下辐照降解的魔芋葡甘聚糖产物的 G' 和 G'' 都逐渐增大，这是因为频率增加，样品的分子链段在短时间内来不及运动，凝胶体系的应变减小，从而使储能模量增加；损耗模量增加的原因可能是摩擦和热损耗在高频下的增加。随着辐照降解产物相对分子质量的减小，分子之间的缠结程度减小，形成氢键数量较少，减弱了三维网络结构的强度，降低了凝胶的黏弹性。

6.2　食品质构分析

质地（texture）是用机械的、触觉的方法，或在适当条件下，利用视觉和听觉感受器所感知到的产品所有流变学结构上的（几何图形）特征。一个物体的质地可以通过视觉（视觉质地）、触觉（触觉质地）和听觉（听觉质地）来感知。

对于食品的质地，原本是一个感觉的表现，但为了揭示质地的本质和更准确地描绘和控制食品质地，仪器测定又成为表征质地的一种方法。食品质地的感官评价称为主观评价法（subjective method），而用仪器对食品质地定量的评价方法称为客观评价法（objective method）。

6.2.1　质地测试仪器方法的选择

在进食时，口感（主要是触觉）对食品的可接受性有很大影响。在进行食品开发和评价时，对各种口感的描述词语非常丰富。为了产生一种能代替感官评价小组，作为质地评价工具的机械，人们研制了许多质地测试仪器。但要防止盲目地使感官评价和仪器特征之间产生联系的倾向。例如，对于大米口感的评价，有人做了这样的实验。把典型的黏性粳米和松散的籼米调制成糊状，进行动态黏弹性实验，结果发现，口感认为是比较黏的粳米，实际弹性率和黏度小，相反籼米的黏性率却较大，似乎感官黏度与物理学定义测定的黏度呈相反关系，口腔感觉到的“发黏”实际上是米饭在口中容易流动的性质。对面条“筋道”的评价也有类似的情况。因此，当用质地测定仪代替感官评价时，仪器和测定方式的选择，以及使用的样品数量都非常重要。

仪器测定和感官评价质地的特点与区别见表6-6。从表中可以看出，仪器测定比起感官测定，虽然有重现性强、准确、方便等优点，但是，仅用一个指标的测定值来表达食品复杂的质地性质，尤其要表达感官综合特性评价则是很困难的。因此，往往在对食品进行综合的嗜好性评价时，感官评价的方法是仪器无法替代的。

表6-6　仪器测定和感官评价特点的比较

项目	仪器测定的特点	感官评价的特点
测定过程	物理化学反应	生理、心理分析
结果表现	数值或图线	语言表现与感官对应的不明确性
误差和校正	一般较小，可用标准物质校正	有个人间的误差，同一刺激的比较困难
重现性	一般较高	一般较低
精度和敏感性	一般较高，也有情况不如感官鉴定	可通过评审员的训练提高准确性
操作性	效率高、省事	实施繁琐
受环境影响	小	相当大
适用范围	适于测定要素特性，测定综合信念困难，不能进行嗜好评价	适于综合特性分析，不经过一定训练，测定要素特性困难，可进行嗜好评价

引自：李云飞．2005．食品物性学．北京：中国轻工业出版社

测定仪器选择的原则，首先要求从感官特征，即色泽、滋味、香味、外观、质地中找出最影响口感的特征因素。如果质地是一个比较重要的因素，就需要参照质地剖面分析方法，再进一步确定哪项质地特性是关键。然后，再将这些质地特性按照分析评价和嗜好评价，分别进行感官

评定。同时，按照分析评价的内容，选择相应的质地测定仪器和条件进行测定。最后，将感官评价值与仪器测定值进行相关性统计分析。根据分析结果，确定能代替感官评价的仪器测定方法。

6.2.2　食品质地分析

食品的感官评价，特别是分析型感官评价，不仅需要具有一定判断能力的评价员，而且这种评价往往费时、费力且效率低，其结果也常受多种因素影响，很不稳定。因此，现在常采用仪器检测方法正确表示食品质地多面剖面性质，并与感官评价相结合评定食品的质地。食品质地性质的仪器测定可以分为基础力学测定、半经验测定和模拟力学测定。基础力学测定虽有许多优点（如定义明确、数据互换性强、便于对影响这一性质的因素进行分析等），但对于质地的评价来说，它很难表现感官评价对食品质地那样的综合力学性质，如面团的软硬度、肉的嫩度等，很难用某一个单纯的力学性质表征。因此，食品质地的测定仪器多属于半经验或模拟测定。它的测定范围不像基础力学测定那样，变形保持在线性变化的微小范围，而是非线性的大变形或破坏性测定。

实用的食品质地测定仪器很多，一般按变形或破坏的方式可以分为 7 类，包括压缩破坏型、剪断型、切入型、插入型、搅拌型、食品流变仪、减压测试仪等。此节仅介绍压缩破坏型、插入型、搅拌型三类仪器。

1. 压缩破坏型测试仪

这类测定仪器多由食品质地研究人员根据所测定的对象和目的，自己设计制成。比较典型的有质构测试仪（texturometer）、万能测试仪（universal test machine system）和压缩仪（conpresismeter）等，此处介绍质构测试仪。

质构测试仪是一种模仿口腔咀嚼动作测定食品质地性质的客观测定仪器。这种仪器可以数据形式表示质地多面剖析的特征，如硬度、弹性、内聚性、黏着性等。测定时柱形压头上下运动，像咀嚼食品一样，将载物器上的试料反复压碎。支持载物器的悬壁杆与应变计相连，可连续测定压头上下运动时试样所受压、拉力，并通过以一定速度卷动的记录纸，记录力的变化。压头一般采用树脂制的直径 18mm、高 25mm 的圆柱。实验开始时，在载物器上放上试样。然后，选择适当电压通电，使咀嚼力的曲线波形有合适大小。这样，在记录纸上就会得到如图 6-9所示的曲线。此曲线反映了试样在咀嚼动作下，所受力随时间变化的破碎过程。从中可以分析出试样质地的全部特征。它称为质地特征曲线（texture profile curve）。图 6-9 中的曲线，从右至左记录了破碎动作的第一次（A_1）和第二次（A_2）力和时间的变化。由这一曲线可以得到以下质地参数：

$$\text{硬度(hardness)} = H_1/U \tag{6-13}$$

式中：H_1——第 1 波峰高度；

U——所加电压。

$$\text{内聚性(cohesiveness)} = A_2/A_1 \tag{6-14}$$

式中：A_2——第 2 波峰面积；

A_1——第 1 波峰面积。

$$\text{弹性(springiness)} = C - B \tag{6-15}$$

式中：C——用典型无弹力物质（如黏土），做相同实验时所测得的两次压缩接触点间距离；

B——用试样做相同实验时所测得的两次压缩接触点间距离。

$$黏着性(adhesiveness)=A_3/U \tag{6-16}$$

式中：A_3——面积；

U——所加电压。

$$脆性(brittleness)=F/U \tag{6-17}$$

式中：F——第一波峰最大压缩力与第一波谷作用力之差；

U——所加电压。

$$咀嚼性(chewiness)=硬度×内聚性×弹性(固体食品) \tag{6-18}$$

$$黏性(gumminess)=硬度×内聚性(半固态食品) \tag{6-19}$$

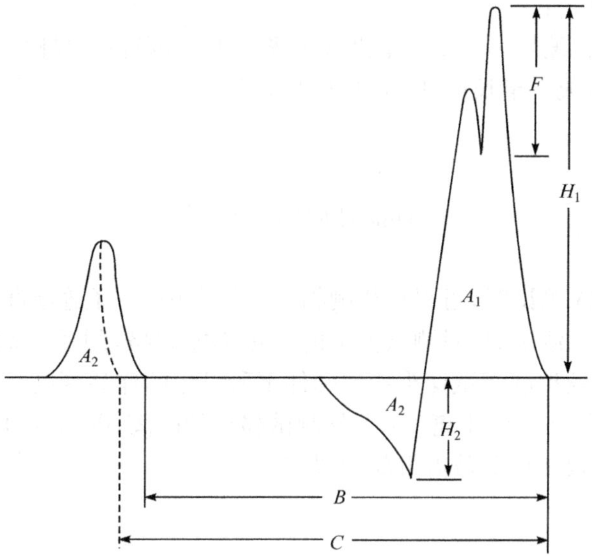

图 6-9　质构剖面分析法(texture profile analysis，TPA)测试的典型曲线

2. 利用 TPA 测定食品质构

1) 原理

流变物料测试仪是围绕着距离、时间和作用力对实验对象进行物性和质构测定的仪器。操作台表面的待测物当与支架上的模具探头接触后，将受到压力或拉伸力等力的作用，作用在物体上的各种力信号传至压力传感器，压力传感器把力信号转换成电信号输出，经数控系统把电信号转换成数字信号，输入计算机专用分析软件实行自控，并储存起来用于数据分析，从而使食品的感官指标以定量化形式表示。

2) 主要仪器及试剂

(1) 仪器：流变物料测试仪，TA XT-25 型。根据测定对象的不同可选用相应的探头，如用柱形探头可测定果冻和软糖的硬度、脆度、弹性等参数；锥形探头可测定黄油及其他黏性物质的黏度；夹式模具可测定面条、食用膜的抗拉伸强度等。

(2) 材料和试剂：食品增稠剂(琼脂、卡拉胶、果胶)，蔗糖，变性淀粉，柠檬酸，市售果冻、面条或自制果冻、面条等。

3）实验步骤

（1）果冻的制备（自行确定配比）：选用 50mL 烧杯，果冻样品的总体积控制在 40mL。

（2）果冻的感官指标分析：

Ⅰ. 检测探头安装选用编号为 P/10 的柱形探头，垂直旋入测试工作台探头接口。

Ⅱ. 仪器校正选用 5kg 砝码加至校正用的砝码架，仪器自动对系统偏差进行补偿修正。

Ⅲ. 样品测定。

Ⅳ. 检测样品数据处理：点击 Run mocro 数据处理按钮，专用软件则可对选定样品进行数据自动处理，算出待测样品的八个感官量化指标（硬度、脆性、黏着性、弹性、黏聚性、胶着性、咀嚼度、回复性）。

（3）面条抗拉性测定：

Ⅰ. 选择夹式模具，编号 A/TG。借助螺母紧固扳手，安装夹式模具于测试工作台上。

Ⅱ. 把待测面条截成一定长度，固定于央式模具。

Ⅲ. 测试。

4）结果计算

$$样品延伸率=\Delta L/L \tag{6-20}$$

5）注意事项

（1）样品进行 TPA 测试时，可根据待测物直径的大小，选择适合直径的探头。

（2）样品进行 TPA 测试时，对测试探头的校正不能省略，因校正输入的测试样品高度参数被电脑记忆后，将有效控制测试探头能准确伸至所设定的样品深度。

（3）抗拉力测试时，在有效距离（指夹具测试移动的距离，distance）参数设置条件下，若测试样品未能拉断，则有效距离参数需重新设置。

3. 插入型测试仪

插入型测试仪器既有专用装置（如针入度仪），也可以利用流变仪改装，也就是说把流变仪的感力头换成针状、圆板状、圆锥状或球状，就构成了插入型测试仪。一般针状、圆板状、圆锥状多用来测定高脂肪食品，如奶油、人造奶油、猪油等。而球状感力头多用来测试凝胶类食品。插入的方法一般以一定载荷垂直作用，使感力头插入，或以一定速度将感力头插入试样。这里介绍冈田式果冻强度测试仪（Okada's jelly tester）。

对于黏性的食品，用柱状、锥状冲头进行针入度测定，试样与冲头可保持密着状态。对高弹性凝胶食品，如果冻、布丁、鱼糜糕、香肠等，冲头插入时往往会产生破裂现象。于是日本冈田开发了端部为球形的冲头。球形冲头压入试样时，可根据力与变形的关系求出试样强度。冈田式测试仪工作原理如图 6-10 所示，冲头的加力，由冲头上部水杯中水的重量产生。滴管 11 以一定流量向水杯中注水，使压头 9 插入试样，同时通过杠杆和指针 6 在记录纸上画出插入深度。冲头球的直径为 5mm。

4. 搅拌型测试仪

搅拌型测定仪主要用于小麦粉的品质鉴定，代表性的测定仪器有布拉本德粉质仪和淀粉粉力测试仪。这些仪器的测定结果多以 B. U.（Brabender unit）为单位。

1）布拉本德粉质仪

布拉本德粉质仪（Brabender fannograph）又称面团阻力仪，它由调粉（揉面）器和动力测定

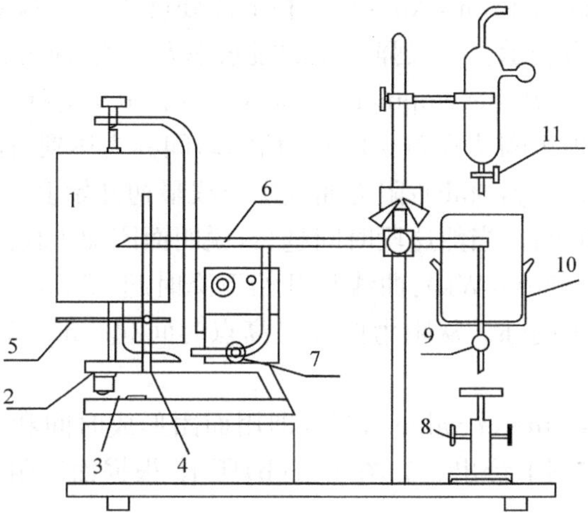

图 6-10　冈田式果冻强度测试仪

1. 记录转筒；2. 空转销；3. 转筒调节台；4. 压板杆；5. 驱动轮；6. 杠杆
7. 平衡重；8. 试样台；9. 压头；10. 水杯；11. 滴管

计组成。测定原理是把小麦粉和水用调粉器的搅拌臂揉成一定硬度(consistency)的面团，并持续搅拌一段时间。与此同时，自动记录在揉面搅动过程中面团阻力的变化。以这个阻力变化曲线来分析面粉筋力、面团的形成特性和达到一定硬度时所要的水分(又称面粉的吸水率)。记录纸得出的面团阻力曲线称为面团的粉质曲线，如图 6-11 所示。由此曲线可得到以下物性参数：

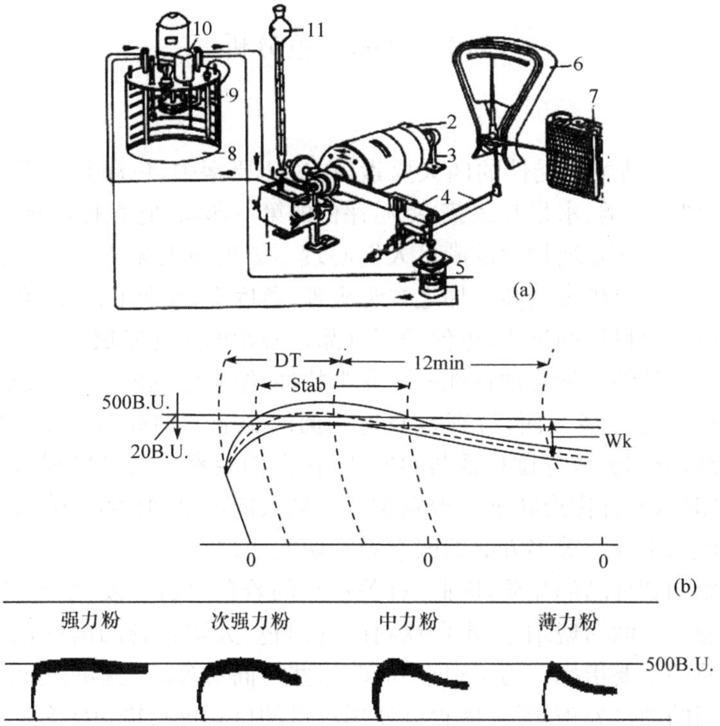

图 6-11　布拉本德粉质仪(a)及粉质曲线(b)

1. 搅拌槽；2. 测力计；3. 轴承；4. 连杆；5. 缓冲器；6. 刻度盘；7. 记录仪；8. 恒温水槽；9. 循环管；10. 循环电机；11. 滴管

(1) 吸水率(waters absorption,Ab):小麦粉形成硬度为 500 B. U. 的面团所需要的加水量,用对小麦粉的质量分数表示。一般强力粉的吸水率大一些,薄力粉则小一些。

(2) 面团形成时间(dough development time,DT):表示从搅拌开始到转矩达到最大值所需要的时间,也有把曲线顶边刚达到 500 B. U. 所需时间称为达到时间 AT(arrival time)。

(3) 面团稳定度(stability,Stab):阻力曲线中心线最初开始上升到 500～20B. U. 到下降至 500～20B. U. 所要的时间。当然这段时间越长,说明面团加工稳定性越好。

(4) 面团衰落度(weakness,Wk):曲线从开始下降时起 12min 后曲线的下降值。面团衰落度值越小,说明面团筋力越强。从阻力曲线最高点时间起 5min 线的落差 C 称为耐受指数(tolerance index)。

(5) 综合评价值(valorimeter value,VV):即用面团形成时间和衰落度综合评价的指标,用本仪器附属的测定板在图上量出。如图 6-11(b)所示,根据面团阻力曲线的形状,也可大体判断面粉的性质。

2) 淀粉粉力测试仪

淀粉粉力测试仪(amylograph)是 Brabender 公司系列的又一种常用淀粉性质测定仪。属于外筒旋转式黏度计的一种。其主要用来综合测定淀粉的性质,包括淀粉酶的影响和酶的活性。其原理为:将面、水按一定量和比例和成面糊,放入一圆筒中。与圆筒配合有一形状如蜂窝煤冲头的搅盘,将搅盘插入盛面糊的圆筒中,然后,按照一定的温度上升速度(1.5℃/min)加热面糊。同时转动搅盘,并自动记录搅盘所受到的扭力,就会得到一条淀粉黏度曲线。从该曲线可以得到如下物性指标:糊化开始温度(gelatinition temperature,GT)、最高黏度温度(maximum viscosity temperature,MVT)、最高黏度(maximum viscosity,MV)。

6.3 食品颜色分析

6.3.1 概述

色、香、味、形是食品可接受性的四大要素,在这四要素中,色泽是非常重要的品质特性。色泽是对食品(特别是肉类、水果和蔬菜)品质评价的第一印象,它直接影响人们对食品品质优劣、新鲜与否的判断,因而是增加食欲满足人们心理需要的重要条件。随着生活水平的提高,人们对食品色彩的要求也越来越高。加之视觉生理、色度学、颜色心理学、色光测试技术,以及计算机图像处理技术等科技的进步,也促进了食品色彩学的飞速发展。

食品的色泽是食品的一种物理特性——光学特性,给人感觉的一种信息。然而,对这种信息的处理和判断却要受许多方面,特别是心理方面的影响。例如,Bruner 曾做过一个实验。用同一张橙色的纸,分别剪成柠檬和番茄的形状,让人们观察。结果发现,番茄形状的橙色纸总有一种发红的印象,而柠檬形状纸显得发黄。可见人们观察到食品的色彩,不仅是物理学的颜色,它还与心理学、生理学等多方面的因素有密切关系。

食品的颜色影响到食品的品质,因此,有关食品的着色、保色、发色、褪色等研究也成为食品科学的重要课题。啤酒的琥珀色、蛋白饮料的乳白色、火腿香肠的肉红色等,都是食品加工厂家提高商品品质的重要指标。为了追求利润,一些厂商对食品色彩的追求走入误区。例如,对面粉进行不适当的漂白处理,对一些食品使用过量的色素进行染色等食品安全问题,已经引起人们的关注。

6.3.2　食品颜色的测定方法和仪器

随着各种更加科学、合理、方便的表色系统建立，对颜色的品质管理和测定也变得更加方便和准确。然而在测定时需要掌握正确的方法。

1. 测定食品颜色时的注意事项

(1) 液体食品或有透明感的食品，当光照射时，不仅有反射光，还有一部分为透射光。因此，仪器的测定值往往与眼睛的判断产生差异。

(2) 固体食品的颜色往往并不均匀，而眼睛的观察往往是总体印象。在用仪器测定时，总是局限于被测点的较小面积，所以必须注意仪器测定值与目测颜色印象的差异。

(3) 测定颜色的方法不同，或使用仪器不同，都可能造成颜色值的差异。

2. 试样的制作

(1) 测定固体食品时，表面应尽量平整。

(2) 对于糊状食品，测定时尽量使食品中各成分混合均匀。这样眼睛观察值和仪器测定值就比较一致。例如，对果蔬酱、汤汁、调味汁之类食品，可在不使其变质前提下进行适当均质处理。

(3) 颗粒食品可通过破碎或过筛的方法处理，使颗粒大小一致。这样可减少测定值的偏差。测定粉末食品时，须把测定表面压平。

(4) 测定相当透明的果汁类液体颜色时，应使试样面积大于光照射面积，否则光会散射出去。

(5) 当测定透过色光时，可用过滤或离心分离的方法，将试样中的悬浮颗粒除去。

(6) 对颜色不均匀的平面或混有不同颜色颗粒的食品，测定时可通过试样旋转，达到混色的效果。

3. 颜色的目测方法

目测方法主要分为标准色卡对照法和标准液比较法等。测定时要注意观察的位置、光源及试样的摆放位置。

1) 标准色卡对照法

国际上出版的标准色卡，一般都是根据色彩图制定的。常见的有孟塞尔色圈、522 匀色空间色卡、麦里与鲍尔色典和日本的标准色卡等。

用标准色卡与试样比较颜色时，光线非常重要。一般要求采用国际照明协会所规定的标准光源。光线的照射角度应为 45°。在比较时，若色卡与试样的观察面积不同，将影响判断的正确性，所以要求对试样进行适当的遮挡。

如果没有合适的标准光源，可以在晴天，时间在 10:00～14:00，利用北窗射进的自然光线作为光源。总之要避免在阳光直接照射下比较。即使如此，有光泽的食品表面或凹凸不平的食品，如果酱、辣酱等，比较起来也是相当困难的。

目测法常用于谷物、淀粉、水果、蔬菜等食品规格等级的检验。

2) 标准液比较法

标准液比较法又称标准液测定法，主要用来比较液体食品的颜色。标准液多用化学药品溶液制成，如测定橘子汁颜色是采用重铬酸钾溶液作标准色液。酱油、果汁等液体食品颜色也要求标准化质量管理。除目测法外，在比较标准液时，也可以使用称为比色计的仪器。这种简单的比色计可以大大提高比较的准确性。对于食用油可以采用威桑比色计(Wesson-tintometer)进行颜色测定。

测定液体食品的颜色，常使用杜博斯科比色计，其原理是根据郎伯光学定律，通过改变标准液的光程使之与试样液颜色一致，从而求出试样的浓度。

4. 颜色的仪器测定法

1) 分光光度法

分光光度法主要用来测定各种波长光线的透过率。其原理是由棱镜或衍射光栅把白光滤成一定波长的单色光。然后测定这种单色光透过液体试样时被吸收的情况。测得的光谱吸收曲线可以获得以下信息：①了解液体中吸收特定波长的化学物成分；②测定液体浓度；③作为颜色的一种尺度，测定某种呈色物质的含量，如叶绿素含量。分光光度计的光源如果使用紫外线或红外线，也可作为了解物质化学构造的手段。

2) 光电反射光度计

光电反射光度计又称色彩色差计。这种仪器是通过光电测定的方法，迅速、准确、方便地测出各种试样被测位置的颜色，并且通过计算机直接换算成 L^*、a^*、b^* 值或 x、y、z 值，对颜色进行数值化表示。它还能自动记忆和数值处理，得到两点间颜色的差别，如 ΔE_{ab}^* 等。

目前色彩色差计种类较多，有测定大面积的，也有测定小面积的；有测定带光泽表面的，也有测透明液体颜色的。但从结构原理上主要有两种类型：一种为直接刺激值测定法，一种为分光测定法。直接刺激值测定法，是利用人眼对颜色判断的三变数原理，即眼睛中三种感光细胞对色光的三刺激值决定了人对颜色的印象。那么，该仪器的光接收部分也装有三种感光元件[$X(\lambda)$，$Y(\lambda)$，$Z(\lambda)$三种光电传感器]。这三种感光元件对等能量光波所引起的相对感度，即分光感度与人眼的等色函数 $X(\lambda)$，$Y(\lambda)$，$Z(\lambda)$相同。这三种传感器对色光的接收反应如图 6-12 所示。图中以白光源照射红苹果为例，反射的光波分布线如图 6-12 所示的曲线 A。当 A 光波进入眼中或仪器的三种传感器中，每个传感器(相当于眼中感光细胞)对 A 光波产生的感应分别为 C-1、C-2、C-3，即形成了 x、y、z 三刺激值(与斜线部分积分面积成比例)。经过对这三刺激值的运算就可以求出待测物苹果颜色的三个参数：$x=21.21$，$y=13.37$，$z=9.32$，在其基础上可换算出其他表色系统的值，如 L^*，a^*，b^* 值。

分光测定法与刺激值测定法的区别是采用更多的光电传感器。测光元件一般有 4 个传感器。这样，就可以把从试样反射的色光进行更精细的分光处理。通过测定每个波长反射及对这些更精细的光信号进行数据记录和积分演算处理，可得到三刺激值 x、y、z。

直接刺激值测定法色彩计开发比较早，具有结构简单、体积小、价格低的优点，多用于生产部门和品质检查部门，尤其在测定色差方面非常有用。分光测定色彩计精度高，可以对各种光波绝对值进行测定，主要用于科研上。色彩色差计的性能还体现在内置的光源上。直接刺激值测定式色彩计内置光源一般只有 D_{65} 和 C 两种光源。而分光测色式内置光源除了 D_{65} 和 C 外还有 7 种。这对于条件等色情况的测定比较有利。条件等色是分光反射率不同的颜色在特定光源下显示相同颜色的现象。要解决这一问题，需要分别用两种以上差异较大光源测定。分光测色计另一大特征就是具有分光曲线表示功能，可把各种不同颜色，用光谱曲线清楚地表示出来。

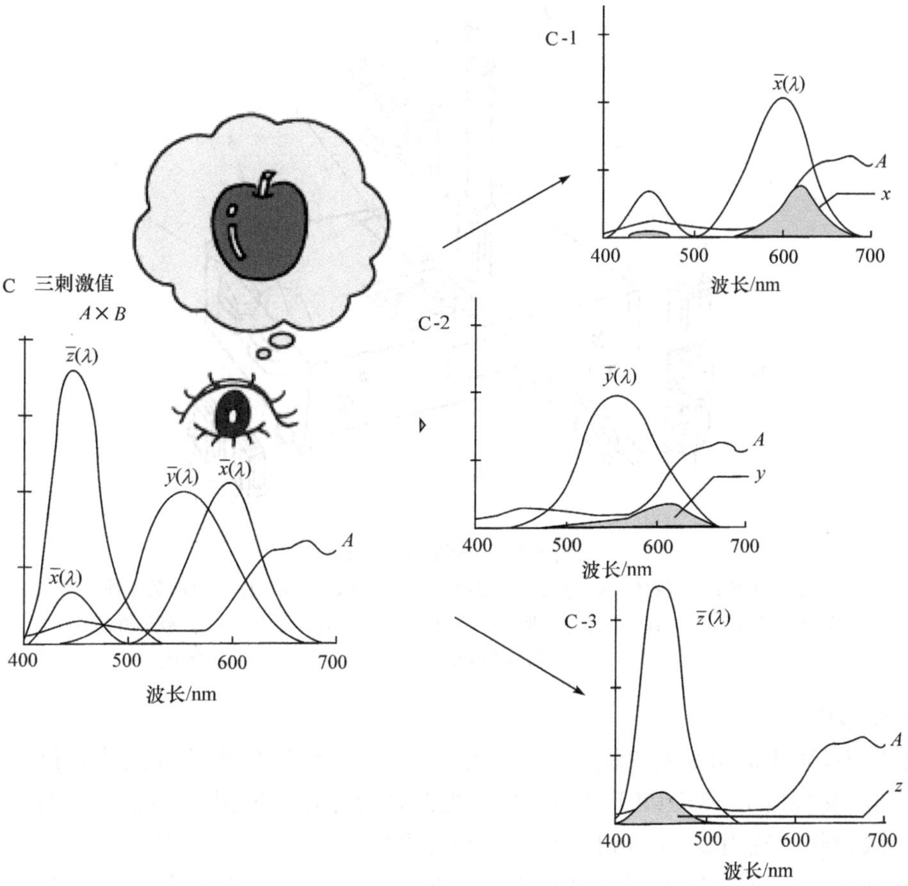

图 6-12　三刺激值法测定色彩的原理

5. 植物油色泽的测定

色泽是植物油脂的重要质量指标之一。植物油脂具有各种不同的颜色，主要是油料籽粒中所含的类胡萝卜素、黄酮类色素、叶绿素、棉酚等多种色素物质，在制油过程中溶于油脂的缘故。油脂的色泽，除了与油料籽粒的粒色有关之外，还与加工工艺以及精炼程度有关。此外，油脂品质变劣和油脂酸败也会导致油色变深。所以，测定油脂的色泽，可以了解油脂的纯净程度、加工工艺和精练程度，也可判断其是否变质。

我国植物油国家标准中，常采用罗维朋比色计法测定色泽和进行产品分级，并制定了相应的指标。

1）原理

通过调节罗维朋比色计的红、黄、蓝色标准颜色色阶玻璃片，用目视比色法与油样的色泽进行比较，直至二者的色泽相当，记录标准颜色色阶玻璃片的数字，作为油脂的色值或罗维朋色值。

2）仪器

罗维朋比色计：罗维朋比色计主要由比色槽、比色槽托架、碳酸镁反光片、乳白灯泡、观察管和四组红、黄、蓝、灰色的标准颜色色阶玻璃片组成，如图 6-13 所示。其中，红、黄、蓝三色玻璃片各分为三组，红、黄色号码由 0.1～70，蓝色号码由 0.1～40 组成；灰色玻璃片分为两组，号码由 0.1～3 组成。

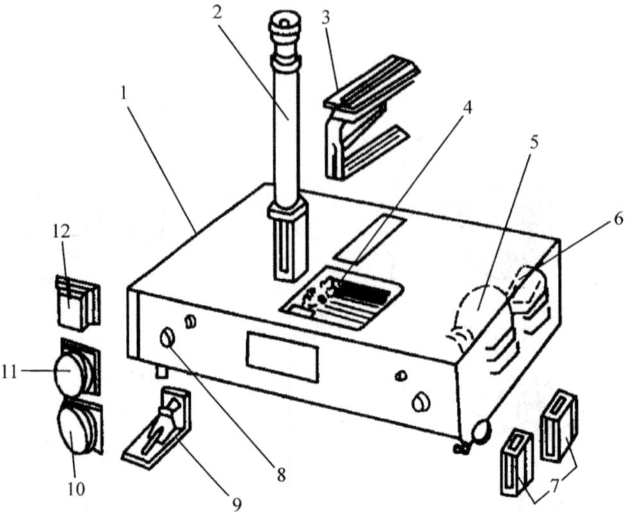

图 6-13　罗维朋比色计

1. 比色箱；2. 观察管；3. 透明样品架；4. 有色玻璃架；5. 灯泡；6. 计时数字钟；
7. 比色槽；8. 开关；9. 固体样品架；10. 标准白板；11. 粉末样品盘；12. 胶体样品盘
引自：腾秀金，等. 2007. 颜色测量技术. 北京：中国计量出版社

3）实验步骤

从仪器配件匣中取出观察管插入仪器槽中，将两个碳酸镁反光片分别放入仪器的两个孔上，接通电源，交替按下"ON/OFF"按钮，检查光源是否完好。取澄清（或过滤）的试样注入比色皿中（等级植物油选用 25.4mm 比色皿，高级烹调油选用 133.4mm 比色皿）至上口约 5mm 处，将比色皿置于托架上并固定位置后，放入罗维朋比色计中。打开光源，移动红色玻璃片调色，直到视野中玻璃片色与油样色完全相同为止。如果油样有青绿色，则须配入蓝色玻璃片，这时移动红色玻璃片，使配入蓝色玻璃片的号码达到最小值为止，记下黄、红或黄、红、蓝玻璃片的号码的各自总值，即为被测油样的色值。结果注明不深于黄多少号和红、蓝多少号，同时注明比色皿厚度。

两次实验结果允许差不超过 0.2，以实验结果高的作为测定结果。

4）注意事项

（1）用作光源的两只乳白灯泡，在使用 100h 后，应同时更换，以保证光源的光强度。

（2）分析固体样品或胶体样品时，将样品分别放在粉末样品盘或胶体样品盘内，操作步骤同上。

6. 红曲色素色价的测定

色素色价是任何一种食用色素的重要理化指标之一。不同品种的色素，因其颜色不同，最大吸收波长也不同。红曲色素是由一种红曲霉菌接种在大米上固体发酵培养或以大米、大豆为主料的液体发酵培养制得的一种红色素，在食品工业中作为着色剂。

1）原理

调节分光光度计的波长，选择在该色素的最大吸收峰波长下，以 1%浓度用 1cm 比色杯测定其吸光度，作为该色素的色价值。

2）仪器

分光光度计。

3）实验步骤

称取红曲样品 0.1g(准确至 0.001g)，醇溶样品用 70%乙醇溶解(水溶样品用水溶解)，定容至 1000mL，摇匀。取此液置于 1cm 比色杯中，用分光光度计于 505nm 波长处，以 70%乙醇(水溶样品则用水)为空白对照，测定其吸光度。

4）结果计算

$$E_{1cm}^{1\%}(505\text{nm})=\frac{AV}{G}\times\frac{1}{100} \tag{6-21}$$

式中：$E_{1cm}^{1\%}$——样品色价；

A——实测样品的吸光度；

G——样品的质量，g；

V——稀释倍数。

6.4　食品热分析

食品加工、储藏和流通往往都需要进行与食品热物性相关的处理，如加热、冷却或冷冻等。因此，研究食品的热物性也是食品工程研究的重要领域。食品热物性也与食品的分子结构、化合状态等有很密切的关系，所以，它也是研究食品微观结构的重要手段。食品热物性的基础是传热传质学，在此不作详述。这里仅就食品热物性的一些特殊热物理问题作以简略介绍。

6.4.1　食品热物性基础

1. 食品的传热特性

单位表面传热系数表示加热或冷却时，假定附着于固体表面的流体界膜传热性质的物理量，以符号 h 表示。h 值的定义是，当流体与固体表面温度差为 l 时，单位时间通过固体单位表面积的热量，因此它是对流传热的参数。

$$q=hA\Delta T \tag{6-22}$$

式中：q——面积热流量，w/m^2；

h——有效表面积，m^2；

ΔT——固体表面温度与流体平均温度之差。

h 主要由流体的黏度、密度、比热容、导热系数、流速、流体的平均温度等因素决定，它是由流体的热物性和流动物性决定的物理参数。

2. 热分析分类

热分析(thermal analysis)是在程序控制温度下测量物质的物理性质(如质量)与温度关系的一类技术，根据所测物理量的性质，其分类见表 6 7。其中差热分析和热重法是目前常用的两种热分析方法。

表 6-7 热分析方法分类

物理量	方法名称	简称
热量	热重分析法	TG
	等压质量变化测定	
	逸出气检测	
	逸出气分析	EGA
	放射热分析	
	热微粒分析	
温度	升温曲线测定	
	差热分析	DTA
热量	差示扫描量热法	DSC
	调制式差示扫描量热法	MDSC

物理量	方法名称	简称
尺寸	热膨胀法	
力学量	热机械分析	TMA
	动态热机械法	
声学量	热发声法	
	热传声法	
光学量	热光学法	
电学量	热电学法	
磁学量	热磁学法	

6.4.2 差示扫描热量测定与定量差示热分析

1. 差热分析法

图 6-14 为岛津 DTA-50 差热分析(differential thermal analysis,DTA)仪的测量原理图。样品和热惰性的参比物分别放在加热炉中的两个坩埚中,以某一恒定的速率加热时,样品和参比物的温度线性升高;如样品没有产生焓变,则样品与参比物的温度是一致的(假设没有温度滞后),即样品与参比物的温差$\Delta T=0$;如样品发生吸热变化,样品将从外部环境吸收热量,该过程不可能瞬间完成,样品温度偏离线性升温线,向低温方向移动,样品与参比物的温差$\Delta T<0$;反之,如样品发生放热变化,由于热量不可能从样品瞬间逸出,样品温度偏离线性升温线,向高温方向变化,温差$\Delta T>0$。上述温差ΔT(称为 DTA 信号)经检测和放大以峰形曲线记录下来。经过一个传热过程,样品才会回复到与参比物相同的温度。

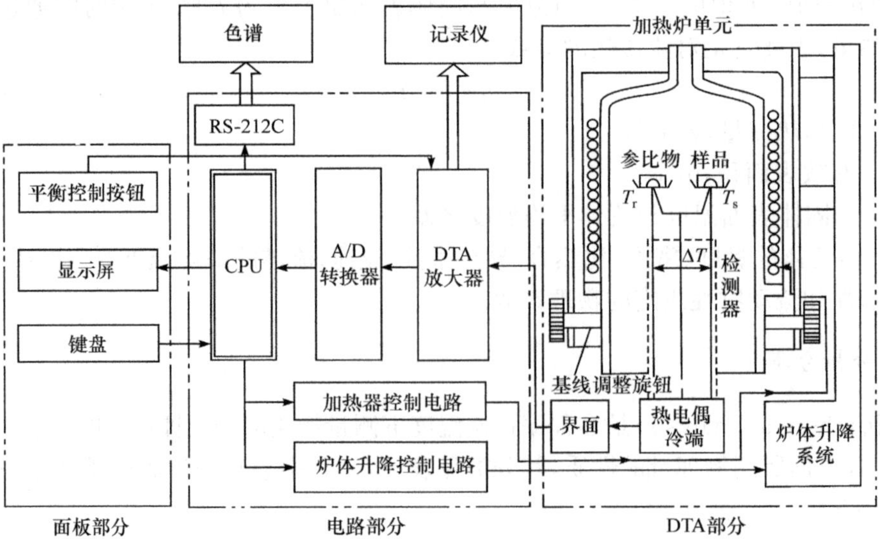

图 6-14 DTA-50 测量原理图

引自:刘振海,等. 2006. 热分析仪器. 北京:化学工业出版社

在差热分析时，样品和参比物的温度分别是通过热电偶测量的，将两支相同的热电偶同极串联构成差热电偶测定温度差。当样品和参比物温差$\Delta T=0$，两支热电偶热电势大小相同，方向相反，差热电偶记录的信号为水平线；当温差$\Delta T\neq 0$，差热电偶的电势信号经放大和 A/D 转换，被记录为峰形曲线，通常峰向上为放热，峰向下为吸热。

差热曲线直接提供的信息主要有峰的位置、峰的面积、峰的形状和个数，通过它们可以对物质进行定性和定量分析，并研究变化过程的动力学。峰的位置是由导致热效应变化的温度和热效应种类（吸热或放热）决定的，前者体现在峰的起始温度上，后者体现在峰的方向上。不同物质的热性质是不同的，相应的差热曲线上的峰位置、峰个数和形状也不一样，这是差热分析进行定性分析的依据。分析 DTA 曲线时通常需要知道样品发生热效应的起始温度，根据国际热分析协会（ICTA）[1992 年更名为国际热分析和量热学协会（ICTAC）]的规定，该起始温度应为峰前缘斜率最大处的切线与外推基线的交线所对应的温度 T（图 6-15），该温度与其他方法测得的热效应起始温度较一致。DTA 峰的峰温 T_p 虽然比较容易测定，但它既不反映变化速率到达最大值时的温度，也与放热或吸热结束时的温度无关，其物理意义并不明确。此外，峰的面积与焓变有关。

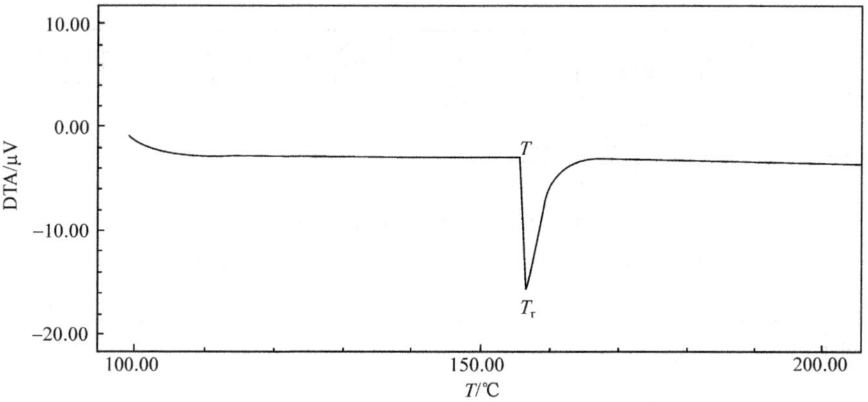

图 6-15　典型 DTA 曲线

2. 热重法

热重法（thermogravimetry，TG）是在程序温度下借助热天平以获得样品的质量与温度或时间关系的一种技术，这里的程序温度包括升温、降温或某一温度下的恒温。图 6-16 为岛津 TGA-50 热重分析仪的测量原理图。通常盛放了样品的坩埚被悬挂在热天平的一端，并放置在加热炉中。加热样品，当样品质量发生变化，天平横梁发生倾斜，反映样品质量变化信息的倾斜度被转换为光电信号并放大和记录下来。

在 TG 曲线中，如果反应前后均为水平线，表示反应过程中样品质量不变；若曲线发生偏转，则相邻两水平线段之间在纵坐标上的距离所代表的相应质量 W 即为该步反应的质量差（图 6-17）。TG 曲线表示加热过程中样品失重累计量，为积分型曲线。

如将 TG 曲线对温度或时间取一阶导数，即把质量变化的速率作为温度或时间的函数连续记录下来，这种方法称为微商热重法（derivative thermogravimetry，DTG）。微商热重曲线上出现的每个峰与 TG 曲线上两台阶间质量发生变化的部分相对应。它反映了样品质量的变化率与温度或时间的关系，其形状与 DTA 曲线类似，可以确定样品失重过程的特征点如反应

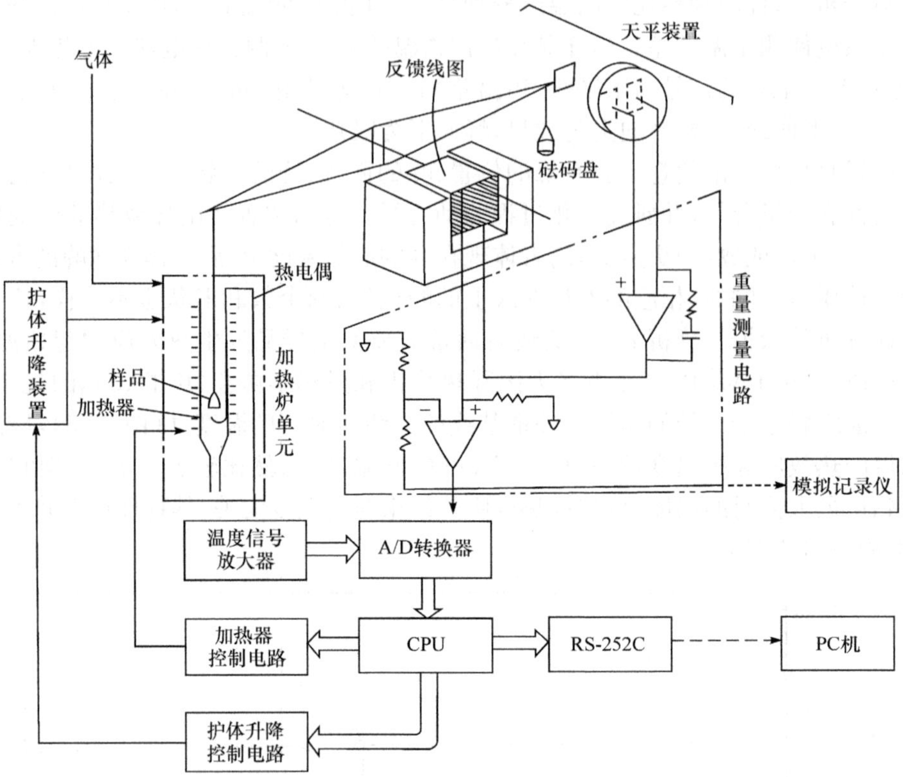

图 6-16　TGA-50 测量原理图

引自:刘振海,等. 2006. 热分析仪器. 北京:化学工业出版社

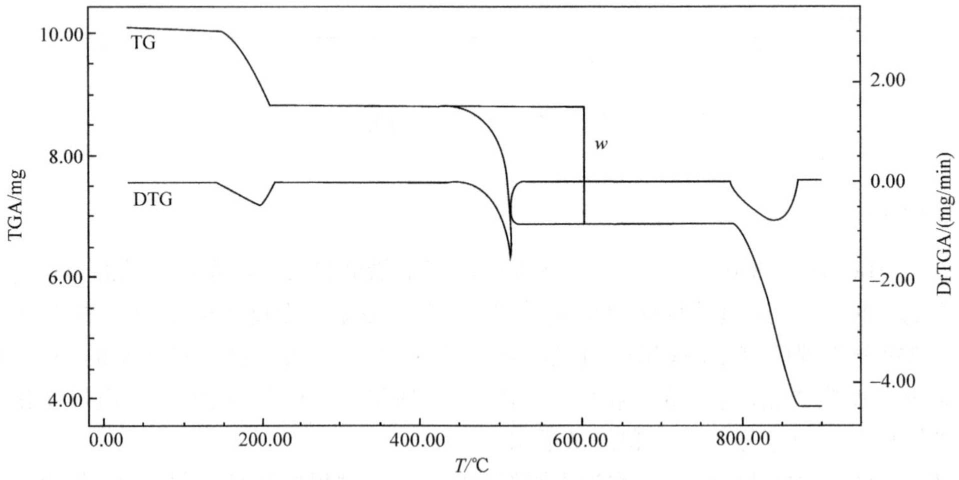

图 6-17　典型的 TG 和 DTG 曲线

起始、终止温度等,是对 TG 和 DTA 曲线的补充。

物质分子结构的变化,可以影响其热物性(热吸收性质等)的变化。因此,热分析装置目前被广泛用来测定食品品质及其成分变化。近期这方面发展较快的是差示扫描量热测定(differential scanning calorimetry,DSC)和定量差示热分析(quantitative differential thermal analysis,DTA)

6.5　食品粒度分析

许多食品如牛乳、乳脂、蛋黄酱、色拉调味料、奶油、人造奶油、低脂肪糊、沙司、汤、咖啡伴侣和液态奶油等，部分或全部以分散液或乳状液的状态存在。而奶粉、面粉、冲剂等则以固体粉末形式存在。不管食品的存在形式如何变化，这些食品的粒度大小和分布都将影响食品特殊的性质，如质构、外观和风味释放等。因此，对于食品工作者来说，控制、预测和分析这类食品中的粒度大小及分布显得非常重要。食品中粒度大小的分析技术是基于方法的物理原理进行分类的，包括直接分析方法（显微镜观察和筛分法）、光学技术法（相对简单的正向散射和反向散射、静态光散射、动态光散射）、沉降技术法（重力沉降、离心沉降和场流分离技术，是基于颗粒力场特性的一种方法）、声学技术法（直接超声波衰减或电声学），以及最新的 NMR 法。本节主要介绍液滴大小的表达方式及液滴和固体颗粒大小的测定原理及方法。

6.5.1　液滴大小的表达方式

如果食品中液滴大小均相同（称为单分散体系），测液滴大小可以直接用单个液滴粒径大小来表示。但实际的食品体系包含的液滴大小并不是一个值，而是一个范围分布（称为多分散体系），相对单分散体系要复杂得多，通常是以平均粒径进行报告。因而在实际情况下通常只需了解液滴的平均大小和分布宽度，如果同时了解所有液滴大小的分布状况是最理想的。式(6-23)和式(6-24)分别描述液滴大小平均直径 $\bar{d}$ 和标准偏差 σ：

$$\bar{d} = \sum n_i d_i / N \tag{6-23}$$

$$\sigma = \sqrt{\left[\sum n_i (d_i - d)^2\right]/N} \tag{6-24}$$

式中：n_i——直径为 d_i 的液滴数量；

N——液滴总数。

由于式(6-23)是通过液滴长度的总和除以液滴总数求得的平均直径，因此常指的是平均长度直径(d_L)。也可以用许多其他方法表示液滴的平均尺寸（表 6-8），反映乳状液不同方面的性质，如平均表面积或平均体积。液滴的大小分布通常是连续的，但能够很方便地用柱状图（图 6-18）或用表格（表 6-9）表示，将液滴的大小分级，并记录下每种液滴所占的百分比。应该强调的是，液滴大小的分布图形和平均直径值完全取决于所给定的每个液滴大小范围内液滴浓度的分级方法。液滴数量-直径图与液滴体积-直径图的曲线是有差别的，这个事实非常重要。因为测试颗粒大小分布的分析仪器报告结果的方法并不都相同。

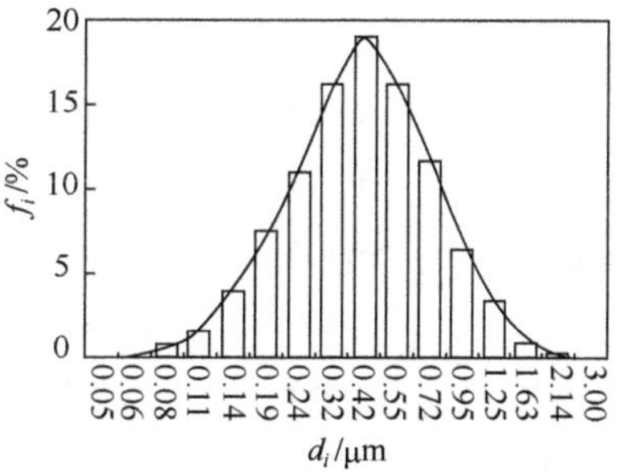

图 6-18　乳状液颗粒粒径分布图

f_i. 分散相数量分数；d_i. 液滴直径

表 6-8　乳状液颗粒平均粒径常用的表达方法

平均粒径	符号	定义	
数量-长度平均直径	d_{NL} 或 d_{10}	$d_{10} = S_1/S_0$	$d_{10} = \dfrac{\sum_{i=1} n_i d_i}{\sum_{i=1} n_i}$

续表

平均粒径	符号	定义	
数量-面积平均直径	d_{NA}或 d_{20}	$d_{20}=(S_2/S_0)^{1/2}$	$d_{20}=\sqrt{\frac{\sum_{i=1}n_i d_i^{\ 2}}{\sum_{i=1}n_i}}$
数量-体积平均直径	d_{NV}或 d_{30}	$d_{30}=(S_3/S_0)^{1/3}$	$d_{30}=\sqrt[3]{\frac{\sum_{i=1}n_i d_i^{\ 3}}{\sum_{i=1}n_i}}$
面积-体积平均直径	d_{AV}或 d_{32}	$d_{32}=S_3/S_2$	$d_{32}=\frac{\sum_{i=1}n_i d_i^{\ 3}}{\sum_{i=1}n_i d_i^{\ 2}}$
体积分数长度平均直径	D_ϕ或 d_{43}	$d_{43}=S_4/S_3$	$d_{43}=\frac{\sum_{i=1}n_i d_i^4}{\sum_{i=1}n_i d_i^3}=\sum_{i=1}\phi_i d_i$

注：N,L,A,V 和 ϕ 分别代表数量、长度、表面积、体积和体积分数，S 为某一时刻的分布。

表 6-9 乳状液液滴大小分布表

$d_{min}/\mu m$	$d_{max}/\mu m$	$d_i/\mu m$	n_i	$f_i/\%$	$\phi_i/\%$	$F(d_i)/\mu m^{-1}$	$C(d_i)/\%$
0.041	0.054	0.048	0	0.0	0.0	0.0	0.0
0.054	0.071	0.063	2	0.1	0.0	117.6	0.1
0.071	0.094	0.082	20	0.9	0.0	888.9	1.0
0.094	0.123	0.108	38	1.7	0.0	1333.3	2.7
0.123	0.161	0.142	89	4.0	0.0	2342.3	6.7
0.161	0.211	0.186	166	7.5	0.2	3320.0	14.3
0.211	0.277	0.244	243	11.0	0.5	3681.8	25.3
0.277	0.364	0.320	360	16.3	1.8	4161.8	41.6
0.364	0.477	0.421	420	19.0	4.7	3716.8	60.6
0.477	0.626	0.551	361	16.3	9.1	2431.0	76.9
0.626	0.821	0.724	256	11.6	14.5	1312.8	88.5
0.821	1.077	0.949	145	6.6	18.6	566.4	95.1
1.077	1.414	1.245	78	3.5	22.6	231.8	98.6
1.414	1.855	1.634	23	1.0	15.1	231.8	99.7
1.855	2.433	2.144	6	0.3	8.9	52. 2	100.0
2.8125	3.192	3.002	1	0.0	4.1	10.4	100.0
3.191	3.620	3.406	0	0.0	0.0	0.0	100.0
3.620	4.107	3.864	0	0.0	0.0	0.0	100.0

注：$d,n,f,\phi,F(d_i)$ 和 $C(d_i)$分别代表直径、数量、数量分数、体积分数、频率分布和累计分布。

6.5.2 显微镜检测法

许多显微镜技术能够用于检测乳状液中液滴大小的分布，如光学显微镜和电子显微镜。光学显微镜利用一系列透镜将光线透过检测样品放大成影像(图 6-19)。光学显微镜的分辨率约 0.5mm，仅适用于分析液滴相当大的乳状液。电子显微镜是用电子束而不是光束来产生乳状液的影像，通常包括扫描电子显微镜(分辨率约 4nm)或透射电子显微镜(分辨率约 0.4nm)，因而可用于检测液滴较小的乳状液。尽管还存在许多局限性，但显微镜技术还是对检测乳状液中液滴大小的分布提供了最直观的手段。样品的制备通常耗时耗力，可能还会破坏乳状液中的一些精细结构，如絮凝物结构。此外，分析样品中各个区域的分布情况并不相同，必须进行统计分析以得到满意的数据。显微镜检测法还可用于固体粉末的粒径测定，通过对粒径大小做统计分析可以进行计算处理。

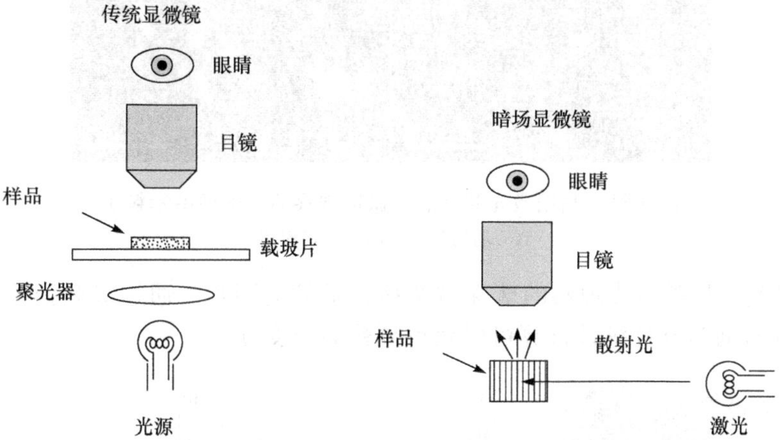

图 6-19　可用于观察乳状液液滴大小的明场和暗场显微镜

图 6-20 是利用光学显微镜观察到的乳状液液滴分布。利用光学显微镜观察乳滴大小时首先要注意制样的要求，在玻璃片上面的乳滴要尽量保持在单层分布，然后注意选择合适的物镜，寻找样品区域，进行拍照处理。图 6-20(a)为乳球蛋白稳定的乳液体系，经过高压均质器乳化后其粒径在 180nm 左右，在显微镜下难以观察到单个的乳滴；图 6-20(b)为乳球蛋白和吐温 80 共同稳定的乳液体系，经过膜均质器乳化后其粒径在 4mm 左右，在显微镜下可以清晰地看到单个乳滴的存在；图 6-20(c)是将多糖加入至乳液体系中导致絮凝出现，在显微镜下可以很清晰地看到多个乳滴的聚集。

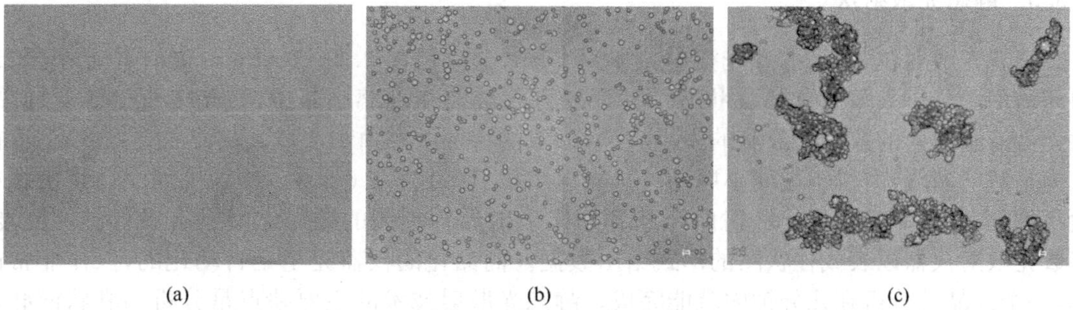

图 6-20　利用光学显微镜观察的乳状液液滴状态

(a)均匀分布的小粒径乳滴体系；(b)均匀分布的大粒径乳滴体系；(c)存在絮凝的乳滴体系

相对于传统显微镜，激光共聚焦显微镜的分辨率可达到 0.18 mm，因为该设备利用照明针孔和探测针孔实现点照明和点探测，使得来自光源的光能聚焦在样品焦平面的某个点上，仪器只检测成像在探测针孔上的光。激光共聚焦能去除杂散光的影响，增加侧向分辨率，获取更高分辨率的清晰图像。图 6-21 是利用激光共聚焦显微镜观察壳聚糖纳米粒子的分散性，采用异硫氰酸荧光素标记壳聚糖分子。

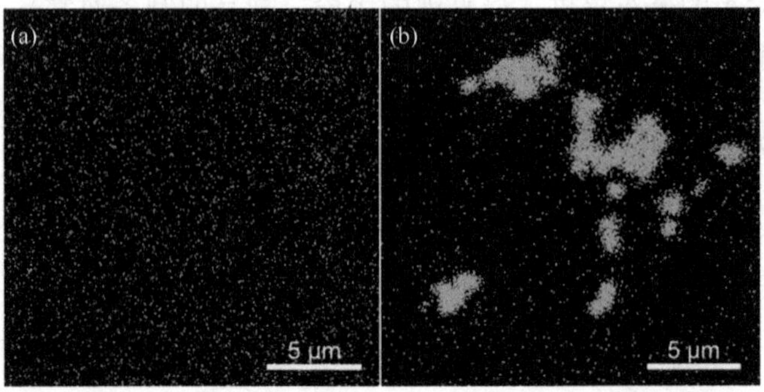

图 6-21 利用激光共聚焦显微镜观察的壳聚糖纳米粒子

(a)均匀分布;(b)有一定聚集

图 6-22 是利用显微镜法观察的珠芽魔芋精粉颗粒的图片。通过显微镜法不仅可以观察颗粒的形貌,而且通过软件统计计算可以获得颗粒的粒度分布。

(a) (b) (c)

图 6-22 珠芽魔芋精粉颗粒粒径

(a)扫描电子显微镜图片;(b)光学显微镜图片;(c)粒径分析仪根据光学显微镜图片计算所得颗粒粒径分布

6.5.3 静态光散射法

静态光散射技术(又称激光衍射技术)用于测定直径在 0.1～1000mm 的颗粒大小分布,因此适用于分析大多数食品乳状液。稀释的乳状液装在玻璃小瓶中,激光束直接照射样品。激光被液滴散射的数量和液滴的大小有关,形成的特征散射角和透过乳状液的光强度有关,被认为是散射曲线,由位于玻璃小瓶的一排光电二极管测定(图 6-23)。计算机程序计算出颗粒大小的分布,使测定所得的散射曲线和利用光散射原理预测的结果之间具有最佳的匹配度。多数光散射仪器以表或柱状图的形式给出数据。商品化的仪器完全是自动化的,操作非常简单,一个样品的分析在几分钟内就能完成。静态光散射技术的主要缺点是分析的乳状液必须是透明的,所含的液滴浓度低(质量分数<0.1%),这样可以忽略多散射效应。因此大多数食品乳状液在分析前必须稀释很多倍,也就是说此项技术是破坏性的,不能直接用于在线检测,并且可能破坏絮凝的液滴。静态光散射仪可用于固体粉末的粒度测量,采用压缩空气分散被测粉体,利用颗粒对光的散射现象,根据散射光能的分布推算被测颗粒的粒度分布。

图 6-24 是利用 Mastersizer2000 测定乳状液液滴的粒径分布图。在实际测量过程中,首先要设定样品参数,尤其是乳状液分散相的折光指数,测定前仪器会进行自检工作;当仪器提示加入样品进行测定时,在约 700mL 的水中加入待测样品,所加入的量取决于软件上面遮光值的范围,仪器也会提示可以进行粒径测定,此时应停止加样,避免浓度过高引起的多散射效应;按下空格键或点击软件上面测量图标,软件会根据自带程序进行粒径大小及分布的计算,

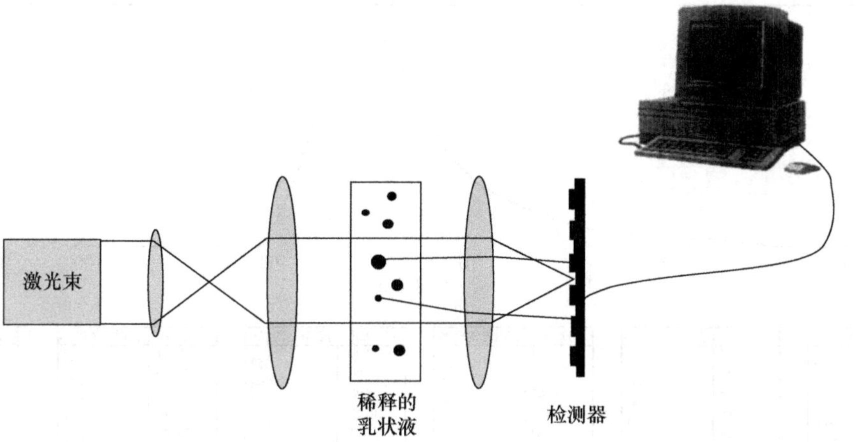

图 6-23　测定乳状液液滴大小分布的静态光散射技术

从而给出平均粒径大小。图 6-24 所示为吐温 80 稳定乳液体系，其粒径分布图为单峰，表明该体系的粒径分布均匀，其粒径在 100nm 左右，且无过大或过小的乳滴存在。

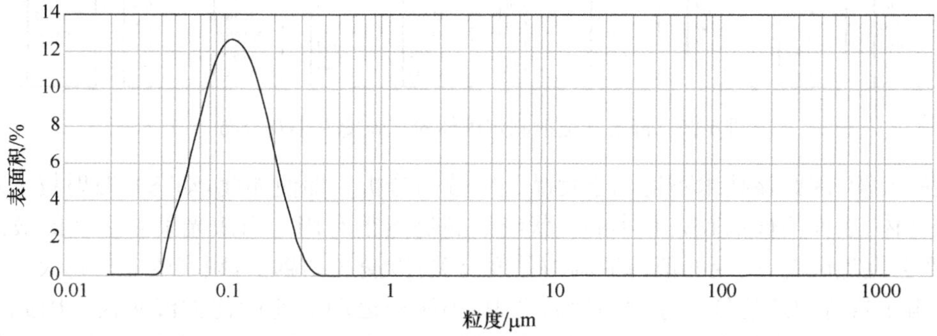

粒度/μm	范围内表面积/%
0.020	0.00
0.022	0.00
0.025	0.00
0.028	0.00
0.032	0.00
0.036	0.00
0.040	0.00
0.045	0.00
0.050	0.00
0.056	0.00
0.063	0.00
0.071	0.00
0.080	0.00
0.089	0.00
0.100	0.00
0.112	0.07
0.126	1.85
0.142	

粒度/μm	范围内表面积/%
0.142	4.02
0.159	6.26
0.178	8.46
0.200	10.25
0.224	11.38
0.252	11.73
0.283	11.25
0.317	10.04
0.356	8.31
0.399	6.39
0.448	4.49
0.502	2.89
0.564	1.66
0.632	0.80
0.710	0.14
0.796	0.00
0.893	0.00
1.002	

粒度/μm	范围内表面积/%
1.002	0.00
1.125	0.00
1.262	0.00
1.416	0.00
1.589	0.00
1.783	0.00
2.000	0.00
2.244	0.00
2.518	0.00
2.825	0.00
3.170	0.00
3.557	0.00
3.991	0.00
4.477	0.00
5.024	0.00
5.637	0.00
6.325	0.00
7.096	

粒度/μm	范围内表面积/%
7.096	0.00
7.962	0.00
8.934	0.00
10.024	0.00
11.247	0.00
12.619	0.00
14.159	0.00
15.887	0.00
17.825	0.00
20.000	0.00
22.440	0.00
25.179	0.00
28.251	0.00
31.698	0.00
35.566	0.00
39.905	0.00
44.774	0.00
50.238	

粒度/μm	范围内表面积/%
50.238	0.00
56.368	0.00
63.246	0.00
70.963	0.00
79.621	0.00
89.337	0.00
100.237	0.00
112.468	0.00
126.191	0.00
141.589	0.00
158.866	0.00
178.250	0.00
200.000	0.00
224.404	0.00
251.785	0.00
282.508	0.00
316.979	0.00
355.656	

粒度/μm	范围内表面积/%
355.656	0.00
399.052	0.00
447.744	0.00
502.377	0.00
563.677	0.00
632.456	0.00
709.627	0.00
796.214	0.00
893.367	0.00
1002.374	0.00
1124.683	0.00
1261.915	0.00
1415.892	0.00
1588.656	0.00
1782.502	0.00
2000.000	

图 6-24　静态光散射测定乳状液液滴大小及分布

采用干法进样可以进行固体粉末粒度的测定，所得粒径分布图和液体颗粒的粒径分布图类似。图 6-25 是球磨后虾壳粉的粒径分布图。

6.5.4　动态光散射法

动态光散射技术是基于颗粒的平移扩散系数的测定，可以通过激光束与乳状液之间相互作用进行分析。该技术用于检测直径在 3nm～3mm 的颗粒大小分布，由于许多食品乳状液中

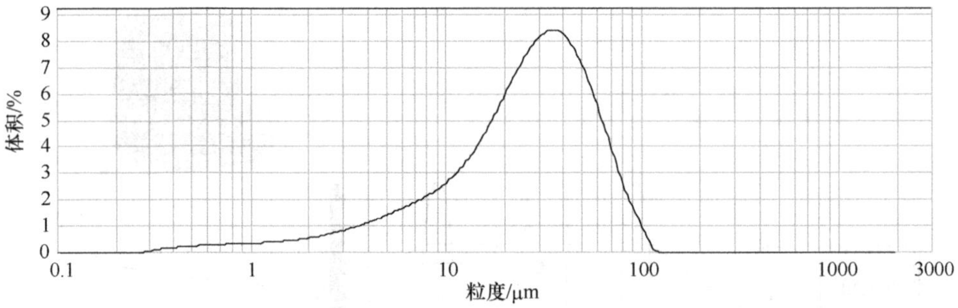

粒度/μm	范围内体积/%
0.020	0.00
0.022	0.00
0.025	0.00
0.028	0.00
0.032	0.00
0.036	0.00
0.040	0.00
0.045	0.00
0.050	0.00
0.056	0.00
0.063	0.00
0.071	0.00
0.080	0.00
0.089	0.00
0.100	0.00
0.112	0.00
0.126	0.00
0.142	

粒度/μm	范围内体积/%
0.142	0.00
0.159	0.00
0.178	0.00
0.200	0.00
0.224	0.00
0.252	0.00
0.283	0.01
0.317	0.09
0.356	0.11
0.399	0.13
0.448	0.16
0.502	0.18
0.564	0.19
0.632	0.21
0.710	0.22
0.796	0.23
0.893	0.24
1.002	

粒度/μm	范围内体积/%
1.002	0.26
1.125	0.27
1.262	0.29
1.416	0.31
1.589	0.34
1.783	0.37
2.000	0.42
2.244	0.47
2.518	0.53
2.825	0.60
3.170	0.68
3.557	0.78
3.991	0.88
4.477	0.99
5.024	1.10
5.637	1.23
6.325	1.36
7.096	

粒度/μm	范围内体积/%
7.096	1.50
7.962	1.66
8.934	1.85
10.024	2.08
11.247	2.36
12.619	2.70
14.159	3.12
15.887	3.60
17.825	4.14
20.000	4.69
22.440	5.24
25.179	5.72
28.251	6.08
31.698	6.29
35.566	6.29
39.905	6.07
44.774	5.64
50.238	

粒度/μm	范围内体积/%
50.238	5.00
56.368	4.23
63.246	3.36
70.963	2.51
79.621	1.69
89.337	1.06
100.237	0.48
112.468	0.00
126.191	0.00
141.589	0.00
158.866	0.00
178.250	0.00
200.000	0.00
224.404	0.00
251.785	0.00
282.508	0.00
316.979	0.00
355.656	

粒度/μm	范围内体积/%
355.656	0.00
399.052	0.00
447.744	0.00
502.377	0.00
563.677	0.00
632.456	0.00
709.627	0.00
796.214	0.00
893.367	0.00
1002.374	0.00
1124.683	0.00
1261.915	0.00
1415.892	0.00
1588.656	0.00
1782.502	0.00
2000.000	

图 6-25　静态光散射测定固体粉末粒度大小及分布

含有较大的液滴，因此该技术不适用于食品乳状液的分析。即使如此，动态光散射技术对检测蛋白质聚合体、表面活性剂胶束和小的乳状液液滴仍然很有用。当激光束被运动的液滴反射时，其频率会发生改变，改变的值与液滴的黏度有关：液滴运动越快，频率改变得越大。乳状液中的液滴由于自身的热能处在连续的运动之中，小液滴运动的速度比大液滴快。因此通过测定乳状液反射的激光束频率改变可以测定乳状液中的颗粒大小分布。在稀溶液中，颗粒粒径的计算可以用 Stokes-Einstein 方程(6-25)进行计算：

$$r=\frac{kT}{6\pi\eta_1 D} \tag{6-25}$$

式中：k——常数；

T——测量温度；

η_1——连续相黏度；

D——颗粒平移扩散系数。

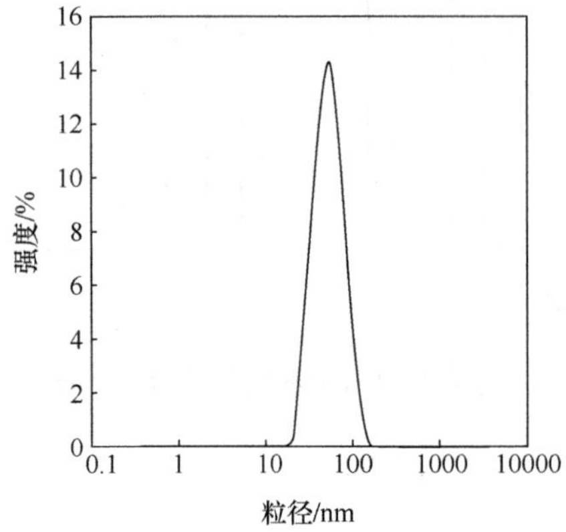

图 6-26　动态光散射测定乳状液液滴大小及分布

许多仪器包括光子光谱仪和多普勒转换光谱仪都是利用这个原理。许多动态光散射技术能够分析相当浓度($\phi<30\%$)的乳状液。商品化的仪器使用简单，在几分钟内即能完成一个乳状液的分析。根据其粒径计算公式，该技术的主要限制是连续相的黏度必须符合牛顿型流体行为，许多食品乳状液尤其是含有增稠剂的乳状液并不符合这种情况。图 6-26 是利用 Nano-ZS 动态光散射仪测定乳状液液滴的粒径分布图。

6.5.5　电子脉冲计数法

电子脉冲计数能够检测直径在 0.4～400μm 的颗粒大小的分布，因此适用于分析大多数的食品乳状液。被分析的样品放置在插有正负电极的烧杯中(图 6-27)。一个电极放在带小孔的玻璃管中，乳状液可以通过小孔渗入。由于油的导电性比水低得多，当油滴通过小孔时引起正负电极间电流的降低：油滴每次通过小孔，仪器记录下电流的降低，电流再转变成电子脉冲。该仪器可控制通过孔的液体的体积，因此液滴的浓度能够通过记录一个已知体积的电脉冲的数目来反映。脉冲的高度随液滴大小的增加而增加，因此，一旦用一个已知颗粒大小的标准物进行了标准化后，颗粒大小的分布就可以用液滴通过孔时，脉冲的高低来表示。仪器的使用非常简单，在几分钟内即能完成一个乳状液的分析。电子脉冲计数技术的主要限制是分析的乳状液必须稀释，使每次仅有一个液滴通过小孔，液滴必须悬浮在电解质溶液中以增加正负电极之间电流的数量级。乳状液在电解质溶液中稀释可能促使乳状液絮凝或改变现有絮状物的结构，从而导致错误的测定结果。此方法也可对粉体进行粒度测量，如磨料微粉。

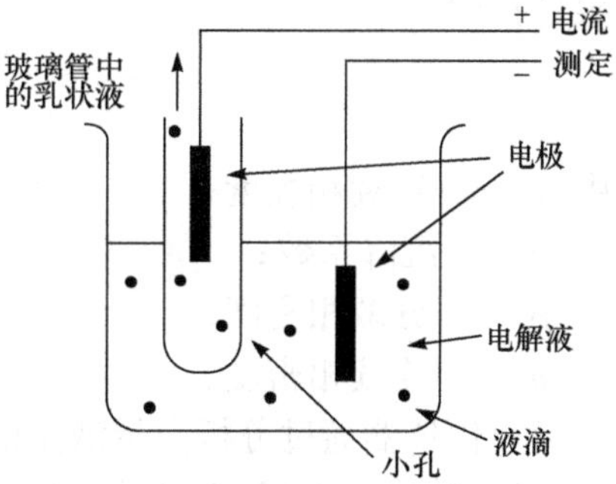

图 6-27　测定颗粒大小分布的电子脉冲技术装置

6.5.6　沉降法

沉降法可用于检测直径在 1nm～1mm 的颗粒大小分布。该方法要使用许多不同的仪器才能覆盖整个检测范围。通过测定重力场或离心场中液滴沉降(或上浮)的速率来检测颗粒大小。悬浮在理想液体中的单个刚性球形颗粒由于重力作用产生的沉降速率(v)由 Stokes 方程(6-26)给出：

$$v=\frac{2(\rho_2-\rho_1)gr^2}{9\eta_1} \tag{6-26}$$

式中：ρ_2——分散相密度；

ρ_1——连续相密度；

η_1——连续相黏度；

g——重力加速度；

r——液滴半径。

液滴的运动可以用许多方法检测，包括目测、光学显微镜、超显微技术、光散射、核磁共振(NMR)、超声波和电子检测等。这些方法都不能用于分析直径小于微米级的液滴，因为热能的干扰影响与这些液滴在重力作用下的运动相对抗。这个问题可以利用对乳状液施加离心力，以提高液滴通过液体的运动速率来克服。

当乳状液放置在离心机中快速旋转时，离心力使密度低于周围液体的液滴向内运动(如水包油乳状液)，密度高于周围液体的液滴向外运功(如油包水乳状液)。沉降系数(S)按式(6-27)计算：

$$S=\frac{v(x)}{\omega^2 x} \tag{6-27}$$

式中：$v(x)$——液滴的运动速率；

ω——转子角速度；

x——液滴到转子中心的距离。

沉降系数 S 是通过测定液滴在离心管中随时间变化的位置而得到的，可以采用许多方法进行测定，包括目测、X 射线吸收和光散射等。液体中单个球形颗粒的半径(r)与沉降系数的关系见式(6-28)：

$$r=\sqrt{\frac{9\eta_1 S}{2(\rho_2-\rho_1)}} \tag{6-28}$$

式中：η_1——连续相黏度；

S——沉降系数；

ρ_2——分散相密度；

ρ_1——连续相密度。

商业化仪器通过分析大量液滴的黏度能够测定乳状液中所有颗粒大小的分布。采用这一技术测量，精确度极高，不过常常耗时较多，且只能用于分析稀释乳状液，并要求液滴悬浮在牛顿型流体中。根据不同粒径的颗粒在液体中的沉降速度也可测量固体粉末的粒度分布。

6.5.7 新兴技术

大多数测定颗粒大小分布的传统方法要求在分析前设法制备乳状液。近来已经开发了许多新的分析技术，能够用于检测浓缩和视觉不透明的乳状液而无须进行任何形式的样品制备，如超声波、电声学、电介质和 NMR 等。用于分析浓缩乳状液的根据超声波和电声学波谱测量颗粒大小的仪器已经商品化。超声波光谱是依据高频率声波的散射与乳状液中所含的液滴大小相关的原理，而电声学波谱则依据带电离子在电场中的运动与其大小相关的事实。NMR 和电介质波谱技术已经建立，可用于分析浓缩乳状液，但还没有商业化的产品出售。基于这些新兴技术的分析仪器将特别适用于在线检测食品乳状液中的颗粒大小分布。

思　考　题

1. 要提高液态食品黏度测定的准确性，实验操作过程应注意哪些事项？
2. 如何维护旋转式黏度计？
3. 溶液的原始浓度对测得的黏均相对分子质量有何影响？
4. 为什么要将黏度计的两个小球浸没在恒温水面以下？
5. 食品物理性能的测定有何意义？
6. 食品物性测定实验中应注意哪些问题？
7. 标准颜色玻璃片为什么选用红色、黄色、蓝色和灰色这几种颜色？实测时如何选择适当的稀释倍数？
8. 液滴粒度大小的表达方式有哪些？分别代表什么含义？
9. 如何准确表征液滴粒度大小？

参 考 文 献

布赖恩 M. 麦克纳. 2007. 食品质构学——半固态食品. 李云飞译. 北京:化学工业出版社

陈家华,等. 2005. 现代食品分析新技术. 北京:化学工业出版社

陈耀祖,涂亚平. 2001. 有机质谱原理及应用. 北京:科学出版社

黄晓钰,刘邻渭. 2002. 食品化学综合实验. 北京:中国农业大学出版社

贾春晓. 2005. 现代仪器分析技术及其在食品分析中的应用. 北京:中国轻工业出版社

李云飞. 2005. 食品物性学. 北京:中国轻工业出版社

刘振海,徐国华,张洪林,等. 2006. 热分析仪器. 北京:化学工业出版社

宁永成. 2002. 有机化合物结构鉴定与有机波谱学. 2 版. 北京:科学出版社

庞国芳. 2007. 农药兽药残留现代分析技术. 北京:科学出版社

滕秀金,邱迦易,曾晓栋. 2007. 颜色测量技术. 北京:中国计量出版社

屠康,姜松,朱文学,等. 2006. 食品物性学. 北京:东南大学出版社.

王世平. 2009. 食品理化检验技术. 北京:中国林业出版社

王延华,邹晓莉. 2005. 蛋白质理论与技术. 北京:科学出版社

吴璟,雷红涛,沈玉栋,等. 2013. 食品中痕量丙烯酰胺检测方法研究进展. 食品工业科技,23:380-385

吴其晔. 2002. 高分子材料流变学. 北京:高等教育出版社

谢明勇,杨美艳,聂少平. 2001. 食品中反式脂肪酸分析方法的研究进展. 色谱,29(7):601-605

薛朝华. 2004. 颜色科学与计算机测色配色实用技术. 北京:化学工业出版社

杨方. 2011. 复杂食品基体中痕量残留分离分析技术研究. 福州:福州大学博士学位论文

杨严俊. 2012. 食品分析. 北京:化学工业出版社

于萍. 2011. 食品中丙烯酰胺检测方法的研究进展. 福建分析测试,20(6):21-23

于世林. 2005. 高效液相色谱方法和应用. 2 版. 北京:化学工业出版社

张水华. 2006. 食品分析实验. 北京:化学工业出版社

赵静,徐方旭,孟实,等. 2013. 食品中"塑化剂"检测技术与应对策略. 食品与发酵工业,39(6):141-145

赵文杰,孙永海. 2005. 现代食品检测技术. 北京:中国轻工业出版社

Ahn J S, Lee J H, Kim J H, et al. 2007. Novel method for quantitative determination of amyloid fibrils of α-synuclein and amyloid b/A4 protein by using resveratrol. Analytical Biochemistry, 367:259-265

Akoh C C, Min D B. 2002. Food Lipid. 2nd ed. New York: Marcel Dekker

Arvanitoyannis I S, Vaitsi O B. 2007. A review on tomato authenticity: quality control methods in conjunction with multivariate analysis (chemometrics). Food Science and Nutrition, 47(7):675-699

Aurelien D, Oberson J M, Patricia T, et al. 2010. Development and comparison of two multiresidue methods for the analysis of 17 mycotoxins in cereals by liquid chromatography electrospray ionization tandem mass spectrometry. Journal of Agricultural and Food Chemistry, 58(13):7510-7519

Berrueta L A, Alonso-Salces R M, Héberger K. 2007. Supervised pattern recognition in food analysis. Journal of Chromatography A, 1158(1-2):196-214

Cen H Y, He Y. 2007. Theory and application of near infrared reflectance spectroscopy in determination of food quality. Trends in Food Science & Technology, 18:72-83

Chen H S, Bakshi B R, Goel P K. 2007. Toward Bayesian chemometrics—a tutorial on some recent advances. Analytica Chimica Acta, 602(1):1-16

Chi G T, Huddersman K D. 2006. Novel ion chromatography technique for the rapid identification and quantification of saturated and unsaturated low molecular weight organic acids formed during the Fenton oxidation of organic pollutants. Journal of Chromatography A, 1139(1):95-103

Chung J E, Tan S S, Gao S J, et al. 2014. Self-assembled micellar nanocomplexes comprising green tea catechin derivatives and protein drugs for cancer therapy. Nature Nanotechnology, 9(11): 907-912

Cocchi M, Durante C, Grandi M, et al. 2006 Simultaneous determination of sugars and organic acids in aged vinegars and chemometric data analysis. Talanta, 69(5): 1166-1175

Cubadda F, Baldini M, Carcea M, et al. 2001. Influence of laboratory homogenization procedures on trace element content of food samples: an ICP-MS study on soft and durum wheat. Food Additives & Contaminants, 18(9): 778-787

Fan W, Qian M C. 2006. Identification of aroma compounds in Chinese "Yanghe Daqu" liquor by normal phase chromatography fractionation followed by gas chromatography[sol]olfactometry. Flavour Fragr J, 21(2): 333-342

FAO. 2004. Worldwide regulations for mycotoxins in food and feed. Rome: Food and Agriculture Organization of the United Nations

Gao Y, Guo F, Gokavi S, et al. 2008. Quantification of water-soluble vitamins in milk-based infant formulae using biosensor-based assays. Food Chemistry, 110(3): 769-776

Gomez-Diaz D, Navaza J M. 2003. Rheology of aqueous solutions of food additives-effect of concentration, temperature and blending. Journal of Food Engineering, 56: 387-392

Gregory J F. 1991. Improved choromatographic determination of free and glycosylated forms of vitamine B6 in foods. Journal of Agricultural and Food Chemistry, 39: 899-905

Guo Y, Kannan K. 2012. Challenges encountered in the analysis of phthalate esters in foodstuffs and other biological matrices. Analytical and Bioanalytical Chemistry, 404: 2539-2554

Hickey H, MacMillan B, Newling B. et al. 2006. Magnetic resonance relaxation measurements to determine oil and water content in fried foods. Food Research International, 39(5): 612-618

Ibáñez V M, Corcuera L A, Remiro R, et al. 2011. Validation of a UHPLC-FLD method for the simultaneous quantification of aflatoxins, ochratoxin A and zearalenone in barley. Food Chemistry, 127(1): 351-358

Isengard H D. 2001. Water content, one of the most important properties of food. Food Control, 12: 395-400

Kafkas E, Kosar M, Türemis N, et al. 2006. Analysis of sugars, organic acids and vitamin C contents of blackberry genotypes from Turkey. Food Chemistry, 97(4): 732-736

Karoui R, De Baerdemaeker J. 2007. A review of the analytical methods coupled with chemometric tools for the determination of the quality and identity of dairy products. Food Chemistry, 102(3): 621-624

Keller R, Mermet J M, Otto M, et al. 2001. 分析化学. 李克安，金钦汉等译. 北京：北京大学出版社

Lawless H T, Heymann H. 2001. 食品感官评价原理与技术. 王栋等译. 北京：中国轻工业出版社

LeDoux M. 2011. Analytical methods applied to the determination of pesticide residues in foods of animal origin. A review of the past two decades. Journal of Chromatography A, 1218: 1021-1036

Llorach R, Medina S, García-Viguera C, et al. 2014. Discovery of human urinary biomarkers of aronia-citrus juice intake by HPLC-q-TOF-based metabolomic approach. Electrophoresis, 35(11): 1-8

Maia P P, Pereira B S. 2002. Occurrence of aflatoxins B1, B2, G1 and G2 in some Brazilian pet foods. Food Additives and Contaminants, 19(12): 1180-1183

María V M, Carina C R, Julia L H, et al. 2008. Determination of vitamin E and carotenoid pigments by high performance liquid chromatography in shell of *Chionoecetes opilio*. Analytica Chimica Acta, (6): 225-229

Mason R. 2002. Sensory elvaluation manual (food 3007 ang food 7012). The University of Queensland and Stephen Nottingham. http://www. scribd. com/doc/8940001/Sen sory-Evaluation-Manual

McKean C, Tang L, Tang M, et al. 2006. Comparative acute and combinative toxicity of aflatoxin B1 and fumonisin B1 in animals and human cells. Food and Chemical Toxicology, 44(6): 868-876

Mirsaleh-Kohan N, Robertson W D, Compton R N. 2008. Electron ionization time-of-flight mass spectrometry: historical review and current applications. Mass Spectrometry Reviews, 27: 237-285

Monbaliu S, Van Poucke C, Van Peteghem C, et al. 2009. Development of a multi-mycotoxin liquid chromatography/tandem mass spectrometry method for sweet pepper analysis. Rapid Commun Mass Spectrom, 23(1): 3-11

Mondello L, Tranchida P Q, Dugo P, et al. 2007. Comprehensive two-dimensional gas chromatography-mass spectrometry: a review. Mass Spectrometry Reviews, 27: 101-124

Murray B S. 2002. Interfacial rheology of food emulsifiers and proteins. Current Opinion in Colloid & Interface Science, 7: 426-431

Nicolaï B M, Beullens K, Bobelyn E, 2007. Nondestructive measurement of fruit and vegetable quality by means of NIR spectroscopy: a review. Postharvest Biology and Technology, 46(2): 99-118.

Nielsen S S. 2003. Food Analysis Laboratory Manual. New York: Kluwer Academic/Plenum Publishers

Nielsen S S. 2003. Food Analysis. 3rd ed. New York: Kluwar Academic/Plenum Publishers

Nielsen S S. 2009. 食品分析实验指导. 杨严俊译. 北京：中国轻工业出版社

Nielsen S S. 2012. 食品分析. 3 版. 杨严俊等译. 北京：中国轻工业出版社

Nojavan S, Khalilian F, Kiaie F M, et al. 2008. Extraction and quantitative determination of ascorbic acid during different maturity stages of *Rosa canina* L. fruit. Journal of Food Composition and Analysis, 21(4): 300-305

Ofitserova M, Nerkar S, Pickering M, et al. 2009. Multiresidue mycotoxin analysis in corn grain by column high-performance liquid chromatography with postcolumn photochemical and chemical derivatization: single-laboratory validation. Journal of AOAC International, 92(1): 15-25

Olivera A P, Pereira J A, Anderade P B, et al. 2008. Organic acids composition of Cydonia oblonga Miller leaf. Food Chemistry, 111(2): 393-399

Oracz J, Nebesny E, Zyzelewicz D. 2011. New trends in quantification of acrylamide in food products. Talanta, 86: 23-34

Pearson S M, Candlish A A G, Aidoo K E, et al. 1999. Determination of aflatoxin levels in pistachio and cashew nuts using immunoaffinity column clean-up with HPLC and fluorescence detection. Biotechnology Techniques, 13(2): 97-99

Reineccinus G. 2006. Flavor Analysis//Heath H B, Keineccius G. Flavor Chemistry and Technology. Boca Raton: CRC Press

Sadecka J, Tothova J. 2007. Fluorescence spectroscopy and chemimetrics in the foodclassification—a review. Czech Journal of Food Science, 25(4): 159-173

Schweiger H G, Multerer M, Wietelmann U, et al. 2005. NMR determination of trace water in lithium s for battery electrolytes. J Electroche Soc, 152(3): 622-627

Shim W B, Mun H, Joung H A, et al. 2014. Chemiluminescence competitive aptamer assay for the detection of aflatoxin B1 in corn samples. Food Control, 36(1): 30-35

Sun S, Ma H M, Chen X, et al. 2008. Fluorimetric determination of proteins using 4-chioro-(2-hydroxylophenylazo) rhodanine-Ti(Ⅳ) complex as a spectral probe. Luminescence, 4: DOI 10. 1002/bio. 1041

Szumski M, Grzywinski D, Prus W, et al. 2014. Monolithic molecularly imprinted polymeric capillary columns for isolation of aflatoxins. Journal of Chromatography A, 1364: 163-170

Tabilo-Munizaga G, Barbosa-Canovas G V. 2005. Rheology for the food industry. Journal of Food Engineering, 67: 147-156

Tekkeli S E K, Önal C, Önal A. 2012. A review of current methods for the determination of acrylamide in food products. Food Analytical Methods, 5: 29-39

Tomás-Barberán F A, Mine Y. 2013. A key to understanding the effects of food bioactives in health, gut microbiota. Journal of Agricultural and Food Chemistry, 61(41): 9755-9757

Xu L, Tang L J, Cai C B, et al. 2008 Chemometric methods for evaluation of chromatographic separation quality from two-way data—a review. Analytica Chimica Acta, 613(2): 121-134

Xu W, Wang S S, Ye T, et al. 2014. A simple and feasible approach to purify konjac glucomannan from konjac flour-temperature effect. Food Chemistry, 158: 171-176

Yabe K, Nakajima H. 2004. Enzyme reactions and genes in aflatoxin biosynthesis. Applied Microbiology and Biotechnology, 64(6): 745-755

Yin C N, Cao Y H, Ding S D, et al. 2008. Rapid determination of water- and fat-soluble vitamins with microemulsion electrokinetic chromatography. Journal of Chromatography A, (6): 172-177

Zhang L, Liu S, Cui X, et al. 2012. A review of sample preparation methods for the pesticide residue analysis in foods. Central European Journal of Chemistry, 10(3): 900-925